普通高等教育"十一五"国家级规划教材
面向21世纪课程教材
高等院校石油天然气类规划教材

石 油 工 程

(第三版·富媒体)

钻完井工程分册

赵万春　张景富　李　玮　主编

石油工业出版社

内 容 提 要

本书主要介绍钻完井过程中的基本原理与工艺技术，配有习题及富媒体资料。全书共七章，主要内容包括钻井工具、钻进参数优选、井眼轨道设计与轨迹控制、油气井压力预测与控制、固井及完井技术等内容。

本书可作为普通高等院校石油工程专业的教材，也可供从事钻完井工程的现场技术人员学习参考。

图书在版编目（CIP）数据

石油工程：富媒体．钻完井工程分册/赵万春，张景富，李玮主编．—3版．—北京：石油工业出版社，2024.6
高等院校石油天然气类规划教材
ISBN 978-7-5183-6622-4

Ⅰ.①石… Ⅱ.①赵…②张…③李… Ⅲ.①石油工程-高等学校-教材②钻井工程-高等学校-教材　Ⅳ.
①TE

中国国家版本馆 CIP 数据核字（2024）第 069462 号

出版发行：石油工业出版社
（北京市朝阳区安华里二区1号楼　100011）
网　　址：www.petropub.com
编辑部：（010）64523694
图书营销中心：（010）64523633
经　　销：全国新华书店
排　　版：三河市聚拓图文制作有限公司
印　　刷：北京中石油彩色印刷有限责任公司

2024年6月第3版　2024年6月第1次印刷
787毫米×1092毫米　开本：1/16　印张：17.5
字数：440千字

定价：52.00元
（如发现印装质量问题，我社图书营销中心负责调换）
版权所有，翻印必究

第三版前言

《石油工程》第一版于2002年2月由石油工业出版社出版，2006年8月《石油工程（第二版）》入选普通高等教育"十一五"国家级规划教材。经过多年教学实践，该教材在石油工程国家精品课程建设、人才培养、学科建设中发挥了积极作用，收到了良好效果。《石油工程（第三版·富媒体）·钻完井工程分册》是根据石油工程本科专业人才培养要求编写而成，是专业主干课石油工程课程教材的主要组成部分。该教材以普通高等教育"十一五"国家级重点教材和面向21世纪课程教材《石油工程》为基础，为适应新时期教学与学生培养需要，按二级学科油气井工程专业知识构成编写而成。

为适应工程教育与产教融合教育教学的发展，实现以学生为本的人才培养观念，东北石油大学钻井完井工程课程组经过多年课堂教学实践，对教学内容、教学手段等进行了不断完善和充实，依据石油工程专业课程体系建设及专业教学要求，在征求油田现场工程技术人员意见及建议的基础上，对教材的结构和内容进行了调整。本次编写的教材，以钻井完井工程技术原理为核心独立成书，涉及钻井工具、钻进参数优选、井眼轨道设计与轨迹控制、油气井压力控制、固井、完井等内容，系统阐述了钻井完井工程所涉及的基本概念、基本理论、基本计算与设计、基本工艺过程与原理。全书在编写过程中，以坚持理论与实际相结合为原则，在保持教材的系统性和完整性的同时，注意传统知识、基础理论与现代新技术的结合，注意吸纳其他高校同类教材的优势，增加了相关钻井新技术、新成果的拓展知识。为提高课堂教学效果、便于学习，对教材编写结构进行了调整，在各章开篇增加了本章要点、知识要点思维导图，引入了富媒体等学习资源。

本书由赵万春、张景富、李玮主编，并对全书进行了审校。具体编写分工如下：第一章由李思琪、候兆凯编写，第二章由李玮、李思琪、赵欢编写，第三章由张景富、候兆凯编写，第四章由李玮、李思琪、赵欢编写，第五章由赵万春、官兵编写，第六章由张景富、候兆凯编写，第七章由赵万春、官兵编写。全书由赵欢统稿。

本教材内容适合64学时的课堂讲授。由于增加了新技术、新成果拓展知识内容，可能超出了某些院校教学计划规定的学时，建议使用时根据实际教学要求选讲。

由于水平所限，书中难免存在不当和错误之处，敬请广大师生和读者批评指正。

编著者

2024年1月

第二版前言

普通高等教育"九五"国家级重点教材暨面向 21 世纪课程教材《石油工程》，2000 年 2 月由石油工业出版社出版，2000 年 6 月获中国石油天然气集团公司优秀教学成果一等奖，2002 年 10 月获中华人民共和国教育部颁发的全国普通高等学校优秀教材二等奖。

《石油工程》一直是东北石油大学石油工程本科专业的主干课教材、油气井工程和油气田开发工程硕士研究生入学考试的指定教材，也曾被中国地质大学（武汉）作为石油工程专业的主干课教材，它为东北石油大学《石油工程》校级优质课、省级精品课、国家级精品课的建设以及石油与天然气工程国家一级重点学科的建设奠定了坚实的基础。《石油工程》作为高等院校石油天然气类规划教材，自 2000 年 2 月出版以来共印刷 8 次，已销向全国 10 多个油田的工程技术人员，收到了良好的效果。

为了适应近年来石油工程技术的飞速发展，根据《石油工程》教材使用过程中的情况，听取任课教师和学生的意见及建议，2005 年底开始组织有关人员对《石油工程》的有关内容进行更新及补充完善，以满足石油工程专业主干课程的教学需要。2006 年 8 月《石油工程（第二版）》被正式批准为普通高等教育"十一五"国家级规划教材进行建设。

《石油工程（第二版）》的修订原则是：保持《石油工程》第一版的体系，保证教材内容的系统性、完整性；坚持推陈出新，对第一版中的相关内容进行更新、增补及删改，保持教材内容的先进性；满足教学需要，对第一版中不够完善的部分，重新编写，保证教材的适用性；严格执行标准化及理论联系实际的原则，以培养学生的科学素养和分析解决实际问题的能力。

本书是在《石油工程》第一版的基础上修订的，是东北石油大学石油工程学院全体教师多年来教学科研实践中集体智慧的结晶。本书第一、二、十八至二十章由殷代印负责制定修订大纲，第三至第九章由李士斌负责制定修订大纲，第十至第十七章由陈涛平负责制定修订大纲。具体参加本书修订工作的有陈涛平（第一章一、二、五、七节，第九章四至六节、第十、十一章、第十三章五至七节、第十四章四节、第十五章三、四节、新编写绪论及第十七章）、殷代印（第一章一、三、六节及第二十章、新编写第十九章）、王立军（第一章二、四、五节）、张继成（新编写第二章）、张景富（第三、四、六章）、孙玉学（第五章）、李士斌（第七章四节、第九章二、三节）、毕雪亮（第七章）、范振中（第八章、第九章一节）、王常斌（第十二章、第十三章一至四节）、曹广胜（第十四章、第十六章）、夏惠芬（第十五章一、二节）、吴景春（第十八章）。全书由陈涛平任主编并统稿，殷代印、李士斌任副主编。

为了保证教材内容的系统性和完整性，本教材的总体内容可能超过了某些院校教学计划规定的学时数，对此，建议授课教师在使用本教材时可根据教学大纲进行选讲，必要时对部分内容可指导学生自学。

在本教材的编写及修订过程中，得到了东北石油大学石油工程学院许多师生的帮助与支持，在此表示衷心的感谢。

由于编者水平有限，书中错误之处在所难免，诚恳欢迎使用本教材的师生和广大读者给予批评指正。

编者
2010 年 12 月

第一版前言

石油工程专业是在原钻井工程、采油工程和油藏工程三个专业的基础上重新构建的，为了满足石油工程专业主干课——石油工程的教学需要，在"石油行业类主干专业人才培养方案及教学内容体系改革的研究与实践"项目中"石油工程专业人才培养方案及教学内容体系改革的研究与实践"专题组的支持下，根据石油工程专业人才的培养目标，经过充分调研及专家论证，于1996年6月拟定了"石油工程"教材编写大纲初稿，后经修改、完善，"石油工程"教材被正式批准作为普通高等教育"九五"国家级重点教材进行建设。经过全体编写人员的不懈努力，于1997年编写出《石油工程》初稿，并作为讲义在大庆石油学院石油工程专业九五级试用；在试用的基础上进行了认真修改，修改后的第二稿又在石油工程专业九六级试用；后经再次修改和审定，被定为面向21世纪课程教材。

在《石油工程》的编写过程中，努力贯彻"少而精，广而新"的原则，将石油工程领域中原钻井工程，采油工程和油藏工程三个专业的知识有机地结合起来，构建了新的教材体系，使其既避免了原三个专业教材之间的重复，又填补了它们之间的空白，同时注重了有关内容的相互渗透和融合，提高了其综合化程度，从而使本教材具有较强的系统性、完整性。考虑到石油工程专业人才培养方案中，将工艺流程及常规工程设计分别设置在生产实习及"石油工程"课程设计两个实践教学环节中学习，因此，本教材重点介绍石油工程的基本内容、基本概念和基本原理，使学生通过本课程的学习，掌握石油工程领域中广泛应用的工艺技术及其基本原理，从而为后继专业选修课的学习以及未来从事石油工程技术与工程管理工作奠定坚实的专业基础。

本教材是在大庆石油学院胡靖邦和陈涛平的主持下开始进行编写的，其中第一章由宋洪才编写、第二章由张景富编写、第三章由李子丰编写、第四章由孙玉学编写、第五章由张景富编写、第六章和第七章由刘永建编写、第八章和第九章由陈涛平编写、第十章由王常斌编写、第十一章一至四节由王常斌编写、第十一章五至七节由陈涛平编写、第十二章由赵子刚编写、第十三章一至二节由夏惠芬编写、第十三章三至四节由陈涛平编写、第十四章由赵子刚编写、第十五章由王立军编写、第十六章和第十七章由张丽囡编写。全书由陈涛平统稿。

在编写、试用及修改过程中，一直得到大庆石油学院翟云芳教授、张建群教授、李邦达教授及石油工程系许多教师的指导与帮助，同时还得到大庆油田许多工程技术人员的帮助与支持，在此一并表示感谢。

西安石油学院李琤教授和周春虎教授分别审阅了全书，并提出了许多宝贵的修改意见，给了编者极大的帮助，在此表示衷心的感谢。

由于编写人员水平有限，书中错误之处在所难免，诚恳欢迎使用本教材的师生和广大读者批评指正。

编者

1999年10月

目录

第一章　绪论 ... 1
- 第一节　钻完井工程介绍 ... 1
- 第二节　钻完井工程发展历程 ... 2
- 第三节　钻完井工程流程 ... 3

第二章　钻井工具 ... 6
- 第一节　钻头 ... 6
- 第二节　钻柱 ... 26
- 习题 ... 45
- 参考文献 ... 45

第三章　钻进参数优选 ... 46
- 第一节　钻速方程与钻头磨损方程 ... 47
- 第二节　钻进参数优选 ... 57
- 第三节　水力参数的优选 ... 61
- 习题 ... 77
- 参考文献 ... 78

第四章　井眼轨道设计与轨迹控制 ... 79
- 第一节　井眼轨迹的基本概念 ... 79
- 第二节　井眼轨道设计方法 ... 85
- 第三节　井眼轨迹测量及计算 ... 90
- 第四节　垂直井防斜技术 ... 95
- 第五节　定向井井眼轨迹控制技术 ... 100
- 习题 ... 110
- 参考文献 ... 111

第五章　油气井压力预测与控制 ... 112
- 第一节　地下压力特性 ... 113
- 第二节　地层—井眼系统的压力平衡 ... 130
- 第三节　油气井控基本概念 ... 134
- 第四节　地层流体的侵入及检测 ... 137
- 第五节　关井 ... 144
- 第六节　压井 ... 149
- 第七节　压力控制钻井 ... 160
- 习题 ... 166
- 参考文献 ... 167

第六章 固井 ……… 168
第一节 井身结构设计 ……… 169
第二节 套管柱设计 ……… 177
第三节 注水泥技术 ……… 192
习题 ……… 216
参考文献 ……… 216

第七章 完井技术 ……… 217
第一节 完井基本概念 ……… 217
第二节 完井方式及其选择 ……… 222
第三节 射孔工艺 ……… 252
第四节 完井井口装置及选择 ……… 264
习题 ……… 268
参考文献 ……… 268

富媒体资源目录

序号	名称	页码
1	视频 2-1-1 牙轮钻头结构及破岩原理	7
2	视频 2-1-2 PDC 钻头的破岩原理	23
3	视频 2-2-1 扭力冲击器工作原理	31
4	视频 2-2-2 螺杆钻具结构	32
5	视频 2-2-3 钻柱自转	38
6	视频 2-2-4 钻柱公转	38
7	视频 2-2-5 钻柱公转与自转相结合	38
8	视频 3-3-1 漫流对岩屑的横推作用	63
9	视频 3-3-2 射流对井底的破岩作用	64
10	视频 3-3-3 钻井液循环过程	66
11	视频 4-5-1 旋转导向钻井系统	105
12	视频 4-5-2 侧推钻头式造斜工具	105
13	视频 5-1-1 地下各种压力概念	113
14	视频 5-1-2 地层压力评价方法	119
15	视频 5-1-3 地层破裂压力及其预测	125
16	视频 5-2-1 地层—井眼系统的压力平衡关系	130
17	视频 5-3-1 井喷	135
18	视频 5-4-1 地层流体的侵入	137
19	视频 5-4-2 地层流体的征兆和检测	143
20	视频 5-5-1 关井方式及选择	146
21	视频 5-5-2 U形管原理	147
22	视频 5-5-3 关井立管压力与套管压力的确定	148
23	视频 5-6-1 压井钻井液密度计算	151
24	视频 5-6-2 侵入流体的判别	151
25	视频 5-6-3 司钻法压井特点及工序	154
26	视频 5-6-4 工程师法压井特点及工序	157
27	视频 5-7-1 欠平衡钻井	160
28	视频 5-7-2 控压钻井设备和流程	165
29	视频 6-1-1 套管的类型	169
30	视频 6-3-1 注水泥技术	192
31	视频 6-3-2 固井工艺流程	208
32	视频 7-1-1 钻开储层	218

续表

序号	名称	页码
33	视频 7-1-2 油气井的完井原则及完井井底结构类型	220
34	视频 7-2-1 裸眼完井	222
35	视频 7-2-2 射孔完井	225
36	视频 7-2-3 防砂完井	231
37	视频 7-2-4 常用垂直井完井方法适用的地质条件	238
38	视频 7-3-1 射孔完井	252
39	视频 7-4-1 完井井口装置	264

第一章

绪论

第一节 钻完井工程介绍

在石油勘探和油气田开发的各项任务中,钻井起着十分重要的作用。诸如寻找和证实含油气构造、获得工业油流、探明已证实的含油(气)构造的含油气面积和储量、取得有关油气田的地质资料和开发数据、将原油从地下抽取到地面上来等,无一不是通过钻井来完成的。钻井是勘探与开采石油及天然气资源的一个重要环节,是勘探和开采石油的重要手段。

石油勘探和开发过程是由许多不同性质、不同任务的阶段组成的。在不同阶段,钻井的目的和任务不一样。有的阶段是为了探明储油构造;有的阶段是为了开发油田、开采原油。因此,油气井一般定义为以勘探和开发石油、天然气等地下资源及获取地下信息为目的,在地层中钻出的具有一定深度的圆柱形孔眼。为了适应不同阶段、不同任务的需要,钻井的种类可分为以下几种。

① 基准井:在区域普查阶段,为了了解地层的沉积特征和含油气情况、验证物探成果、提供地球物理参数而钻的井。基准井一般钻到基岩并要求全井取心。

② 剖面井:在覆盖区沿区域性大剖面所钻的井。目的是揭露区域地质剖面,研究地层岩性、岩相变化并寻找构造。剖面井主要用在区域普查阶段。

③ 参数井:在含油气盆地内,为了了解区域构造、提供岩石物性参数所钻的井。参数井主要用在综合详查阶段。

④ 构造井:为了编制地下某一标准层的构造图、了解其地质构造特征、验证物探成果所钻的井。

⑤ 探井:在有利的集油气构造或油气田范围内,为了确定油气藏是否存在、圈定油气藏的边界,并对油气藏进行工业评价及取得油气开发所需的地质资料而钻的井。各勘探阶段所钻的井又可分为预探井、初探井、详探井等。

⑥ 资料井:为了编制油气田开发方案或在开发过程中为某些专题研究取得资料数据而钻的井。

⑦ 生产井:在进行油气田开发时,为开采石油和天然气而钻的井。生产井又可分为产油井和产气井。

⑧ 注水(气)井:为了提高采收率及开发速度而对油田进行注水(气)以补充和合理利用地层能量所钻的井。专为注水或注气而钻的井称为注水井或注气井,有时统称注入井。

⑨ 检查井：油气田开发到某一含水阶段，为了搞清各油气层的压力和油、气、水分布状况，以及剩余油饱和度的分布和变化情况，了解各项调整挖潜措施的效果而钻的井。

⑩ 观察井：油气田开发过程中，专门用于了解油气田地下动态，如观察各类油气层的压力、含水变化规律和单层水淹规律等而钻的井。观察井一般不担负生产任务。

⑪ 调整井：油气田开发中、后期，为进一步提高开发效果和最终采收率而调整原有开发井网所钻的井（包括生产井、注入井、观察井等）。这类井的生产层压力或因采油后期呈现低压，或因注入井保持能量而呈现高压。

整个油田的开发过程分为勘探、建设、生产等阶段。各阶段互相联系，而且都需要进行大量的钻井工作。高质量、快速和高效率钻井是开发油气田的重要手段。

第二节　钻完井工程发展历程

钻井除在石油工业中应用以外，在国民经济建设中也得到了广泛应用。例如，在探矿、水文地质、铁路、水力及各类基本建设等部门也常利用钻井方法取得有关资料，并将钻井技术用在工程施工中。在远古时代，人类为生存和取得地下资源就开始掘井。钻井技术的发展一般可分为人工掘井、人力冲击钻、机械顿钻（冲击钻）、旋转钻四个阶段。我国在利用钻井开发地下资源方面有着悠久的历史。据记载，早在两千多年前在四川就已经钻凿了盐井，并发明了冲击钻，其基本原理至今仍为人们所利用。在北宋时代，人力绳索式顿钻方法得到了发展。1521年钻凿了油井和火井（天然气井）。1835年在四川钻成了深达1200m的火井，这是当时世界上最深的井。一般认为机械顿钻（1859年）是现代石油钻井的开始。1901年发展了旋转钻井方法，以转盘带动钻柱、钻头破碎井底岩石并循环钻井液以清洁井底。1923年苏联工程师研究出涡轮钻具，并从20世纪40年代开始得到广泛应用。此后，又出现了电动钻具和螺杆钻具，统称为井下动力钻具，它们在钻定向井中具有特殊的优越性。

到目前为止，旋转钻井方法仍是石油钻井的主要方法。随着现代科学技术的发展，旋转钻井工艺技术也得到了迅速发展，其特点是：（1）从经验钻井发展到科学化钻井；（2）从浅井、中深井发展到深井、超深井；（3）从直井（垂直井）、定向井发展到大斜度定向井、丛式井、水平井；（4）从陆地钻井发展到近海和深海钻井。

国外钻井科技工作者将旋转钻井技术的发展分为以下四个时期：

① 概念时期（1901—1920年）——开始将钻井和洗井结合在一起，并使用了牙轮钻头和注水泥封固套管工艺技术。

② 发展时期（1920—1948年）——牙轮钻头、固井工艺、钻井液等得到进一步发展，同时出现了大功率钻井设备。

③ 科学化钻井时期（1948—1969年）——开展了大量的研究工作，研究钻井工艺中的内在规律，使钻井技术有了迅速发展。其主要技术成就有：水功率的充分利用（喷射钻井）；镶齿、滑动密封轴承钻头；低固相、无固相不分散体系钻井液及固相控制；钻进参数优选；地层压力检测、井控技术及平衡压力钻井技术等。

④ 自动化钻井时期（1969年至今）——发展了钻井参数自动测量、综合录井、随钻测量技术；计算机在钻井中得到广泛应用；优化钻井、自动化钻机、井口机械化及自动化工具、井眼轨迹遥控及自动闭环控制等新技术、新工艺、新设备也应运而生。

近些年来，发展了小直径井、大位移井、分支井、欠平衡压力钻井和连续管钻井。这些工艺技术的发展都有利于提高钻井效率，从而提高油田产量和采收率。

第三节 钻完井工程流程

在石油钻井中，尽管钻井目的不同，井的深浅各异，但无论是在陆地上还是在海上，目前都是用旋转方法钻井，包括转盘旋转钻井、井下动力旋转钻井及顶部驱动旋转钻井。

一口井的建井过程从确定井位到最后试油、投产，要完成许多作业，按其顺序可分为三个阶段，即钻前准备、钻进、固井与完井，而每个阶段又包括许多具体工艺作业。

一、钻前准备

在确定井位、完成井的设计后，钻前工程是钻井施工中的第一道工序，它主要包括以下四步。

① 修公路：修建通往井场的运输用公路，以便运送钻井设备及器材等。

② 井场及设备基础准备：根据井的深浅、设备的类型及设计要求来平整场地，进行设备基础施工（包括钻机、井架、钻井泵等的基础）。

③ 钻井设备搬运及安装：包括设备就位、找正、调整、固定；钻井循环管线和油、气、水、保温管线及罐、保温锅炉的安装等。

④ 井口设备准备：包括挖圆井（或不用）、下导管并封固、钻鼠洞及小鼠洞等。

二、钻进

钻进是将一定压力作用在钻头上，带动钻头旋转使之破碎井底岩石，井底岩石破碎后所产生的岩屑通过循环钻井液携带到地面上来的过程。在钻头上施加压力是利用部分钻柱（钻铤）的重力来完成的，钻头的旋转是由转盘或顶驱动力水龙头带动钻柱及钻头旋转来实现的。在使用井下动力钻具时，钻柱不旋转。在钻进过程中，只要钻具在井内，就应不断循环钻井液以免造成井下事故。

在钻进中，钻头不断破碎岩石，井眼逐渐加深，则钻柱也需要接长，因而需要不断接钻杆（接单根）。

由于钻头在井底破碎岩石，故钻头会逐渐磨损，机械钻速下降，当钻头磨损到一定程度时则需要更换新钻头。为此，须将全部钻柱从井内起出（起钻），更换新钻头后再将新钻头及全部钻柱下入井内（下钻），这一过程称为起下钻。有时为了处理事故、测井等也需要进行起下钻作业。

在钻井过程中，井眼不断加深，所形成井眼的井壁应当保持稳定、不发生复杂情况，以保证继续钻进。在钻进中要钻穿各种地层，而各地层的特点不同，其岩石强度有高有低。有的地层含有高压水、油、气等流体，有的含有盐、石膏、芒硝等成分，这些对钻井液都有不良影响。强度低的地层会发生坍塌或被密度大的钻井液压裂等复杂情况，妨碍继续钻进，这就需要下入套管并注入水泥予以封固，然后用较小的钻头继续钻出新的井段。改变钻头尺寸（井眼尺寸），开始钻新的井段的工艺称为开钻。一般情况下，在一口井的钻进过程中应有几次开钻。井深和地层情况不同，则开钻次数也不同。其基本工艺过程如下。

第一次开钻（一开）：从地面钻出较大井眼，到一定设计深度后下表层套管。

第二次开钻（二开）：从表层套管内用较小一些的钻头继续钻进。若地层不复杂，则可直接钻到目的层后下油层套管完井；若地层复杂，很难用钻井液控制，则要下技术套管。

第三次开钻（三开）：从技术套管内用再小一些的钻头往下钻进。根据情况，或可一直钻达预定井深，或再下第二层、第三层技术套管，再进行第四次、第五次开钻。直到最后钻达目的地层深度，下油层套管，进行固井、完井作业。

三、固井与完井

固井是在已钻成的井眼内下入套管，然后在套管与井壁之间的环形空间内（在套管的下段部分或全部环空）注入水泥浆，将套管和地层固结在一起的工艺过程。固井可以防止发生复杂情况以保证安全钻进下一段井眼（对表层套管、技术套管）或保证顺利开采生产层的油、气（对油层套管）。套管柱的上部在地面用套管头予以固定。

完井工程包括钻开生产层，确定油气层和井眼的连通方式（即完井井底结构），确定完井的井口装置及有关技术措施。完井井底结构可分为四类，即封闭式井底、敞开式井底、混合式井底和防砂完井等，它们分别适应不同的油气层条件。完井作业还包括下油管、装油管头和采油树，然后进行替喷、诱导油流使油气进入井眼，以便进行采油生产。

另外，在整个油井的建井过程中还需进行岩屑录井及电测、气测等录井工作，必要时要取心。探井在钻到油层时要进行钻杆测试工作。石油钻井建井过程如图1-1-1所示。

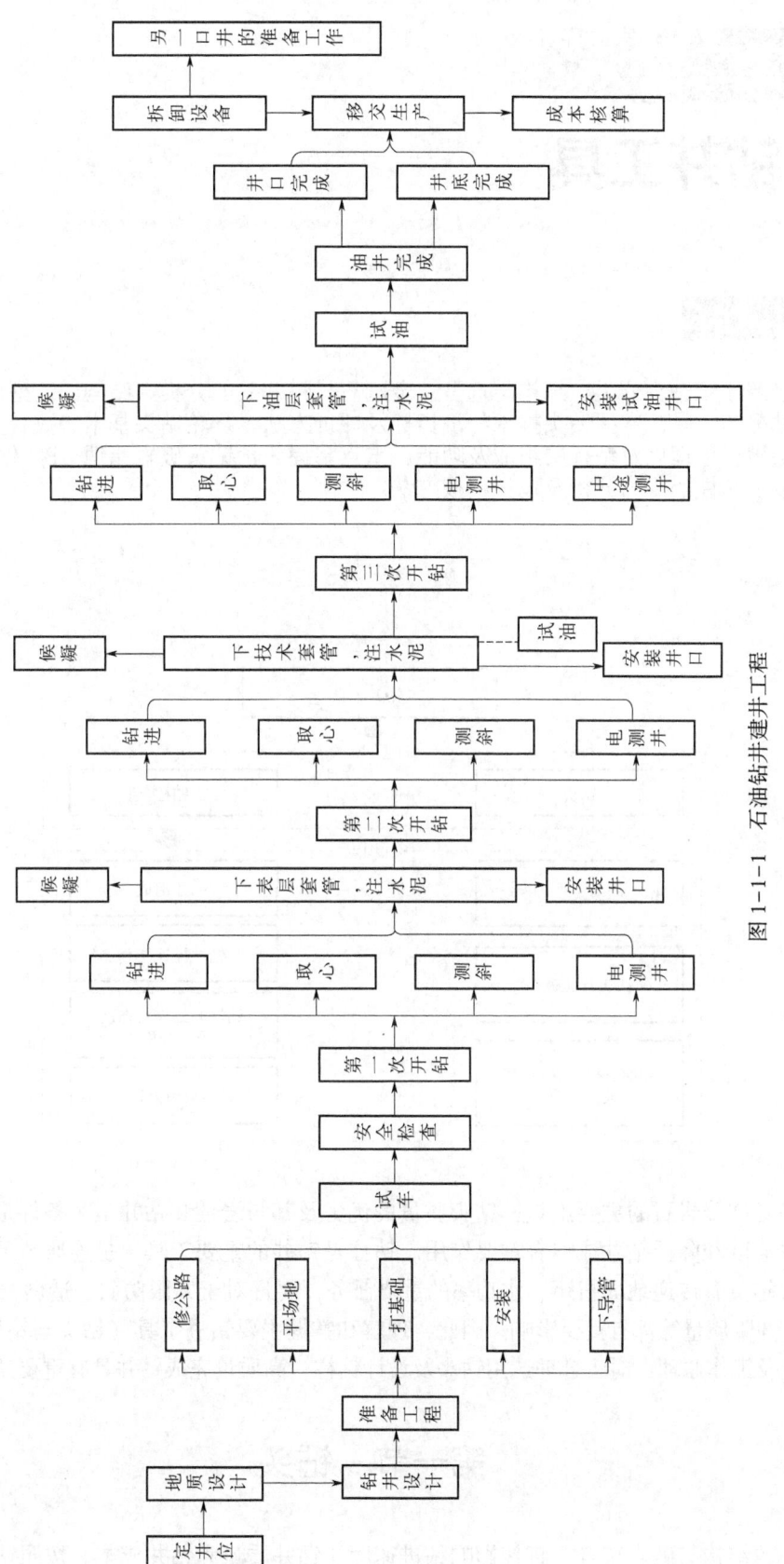

图 1-1-1 石油钻井建井工程

第二章 钻井工具

本章要点

了解牙轮钻头分类、结构与选型，金刚石材料钻头的分类、结构与选型以及常用的钻井提速工具；掌握钻头技术经济指标及评价方法、牙轮钻头基本参数、天然金刚石钻头破岩原理以及钻柱的组成及功能。重点掌握牙轮钻头破岩原理、PDC钻头破岩原理以及钻柱的受力分析及设计校核方法。

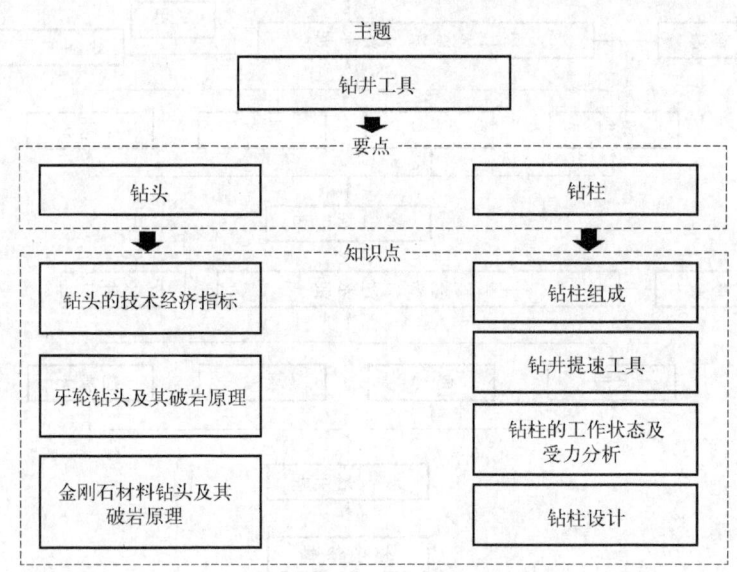

钻头是破碎岩石的主要工具，钻头质量的优劣及其与岩性和钻井工艺条件是否适应，对提高钻井速度和降低钻井成本有重要作用。钻柱是钻井的重要工具，是连通地下与地面的枢纽，不仅担负着传递地面扭矩、水功率的重要任务，而且对于井眼防斜、造斜（降斜）及钻进速度、井眼质量等都有重要影响。因此，理解和掌握主要钻进工具（钻头与钻柱）的组成、结构特点及工作原理，对于合理选用钻头及设计钻柱，高质量完成钻井具有重要意义。

第一节 钻头

钻头的结构与破岩特点，直接影响钻进速度、钻井质量和钻井成本。按照钻头结构及工作原理区分，目前石油钻井中使用的钻头种类主要包括牙轮钻头、金刚石钻头和 PDC 钻头。本节重点介绍上述钻头的结构及类型、工作原理及钻头选用等方面的基础知识，为正确选择及使用钻头、改进钻头结构设计奠定基础。

一、钻头的技术经济指标

评价钻头工作性能的技术指标有钻头进尺、工作寿命、机械钻速和单位进尺成本等。钻头进尺是指一只钻头钻进的井眼总长度。钻头工作寿命是指一只钻头的累积使用时间。机械钻速是指一只钻头的进尺与工作寿命之比。

$$v_{\mathrm{pe}} = \frac{H}{t} \tag{2-1-1}$$

式中　v_{pe}——机械钻速，m/h；
　　　H——钻头进尺，m；
　　　t——钻头工作寿命，h。

钻头单位进尺成本的计算公式为

$$C = \frac{C_{\mathrm{b}} + C_{\mathrm{r}}(t + t_{\mathrm{b}})}{H} \tag{2-1-2}$$

式中　C——钻头单位进尺成本，元/m；
　　　C_{b}——钻头成本，元；
　　　C_{r}——钻机作业费，元/h；
　　　t——接单根、起下钻时间，h；
　　　t_{b}——钻头工作时间，h。

目前，多以钻头单位进尺成本为指标来综合评价钻头工作性能的好坏。

二、牙轮钻头及其破岩原理

视频 2-1-1
牙轮钻头结构及破岩原理

牙轮钻头是石油钻井中使用较多、适应性较强的钻头之一（视频 2-1-1）。按钻头上牙轮的个数可将牙轮钻头分为单牙轮钻头、两牙轮钻头、三牙轮钻头和四牙轮钻头，其中三牙轮钻头是使用最多的。

1. 牙轮钻头的结构

常用的牙轮钻头为三牙轮钻头，其结构如图 2-1-1 所示。钻头上部车有螺纹，供与钻柱连接用；牙爪（也称巴掌）上接壳体，下带牙轮轴（轴颈），牙轮装在牙轮轴上，牙轮带有牙齿，用以破碎岩石；每个牙轮与牙轮轴之间都有轴承；水眼是钻井液的流动通道；储油密封补偿系统储存并向轴承腔内补充润滑油脂，同时可以防止钻井液进入轴承腔和防止漏失润滑油脂。

牙轮是用合金钢（一般为 20CrMo）经过模锻而制成的锥体，牙轮锥面或铣出牙齿（铣齿钻头）或镶装硬质合金齿（镶齿钻头），牙轮内部有轴承跑道及台肩，牙轮外锥面具有两种至数种锥度。单锥牙轮仅由主锥和背锥组成，复锥牙轮由主锥、副锥和背锥组成，有的可能有两个副锥。

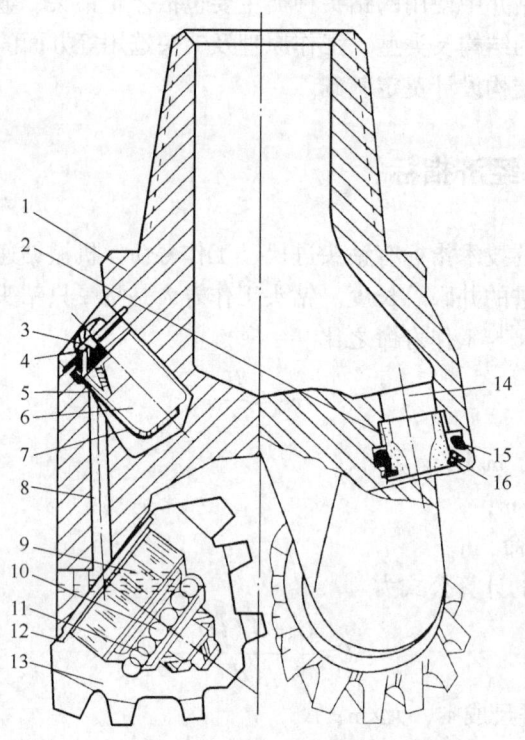

图 2-1-1　铣齿密封滚动轴承喷射式三牙轮钻头

1—牙爪；2—喷嘴；3—传压孔；4—压盖；5—压力补偿膜；6—储油腔；7—护膜杯；8—长油孔；9—滚柱；
10—滚珠；11—衬套；12—密封圈；13—牙轮；14—水眼；15—O 形环；16—卡簧挡圈

牙轮钻头的牙齿按材料不同分为铣齿或镶齿两大类。

铣齿牙轮钻头的牙齿是由牙轮毛坯经铣削加工而成，主要是楔形齿，齿的结构参数包括齿高、齿宽、齿距。一般软地层牙轮钻头的齿高、齿宽、齿距都较大，而硬地层则相反。铣齿牙轮钻头为达到保径要求，一般将外排齿制成"Π"形、"T"形或"L"形，并在齿的工作面上敷焊硬质合金以提高齿的耐磨性，同时在背锥部位也敷焊硬质合金层以达到保径的目的。铣齿牙轮钻头的牙齿虽敷焊硬质合金层，但其耐磨性仍不能完全满足钻井破岩要求，特别是在坚硬、研磨性强的地层中，使用寿命很低。

镶齿牙轮钻头是在牙轮上钻出孔后，将硬质合金材料制成的齿镶入孔中。硬质合金主要以碳化钨粉末为骨架金属、钴粉末为黏结剂，用粉末冶金方法压制、烧结而成的。镶齿牙轮钻头广泛应用于软地层、中硬地层及坚硬地层。

硬质合金齿的形状即通常所称的齿形，对钻头的机械钻速和进尺有很大影响。齿的体部都是圆柱体，它是镶进牙轮壳体齿孔内的部分。齿形是指露出在牙轮壳体以外部分的形状及高度。确定齿形的主要依据是岩石性能，同时必须考虑齿的材料性质、强度、镶装工艺等。国内外常见的硬质合金齿的齿形有球形、尖卵形、偏顶勺形、勺形、圆锥形、楔形、锥勺形及边楔形等形状，分别适用于不同岩性的地层或作为保径齿使用。

牙轮钻头轴承由牙轮内腔、轴承跑道、牙掌轴颈、锁紧元件等组成。轴承副有大轴承、中轴承、小轴承和止推轴承四个。根据轴承的密封与否，牙轮钻头轴承可分为密封和非密封两类。根据轴承副的结构，牙轮钻头轴承分为滚动轴承和滑动轴承两大类。

牙轮钻头的储油润滑和密封系统既能保证轴承得到润滑，又可以有效地防止钻井液及岩屑进入钻头的轴承内，大幅度地提高了轴承以及钻头的使用寿命。

钻头水眼是钻井液流出钻头射向井底的流道。普通钻头（非喷射式）水眼是在钻头体的适当位置开孔并焊上水眼套。喷射式钻头在水眼处装有硬质合金喷嘴，喷嘴是可拆卸的，在钻头使用前选定适合于使用条件内径的喷嘴安装到钻头上，钻头使用后喷嘴还可卸下重复使用。

2. 牙轮钻头破岩基本原理

牙轮钻头在井底对岩石的破碎作用是与其运动规律紧密相关的。因此，要研究牙轮钻头的破岩原理，就必须从分析其运动规律入手。

1) 钻头在井底的复合运动

假设刚性钻头在平整刚性的井底（牙齿不吃入岩石）做等角速度旋转（钻头及牙轮），沿牙轮与井底接触面的母线上压力分布是均匀的。由于钻头在运动过程中受到井底岩石对钻头牙齿的摩阻力，钻头牙轮要向钻头前进时相反的方向旋转。因此，钻头与井底接触母线上任意点的实际运动速度应为该点随钻头运动所产生的速度（称为牵连速度）与该点随牙轮旋转所产生的速度（称为相对速度）的矢量和（称为绝对速度），各速度分布规律如图2-1-2所示。图中，v_{ba}、v_{ca}分别为钻头外缘 a 点相应的牵连速度和相对速度；v_{bx}、v_{cx}分别为钻头或牙轮与井底接触母线上任意点 x（相当于钻头直径 d_{bx} 及牙轮直径 d_{cx}）处的牵连速度和相对速度；v_s 为轮齿相对于岩石的运动速度即绝对速度。

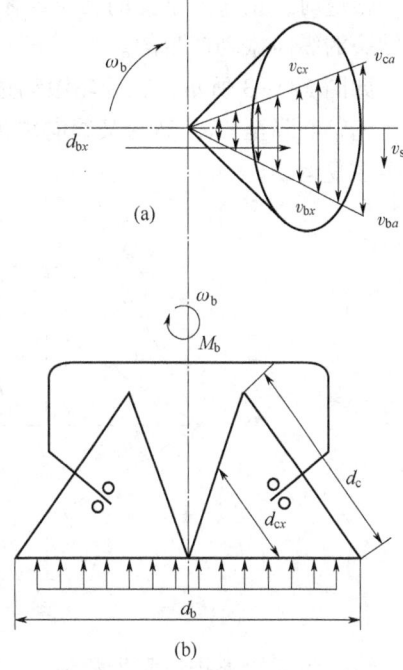

图 2-1-2　牙轮钻头复合运动

若钻头直径为 d_b，牙轮直径为 d_c，钻头公转速度为 n_b，牙轮绕牙轮轴自转转速为 n_c，则

$$v_{ba} = \frac{\pi d_{ba} n_b}{60} \quad (2\text{-}1\text{-}3)$$

$$v_{bx} = \frac{\pi d_{bx} n_b}{60} \quad (2\text{-}1\text{-}4)$$

$$v_{ca} = \frac{\pi d_{ca} n_c}{60} \quad (2\text{-}1\text{-}5)$$

$$v_{cx} = \frac{\pi d_{cx} n_c}{60} \quad (2\text{-}1\text{-}6)$$

$$\boldsymbol{v}_{sx} = \boldsymbol{v}_{bx} + \boldsymbol{v}_{cx} \quad (2\text{-}1\text{-}7)$$

在井底无滑动情况下，$v_{ba} = v_{ca}$，$v_s = 0$，牙轮与钻头转速比为 $i = \dfrac{n_c}{n_b} = \dfrac{d_b}{d_c} = 1.5$。

但在一般情况下，$d_{bx} n_b \neq d_{cx} n_c$，所以 $v_{bx} \neq v_{cx}$，由此产生了相对于岩石的滑动切削速

度，即 $v_s \neq 0$。需要说明的是，v_{sx} 沿轮齿与井底接触母线的分布规律取决于 v_{bx} 与 v_{cx} 的分布规律。由于 v_b 可能不是切线方向的，所以 v_s 也可能不是切线方向的。

上述三个运动都是发生在井底平面上的圆周运动。实际上，由于钻头及牙轮的圆周运动，使得钻头轮齿在不断进行着单齿与双齿交替接触井底的变化，致使轮轴轴心位置不断地升高和降低，由此轮轴和整个钻头随着牙轮的滚动过程就产生了垂直于井底平面的纵向振动，这种纵向振动造成了轮齿的动压入作用。可见，在钻头旋转过程中，以上四种运动是复合在一起同时产生的。此外，实际钻进地层时，整个钻头还要参与向下的运动。

2）钻头的冲击和压碎作用

钻进时，钻头上承受的钻压经牙轮作用在岩石上。除此静载以外还有冲击载荷，这是由于钻头的纵向振动产生的。

如图 2-1-3 所示，在牙轮滚动过程中，当单齿着地时，轮轴心在 O 点，滚至双齿着地时，轮轴心降至 O_1，然后又滚向单齿着地。如此交替变换，钻头随牙轮轴心高低的位移而产生往复运动。

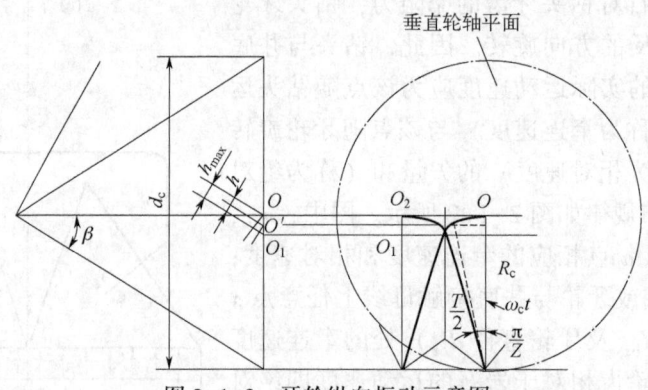

图 2-1-3　牙轮纵向振动示意图

设钻头牙轮外排齿圈齿数为 Z，则纵振频率 f、纵振周期 T 分别为

$$f = \frac{n_b d_b Z}{60 d_c} \tag{2-1-8}$$

$$T = \frac{1}{f} \tag{2-1-9}$$

钻头上下往复一次为一周期，由单齿着地和双齿着地之间所耗费的时间为 $T/2$。T 为牙齿与岩石接触的时间，它必须大于破碎岩石所需的时间才能提高破碎效率。

设牙轮轴线与水平面的夹角为 β，牙轮半径为 R_c，以单齿着地时（轴心在 O 点）为研究起点（$t=0$，$h=0$），经过时间 t，当牙轮转过 $\omega_c t$ 角后（ω_c 为牙轮的角速度），轮心移到 O' 点，此时钻头的纵向位移 h 为

$$h = 2R_c \sin^2\left(\frac{\omega_c t}{2}\right) \cos\beta \tag{2-1-10}$$

当 $\omega_c t = \pi/Z$ 时，h 达到最大值（轮心在 O_1 点），即

$$h_{\max} = 2R_c \sin^2\left(\frac{\pi}{2Z}\right) \cos\beta \tag{2-1-11}$$

可见，最大纵向位移与牙轮半径 R_c 成正比，与齿数成反比。

纵振速度 v_v 则可表达为

$$v_v = \frac{dh}{dt} = R_c \omega_c \sin\omega_c t \cos\beta \tag{2-1-12}$$

当 $\omega_c t = 0$ 时，$v_v = 0$；当 $\omega_c t = \pi/Z$ 时，v_v 最大，即

$$v_{vmax} = R_c \omega_c \sin\frac{\pi}{Z}\cos\beta \approx R_c \frac{\omega_c \pi}{Z}\cos\beta \tag{2-1-13}$$

可见，牙轮的半径越大，转速越高，齿数越少，则冲击速度越大。

牙轮钻头的牙齿破碎岩石时，不仅依靠静钻压 W_s，还依靠钻头纵向振动而使牙齿以最大速度 v_{vmax} 冲向岩石所产生的冲击载荷 W_i。当钻头牙齿与岩石接触时，最大载荷 W_{max} 为

$$W_{max} = W_s + W_i \tag{2-1-14}$$

然而实际钻进过程中，井下情况十分复杂，冲击载荷很难进行精确计算。实践表明，井底振动除有单双齿交替接触井底所引起的较高频率振动外，还有低频率、振幅较大的振动，这是由于井底不平和有凸台所引起的。

钻头工作时，所产生的冲击载荷虽有利于破碎岩石，但是也会使钻头轴承过早损坏，使轮齿特别是硬质合金齿崩碎，从而使钻柱处于不利的工作条件。因此，在钻进中，特别是钻硬岩层时要使用减振器，以减少冲击载荷的影响。

3) 牙齿对地层的剪切作用

为了提高牙轮钻头对中硬和软岩层的破碎效率，除了要求牙齿对井底岩石有压碎、冲击作用外，还要求有一定的剪切作用。剪切作用主要是通过牙轮在井底滚动的同时还产生轮齿对井底岩石的滑动来实现的。产生滑动的主要因素有三个，即超顶、复锥和移轴。当牙轮锥顶不与钻头轴线重合时就有滑动产生。

（1）超顶引起的滑动

如图 2-1-4 所示，牙轮锥顶超过钻头中心 Ob，$Ob = c$ 即牙轮超顶距。这样由钻头 ω_b 所决定的 v_b 在接触母线 aO 一段的方向是向前，而 Ob 一段的方向是向后。v_{bx} 呈直线分布，在钻头中心处 $v_{bO} = 0$。v_{cx} 也是直线分布的，方向是在 ab 母线后方。在 b 点 $v_{cb} = 0$，这样在 bO 段合成一个向后的滑动速度 v_{sx}，此时牙轮受到一滑动阻力 P_s（其方向与滑动方向相反），因而有滑动阻力矩 $M_s(-) = P_s R$，该力矩使牙轮的角速度 ω_c 减慢。由于牙轮角速度降低，则在 aO 段由 v_b 和降低的 v_c 合成一个向前的滑动速度 v_s。同样在 aO 段也会受到一个滑动阻力矩 $M_s(+)$，方向与前面的 $M_s(-)$ 相反。$M_s(+)$ 平衡了 $M_s(-)$，使 $\Sigma M_s = 0$，于是牙轮角速度便稳定在一个新的数值（ω_c = 常数）下。牙齿相对于岩石的滑动速度即绝对速度，由 v_{bx} 和 v_{cx} 合成，如图中的 v_s 为一直线，它与 ab 交于 M 点。M 点称为纯滚动点，$v_s = 0$ 即无滑动，只有滚动。在 M 点两侧的滑动方向是不同的，aM 段滑动方向是向前的，而 bM 段是向后的。

可见，超顶产生切线方向滑动，滑动速度大小与超顶距 c 成

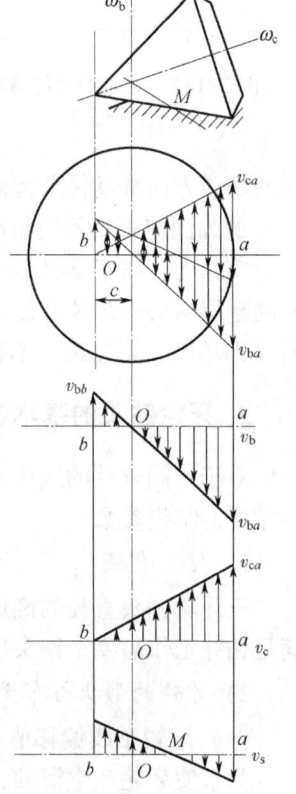

图 2-1-4 超顶产生的滑动

正比。存在一个纯滚动点，在该点两侧的滑动方向相反。

（2）复锥引起的滑动

复锥牙轮包括主锥（锥顶角 $2\varphi_1$）和副锥（锥顶角 $2\theta_2$），如主锥顶与钻头中心重合则副锥顶必是超顶的。如前所述，超顶会引起切线方向滑动，所以复锥同样会产生切线方向滑动。

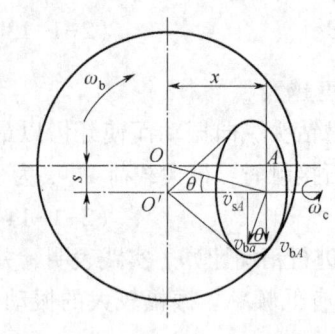

（3）移轴引起的滑动

图 2-1-5 中 O 点为钻头轴线的水平投影。O' 点为牙轮锥顶，其轴线相对于钻头中心平移了一段距离 s，$s = OO'$，s 称为偏移值。当牙轮做公转时，牙轮与岩石接触母线上任一点 A 的线速度为 $v_{bA} = OA\omega_b$，v_{bA} 的方向垂直于 OA，它可以分解为垂直于 v_{bA} 轴的分速度 $v_{bA'}$ 和沿牙轮轴方向的分速度 v_{sA}，即 $v_{bA} = v_{bA'} + v_{sA}$，而 $v_{sA} = v_b\sin\theta = \omega_b s$，$v_{bA'} = v_b\cos\theta = \omega_b x$，在牙轮锥顶 O' 点处，因 OO' 与牙轮轴垂直，即 $\theta = 90°$，所以 $v_{cO'} = 0$，$v_{sO'} = \omega_b s$。

可见，$v_{sA} = v_{sO'} = v_s$，整个牙轮相当于一个刚体，在接触母线上各点同时产生沿牙轮轴向的滑动速度 v_s。垂直轮轴的切线速度 v_{bA} 是随 A 点位置而呈直线分布。因此，移轴牙轮只产生沿牙轮轴向滑动，滑动量的大小和偏移值 s 成正比。

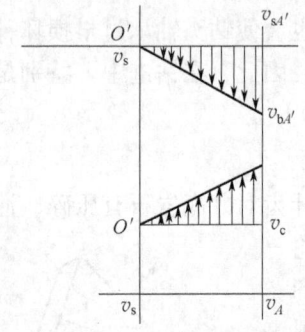

图 2-1-5 移轴产生的滑动

以上分别定性地分析了移轴、超顶和复锥所引起的牙齿滑动情况。由移轴引起的轴向滑动可以剪切掉齿圈之间的岩石，而超顶和复锥所引起的切线方向滑动可以剪切掉同一齿圈相邻牙齿破碎坑之间的岩石，牙齿的滑动虽然可以剪切井底岩石以提高破碎效率，但也相应地使牙齿磨损加剧。移轴引起的轴向滑动使牙齿的内端面部分磨损，而超顶和复锥引起的切线方向滑动使牙齿侧面磨损（具体磨损哪一面视滑动方向而定）。因此，牙齿（铣齿）的加固应根据不同情况分别对待。

实际上，对于钻极软到中硬地层的钻头，一般是兼有移轴、超顶和复锥的，一部分中硬或硬地层钻头有超顶和复锥，对于极硬和研磨性很强的地层，所用的钻头是纯滚动而无滑动的（即单锥、不超顶、不移轴）。

3. 牙轮钻头的基本参数

对于不同岩性的地层，钻头应能够以最适合的破碎方式钻进，在设计、制造钻头时要选择相应的结构参数。

1）钻头直径

三牙轮钻头直径的确定应从钻井工作的发展及油田实际情况出发，以最小的尺寸系列来满足钻井工作需要。钻头尺寸与井身结构密切相关，所以它应与套管的尺寸系列相互适应。

2）牙轮的形状与布置

（1）牙轮轴线偏移值

为了使牙轮产生滑动，常使牙轮轴线沿钻头旋转方向平移一段距离或使牙轮轴相对于钻头径向偏转一个角度。牙轮轴线的偏移值应根据岩层的特性来定。一般来说，对于低硬度、高塑性的岩层，偏移值要大；对于高硬度、低塑性的岩层，偏移值则要小；对于研磨性的硬地层和极硬地层，钻头偏移值应为零。表示包括钻头直径 d_b 因素在内的某一类型钻头偏移值 s 的大小常用偏移系数 μ 来表示（$\mu=s/d_b$）。钻头偏移值的大小除了用 s 表示外，也可用偏移角的大小来表示，还可用偏移后牙轮轴线所交成的三角形内切圆半径 r 来表示（实际上 $r=s$）。

(2) 牙轮轴线与钻头轴线夹角

牙轮轴线与钻头轴线夹角 β 如图 2-1-6 所示。β 角的大小影响给予牙轮的空间体积大小和轴承受力状况。β 角增大时，相邻两牙轮的夹角也增加，因而牙轮体积可加大；β 角减小时，则相反。一般 β 角为 51°~59°，软地层钻头 β 角较大，硬地层钻头 β 角较小。

(3) 牙轮的几何形状

牙轮的几何形状应能在有限的空间内尽量加大牙轮的体积，这样可以加大轴承的尺寸，使轴承有较大的工作能力，并保证轮壳有足够的厚度以免断裂。同时在牙轮的外表面也可以布置更多的牙齿，以延长切削部分的使用寿命。从破碎岩石角度考虑，对硬地层使用单锥牙轮，使牙轮在井底为纯滚动而无滑动；对软到中硬地层则采用复锥牙轮，使牙轮产生切向滑动以利于破碎岩石。复锥牙轮还可增大牙轮的体积，有时为了加大轴承尺寸也使用复锥牙轮。

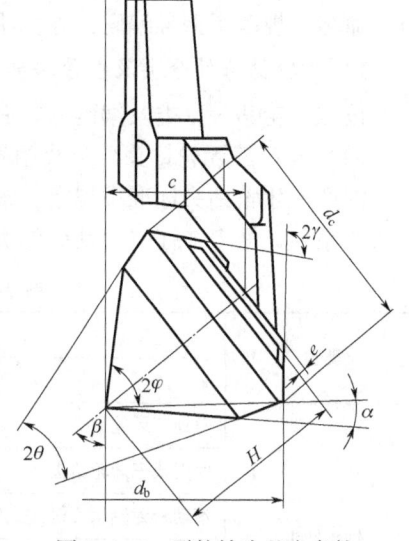

图 2-1-6　牙轮钻头基本参数

牙轮的几何形状尺寸包括主锥角（2φ）、副锥角（2θ）、牙轮总高（H）、牙轮最大外径（d_c）以及背锥角（2γ），如图 2-1-6 所示。

确定牙轮的布置方案时，除了必须着重考虑牙轮及牙齿对井底的破碎效果外，还要考虑到相邻牙轮牙齿之间的啮合和牙轮钻头对井壁的切削和修整作用。牙轮背锥及外排齿在钻进过程中，既要能够保持钻头规径尺寸，又要保证所钻成的井壁光滑整齐。决定牙轮布置的主要参数是偏移值 s、超顶距 c、β 角和背锥角 2γ 等。

牙轮的布置有下述几种方案：

① 牙轮轴线、主锥母线交于钻头中心线，主锥不超顶。牙轮在井底的运动属于纯滚动而无滑动，牙轮的齿圈不与相邻牙轮齿圈相啮合，确定齿宽时不受相邻牙轮齿圈的限制，但各牙轮间要保持一定的间隙，牙轮的尺寸必须适当缩小，因而牙轮体积较小，这种布置方案适合于硬地层钻头。

② 牙轮轴线交于钻头轴线，但主锥超顶。由于超顶可使各牙轮牙齿互相啮合，因而牙轮可以自洗，它有助于消除泥包现象。这种布置的牙轮在井底有滑动（切向滑动）时，由于相邻牙轮齿圈之间有间隙，所以会形成井底环状突起，但在钻进软地层时影响不大。这种布置方案适于软及中硬地层钻头。

③ 牙轮轴线偏移，牙轮可自洗。由于移轴可使牙轮产生轴向滑动，使井底不留环状突起，故可以消除上一方案的缺点，它适合于软及中硬地层的钻头。

3）牙轮上牙齿的布置

① 在钻头每转一周中，牙齿应全部破碎井底。同时只有各牙轮的各齿圈合理分工，才能获得高的机械钻速，保证井底岩石不遗留未破碎圈。

② 牙轮在重复滚动时应使牙齿不致落入别的齿已破碎的旧坑内。因此应使钻头转动一周每个齿圈在井底滚动的周长与齿距之比值不为整数，且各齿圈之距不应大于井底破碎坑之宽。

③ 各牙轮齿圈上的牙齿数应使每齿均匀地承担破碎井底岩石的任务。因此，外圈齿数应多些，内圈齿数可少些。

4. 牙轮钻头的分类与选型

为方便和规范使用者合理地选择适合类型的钻头，国内外对牙轮钻头都进行了系统的分类、命名，规范了型号编码，并标明了所适用的地层，为钻头管理及选型提供了依据。

1) 牙轮钻头的分类及型号编码

按照牙轮钻头分类及编码方式有国产三牙轮钻头分类法和IADC牙轮钻头分类法。

（1）国产三牙轮钻头分类及型号表示法

国产三牙轮钻头标准中规定，根据钻头结构特征，钻头分为铣齿钻头、镶齿钻头两大类共八个系列，见表2-1-1。钻头的类型及适用地层见表2-1-2。

表2-1-1 国产三牙轮钻头系列

类别	系列名称		代号
	全称	简称	
铣齿钻头	普通三牙轮钻头	普通钻头	Y
	喷射式三牙轮钻头	喷射式钻头	P
	滚动密封轴承喷射式三牙轮钻头	密封钻头	MP
	滚动密封轴承保径喷射式三牙轮钻头	密封保径钻头	MPB
	滑动密封轴承喷射式三牙轮钻头	滑动轴承钻头	HP
	滑动密封轴承保径喷射式三牙轮钻头	滑动保径钻头	HPB
镶齿钻头	镶齿合金齿滚动密封轴承喷射式三牙轮钻头	镶齿密封钻头	XMP
	镶齿合金齿滑动密封轴承喷射式三牙轮钻头	镶齿滑动密封钻头	XHP

表2-1-2 国产三牙轮钻头类型与适用地层

类型	地层性质	极软	软	中软	中	中硬	硬	极硬
	类型代号	1	2	3	4	5	6	7
	原类型代号	JR	R	ZR	Z	ZY	Y	JY
	适用岩石举例	泥岩 石膏 盐岩 软页岩 白垩 软石灰岩	黄	中软页岩 硬石膏 中软石灰岩 中软砂岩	硬页岩 石灰岩 中软石灰岩 中软砂岩	石英砂岩 花岗岩 硬石灰岩 大理岩	燧石岩 花岗岩 石英岩 玄武岩 黄铁矿	
	钻头体颜色	乳白	黄	浅蓝	灰	墨绿	红	褐

国产牙轮钻头型号用三位字码进行分类和表示。型号编码方法规定：第一位编码为钻头直径，用钻头直径的数字值表示；第二位编码为钻头系列代号，表明钻头的结构特征，用表2-1-1中的字母表示；第三位编码为钻头类型代号，表明钻头所适用的地层，用表2-1-2中的数字表示。

例：用于软地层、直径215.9mm 的铣齿滑动密封轴承喷射式三牙轮钻头的型号为215.9HP2。

（2）IADC 牙轮钻头分类方法及编号方法

国际上现行的牙轮钻头的分类及编号方法是 IADC 编号，由国际钻井承包商协会（International Association of Drilling Contractors）制定，为了便于选择和使用，世界各钻头厂家生产的钻头都标注了相应的 IADC 编号。

IADC 规定，每一类钻头用四位字码进行分类及编号：

第一位字码为系列代号，用数字 1~8 分别表示八个系列，表征钻头牙齿特征及所适用的地层。

1—铣齿，适用于低抗压强度、高可钻性的软地层；
2—铣齿，适用于高抗压强度的中到中硬地层；
3—铣齿，适用于中等研磨性或研磨性硬地层；
4—镶齿，适用于低抗压强度、高可钻性的软地层；
5—镶齿，适用于低抗强度的软到中硬地层；
6—镶齿，适用于高抗压强度的中到中硬地层；
7—镶齿，适用于中等研磨性或研磨性硬地层；
8—镶齿，适用于高研磨性的极硬地层。

第二位字码为岩性级别代号，用数字 1~4 分别表示在第一位数码表示的钻头所适用的地层中再依次从软到硬分为四个等级。

第三位字码为钻头结构特征代号，用数字 1~9 共九个数字表示，其中 1~7 表示钻头轴承及保径特征，8、9 留待未来的新结构特征钻头用。1~7 表示的意义如下：

1—非密封滚动轴承；
2—空气清洗、冷却，滚动轴承；
3—滚动轴承，保径；
4—滚动、密封轴承；
5—滚动、密封轴承，保径；
6—滑动、密封轴承；
7—滑动、密封轴承，保径。

第四位字码为钻头附加结构特征代号，用以表示前三位字码无法表达的特征，用字母表示。目前 IADC 定义了 11 个特征：

A—空气冷却；
C—中心喷嘴；
D—定向钻井；
E—加长喷嘴；
G—附加保径/钻头体保护；
J—喷嘴偏射；
R—加强焊缝（用于顿钻）；
S—标准铣齿；
X—楔形镶齿；
R—圆锥形镶齿；
Z—其他形状镶齿。

有些钻头的结构可能兼有多种附加结构特征,应选择一个主要的特征符号来表示。

2)牙轮钻头的磨损分级

牙轮钻头的磨损包括牙齿磨损、轴承磨损和钻头直径磨损。国际钻井承包商协会(IADC)对牙轮钻头的磨损制定了统一的分级标准。

① 牙齿磨损分为 8 级,用字母 T 表示。对于铣齿和镶齿磨损等级划分标准不同。铣齿的磨损等级是以牙齿的相对磨损高度(磨损高度与原齿高之比)来确定,共分为 8 级。镶齿的磨损等级是以钻头上崩碎、折断和脱落的齿数之比来确定的,分为 8 级。表 2-1-3 列出了牙齿磨损的 IADC 分级标准。

表 2-1-3 牙齿磨损 IADC 分级标准

牙齿磨损代号	铣齿	镶齿
T1	齿高磨去 1/8	镶齿崩碎或掉落 1/8
T2	齿高磨去 2/8	镶齿崩碎或掉落 2/8
T3	齿高磨去 3/8	镶齿崩碎或掉落 3/8
T4	齿高磨去 4/8	镶齿崩碎或掉落 4/8
T5	齿高磨去 5/8	镶齿崩碎或掉落 5/8
T6	齿高磨去 6/8	镶齿崩碎或掉落 6/8
T7	齿高磨去 7/8	镶齿崩碎或掉落 7/8
T8	齿高磨去 8/8	镶齿崩碎或掉落 8/8

② 轴承磨损分级是以钻头使用时间与轴承寿命(小时)之比来评定,用字母 B 来表示,共分为 8 级。轴承寿命一般从同一地区的同类型钻头使用资料的统计分析得出。表 2-1-4 列出了轴承磨损的 IADC 分级标准。

表 2-1-4 轴承磨损 IADC 分级标准

轴承磨损代号	轴承
B1	轴承寿命用掉 1/8
B2	轴承寿命用掉 2/8(轻微磨损)
B3	轴承寿命用掉 3/8
B4	轴承寿命用掉 4/8(中等磨损)
B5	轴承寿命用掉 5/8
B6	轴承寿命用掉 6/8(轴承晃动)
B7	轴承寿命用掉 7/8
B8	轴承寿命用掉 8/8(轴承卡死或弹子掉落)

③ 钻头直径磨损用字母和数字的方式表示,钻头保持原来直径时用字母 I 代表,直径磨小用字母 O 表示,并用数字(in)表示直径的磨小量。

3)牙轮钻头的选型

牙轮钻头类型多,能分别适用于不同的地层,是应用范围十分广泛的一种钻头。当所使用的钻头类型与所钻地层相适应时,才能获得好的钻进效果。因此,钻井工程中,钻头选型时应考虑以下几方面问题:

① 钻进井段的深浅。

浅井段岩石一般较软,同时起下钻所需时间较短,应选用机械钻速较高的钻头;深井段地层一般较硬,起下钻时间较长,应选用有较高总进尺的钻头。

② 地层的软硬程度和研磨性。

地层岩性和软硬不同，岩石破碎机理及对钻头结构的要求也就不同。

对于软地层，应选择兼有移轴、超顶、复锥三种结构，牙轮齿形较大、较尖，且齿数较少的铣齿或镶齿钻头，以充分发挥钻头的剪切破岩作用；随着岩石硬度增大，选择钻头的上述三种结构值应相应减小，牙齿也要减短、加密。

硬地层主要依靠牙齿的冲击、压碎作用破碎岩石。对于硬地层，应选择球形镶齿和不超顶、不移轴、单锥的牙轮钻头。硬地层中，滑动剪切破岩效果差，牙齿磨损加剧，牙齿较尖和出露过高易产生磨损和折断。

中软到中硬地层，最好能综合利用牙齿的冲击、压碎和滑动剪切联合破岩作用。对于中软到中硬地层可选择相对较长的铣齿或镶齿以及兼有适当移轴和超顶的复锥牙轮钻头。随岩石硬度的增大，移轴和超顶值应减小，牙齿也要变短、变密。

研磨性地层会使牙齿过快磨损，机械钻速迅速降低，钻头进尺少，特别容易磨损钻头的保径齿、背锥以及牙掌的掌尖，使钻头直径磨小，更严重的会使轴承外露，轴承密封失效，加速钻头损坏。因此，对于钻研磨性地层，应该选用有保径齿的镶齿钻头。

③ 软硬交错地层。

在软硬交错地层钻进时，一般应按其中较硬的岩石选择钻头类型，这样既在软地层中有较高的机械钻速，也能顺利地钻穿硬地层。在钻进过程中钻井参数要及时调整，在软地层钻进时，可适当降低钻压并提高转速；在硬地层钻进时，可适当提高钻压并降低转速。

④ 易斜地层。

在易斜地层钻进时，地层因素是造成井斜的客观因素，而下部钻柱的弯曲以及钻头的选型不当则是造成井斜的技术因素。在易斜地层钻进，应选用不移轴或移轴量小的钻头；同时，在保证移轴小的前提下，所选的钻头适应的地层应比所钻地层稍软一些，这样可以在较低的钻压下提高机械钻速。

选用的钻头对所要钻的地层是否适合，要通过实践的检验才能下结论。对于同一地层使用过的几种类型的钻头，在保证井身质量的前提下，一般以"每米成本"作为评价钻头选型是否合理的标准。

三、金刚石材料钻头及其破岩原理

金刚石材料钻头是以锋利、耐磨和能够自锐的天然金刚石或人造金刚石为切削齿，在低钻压下即可获得较高的钻速和钻头进尺，是石油钻井中广泛使用的一种高效钻头。

1. 金刚石材料钻头的分类

按照金刚石钻头切削齿材料的来源，金刚石材料钻头可分为天然金刚石钻头和人造金刚石钻头两大类。人造金刚石材料主要有聚晶金刚石复合片（简称PDC）及热稳定聚晶金刚石（简称TSP）。

天然金刚石钻头用天然生成的金刚石颗粒作为切削刃。油井钻头用的金刚石粒度范围一般为0.5~15粒/克拉。钻头用金刚石必须质地坚固，形状规则，如十二面体、八面体、立方体或其他接近球体的形状。

聚晶金刚石复合片（PDC）是以金刚石粉为原料加入黏结剂在高温高压下烧结而成。

由于聚晶金刚石内晶体间的取向不规则，不存在单晶金刚石所固有的解理面，所以 PDC 的抗磨性及强度高于天然金刚石且不易破碎。PDC 的热稳定性较差，同时脆性较强，不能经受冲击载荷。常用的 PDC 直径为 8mm、13.4mm 和 19mm。目前 PDC 正朝着大直径方向发展，而且金刚石层也有加厚的趋势。

热稳定性聚晶金刚石（TSP）也是用金刚石单晶微粉在高温高压下制成的，它没有碳化钨基层，而是采用了特殊工艺，将触媒剂从齿中排出，因此 TSP 中没有游离钴存在，使得 TSP 具有良好的热稳定性，耐热温度达 1200℃ 以上。TSP 可根据需要制造出圆片状、立方体状、圆柱状、三角状等各种形状，尺寸也可根据要求而定。TSP 的耐磨性高于 PDC 的耐磨性，抗冲击能力强，具有天然金刚石材料的优点。

2. 天然金刚石钻头和 TSP 钻头的结构及破岩原理

天然金刚石钻头和 TSP 钻头是目前钻井中广泛使用的高效钻头，它们具有基本相同的结构及破岩原理。

1) 天然金刚石钻头和 TSP 钻头的结构

天然金刚石钻头与 TSP 钻头的结构基本相同，属于一体式钻头，如图 2-1-7 所示。整个钻头无活动部件，主要包括钻头体、冠部、水力结构（包括水眼或喷嘴、水槽、排屑槽）、保径和切削刃（齿）五部分。

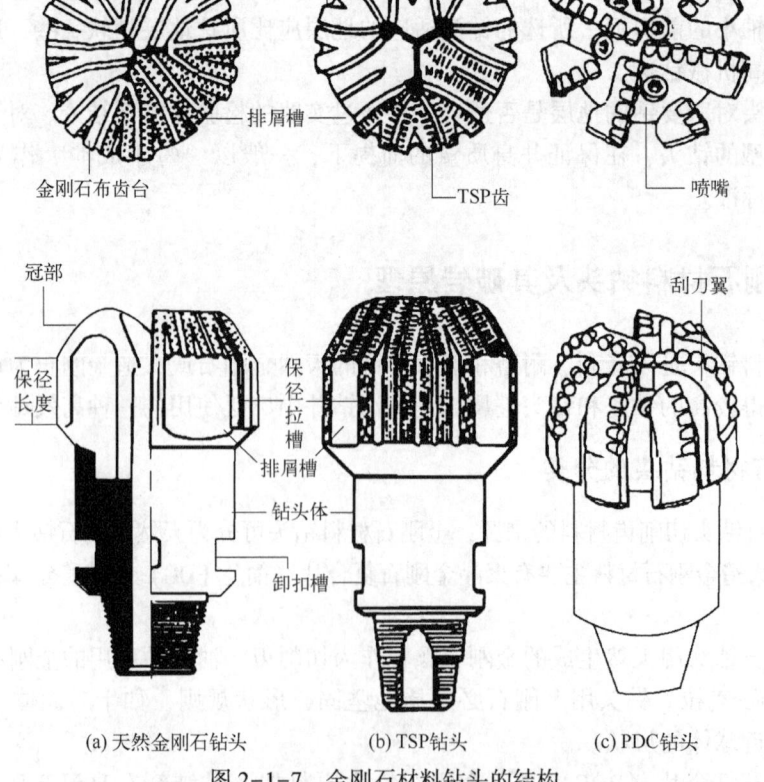

(a) 天然金刚石钻头　　(b) TSP 钻头　　(c) PDC 钻头

图 2-1-7　金刚石材料钻头的结构

(1) 钻头体

钻头体是钢质材料体,上部通过螺纹与钻柱相连接,下部与冠部胎体烧结在一起,使钢质的冠部与钻头体成为一个整体。

(2) 冠部

钻头的冠部是钻头切削岩石的工作部分,其表面(工作面)镶装有金刚石材料切削齿,并布置有水力结构,其侧面为保径部分(镶装保径齿),它和钻头体相连,由碳化钨胎体或钢质材料制成。

冠部形状(胎体的形状)即钻头的工作剖面,主要指工作面的几何形状和工作面积的大小,是为适应不同的岩性而设计的。根据岩石特性及钻井条件选择钻头的冠部形状,是提高天然金刚石钻头及 TSP 钻头使用效率的最基本、最重要的工作。

目前,经常采用的工作剖面形状有双锥阶梯形剖面、双锥形剖面、"B"形剖面及带波纹"B"形剖面四种,如图 2-1-8 所示。它们分别适用于软到中硬地层、较硬地层、硬地层及坚硬地层。

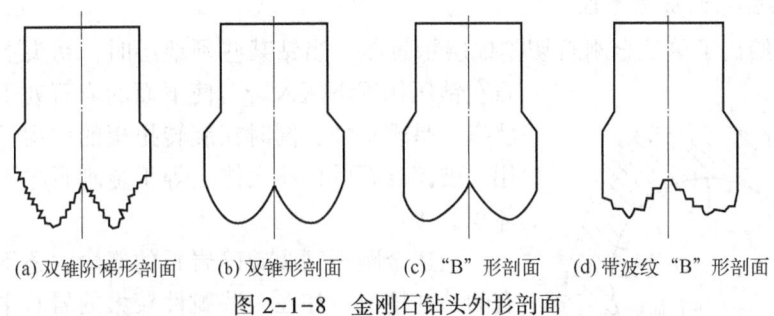

(a) 双锥阶梯形剖面　(b) 双锥形剖面　(c) "B"形剖面　(d) 带波纹"B"形剖面

图 2-1-8　金刚石钻头外形剖面

胎体中央一般做成圆窝形,并预留出特殊的斜面镶装金刚石颗粒以破碎井眼中心形成的小圆柱岩心,这种结构起到了扶正钻头的作用。

(3) 水力结构

钻头工作时,金刚石压在地层岩石上并相对地层表面产生高速运动,因而产生大量的摩擦热,使金刚石温度升高。由于金刚石的热稳定性差,如果钻井液不能及时冷却金刚石,会使金刚石逐渐"烧毁"。因此,天然金刚石钻头和 TSP 钻头均采用水孔—水槽式水力结构,钻井液由水孔中流出经水槽流过钻头工作面,冲洗每一粒金刚石前的岩屑并冷却、润滑每一粒金刚石。

金刚石钻头的水眼与水槽是构成钻头水动力的通道。水眼和水槽的布置原则是使金刚石钻头在钻进过程中,保证供给钻头工作面足够的水力能量,既能清除岩屑,又能很好地冷却和润滑钻头上的金刚石。

金刚石钻头工作面上的水槽布置根据所适应的钻进地层及金刚石工作面来确定。一般用于软到中硬地层的金刚石钻头,由于其工作面小,金刚石颗粒粗而稀,钻进时钻速快,岩屑多而粗,因此水槽应宽而少。而对于硬和坚硬地层,由于钻头工作面大、金刚石颗粒细而密,且出刃低,钻压大,水槽则应多、密、窄。目前,表镶式金刚石钻头通常采用的水槽结构,大体上可分为逼压式水槽、辐射形水槽、辐射形逼压式水槽和螺旋形水槽四种。

金刚石钻头的排屑槽可以帮助排出岩屑,保证钻井的顺利进行。

(4) 保径

金刚石材料的保径部分在钻进时起到扶正钻头、保证井径不缩小的作用,采用在钻头侧面镶装金刚石的方法达到保径目的。

（5）切削刃

金刚石钻头的切削刃根据金刚石颗粒镶装在胎体上的形式有表镶式、孕镶式和表孕镶式三种。

① 表镶式是把金刚石颗粒只镶在胎体表面上层，其颗粒较大，一般为 0.5~1.5 粒/克拉，出刃高度为金刚石颗粒直径的 1/3~1/4，但棱角不宜尖锐，以免钻进中崩裂。

② 孕镶式是把金刚石颗粒均匀分布在钻头工作面胎体金属的一定厚度层内，随胎体的磨损，金刚石颗粒不断露出而不断磨削岩石，并不断自锐，不断磨损，直到金刚石磨完为止。孕镶用金刚石颗粒是细颗粒，粒度为 20~200 粒/克拉，棱角越大越好，孕镶层的厚度为 2~12mm。

表孕镶式的镶装方法是在表镶式钻头工作面上薄弱部分的胎体内，孕镶一层金刚石。这种钻头不仅破碎效果好，而且使用寿命长。

金刚石在钻头工作面上排列的方式目前常见有交错排列法、圆周排列法和脊圈排列法三种，这三种排列方式分别适应于软到中硬地层、硬地层和坚硬地层钻进。

2）金刚石钻头的破岩原理

图 2-1-9 给出了单粒金刚石切割地层示意图。当钻某些硬地层时，钻头上的每粒金刚石在钻压作用下压入岩石使下面的岩石处于极高的应力状态，呈现塑性，同时在旋转扭矩的作用下产生切削作用，破碎岩石的体积大体上等于金刚石吃入岩石的位移体积。

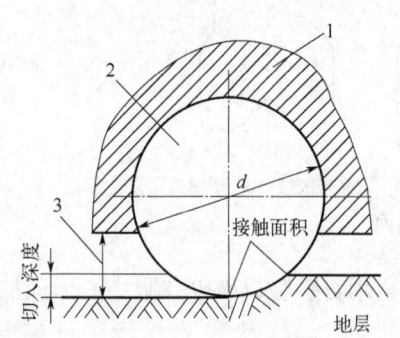

图 2-1-9 单粒金刚石切割地层示意图
1—钻头基体；2—金刚石；
3—最大出露高度 d/3

上述金刚石钻头破碎岩石的概念，还不能适用于所有的钻井情况。如在一些脆性较大的岩石中，在钻压和扭矩的作用下所产生的应力可使岩石沿最大剪切面产生裂缝，这种情况下岩石破碎的体积远大于金刚石吃入后位移的体积，脆性较大的岩石其破碎深度可达金刚石压入深度的 2~5 倍。金刚石破碎岩石的效果，除与岩石性能有关外，还与井筒和地层孔隙流体的压差大小、钻压大小及金刚石的几何形状、粒度和出露量有关系。

3. PDC 钻头的结构及破岩原理

聚晶金刚石复合片（PDC）钻头的结构如图 2-1-10 所示。PDC 钻头适用于钻软到中硬地层，单位进尺成本低，它自 20 世纪 70 年代出现以来，已逐渐取代了金刚石钻头而广泛应用于石油钻井。

1）PDC 钻头的结构

PDC 钻头为一体式钻头，整个钻头没有活动零部件，结构比较简单，大致由钻头基体、钻头切削齿、喷嘴及排屑槽等部分组成。

（1）钻头基体

按钻头体材料及制造方法，PDC 钻头可分为钢体式 PDC 钻头和碳化钨胎体式 PDC 钻头。

钢体式 PDC 钻头的表面不耐冲蚀，直径易于磨小，而碳化钨胎体式钻头的碳化钨合金耐冲蚀、耐磨损，允许使用较高的钻头压力降、含砂量较高的钻井液，易于进行水力优化设计，具有较大的设计灵活性，钻头寿命较长。

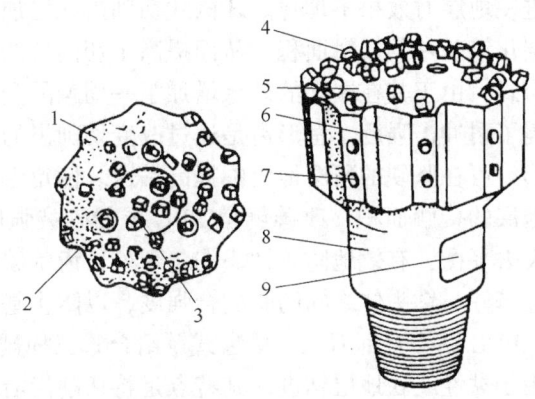

图 2-1-10　PDC 钻头
1—切削块；2—喷嘴；3—聚晶金刚石复合片；4—冠部；5—硬质合金覆盖层；6—排屑槽；
7—硬质合金镶齿；8—颈部；9—钻头装卸槽

PDC 钻头基体有四种基本冠部外形：鱼尾形、浅锥形、短抛物线形和抛物线形。

鱼尾形 PDC 钻头的翼片很长，增加了复合片的出刃高度，同时也增加了钻头冠部与地层之间的间隙，使岩屑易于排向环形空间，不至于黏附于钻头体，有利于射流的清洗。这种钻头的最大特点是能减少泥包和与泥包相关的钻井问题。鱼尾形 PDC 钻头适用于转盘钻井的直井和定向井钻进，适用于钻进黏性极高的泥页岩层。

浅锥形 PDC 钻头在四种冠部形状中，冠部面积最小，水力能量集中，易于清洗。由于其外形依靠较长的保径和适当的扶正，因而在快速钻进中，也能保持方位和井斜的稳定。这种钻头复合片密度不易过大，而且只能用于转盘钻井，适用于钻进夹层。

短抛物线形钻头有一个带锥度的冠部，其冠顶相当圆顿。这种设计可使钻头外侧布置更多数量的切削齿，使钻头的磨损更为平衡。短抛物线形 PDC 钻头用于转盘钻井、井下动力钻井及定向钻井都比较稳定，最适合于钻可能遇到硬夹层的地区。

抛物线形钻头的整个冠部载荷分布均匀，无明显载荷过渡区，载荷不致过分集中。这种冠部外形可使钻头肩部及规径部位布更多的切削齿，故最适合于高速井下动力钻进。抛物线形钻头具有良好的磨损寿命，但该钻头具有较大的冠部表面，要求较高的流量和水力能量来实现清洗和冷却，钻头的鼻部在钻夹层时易受损坏。

(2) 钻头切削齿及其分布

聚晶金刚石复合片是经过特殊工艺将金刚石微粒黏结在一起所形成的复合材料。复合片上部为聚晶金刚石薄层，其厚度为 0.5~0.635mm，是切削齿锋锐的刃口，硬度及耐磨性极高，但抗冲击性较差。复合片的下部为碳化钨基片、聚晶金刚石片与碳化钨基片之间的有机结合，使得 PDC 钻头切削齿既具有金刚石的硬度和耐磨性，又具有碳化钨的抗冲击能力。PDC 钻头切削齿具有良好的自锐性，聚晶金刚石晶粒在切削岩石过程中不断脱落，形成刃面的晶粒更新自锐。此外，碳化钨基片先磨损，形成锋利的刃口，同时其良好的抗冲击性为金刚石层提供良好的弹性依托。

按形状可将 PDC 钻头切削齿分为标准切削齿、牙嵌式和环嵌式切削齿、凿形切削齿、倒角切削齿、凸圆形切削齿及齿状碳化钨基柱等。其中标准切削齿是使用最普遍的，它又可分为圆柱状和栓销状两种基本类型，其他几类切削齿都是以标准切削齿为基础而产生的。

标准切削齿很容易受冲击载荷而损坏，使金刚石薄片与碳化钨基片分离，或者产生大块金刚石薄层破裂，在钻进硬地层时效果不理想。牙嵌式切削齿在增加了金刚石薄层厚度的同时，增加了金刚石层与碳化钨基片的接触面积，从而提高了切削齿的研磨性和强度。环嵌式切削齿为牙嵌式的特殊形式，由于其在嵌牙的外缘增加了一周聚晶金刚石环，不仅提高了切削齿的耐磨强度，还提高了耐冲击强度。凿形齿是通过改变切削齿的几何形状来实现提高切削齿吃入深度目的的齿形，可在坚硬的研磨地层中提高钻速。倒角齿通过分散作用在切削刃上的力及增加金刚石与地层的接触面积，改善倒角PDC层的碎裂强度和研磨强度。凸圆形齿可以使刚产生的钻屑失去平衡，有效地防止钻头泥包现象。齿状碳化钨基柱是在碳化钨基柱圆周加工出齿状，增加基柱与钻头体之间的紧配合强度，以防止基柱转动而脱落。

按照切削齿的分布，PDC钻头有刮刀式、单齿式及组合式三种排列及分布方式。

刮刀式布齿方式适用于黏性或软地层钻进。其特点是将切削齿沿着从钻头中心附近到保径部位的直线（或接近于直线的曲线）布置在胎体刮刀上，在适当的位置布置喷嘴（或水眼），每个喷嘴或水眼起到冷却或清洗一个或两个刮刀片上的切削齿的作用。采用这种方式布齿的PDC钻头具有整体强度高、抗冲击能力强、易于清洗和冷却、排屑好、抗泥包能力强的特点。

单齿式布齿方式是将切削齿一个一个地单独布置在钻头工作面上，在适当的地方布置喷嘴或水眼，钻井液从喷嘴流出后，切削齿受到清洗及冷却，但同时也起到阻流与分配液流的作用。这种结构的布齿区域大、布齿密度高，可以提高钻头的使用寿命，但水力控制能力低，容易在黏性地层泥包。

组合式切削齿的布置采用直线刮刀式和单齿式相结合的方式，在适当的地方布置水眼或喷嘴。这种布齿方式具有较好的清洗、冷却和排屑能力，布齿密度较高。这种布齿方式的钻头多用于中等硬度地层。

钻头布齿密度应视所钻的地层和钻井条件而定。布齿数量越多，各个齿承担的切削载荷越低，钻头寿命越长，但机械钻速也相应降低。对于深井、海洋钻井、研磨性较强地层用的PDC钻头，布齿密度应高一些；对软地层、中深井等，布齿密度应低一些。

(3) 切削齿的排列方向

PDC钻头设计中用负前角、侧偏角和切削齿出露高度来规定切削齿的排列方向。

负前角又称后倾角，它是指复合片层面与岩石工作面垂线之间的夹角，如图2-1-11所示。采用适当负前角，可以大大改善切削齿的抗冲击性，一般负前角取值范围为0°~25°。对于软地层，负前角取0°或较小负前角值；对于较硬地层，负前角应较大，以保证有效切削，并防止冲击载荷引起切削齿的损坏。

侧偏角是指切削齿面与钻头径向平面之间的夹角，有侧偏角的钻头比无侧偏角的钻头钻进性能好、钻速快，并可以改善钻头的清洗效果和实现岩屑的及时排除，减少岩屑黏附切削齿的机会。实验表明，侧偏角为-15°时黏附机会最小。

切削齿的出露高度与所钻岩性有关，可分为全出露和部分出露两种。切削齿全部出露的钻头适于钻软地层，切削齿部分出露的钻头适于钻较硬地层。部分出露可提高切削齿刚度，有利于延长PDC钻头的寿命。

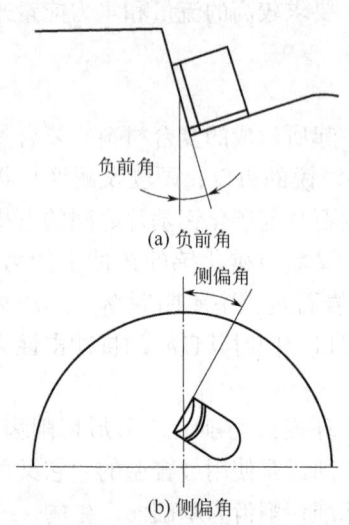

图2-1-11 切削齿的排列方向

(4) 喷嘴流道及排屑槽

喷嘴出口形状、射流喷嘴方向、流道的设计以及排屑槽的形状和布置都是 PDC 钻头设计的重要组成部分。PDC 钻头的聚晶金刚石的热稳定性的上限温度为 700℃ 左右，其以剪切方式破岩，机械钻速高，岩屑产出量大，必须依靠水力能量进行强制冷却和清屑。钻头冠部应合理地配置喷嘴，以清洗井底、防止钻头泥包及冷却切削齿，同时应保证喷嘴或流道的作用及钻头冠部设计能够使岩屑排向排屑槽。

一般说来，喷嘴的配置和取向基本原则是：每个喷嘴或水眼能清洗和冷却一组复合片。合适的喷嘴直径可使 PDC 钻头得到高速钻进所需要的钻头压力降和单位面积上的水功率。根据钻头尺寸、钻头冠部形状、切削齿排列方向和密度等来确定喷嘴的直径和数量。喷嘴直径选用范围一般为 6.4～17.5mm，通常不推荐使用直径小于 6.4mm 的喷嘴，以防喷嘴堵塞。喷嘴数量一般都在 3 个以上，钻头尺寸越大，喷嘴数量越多。

按喷嘴的形状可将喷嘴分为标准喷嘴、扇射式喷嘴、矩形喷嘴和六角形喷嘴。标准喷嘴的出口形状为圆形，是可换式喷嘴，它在钻头上可布置为直射式和漫流式。漫流式布置是使喷嘴产生的射流直接喷射在切削齿的正前方，以保证切削齿的清洁；扇射式喷嘴出口形状为扁圆形，所形成的射流为扇形，有助于 PDC 钻头切削齿的清洗，适于刮刀式 PDC 钻头设计。矩形喷嘴的内孔为矩形，可改变射流在井底的速度包络线，能更有效地利用水力能量及减少喷嘴堵塞问题，但喷嘴能量损耗比圆形的大。六角形喷嘴的内孔为六角形，当在设计小尺寸钻头或钻头表面受到限制时，宜采用装配小尺寸六角形喷嘴。

尽管大部分 PDC 钻头都采用可换式喷嘴，但部分 PDC 钻头的水眼设计常采用中心固定水眼，中心水眼可用于各种流道。常用的流道结构为开放式、辐射式和分流式。对于硬地层，PDC 钻头有时采用开放式流道。

排屑槽的形状主要有楔形、扇形和半圆形。楔形排屑槽肩部保护能力强。半圆形排屑槽面积较小，一般只用于侧钻钻头。扇形排屑槽排屑面积较大，常用于刮刀式布齿的钻头。

2) PDC 钻头的破岩原理

PDC 钻头是以切削齿对地层切削来破碎岩石的，由于钻头在井下高速旋转，以及井下的高温环境，使得井底岩石具有一定的弹性和塑性，整个切削过程与金属切削过程很相似（视频 2-1-2）。

视频 2-1-2
PDC 钻头的
破岩原理

岩石的切削过程实质上是一种挤压过程，在挤压过程中，岩石主要以滑移变形方式成为岩屑，如图 2-1-12 所示。当岩石开始接触切削齿的刀刃时，接触点的压力使岩石内部产生弹性应力和应变；当切削刃逼近岩石时，岩石内部的弹性应力逐渐增大，在岩石内某一位置，剪切应力达到岩石的屈服强度，因而岩石开始沿剪切力相等的"初滑移面"滑移（图 2-1-12 中 OA 面），这个滑移面的左边代

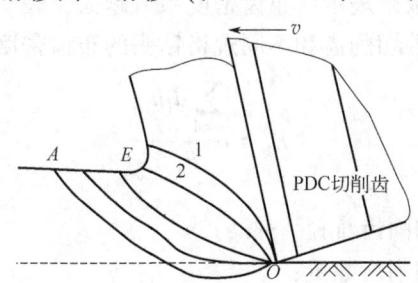

图 2-1-12 PDC 钻头切削齿的切削过程

弹性变形区域，右边代表塑性变形区域。

当切削刃移动时，岩石滑移变形越来越大，当岩石移到 OE 时，图中岩层 1 和 2 之间将不再沿 OE 滑移，而是一起沿切削齿前倾面流出，所以称 OA 为初始滑移曲线，而称 OE 为终止滑移曲线。

当岩石沿前倾面流出时，由于受到切削齿前倾面的压力和摩擦，切削的底层（靠近前倾面的一层）产生较大的挤压和剪切变形，结果下层膨胀，切削向前倾面相反方向流出，离开前倾面而成为岩屑。

上述是岩屑形成的典型过程，切削层首先产生弹性变形，经过切削层滑移和切削层离开切削齿等阶段而完成切削。由于 PDC 钻头底部是凹锥形，其空间体积很小，当钻井液以一定的射流喷射速度喷出冲击井底时，凹锥形空间形成很高压力，岩屑在此高压力作用下能及时脱离井底流向环空。因此，PDC 钻头在切削破岩时不存在由于压差作用引起的岩屑清除障碍问题。

综上分析，PDC 钻头的破岩机理可概括为：PDC 钻头切削齿在钻压作用下能自锐地吃入地层，在扭矩作用下向前移动剪切岩石。

由此可以看出，PDC 钻头充分利用了岩石抗剪强度较低的特点，同时不存在类似于牙轮钻头破岩时因压差引起的重复切削问题。因此，破岩效率比普通刮刀钻头及牙轮钻头要高。

4. 金刚石材料钻头的分类与选型

金刚石材料钻头是固定切削齿钻头，包括天然金刚石钻头、TSP 钻头和 PDC 钻头，在地层及使用条件合适时，可以获得高的使用效益。目前，在石油钻井中应用广泛。

1）钻头的分类法

目前，国际钻井承包商协会（IADC）规定，固定切削齿钻头的分类与编码方法采用四位字码进行编号。

第一位字码为钻头代码，用大写字母 M、S 和 D 表示钻头体材料及钻头类别：

M——胎体 PDC 钻头；

S——钢体 PDC 钻头；

D——金刚石钻头。

第二位字码为切削齿密度和适用地层级别代号。

数字 1~4 用于标识 PDC 钻头适用的地层级别及布齿密度：

1——极软地层，分布齿密度系数<3.7；

2——软地层，分布齿密度系数=3.7~5.0；

3——软到中等地层，分布齿密度系数=5.0~6.2；

4——中等地层，分布齿密度系数>6.2。

布齿密度用布齿密度系数来表示。布齿密度系数越大，表明钻头布齿数量越多，可钻进的地层越硬。具有不同尺寸的切削齿和不同规格钻头的布齿密度系数的计算式为

$$K_b = \frac{\sum_{i=1}^{n} d_i n_i}{R_b} \quad (2-1-15)$$

式中 K_b——布齿密度系数；

d_i——第 i 种尺寸的切削齿直径，mm；

n_i——第 i 种尺寸的切削齿数量；

R_b——钻头半径，mm。

数字5无编码。数字6~8用于标识金刚石钻头适用的地层级别和布齿密度：

6—中硬地层，金刚石粒度<3粒/克拉；

7—硬地层，金刚石粒度=3~7粒/克拉；

8—极硬地层，金刚石粒度>8粒/克拉。

金刚石粒度表示金刚石钻头的布齿密度，单位为粒/克拉。该数值越大，金刚石尺寸越小，布置金刚石的数量越多，可钻地层越硬。

第三位字码为切削齿尺寸及类型代号，见表2-1-5。对于PDC钻头，用数字1~4表示切削齿的尺寸（直径）；对于金刚石钻头，用数字1~4表示金刚石钻头的种类。

表 2-1-5 切削齿尺寸及类型代号

代码	PDC 切削齿尺寸，mm	金刚石（钻头）种类
1	24	天然金刚石
2	19	TSP
3	13	混合型
4	8	孕镶钻头

第四位字码为钻头冠部轮廓形状代号，用数字1~4表示：

1—鱼尾形（平底型）；

2—短冠形，冠部高度<58mm；

3—中冠形，冠部高度=58~114.3mm；

4—长冠形，冠部高度>114.3mm。

例如，IADC编码为M434的钻头为：胎体PDC钻头，适用于中等地层，切削齿尺寸为13mm，冠部形状为长冠形。

2）钻头的选型及合理使用

（1）金刚石材料钻头适应的地层

天然金刚石钻头用不同粒度的金刚石颗粒作为工作刃，采用不同的布齿密度和布齿方式，能满足在中硬至坚硬和强研磨性地层钻井的需要。TSP钻头适合于在具有研磨性的中等至硬地层钻井。最初，PDC钻头主要用于钻软的均质地层。随着PDC切削齿性能和钻头结构改进，PDC钻头已能用于钻中硬地层和硬夹层。目前，在软到中硬地层，PDC钻头已取代牙轮钻头成为主要的破岩工具。

（2）钻头的合理使用

① 钻压。使用天然金刚石钻头时，钻压存在一个最优值。最优钻压取决于岩石的强度和金刚石的强度、粒度、数量及出刃量。使用PDC钻头时，软地层钻进时钻压相对小一些，较硬地层钻进时钻压相对大一些。最佳值应该是，当钻压达到此值后，钻头机械钻速不再随钻压的增加而增加，或钻头已达到极限扭矩。

② 转速。天然金刚石钻头一般宜采用高转速，但过高的转速，会加剧金刚石的磨损，影响机械钻速的提升。因此，实际生产中，应根据所钻地层性质和钻头的结构及质量来确定合理的转速。PDC钻头在软—硬地层中，转速越高，钻速越快。但在较硬、研磨性较强的地层和软硬交错、富含砾石等非均质地层中，高的转速易于导致切削齿提前磨损。

③ 水力参数。在机泵条件允许的情况下，各类金刚石材料钻头在钻进时均需要大排量循环钻井液，以达到最佳的井底水力净化和钻头冷却效果。

第二节 钻柱

钻柱是钻井的重要工具，它是连通地下与地面的枢纽。钻柱的主要功能包括：为钻井液由井口流向钻头提供通道；给钻头施加破碎岩石所需要的钻压；把地面动力（扭矩等）传递给钻头，带动钻头旋转破碎岩石；起下钻头；根据钻柱的长度计算井深；观察和了解钻头的工作情况、井眼状况及地层情况；进行取心、地层漏失试验、挤水泥、井下事故处理等特殊作业；在钻井过程中，对地层流体及压力状况进行测试与评价（中途测试）。

一、钻柱组成

钻柱是钻头以上、水龙头以下全部管柱的总称。钻井方法及钻井工况不同，钻柱的组成也不尽相同。其基本组成有方钻杆、钻杆、加重钻杆、钻铤、各种接头等，如图 2-2-1 所

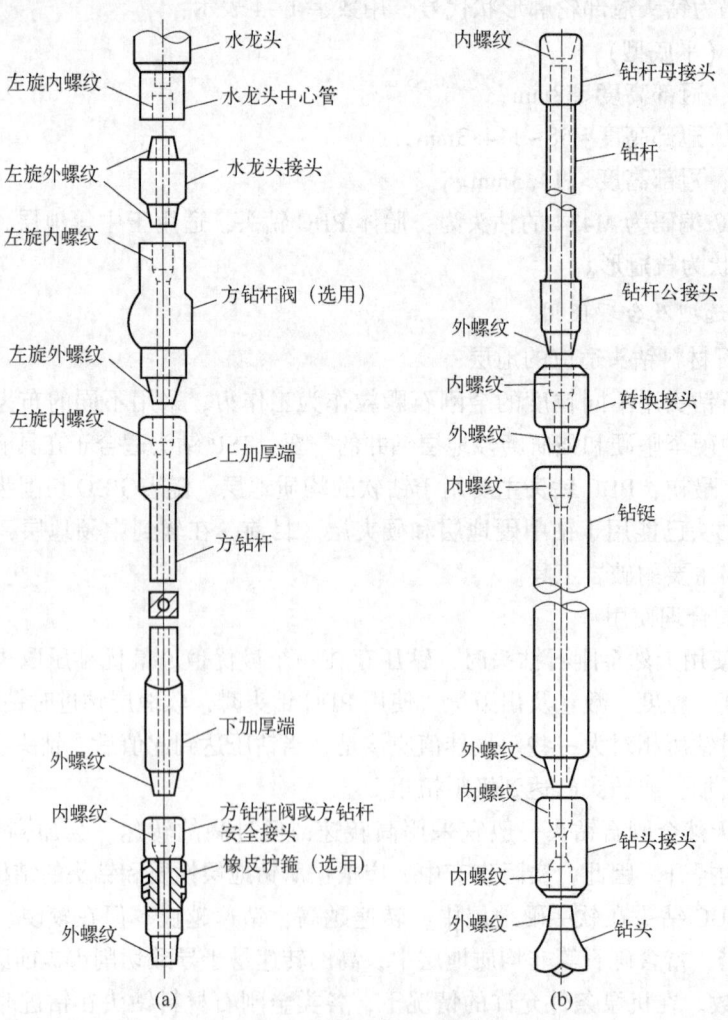

图 2-2-1 基本钻具组合

示。下部钻具组合主要由钻铤组成，有时串接稳定器、减振器、震击器、扩眼器等特殊工具。在定向井和水平井常用钻具组合中，常用加重钻杆代替部分或全部钻铤，并在钻头上方安装弯外壳螺杆钻具、随钻测量（MWD）、随钻测井（LWD）或旋转导向钻井工具等。

1. 方钻杆

方钻杆用于转盘中，位于钻柱的最上端。上接水龙头，下接钻杆。为了实现连接及驱动钻杆工作，方钻杆由上、下接头以及驱动部分组成。为了防止旋转过程中自动卸扣，方钻杆上端接头螺纹为反螺纹，下端接头螺纹为正螺纹；驱动部分断面为方形，以便卡在转盘方补心或滚子方补心内。当转盘旋转时，带动方钻杆，方钻杆驱动其下所有钻具旋转。由于方钻杆承受极大的扭矩、拉伸载荷及井下动力钻具反扭矩等，方钻杆由高强度合金钢制成且壁厚较大。方钻杆根据驱动部分的断面形状可分为四方方钻杆（图2-2-2）与六方方钻杆。

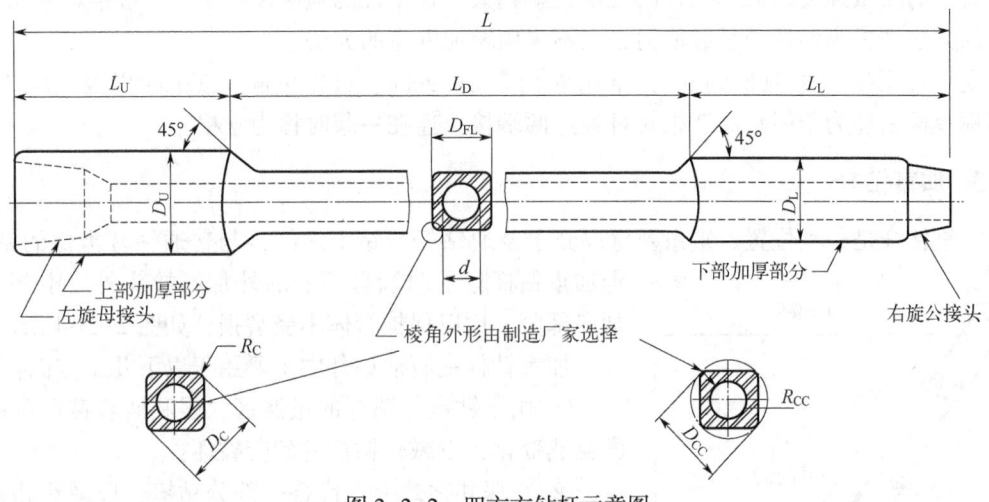

图 2-2-2 四方方钻杆示意图

标准方钻杆全长 12.19m，与转盘配合的驱动部分长 11.25m。为了适应钻柱配合的需要，方钻杆也有多种尺寸和接头类型。方钻杆的壁厚一般比钻杆大 3 倍左右，并用高强度合金钢制造，故具有较大的抗拉屈服强度及抗扭屈服强度，可以承受整个钻柱的重量和旋转钻柱及钻头所需要的扭矩。

2. 钻杆

钻柱中大部分是钻杆，其上接方钻杆或顶驱，下接加重钻杆或钻铤，故钻杆由上、下接头与管体两部分组成。钻杆接头分公接头和母接头两种，分别对焊在钻杆管体的两端。在钻井过程中，接头处要经常拆卸，接头表面受到相当大的大钳咬合力的作用，所以钻杆接头壁厚较大，接头外径大于管体外径，并采用强度更高的合金钢。为了增强管体与接头的连接强度，管体两端可加厚。加厚形式有内加厚、外加厚、内外加厚三种，如图2-2-3所示。

根据管体内径、加厚处内径及接头内径的大小，钻杆接头可分为内平型（IF）、贯眼型（FH）、正规型（REG）和数字型（NC）四种。四种钻杆接头均采用 V 形螺纹，但螺纹牙型、螺距和锥度等有所差别。由于数字型螺纹根部采用了圆角过渡，显著改善了螺纹的应力状态，提高了连接强度，因此，现在的 API 标准钻杆基本都采用数字型接头。

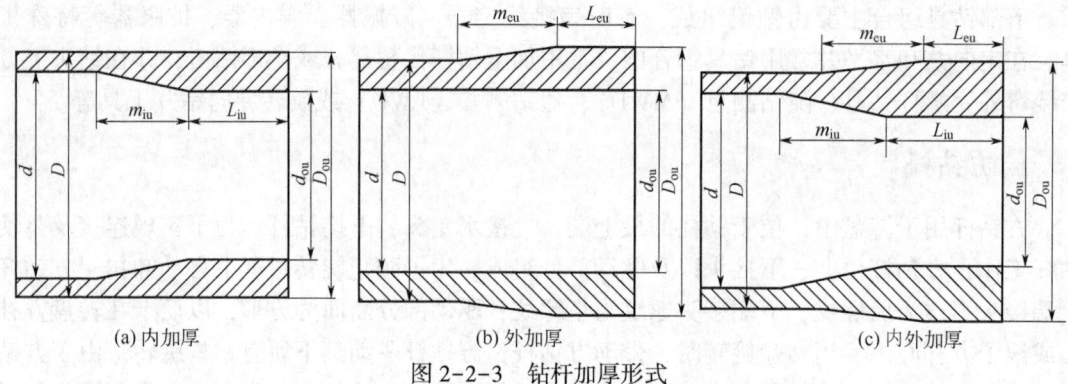

图 2-2-3 钻杆加厚形式

钻杆的钢级是指钻杆钢材的等级,它由钻杆钢材的最小屈服强度决定。钻杆的钢级越高,管材的屈服强度越大,钻杆的强度也就越大。在钻柱的强度设计中,一般推荐采用提高钢级的方法来提高钻柱的承载能力,而不采用增加壁厚的方法。

现场常用钻杆每根长约 9m,常用外径有 88.9mm、114.3mm、127mm 以及 139.7mm。习惯称单根钻杆为单根,2~3 根钻杆通过两端接头连在一起时称为立根。

3. 加重钻杆

加重钻杆是一种位置、重量及壁厚介于普通钻杆与钻铤之间,与普通钻杆类似的钻柱。但加重钻杆除了两端有超长的外加厚接头外,中部还有加厚部分,用以保护管体不受磨损,如图 2-2-4 所示。

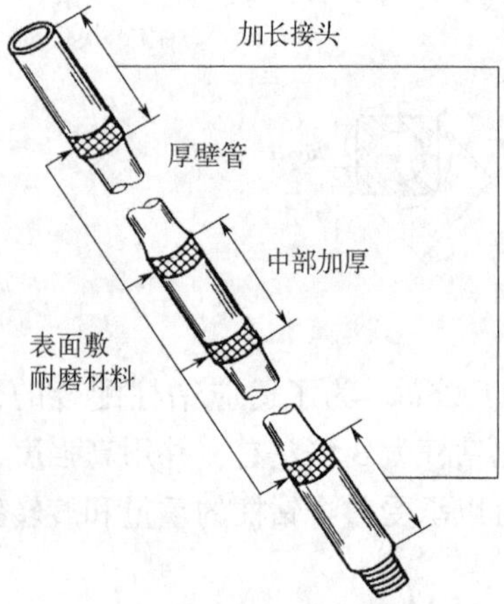

加重钻杆在石油钻井中主要用于以下几个方面:

① 用于钻铤与钻杆的过渡区,缓和两者截面和刚度的突然变化,以减轻钻柱的疲劳破坏;

② 在深井钻井中,代替一部分钻铤,以减小扭矩和提升负荷;

③ 在定向井,尤其是大斜度井、水平井钻井中,代替大部分或全部钻铤,以减小摩阻和压差卡钻的风险。

图 2-2-4 加重钻杆示意图

4. 钻铤

钻铤位于钻柱下部,上接钻杆或加重钻杆,下接钻头或动力钻具等,是下部钻具组合的重要组成部分。壁厚大,具有较大的重量和刚度,可承受较大的轴向压力而不发生弯曲。钻铤在钻井过程中主要起到的作用包括:给钻头施加钻压;保证压缩条件下的必要强度;减轻钻头的振动、摆动和跳动等,使钻头工作平稳;控制井斜。

钻铤的连接螺纹(公螺纹、母螺纹)是在钻铤两端管体上直接车制的,不另加接头。钻铤按其外形可分为圆(或光)钻铤、螺旋钻铤、方钻铤等。最常用的是圆钻铤和螺旋钻铤两种。螺旋钻铤是在圆钻铤外圆柱面上加工三条右旋的螺旋槽,其与井壁的接触面积可减少 40%~50%,而其重力只减少 7%~10%。接触面积小,可减少发生压差卡钻的可能性。

5. 接头

钻进时,将不同尺寸、扣型的方钻杆、钻杆、钻铤、钻头等连接起来,组成统一钻柱的工具就是接头。接头类型很多，按是否独立可分为钻具自带接头与单独接头。钻具自带接头用以连接种类相同、尺寸相同的钻具，如同尺寸钻杆间的连接；单独接头用以连接种类不同、尺寸不同的钻具，如钻杆和钻铤连接等。接头按作用可分为保护接头、配合接头以及特种接头。保护接头用于连接方钻杆、震击器、螺杆动力钻具等；配合接头又称为转换接头，用以将不同类型、规范、扣型的钻具连接成钻柱。特种接头是指有特殊作用的接头，如单流阀接头、防喷接头等。

6. 稳定器

稳定器又称扶正器，是稳定井下钻具、控制井眼轨迹的工具。稳定器是下部钻具组合的重要组件。钻直井时，在下部钻铤的适当位置安装一定数量的稳定器，组成防斜和降斜钻具组合，可起到防止井斜和纠正井斜的作用。钻定向井时，利用稳定器，可改变下部钻具组合的受力状态，达到控制井眼轨迹的目的。此外，使用稳定器，能有效限制钻头的横向摆动，提高钻头工作的稳定性，从而延长钻头的使用寿命。

稳定器按结构形式可分为整体式、不转动橡胶套筒式和滚轮式三种。整体式稳定器按翼片形状又可分为螺旋形和直翼形两种，是使用最广泛的稳定器。近年来，新开发了外径可调扶正器和地面遥控可变扶正器，以满足钻大斜度井及水平井钻井要求。

7. 减振器

减振器是利用工具内部的减振元件或可压缩液体吸收或减小钻井过程中对钻头和钻具的冲击与振动载荷，以保护钻头牙齿、轴承和钻具，延长钻头寿命和减少钻具刺漏的一种钻井工具。

减振器按减振作用可分为单向（只能吸收一个方向的振动，如纵向振动）和双向（可同时吸收两个方向的振动）两种；按减振元件可分为弹簧式、液压式和橡胶式三种。弹簧式减振器具有结构简单、对井下温度不敏感、能够同时吸收纵向和扭转振动的特点，是目前使用较广、性能比较可靠的减振器。减振器原则上应尽量靠近钻头，以增强减振效果，保护钻头和钻柱。

8. 随钻震击器

随钻震击器是连接在钻具中随钻柱一起进行钻井作业的井下解卡工具。在深井、海上钻井，尤其是定向钻井中，时常在下部钻具组合中安装随钻震击器。一旦下部钻具被卡住，即可操纵震击器，产生向上或向下的震动冲击作用，达到解除卡钻的目的。

随钻震击器有液压式和机械式两种，尤以后者较为常用。震击器虽内部结构存在差异，但其震击作用都是在相对运动中产生，都有一个固定件和一个活动件。固定件和下部钻柱连接，处于相对固定状态；活动件和上部钻柱连接，随自由钻柱的拉、压而做上、下运动。震击器蓄能、释放、加速、撞击的过程都是通过钻柱的上提下放来完成。

震击器安装的理想位置是钻柱易卡点之上的 1~2 个单根处。现场通常将震击器安装在钻柱中性点以上的部位。在正常钻进期间，应尽可能地使震击器处于受拉状态，短时间受压也可以，但所受压力应小于所调校的下击解锁的压力。

二、钻井提速工具

钻井提速是钻探行业永恒的主题，采用钻井提速工具进行降本增效已成为油田的基本共识。随着钻井技术的不断发展，钻井提速工具的研发进入了快速发展阶段，高效能、高强度的新型产品也在不断涌现。

目前常用的钻井提速工具主要有液动冲击器、井下动力钻具和水力振荡器等。液动冲击器基于旋冲钻井原理，通过给钻头施加轴向或周向的冲击力提高钻头破岩效率，从而提高钻井速度，在深井、超深井坚硬地层中具有较好的适用性。井下动力钻具主要包括螺杆钻具和涡轮钻具。螺杆钻具是一种容积式钻具，具有良好的输出特性，是当前应用最广泛的井下动力钻具之一；涡轮钻具具有转速高、无横向振动和抗高温等特点，适用于钻探复杂地层。水力振荡器是一种降摩阻、防托压、提钻速的有效工具，多在水平井中广泛应用。

1. 液动冲击器

液动冲击钻井技术与传统旋转钻井技术相比，更好地利用了坚硬岩石脆性大，抗剪强度低、不耐冲击的特点，只需对钻头施加较小的钻压，就能有效地解决坚硬岩层和某些复杂岩层钻井过程中常遇到的机械钻速缓慢、破岩效率低下等问题。

液动冲击钻井技术的核心是液动冲击器，该类型工具的主要结构包括配水机构、换向机构、冲锤机构和复位机构。钻井过程中，井下钻具工作环境恶劣，温度压力高，井内流体含有固体相颗粒丰富，钻具本身运动特性和振动情况复杂，这些都对工具的设计和加工提出了较高的要求。如若工具在材质和性能等方面达不到适应井下环境的要求，工具组成构件和运动部件在应用过程中极易发生损坏。

冲击钻井技术经过几十年的发展，研制出了各种各样的液动冲击器。按照冲锤冲击力的作用方向，液动冲击器可以分为轴力冲击器和扭力冲击器。

1) 轴力冲击器

轴力液动冲击器可以大大提高坚硬岩石破碎效果，提高钻井速度，节省钻进时间，降低钻井成本。使用轴力液动冲击器可以减少钻铤使用数量，同时还可以起到防止井斜、减少钻柱弯曲以及改善钻井工艺参数的作用。但轴力液动冲击器在现场推广应用屈指可数，归其原因，主要有以下几个方面：

① 工具的使用寿命较低，一般都在80h以内，这个工作时间无法与钻头寿命匹配。

② 换向弹簧断裂较早，无法达到1500万次的稳定振动。

③ 阀开关的接触面、流道变截面处（如入口、出口），易发生冲蚀等情况。

④ 密封件（主要是活塞环）、运动副（活塞与缸套之间）的磨损也较易造成活塞上下窜液，降低压降。

以上原因都会造成轴力液动冲击器过早失效，进而大大限制了工具的现场推广。轴力液动冲击器按照其工作原理不同，可以分为以下类型，具体情况见表2-2-1。

表2-2-1 轴力液动冲击器主要分类

名称	类型	工作原理	工作介质	结构特点	应用情况
旋冲工具	轴力冲击	涡轮驱动 螺杆驱动	清水、钻井液	结构复杂，耐振能力弱	已推广应用，使用量不大
正作用	轴力冲击	弹簧驱动 水击效应	清水、钻井液	结构简单，性能可靠，寿命短	地矿中已应用
反作用	轴力冲击	弹簧驱动 水击效应	清水、钻井液	结构简单，冲击频率低	无推广应用

续表

名称	类型	工作原理	工作介质	结构特点	应用情况
双作用	轴力冲击	弹簧驱动水击效应	清水、钻井液	结构简单，性能可靠，冲击频率高，密封环节较多并要求高	地矿中已应用，在石油钻井实验过
射流式	轴力冲击	附壁射流	清水、钻井液	性能可靠，对钻井液净化要求高，射流元件易损坏，寿命短	地矿中已应用，在石油钻井已应用
射吸式	轴力冲击	射流卷吸水击效应	清水、钻井液	结构简单，工作稳定性差，泵压高	地矿中已应用，在石油钻井实验过

2）扭力冲击器

扭力冲击器是液动冲击器的另一个重要分支。其连接在钻头上方，为PDC钻头施加一个连续的高频扭转冲击力，在该冲击力作用下PDC钻头不需要能量的聚积即可瞬间将岩石剪切破碎（视频2-2-1）。这种工作方式使得扭力冲击器能够高效地解决钻柱的黏滑振动问题，并能有效地提高机械钻速。

视频2-2-1
扭力冲击器
工作原理

扭力冲击钻井技术主要依靠扭力冲击器配合PDC钻头来实现。一方面，扭力冲击器可以消除井下钻头运动时可能出现的一种或多种振动（横向、纵向和扭向）的现象，使整个钻柱的扭矩保持稳定和平衡。另一个方面，扭力冲击器把钻井液的能量转换成扭向的、高频的、均匀稳定的机械冲击能量并直接传递给PDC钻头，使钻头和井底作用始终保持连续性。扭力冲击器不仅可以显著地提高钻井速度，而且可以有效减少或消除硬地层钻井过程中钻头无序有害振动，保护钻头，延长钻头寿命。

扭力冲击器提高钻井速度的原理是：在钻井过程中，钻井液通过芯轴进入扭力冲击器内部，在配流元件的作用下产生高低压腔的相互转换，该高低压腔作用于冲击锤两侧的锤面上。由于高低压腔的形成，驱动冲击锤由高压腔向低压腔冲击，该冲击力作用于冲击砧上；冲击完成后，配流元件进行高低压腔的转换，从而使得冲击锤在高低压作用下回转冲击，并作用于冲击砧的另一端面，从而完成一个冲击周期。冲击砧与PDC钻头连接，产生的冲击力直接作用于钻头，增加PDC钻头剪切破碎岩石的冲击功，提高PDC钻头的破岩效率，实现钻井提速。

扭力冲击器产生高频周向振动，瞬时周向线速度非常大，常规PDC钻头并不能很好地发挥此工具的工作特性，甚至会快速失效。这就要求PDC钻头具有非常高的抗冲击性能和良好的耐磨性。从胎体形状、布齿方式、布齿数目、齿的选材与形态（直径、仰角等）都需要进行全新设计。

扭力冲击器工具结构简单，只有液动锤和换向器两个活动件，能够很好地适应深井高温、高压、钻井液密度大等各种复杂工况。扭力冲击器是近年来应用较为广泛的提速工具之一，并在现场获得了良好的提速效果。当前，扭力冲击器在塔里木油田、大庆油田、吉林油田、华北油田等多个油田进行了现场应用。现场试验结果表明，工具提速效果能够达到1倍以上。东北石油大学扭力冲击器如图2-2-5所示。

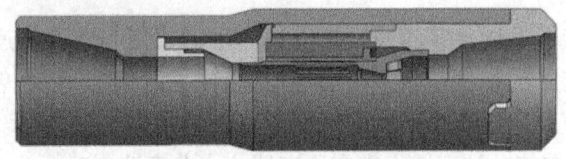

图2-2-5　东北石油大学扭力冲击器

视频 2-2-2
螺杆钻具结构

2. 井下动力钻具

1) 螺杆钻具

螺杆钻具是将油基钻井液、黏土钻井液等作为动力液，是一种把液体压力能转换为机械能的容积式井下动力钻具（视频 2-2-2）。当钻井液泵产生的高压钻井液流经旁通阀进入马达时，转子在压力钻井液的驱动下绕定子的轴线旋转，马达产生的扭矩和转速通过万向轴和传动轴传递给钻头，从而实现钻井作业。其结构如图 2-2-6 所示。

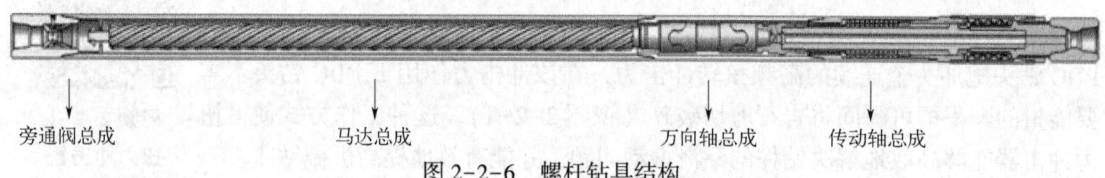

旁通阀总成　　　马达总成　　　万向轴总成　　　传动轴总成

图 2-2-6　螺杆钻具结构

螺杆钻具主要由旁通阀总成、马达总成、万向轴总成、传动轴总成四部分组成。旁通阀总成（图 2-2-7）主要由阀体、阀芯、阀套、弹簧、阀口总成组成，它的作用是在下钻时，允许环空（钻杆与井壁的环形空间）的钻井液由旁通阀阀体侧面的阀口孔流向钻杆内孔，起钻时使钻杆内孔的钻井液从阀体侧面的阀口流入环空。使起、下钻时不致使钻井液溢于井台上，以及保护马达的作用。

马达总成（图 2-2-8）由转子和定子两部分组成。转子是表面镀有耐磨材料的钢制螺杆，其上端是自由端，下端与万向轴相连。定子包括钢制外筒和外筒内壁的橡胶衬套，橡胶衬套内孔为一个螺旋曲面的型腔。定子与转子之间形成若干个密封腔，在钻井液动力作用下，密封腔不断地形成与消失，完成能量交换从而推动转子在定子中旋转。马达可形成几个密封腔就称几级马达。

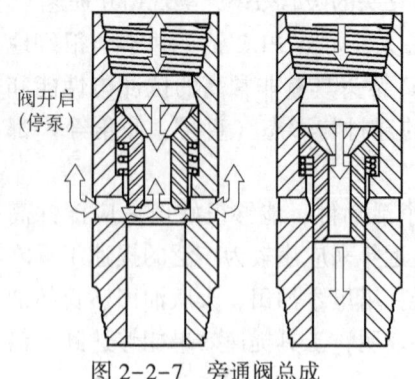

图 2-2-7　旁通阀总成

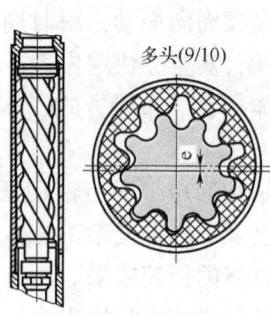 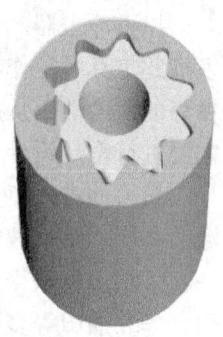

图 2-2-8　马达总成

万向轴总成位于转子下端，其作用是把马达产生的扭矩和转速传递到传动轴上。它所起到的作用要求它具有较好的挠性功能，才能实现把转子的偏心运动转换成传动轴的定轴转动。因此，一般万向轴采用万向瓣形和柔性轴形式，如图 2-2-9 所示。

水平钻井中，一般在传动轴壳体上带有稳定器。中曲率造斜时，为保证造斜率，往往要压缩万向轴壳体弯点至钻头的距离，轴向尺寸较小。传动轴总成是螺杆钻具最易损坏的部位，井底

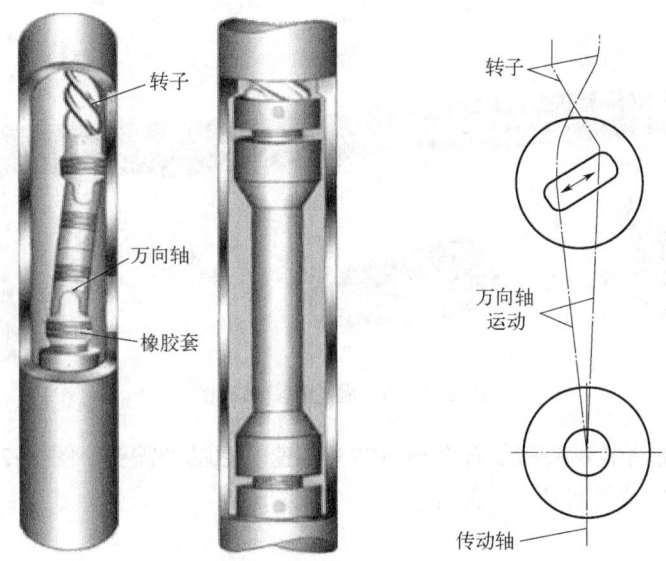

图 2-2-9 万向轴总成

环境恶劣，轴承组负荷重，且为幅度很大的交变载荷，很易造成滚珠、滚道磨损，甚至碎裂。

螺杆钻具适用于牙轮和 PDC 钻头，其长度短、压降相对低（3~7MPa）、转速相对稳定（受输出扭矩的影响较小）、操作较方便，但对油基钻井液敏感，不适于高密度钻井液。橡胶定子与钢芯转子在高密度及钻井液净化不好条件下易磨损，随着间隙的增大，输出转速和扭矩随之下降。橡胶存放时间长了会老化，橡胶定子耐高温性差，超深井钻井作业存在一定局限性。

螺杆钻具提速机理包括以下几点：螺杆钻具质量的不断提高，使得其可以很好地发挥 PDC 钻头在钻进时的效能，靠井下马达直接来驱动钻头破岩钻进，所以其动力的损失较小，极大地优化了井下工具的工作状态；直螺杆+PDC 钻头配合钟摆钻具在高陡地层中使用，钻压小，钻速快，降斜防斜效果明显。

我国塔里木盆地、四川盆地、准噶尔盆地的油气埋存深度大，井底温度高，需要使用抗高温螺杆钻具。抗高温螺杆+PDC 钻头钻井技术质量可靠、性能稳定、机械钻速高、有效降低井下事故，能够在研磨性强、坚硬、可钻性差的地层进行有效的钻井，对软到中硬地层的适应性很好，相对于常规螺杆，平均机械钻速提高 50% 以上。

2）涡轮钻具

在硬地层钻井中，涡轮钻具以其独特的优势被广泛地应用。涡轮钻具钻井可明显提高机械钻速，改善井身质量，具有安全、快速、优质、经济的特点。涡轮钻具主要包括常规涡轮钻具和减速涡轮钻具；根据井型又分为导向涡轮和直涡轮。常规涡轮钻具配合 PDC 钻头和孕镶式金刚石钻头使用；减速涡轮钻具配合牙轮钻头和 PDC 钻头使用。

常规涡轮钻具主要由涡轮节和轴承节构成（图 2-2-10）。涡轮节主要由壳体、转子、定子和涡轮轴组成，其作用是将高压流体的水力能转换成驱动钻头的机械能。轴承节的主要作用是承受轴向力，并将动力平稳地传递给钻头。

减速器涡轮钻具主要由轴承节、减速器和涡轮节三部分组成。这三部分可分开，之间由螺纹连接。涡轮钻具的动力源是涡轮节，在工作时具有扭矩较小、转速较高的特点，这样的性能输出对钻井作业不够理想。减速器主要由行星齿轮、止推轴承、密封系统等组成，其主要作用是将涡轮钻具的高转速通过一定减速比的减速齿轮进行降低，同时将其扭矩按照相应的

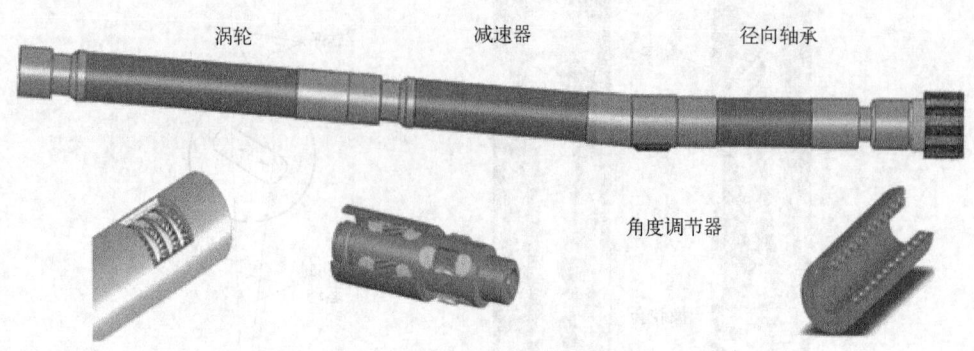

图 2-2-10 涡轮钻具结构图

减速比提高,以满足牙轮钻头和复合金刚石钻头转速及驱动的需要。图 2-2-11、图 2-2-12、图 2-2-13 所示即为涡轮钻具主要部件。

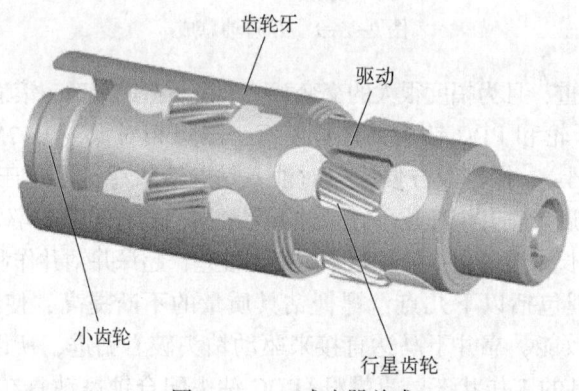

图 2-2-11 减速器总成

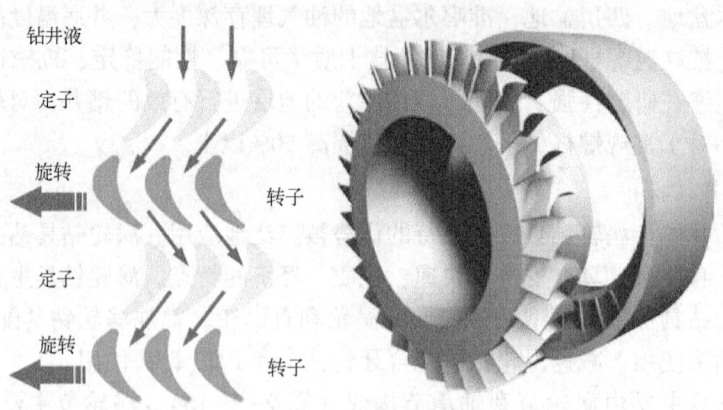

图 2-2-12 定子与转子

减速器涡轮钻具,没有橡胶元件是它的最大优势,在存放的时候不会受到时间限制,不会有损坏,它的工作温度区间为 150~250℃。涡轮钻具+孕镶金刚钻头在钻进过程中钻到坚硬的地层时,不会像牙轮钻头那样有小部件掉落。其次,钻出井眼形状规则,这就很好地防止了在起下钻时出现的井眼不规则的问题。再次,减少了井眼发生问题的概率。最后,偏差控制得很好。

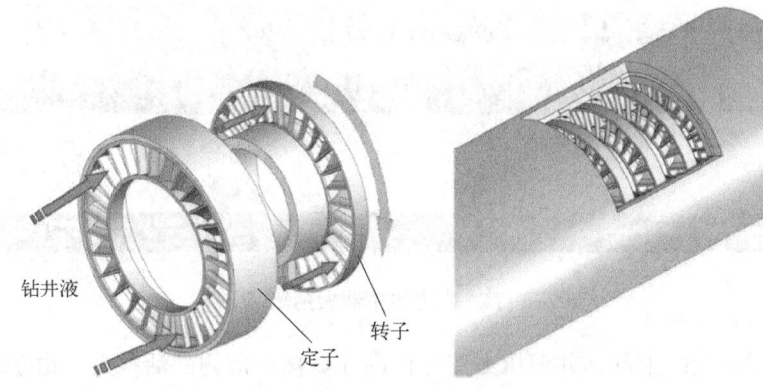

图 2-2-13　涡轮节总成

我国涡轮钻具的研发与使用起步较晚，但发展迅速，国内在涡轮钻具的设计、制造、实验等方面具都有一定的技术基础，但还存在着诸多问题，如效率太低、寿命太短、单级涡轮输出力矩太小、整机尺寸过长等，难以满足现代钻井工艺的要求。

由于涡轮钻具的实际应用效果，世界各国也越来越重视涡轮钻具的研究，并且有些国家已取得了巨大的成就，研制出了不同用途、不同规格的涡轮钻具。近年来，我国在四川地区使用了高速涡轮钻具，在钻井中体现出了良好的工程效果和经济效益。

涡轮钻具+孕镶金刚石钻头在遇到复杂地层、有高倾角和断层的地层、与牙轮钻头不匹配的地层、岩石强度变化范围大的坚硬地层时，孕镶金刚石钻头效果明显好于硬质合金钻头，因此涡轮钻具配合孕镶金刚石钻头对深部高温坚硬难钻地层提速效果显著，适应性良好。

3. 水力振荡器

在水平井钻井过程中，存在诸多难题。在滑动钻井过程中，由于钻具摩阻大，造成的钻头加压困难、钻速低、井眼轨迹调控困难的问题十分突出。因此，滑动钻进过程，如何克服水平井段摩阻扭矩的问题已经成为水平井安全快速钻井的技术瓶颈。

水力振荡器可以带动相邻的钻杆和井下工具产生有效的连续轴向振动，并且具有一定的有效传播范围，打破了原先的静摩擦状态，使之转化为动摩擦状态，有效解决了上述摩阻难题。

水力振荡器在井底钻具进行定向钻进或滑动钻进时应用效果明显。其降低了滑动钻进时黏附卡钻、托压的可能性，可施加小钻压钻进，减少了因反扭矩而使工具面失控的情况。可以有效地传递钻压，既可以与牙轮钻头配合也可以与 PDC 钻头一起使用，对钻头齿或轴承无冲击损坏，提高钻头的定向能力和钻头滑动钻进能力，显著提高机械效率。轻微振动井下钻具组合，改善钻柱与井壁之间的摩擦条件，减少了黏附卡钻、压差卡钻的可能性，不会损坏 MWD/LWD 工具或滋扰信号传达，减少横向振动和扭矩波动，位于 MWD/LWD 上部或下部皆可。水力振荡器的使用为滑动钻井减小摩擦阻力提供了明显有效手段。

水力振荡器主要由振荡短节（图 2-2-14）、动力部分、阀门和轴承系统等部分组成。工具的动力部分是由 1∶2 头的马达组成，马达转子的下端固定一个阀片，钻井液通过动力部分时，驱动转子转动，由于马达的特性，转子末端阀片即动阀片在一个平面上往复运动。动阀片的下端装有一定阀片，动阀片和定阀片紧密配合，由于转子的转动，导致两个阀片过流面积周期性交替变换，从而引起上部钻井液压力发生变化。

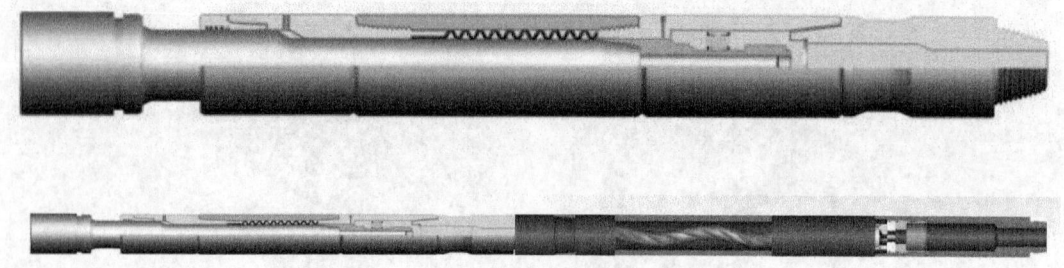

图 2-2-14　水力振荡器振荡短节

由水力振荡器产生的上部钻井液压力变化作用在振荡短节内的活塞上，由于压力时大时小，短节的活塞就在压力和弹簧的双重作用下，在轴向上往复运动。因此，位于水力振荡器上下的钻具在井眼产生轴向的往复运动，钻具在井底的静摩擦变成动摩擦，摩擦阻力大大降低，因此水力振荡器可以有效地减少因井眼轨迹而产生的钻具拖拉现象，保证有效的钻压传递。

水力振荡器产生的振动是温和的振动，不会对钻头或其他钻具产生破坏，振动振幅为 1/8~3/8in，振动加速度小于 3g。工作频率和通过工具的流量是线性关系，频率范围 11~20Hz。制约水力振荡器寿命的主要部件是动力总成，水力振荡器的寿命与螺杆钻具相当。

三、钻柱的工作状态及受力分析

钻柱在井下受到许多力的作用，如轴向拉力与压力、外挤压力、内压力、扭矩、弯矩以及离心力等。井型不同，工作状态不同，钻柱部位不同，其受力也不同。钻柱主要的工作状态有静止悬挂状态、正常钻进状态及起下钻状态，有时也利用钻柱进行中途测试、挤水泥和井下事故处理等特殊作业。由于定向井中钻柱受力更为复杂，因此这里仅以直井为例介绍其在主要工作状态下的受力情况。钻柱在直井中受到的轴向力有重力，浮力，井底对钻柱的压力，钻柱与钻井液、井壁之间的摩擦力，钻井液循环压耗产生的附加轴向力，提升或下放速度变化所产生的附加轴向力等。

1. 静止悬挂时的轴向力

该状态下任意截面所受到的轴向力（拉力）等于该截面以下所有钻柱在钻井液中的重量即浮重。浮重计算方法有多种，比较简便的方法是浮力系数法，即浮重等于钻柱在空气中的总重量乘以浮力系数。其计算公式为

$$F_m = G_f = K_f G = K_f(q_c L_c + q_p L_p) \qquad (2\text{-}2\text{-}1)$$

其中

$$K_f = 1 - \frac{\rho_m}{\rho_s}$$

式中　F_m——钻杆任一截面所受拉力，kN；

　　　G_f——计算截面以下钻柱浮重，kN；

　　　K_f——钻井液浮力系数；

　　　G——计算截面以下钻柱在空气中的总重量，kN；

q_c——钻铤线重，即单位长度钻铤在空气中的重量，kN/m；
L_c——计算截面以下钻铤总长，m；
q_p——钻杆线重，即单位长度钻杆在空气中的重量，kN/m；
L_p——计算截面以下钻杆长度，m；
ρ_m——钻井液密度，g/cm³；
ρ_s——钢材密度，g/cm³，一般取 7.85g/cm³。

单位长度钻柱在钻井液中的重量称为钻柱线浮重，其大小等于钻柱在空气中的线重乘以浮力系数，即

$$q_m = K_f q \tag{2-2-2}$$

或

$$F_m = q_{mc}L_c + q_{mp}L_p \tag{2-2-3}$$

式中 q_{mc}——钻铤线浮重，kN/m；
q_{mp}——钻杆线浮重，kN/m。

直井钻柱所受轴向拉力的分布情况：井口处的拉力最大，底端处的拉力为零。

2. 正常钻进时的轴向力

在钻进过程中，大部分钻柱的重力由钻机大钩悬吊起来，称为大钩悬重；小部分钻柱的重力（主要是钻铤的重力）施加在钻头上，称为钻压。此时，上部钻柱受到由钻柱浮重引起的轴向拉力的作用，处于拉伸状态，而下部钻柱受到由钻压引起的轴向压力的作用，处于压缩状态，如图 2-2-15 所示。

若不计其他力，正常钻进时钻杆任意截面上的轴向力等于该截面以下钻柱浮重减去钻压，即

$$F_w = K_f(q_c L_c + q_p L_p) - W \tag{2-2-4}$$

式中 F_w——正常钻进时钻杆任一截面所受拉力，kN；
W——钻压，kN。

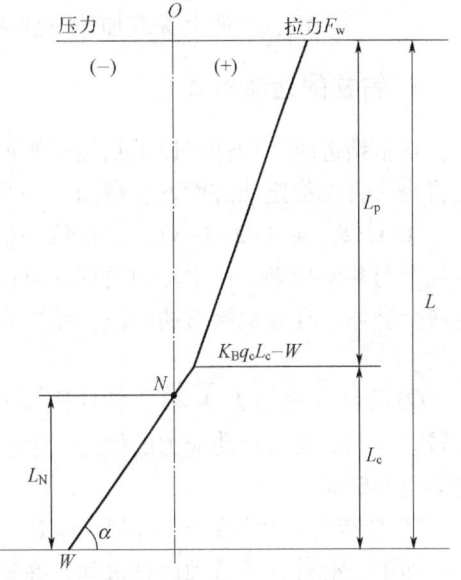

图 2-2-15 正常钻进中钻柱轴向力分布

上部钻柱受拉力作用，井口处最大，向下逐渐减小；下部钻柱受压力作用，井底处最大，向上逐渐减小；在某一位置处，钻柱既不受拉，也不受压，其轴向力等于零。通常把钻柱上轴向力等于零的点（N 点）称为钻柱中性点。显然，对直井钻柱而言，中性点将钻柱分为两段，上面一段钻柱的浮重等于大钩悬重，下面一段钻柱的浮重等于钻压。中性点位置的计算如下：

$$L_N = \frac{W}{q_c K_f \cos\alpha} \tag{2-2-5}$$

式中 L_N——中性点到井底的距离，m；
W——钻压，kN；
q_c——钻铤线重，kN/m；
K_f——钻井液浮力系数；

α——井斜角，(°)。

中性点是钻柱受拉与受压的分界点，该点以上钻柱受拉，该点以下钻柱受压，其位置与钻压相关。由于钻压与钻柱的振动、岩性的变化、钻头的冲击、操作者的水平等有关，因此，实际钻进时钻头上所加钻压很难维持一个常值，也就是说中性点的位置不是一个固定值，而是在某个范围内波动。在该范围内，钻柱时而受压，时而受拉，处于交变应力中，易产生疲劳破坏。由于钻柱中钻杆的壁厚较薄，刚度较小，抗弯能力弱，因此，中性点应始终落在壁厚及刚度较大的钻铤上，钻铤长度的确定往往遵循该原则。

3. 起下钻时的轴向力

在该工况下，钻柱受到的力有计算截面上的拉力、重力、浮力、钻柱与井壁、钻井液间的摩擦力，提升或下放钻柱时速度变化而引起的附加轴向力，故任意截面上的轴向力为

$$F_t = K_f(q_c L_c + q_p L_p) \pm F_f \pm F_v \tag{2-2-6}$$

式中 F_t——起下钻时钻杆任意截面上的轴向力，kN；

F_f——钻柱与井壁、钻井液之间的摩擦力，起钻为正，下放为负，kN；

F_v——提升或下放钻柱时因速度变化而引起的附加轴向力，加速上提及减速下放为正，减速上提或加速下放为负，kN。

4. 钻柱的运动形式

正常钻进时，中性点以下钻柱受轴向压力的作用，当压力增加到某一临界值时，受压钻柱将丧失直线稳定状态而发生弯曲。一个弯曲的钻柱在井眼内的运动形式可能有以下四种：

① 自转（视频2-2-3）。钻柱像一根柔性轴，围绕自身轴线旋转。钻柱自转时，在整个圆周上与井壁接触，产生均匀磨损。弯曲钻柱在自转时，受到交变弯曲应力的作用，容易发生疲劳破坏。在软地层弯曲井段，钻柱自转容易在下井壁上形成键槽，起钻时容易造成卡钻事故。

② 公转（视频2-2-4）。钻柱像一个刚体，围绕着井眼轴线旋转并沿着井壁滑动。钻柱公转时，不受交变弯曲应力的作用，但会产生不均匀的单向磨损（偏磨），从而加快了钻柱的磨损和破坏。

③ 公转与自转相结合（视频2-2-5）。钻柱围绕井眼轴线旋转，同时围绕自身轴线转动，即不是沿着井壁滑动而是滚动。在这种情况下，钻柱磨损均匀，并受交变弯曲应力的作用，但循环次数比自转时低得多。

视频2-2-3　钻柱自转

视频2-2-4　钻柱公转

视频2-2-5　钻柱公转与自转相结合

④ 振动。在钻进过程中，钻柱还可能产生纵向振动、扭转振动和横向振动。钻柱的纵向振动主要是由钻头的纵向振动引起的。钻柱的扭转振动是由井底岩石对钻头的旋转阻力和井壁对钻柱的旋转阻力不断发生变化所引起的。钻柱的横向振动是指在某一临界转速下，整个或部分钻柱做无规则的横向摆振，就像拨动的琴弦一样。

四、钻柱设计

合理的钻柱设计是确保优质、快速、安全钻井的重要条件。尤其是对深井钻井,钻柱在井下的工作条件十分复杂与恶劣,钻柱设计就显得更加重要。钻柱设计包括钻柱尺寸选择、钻铤柱长度设计和钻杆柱强度设计三方面的内容。在设计中,一般遵循以下三方面的原则:

① 满足工艺要求,确保钻井作业顺利进行;
② 满足强度(抗拉、抗挤等)要求,保证钻柱安全工作;
③ 尽量减轻整个钻柱的重力,以便在现有的抗负荷能力下钻更深的井。

1. 钻柱尺寸选择

钻柱尺寸选择与许多因素有关,如钻头尺寸、钻机提升能力、井身结构、地质条件、防斜措施、携带岩屑、起下钻操作等,此外,还要能改善钻头的工况、减少钻柱的疲劳破坏等。常用钻头尺寸与钻柱尺寸配合见表 2-2-2。

表 2-2-2 钻头尺寸与钻柱尺寸配合

钻头直径,mm(in)	钻铤外径,mm(in)	钻杆外径,mm(in)	方钻杆方宽,mm(in)
>299($11\frac{3}{4}$)	203(8)	168($6\frac{3}{8}$)	152(6)
248~299($9\frac{3}{4}$~$11\frac{3}{4}$)	178~203(7~8)	140($5\frac{1}{2}$)	133,152($5\frac{1}{4}$,6)
197~248($7\frac{3}{4}$~$9\frac{3}{4}$)	152~178(6~7)	114,127($4\frac{1}{2}$,5)	108,133($4\frac{1}{4}$,$5\frac{1}{4}$)
146~216($5\frac{3}{4}$~$8\frac{1}{2}$)	146($5\frac{3}{4}$)	89($3\frac{1}{2}$)	89,108($3\frac{1}{2}$,$4\frac{1}{4}$)

从表中可以看出,一种尺寸的钻头可以使用两种尺寸的钻具,具体选择就要依据实际条件。选择的基本原则是:

① 由于方钻杆受到的扭矩和拉力最大,在供应可能的情况下,应尽量选用大尺寸方钻杆。
② 在钻机提升能力允许的情况下,选择大尺寸钻杆是有利的。因为大尺寸钻杆强度大,水眼大,钻井液流动阻力小,有利于提高井底钻头水功率。入井的钻柱结构力求简单,以便于起下钻操作。
③ 钻铤尺寸一般选用与钻杆接头外径相等或相近的尺寸,有时根据防斜技术措施来选用钻铤的直径。

2. 钻铤柱长度设计

钻铤柱长度取决于钻压与钻铤的尺寸,其设计原则是:钻铤的浮重应满足给钻头提供钻压的要求,并保证在最大钻压时钻杆不承受压缩载荷,即保持中性点始终位于钻铤上。对单一尺寸的钻铤柱,其长度设计公式为

$$L_c = \frac{W_{max} S_N}{q_c K_f \cos\alpha} \tag{2-2-7}$$

式中 L_c——所需钻铤长度,m;
　　　W_{max}——设计最大钻压,kN;

S_N——安全系数,一般取 1.15~1.25,防止遇到意外附加力(动载荷、井壁摩擦阻力等)时中性点移到较弱的钻杆上;

q_c——钻铤线重,kN/m;

K_f——钻井液浮力系数;

α——井斜角,直井时取值为 0,(°)。

3. 钻柱强度设计

在入井钻柱中,钻铤的外径及壁厚均大于钻杆。当其他因素一定时,其强度要大于钻杆强度。因此,钻柱强度设计具体是指钻杆的强度设计。由钻柱的受力分析可知,在钻井过程中,作用于钻柱上的力有轴向拉力、压力、扭矩、外挤压力、内压力和弯曲应力等。其中,始终作用在钻杆上且数值较大的力是由钻柱重力(浮重)引起的轴向拉力,它是钻杆柱的主要作用力。因此,钻杆柱强度设计一般以抗拉强度计算为主,对其他载荷,如扭矩、外挤压力和内压力等的作用进行相应的强度校核。

钻杆设计的目的是判断钻杆可下深度与钻铤长度之和是否大于井深。如果大于,则满足要求;否则,须重换钢级或再加一段高一级的钻杆,重新计算。

1) 钻杆的抗拉强度设计

在以抗拉强度计算为主的钻杆柱强度设计中,主要考虑由钻柱重力引起的静载荷,其他一些附加载荷(如动载荷、摩擦阻力、卡瓦挤压力的影响及解卡上提力等)通过一定的设计系数考虑。根据强度设计原则,钻杆柱设计的强度条件为

$$F_m \leqslant F_{max} \quad (2\text{-}2\text{-}8)$$

式中 F_m——钻杆任意截面上因钻柱浮重而引起的轴向拉力,kN;

F_{max}——最大安全静拉力,kN。

最大安全静拉力 F_{max} 需在求解出钻杆最小屈服强度下的抗拉力、最大允许静拉力后得到。

(1) 最小屈服强度下的抗拉力

最小屈服强度下的抗拉力为

$$F_y = 0.1\sigma_y A_p = \frac{\pi}{40}\sigma_y(d_{po}^2 - d_{pi}^2) \quad (2\text{-}2\text{-}9)$$

式中 F_y——最小屈服强度下的抗拉力,kN;

σ_y——钢材最小屈服强度,MPa,当钻杆钢级确定后,查表可得;

A_p——钻杆横截面积,cm²;

d_{po}——钻杆外径,cm;

d_{pi}——钻杆内径,cm。

(2) 最大允许抗拉力

如果拉力达到最小屈服强度下的抗拉力时,钻杆已发生屈服,显然不能使用,因此一般取最小屈服强度下的抗拉力的 90% 作为最大允许抗拉力:

$$F_p = 0.9 F_y \quad (2\text{-}2\text{-}10)$$

式中 F_p——最大允许抗拉力,kN。

(3) 最大安全静拉力

最大安全静拉力是指允许钻杆所承受的由钻柱浮重引起的最大载荷。考虑到其他一些拉

伸载荷,如起下钻时的动载及摩擦力、解卡上提力与卡瓦挤压作用等,钻杆的最大安全静拉力必须小于其最大允许抗拉力,以确保安全。最大安全静拉力的确定有多种方法,它们分别是安全系数法、设计系数法与拉力余量法。

① 安全系数法。

起下钻柱时,钻柱不仅受到重力引起的轴向拉力的作用,还受到动载荷和摩擦阻力的作用。在钻杆柱设计中,用一个安全系数来考虑动载荷和摩擦阻力的影响,这种设计方法称为安全系数法,即

$$F_m S_t \leqslant F_p \qquad (2\text{-}2\text{-}11)$$

式中 S_t——抗拉安全系数,一般取1.3。

② 设计系数法。

在使用卡瓦起下钻时,钻杆坐挂于卡瓦中,钻杆不仅受到重力引起的轴向拉力的作用,而且受到很大的箍紧力,处于拉伸和外挤的双向应力状态。当合成应力(大于纯拉伸应力)接近或达到材料的最小屈服强度时,就会导致卡瓦挤毁钻杆。为了防止钻杆被卡瓦挤毁,要求钻杆受到的轴向拉力小于其最大允许拉力。在钻杆柱强度设计中,通常用一个设计安全系数来考虑卡瓦箍紧力的影响,这种设计方法称为设计系数法,即

$$F_m S_f \leqslant F_p \qquad (2\text{-}2\text{-}12)$$

式中 S_f——设计安全系数,可根据钻杆抗挤毁条件得出,由下式确定:

$$S_f \geqslant \sqrt{1 + \frac{d_{po} K_s}{2L_s} + \left(\frac{d_{po} K_s}{2L_s}\right)^2} \qquad (2\text{-}2\text{-}13)$$

其中

$$K_s = 1/\tan(\alpha + \phi)$$

$$\phi = \arctan f(°)$$

式中 d_{po}——钻杆外径,cm;
L_s——卡瓦长度,cm;
K_s——侧压系数;
α——卡瓦锥角,一般为9°27′45″;
ϕ——摩擦角;
f——摩擦系数,$f \approx 0.08$。

为便于应用,将最小设计安全系数计算结果列于表2-2-3中,设计时可直接查表。

表 2-2-3 防止卡瓦挤毁设计安全系数

卡瓦长度 mm	摩擦系数 f	侧压系数 K_s	钻杆尺寸,mm						
			60.3	73.0	88.9	104.6	108.0	127.0	139.7
			设计安全系数 S_f						
304.8	0.06	4.35	1.27	1.34	1.43	1.50	1.58	1.66	1.73
	0.08	4.00	1.25	1.31	1.39	1.45	1.52	1.59	1.66
	0.10	3.68	1.22	1.28	1.35	1.41	1.47	1.54	1.60
	0.12	3.42	1.21	1.26	1.32	1.38	1.43	1.49	1.55
	0.14	3.18	1.19	1.24	1.30	1.34	1.40	1.45	1.50

续表

卡瓦长度 mm	摩擦系数 f	侧压系数 K_s	钻杆尺寸,mm						
			60.3	73.0	88.9	104.6	108.0	127.0	139.7
			设计安全系数 S_f						
106.4	0.06	4.36	1.20	1.24	1.30	1.36	1.41	1.47	1.52
	0.08	4.00	1.18	1.22	1.28	1.32	1.37	1.42	1.47
	0.10	3.68	1.16	1.20	1.25	1.29	1.34	1.38	1.43
	0.12	3.42	1.15	1.18	1.23	1.27	1.31	1.35	1.39
	0.14	3.18	1.14	1.17	1.21	1.25	1.28	1.32	1.365

注：摩擦系数 $f=0.08$ 用于正常润滑情况。

③ 拉力余量法。

考虑钻柱遇阻卡（上提解卡），钻杆柱的最大允许抗拉力应大于其最大安全静拉力一个合适的数值，以确保钻柱不被拉断，此值称为拉力余量，即最大允许抗拉力与最大安全静拉力的差值。拉力余量大小的选择应根据实际的钻井条件加以确定，井下危险程度越大，所取的拉力余量越大，即

$$F_m + MOP \leqslant F_p \tag{2-2-14}$$

式中 MOP——拉力余量，一般取 200~500kN。

综合式(2-2-11)、式(2-2-12)和式(2-2-14)，取上述三者中最小值作为最大安全静拉力 F_{max}。

2）钻杆柱设计方法

(1) 单一钻杆柱的设计

单一钻杆柱是指由同一种尺寸、壁厚和钢级的钻杆组成的钻杆柱。其设计步骤如下：第一步，选择一种钻杆；第二步，计算钻杆的最大允许静拉力；第三步，根据强度条件计算钻杆柱的许用长度；第四步，分析钻杆柱许用长度是否满足设计井深的要求。如果不能满足设计井深要求，则选择更高强度的钻杆重新进行设计，直到满足要求为止。钻杆柱许用长度的计算公式为

$$L_p = \frac{1}{q_p}\left(\frac{F_{max}}{K_f} - L_c q_c\right) \tag{2-2-15}$$

式中 L_p——钻杆柱的许用长度，m；

q_p——钻杆的线重，kN/m。

(2) 复合钻杆柱的设计

在深井和超深井钻井中，经常采用复合钻杆柱，即采用不同尺寸（上大下小），或不同壁厚（上厚下薄），或不同钢级（上高下低）的钻杆组成的钻杆柱。这种复合钻杆柱和单一钻杆柱相比具有很多优点，它既能满足强度要求，又能减轻钻杆柱的重力，允许在一定钻机负荷能力下钻达更大的井深。

设计复合钻杆柱时，应自钻铤上面第一段钻杆开始，自下而上逐段计算各段钻杆的许用长度，确定其实际使用长度。钻铤上面的第一段钻杆的强度较低，往上则强度逐级增大。在选择实际钻杆长度时，要根据实际圆整，且不能超过理论计算长度。

3) 钻杆柱强度校核

(1) 抗挤强度

当钻杆所受外挤压力大于其最小抗挤压力时，钻杆管体就会被挤扁。为了避免钻杆管体被挤扁，钻杆柱受最大外挤压力处的外挤压力应小于该处钻杆的最小抗挤压力。为安全起见，一般要求钻杆的最小抗挤压力与所受最大外挤压力之比不小于一定的安全系数，即

$$\frac{p_{pc}}{p_{cmax}} \geq S_c \tag{2-2-16}$$

式中 p_{pc}——钻杆的最小抗挤压力，MPa；

p_{cmax}——钻杆柱所受最大外挤压力，MPa；

S_c——抗挤安全系数，一般取1.125。

钻杆柱最大外挤压力按管内钻井液全掏空的情况计算，最危险的截面是钻杆柱最底部位置。

(2) 抗内压强度

钻杆柱偶尔也会受到较大的净内压力。当钻杆柱所受内压力大于按最小屈服强度计算的抗内压力（最小抗内压力）时，钻杆管体就会被胀裂。为防止钻杆管体被胀裂，要求钻杆的最小抗内压力与所受最大内压力之比不小于一定的安全系数，即

$$\frac{p_{pi}}{p_{imax}} \geq S_i \tag{2-2-17}$$

式中 p_{pi}——钻杆的最小抗内压力，MPa；

p_{imax}——钻杆柱所受最大内压力，MPa；

S_i——抗内压安全系数，一般取1.1。

钻杆柱所受最大内压力最危险的截面在井口处。

(3) 抗扭强度

扭矩是井下钻杆柱受到的主要载荷之一。尤其是在定向井、水平井、深井钻井和扩眼、处理卡钻事故等作业中，钻杆柱可能受到很大的扭矩。当钻杆柱所受扭矩超过其最小抗扭强度时，钻杆就会被扭断。为确保钻杆柱在井下安全工作，钻杆柱所受最大扭矩应满足以下强度条件，即

$$\frac{M_p}{M_{max}} \geq S_m \tag{2-2-18}$$

式中 M_p——钻杆柱的抗扭强度，取管体和接头抗扭强度的较小值，kN·m；

M_{max}——钻杆柱所受最大扭矩，kN·m；

S_m——抗扭安全系数。

钻杆柱最大扭矩发生在钻柱顶部，即转盘补心处或顶驱方钻杆保护接头下部。

4. 钻柱设计实例

【例2-1】 井深5000m，井径215.9mm，钻井液密度1.2g/cm³，最大钻压180kN，最大允许井斜角3°，拉力余量200kN，卡瓦长度406.4mm，抗拉安全系数1.30，设计安全系数1.42。

1) 钻铤柱设计

选用外径158.75mm、内径57.15mm的钻铤，线重1.35kN/m，安全系数1.18，浮力系数计算得0.846。

计算钻铤长度：

$$L_c = \frac{W_{max} S_N}{q_c K_f \cos\alpha} = \frac{180 \times 1.18}{1.35 \times 0.846 \times \cos 3°} = 186.228(m)$$

按每根钻铤长 9.2m 计，需用 21 根钻铤，总长 193.2m。

2) 钻杆柱设计

① 选择第一段钻杆（接钻铤）。

选用外径 127mm、线重 284.78N/m 的 E 级新钻杆，最小抗拉力为 1760kN。

计算最大允许静拉力：

$$F_{max1} = \frac{0.9 F_y}{S_t} = \frac{0.9 \times 1760}{1.3} = 1218.46(kN)$$

$$F_{max1} = \frac{0.9 F_y}{S_f} = \frac{0.9 \times 1760}{1.42} = 1115.49(kN)$$

$$F_{max1} = 0.9 F_y - MOP = 0.9 \times 1760 - 200 = 1384(kN)$$

由此可以看出，考虑卡瓦箍紧力情况下的最大允许静拉力最小，则第一段钻杆的许用长度为

$$L_{p1} = \frac{F_{max1}/K_f - q_c L_c}{q_{p1}} = \frac{1115.49/0.846 - 1.35 \times 193.2}{284.78/1000} = 3714.187(m)$$

按每根钻杆长 9.1m 计，需要 408 根 E 级钻杆，实际长度 3712.8m。显然，需要增加一段较高强度的钻杆，方能达到设计井深。

② 选择第二段钻杆。

选用外径 127mm、线重 284.78N/m 的 X-95 级新钻杆，最小抗拉力为 2229.71kN。

计算许用长度：

$$F_{max2} = \frac{0.9 \times 2229.71}{1.3} = 1543.645(kN)$$

$$F_{max2} = \frac{0.9 \times 2229.71}{1.42} = 1413.196(kN)$$

$$F_{max2} = 0.9 \times 2229.71 - 200 = 1806.739(kN)$$

$$L_{p2} = \frac{F_{max2}/K_f - q_{p1}L_{p1} - q_c L_c}{q_{p2}}$$

$$= \frac{1413.196/0.846 - 284.78/1000 \times 3712.8 - 1.35 \times 193.2}{284.78/1000} = 1237.072(m)$$

按每根钻杆长 9.1m 计，需要 136 根 X-95 钻杆，合计长度 1237.6m。钻柱总长度为

$$L = 193.2 + 3712.8 + 1237.6 = 5143.6(m)$$

超过设计井深，X-95 级钻杆实际使用长度为 1094m。

最后设计的钻柱组合见表 2-2-4。

表 2-2-4 钻柱组合设计结果

规范	长度，m	空重，kN	浮重，kN
钻铤：外径 158.75mm，内径 57.15mm，线重 1.35kN/m	193.2	260.82	220.65
第一段钻杆：外径 127mm，线重 284.78N/m，E 级	3712.8	1057.33	894.50

续表

规范	长度,m	空重,kN	浮重,kN
第二段钻杆：外径127mm，线重284.69N/m，X-95级	1094	311.45	263.49
合计	5000	1629.60	1378.64

习题

1. 衡量一只钻头的经济技术指标有哪几个？
2. 试述牙轮钻头的运动学规律及破岩原理。
3. 牙轮钻头的超顶、移轴和复锥分别产生哪个方向的滑动？
4. 牙轮钻头的牙轮及牙齿的布置原则有哪些？
5. 金刚石钻头有哪些突出优点？
6. 简述金刚石钻头的工作原理。
7. PDC 钻头的破岩原理是什么？
8. PDC 钻头的胎体及切削齿如何选择？
9. 钻柱主要由哪几部分组成？其主要功用有哪些？
10. 钻柱在井下的运动形式可能有哪几种？
11. 井下钻柱受到哪些力的作用？最主要的作用力是什么？
12. 何谓钻柱的中性点？为什么要保证中性点落在钻铤上？
13. 什么是复合钻柱？使用复合钻柱有何优点？
14. 某井用 $9\frac{1}{2}$ in 钻头、7in 钻铤（$q_c=1632$N/m）和 5in 钻杆（$q_p=284.78$N/m），设计钻压为180kN，钻井液密度为 1.28g/cm³，安全系数取 1.30，许可井斜角3°，试计算所需钻铤长度。
15. 已知井深 $D=1500$m，钻压 $W=14$tf，钻井液密度为 1.38g/cm³，钻具结构为：$8\frac{1}{2}$in 钻头 + $6\frac{1}{2}$in 钻铤 200m（$q=136.24$kg/m）+ 5in 钻杆 1300m（$q_p=29.04$kg/m）。试求中性点所在井深。

参考文献

[1] 刘希圣. 钻井工艺原理（上册）[M]. 北京：石油工业出版社，1988.
[2] 管志川，陈庭根. 钻井工程理论与技术 [M]. 2版. 青岛：中国石油大学出版社，2017.
[3] 楼一珊，李琪. 钻井工程 [M]. 北京：石油工业出版社，2013.
[4] 钻井手册（甲方）编写组. 钻井手册（甲方）（上册）[M]. 北京：石油工业出版社，1990.

第三章 钻进参数优选

本章要点

理解钻进参数、水力参数对机械钻速的影响规律,掌握钻速方程、钻头磨损及钻进参数优选方法。理解射流对井底的作用及水功率传递原理,掌握射流水力参数、钻头水力参数、喷射钻井最优工作条件计算方法,掌握水力参数优选方法。

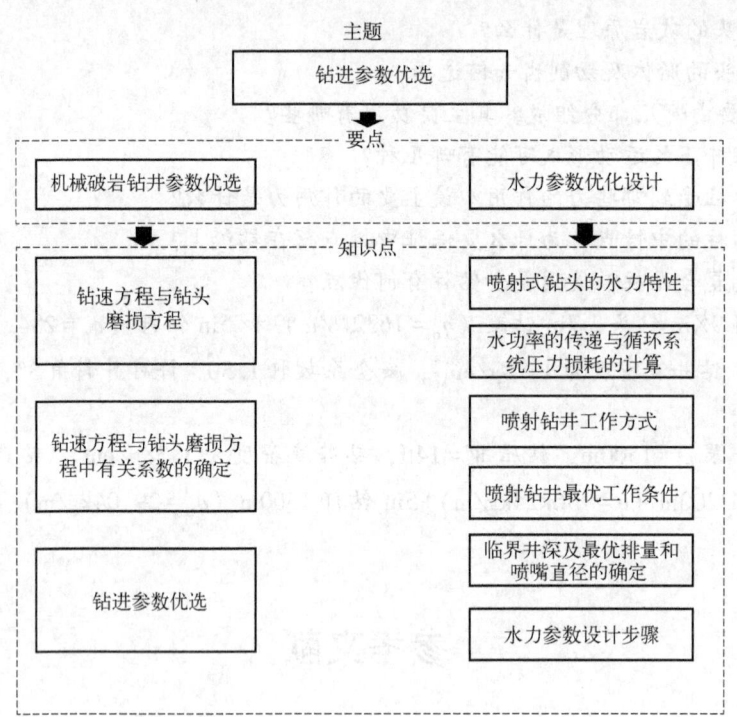

油气井钻井过程中,钻进的速度、成本与质量受多种因素影响,总体上可将这些因素划分为客观不可控因素和可调控因素两类。客观不可控因素主要是指地层因素,如地层岩性、地层可钻性、地层对钻压、转速、水力参数和钻井液参数的敏感指数,以及地温梯度、地层化学组分对钻井液的适应性等。可调控因素主要是指通过一定设备、工具和技术手段可进行人为调节的因素,包括机械参数、水力参数、钻井液性能和流变参数三大类参数。具体地说,机械参数是指机泵设备、钻头类型、钻压与转速;水力参数是指泵型选择、泵压、排量和水眼组合;钻井液性能和流变参数是指钻井液体系、密度、初切力、流变学模式、流变参

数。钻进参数通常以可调控参数进行表征，钻进参数的优选实质上就是以一定不可控地层条件为依据，以实现钻进最优的技术和经济指标为目标，采用最优化方法，科学选择钻进参数配合。

第一节　钻速方程与钻头磨损方程

掌握钻进参数对钻进速度、钻头磨损等的影响规律，建立相应数学模型，是实施优选参数钻井的重要基础。

一、影响钻进速度的主要因素

除了前面章节已介绍的岩石性质和钻头类型对钻速有重要的影响外，钻进过程中的水力因素、钻井液性能、钻压、转速及牙齿磨损等也是影响钻速的主要因素。

1. 水力因素对钻速的影响

在钻进过程中，及时有效地把钻头破岩产生的岩屑清离井底，避免岩屑的重复破碎，是提高钻速的一项重要手段。井底岩屑的清洗是通过钻头喷嘴所产生的钻井液射流对井底的冲洗来完成的。表征钻头及射流水力特性的参数统称为水力因素。水力因素的总体指标通常用井底单位面积上的平均水功率（称为比水功率）来表示。

图 3-1-1 给出了美国国际石油公司（AMOCO）研究中心测定的钻速与井底比水功率的关系曲线。结果表明，一定的钻速，意味着单位时间内钻出的岩屑总量一定，而该数量的岩屑需要一定的水力功率才能完全清除，低于这个水功率值，井底净化就不完善。若钻进时的实际水力功率落入图 3-1-1 所示的净化不完善区，则实际钻速就比净化完善时的钻速低，如果此时增大水功率，使井底净化条件得到改善，则钻速会在其他条件不变的情况下增大。因而，水力因素对钻速的影响，主要表现在井底水力净化能力对钻速的影响。水力净化能力通常用水力净化系数（又称水力参数影响系数）C_H 表示，其含义为实际钻速与净化完善时的钻速之比：

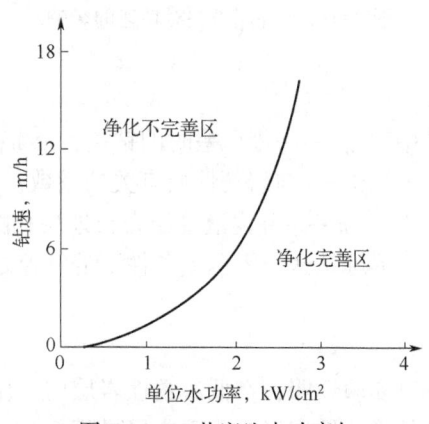

图 3-1-1　井底比水功率与钻速的关系曲线

$$C_H = \frac{v_{pe}}{v_{pen}} = \frac{P_s}{P_{sn}} \quad (3-1-1)$$

$$P_{sn} = 9.72 \times 10^{-2} v_{pen}^{0.31} \quad (3-1-2)$$

式中　v_{pe}——实际钻速，m/h；

v_{pen}——井底净化完善时的钻速，m/h；

P_s——实际的钻头比水功率，kW/cm²；

P_{sn}——井底净化完善时所需的比水功率，kW/cm^2。

应注意到式(3-1-1)中 $C_H \leq 1$，即当实际水功率大于净化所需的水功率时仍取 $C_H = 1$。其原因是井底达到净化完善后，水功率的提高，不会再由于净化的原因而进一步提高钻速。

水力因素对钻速的影响还表现为另外一种形式，就是水力能量的破岩作用。当水功率超过井底净化所需的水功率后，机械钻速仍有可能增加。水力破岩作用对钻速的影响主要表现为使钻压与钻速关系中的门限钻压降低。

2. 钻井液性能对钻速的影响

试验证明，钻井液密度、黏度、失水量和固相含量及其分散性等都对钻速具有不同程度的影响。

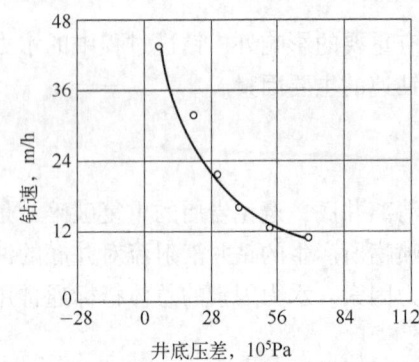

图 3-1-2　井底压差对钻速的影响

1）钻井液密度对钻速的影响

钻井液密度的基本作用在于保持一定的液柱压力，以控制地层内的流体进入井内。室内试验和钻井实践证明，提高钻井液密度，增加井内液柱压力和地层压力之间的压力差，将使钻速急剧下降。其主要原因是井底压差对刚破碎的岩屑有压持作用，阻碍井底岩屑的及时清除，影响钻头的破岩效率，从而使钻速相应下降。图 3-1-2 所示是在现场钻遇岩层时，井底压差对钻速的影响曲线。

鲍格因（Bourgoyne）等通过大量数据分析与处理，提出了压差与钻速的关系表达式：

$$v_{pe} = v_{pe0} e^{-\beta \Delta p} \tag{3-1-3}$$

式中　v_{pe0}——零压差时的钻速，m/h；
　　　β——与岩石性质有关的系数；
　　　Δp——井内液柱压力与地层孔隙压力之差，MPa。

实际钻速与零压差条件下的钻速之比称为压差影响系数，用 C_p 来表示：

$$C_p = \frac{v_{pe}}{v_{pe0}} = e^{-\beta \Delta p} \tag{3-1-4}$$

实验证明，在低渗透性岩层内，压差对钻速的影响比在高渗透性岩层内的影响大。故在钻低渗透性岩层时，更应尽量降低钻井液密度，实施平衡压力钻井。

降低钻井液密度虽能提高钻速，但是它常受地质条件、井壁稳定等的限制，不能任意降低。多年来的钻井实践证明，为在确保安全钻井的前提下尽量提高钻速，采用微超平衡压力钻进时的最优钻井液密度 ρ_d 的计算式为

$$\rho_d = \frac{G_p}{g} + \Delta \rho \tag{3-1-5}$$

式中　$\Delta \rho$——附加钻井液密度，常取 $30 \sim 50 kg/m^3$；
　　　G_p——地层压力梯度，Pa/m。

2）钻井液黏度对钻速的影响

钻井液黏度是通过对循环压力损耗和井底净化等作用的影响而间接影响钻速的。在一定

的地面功率条件下，降低钻井液黏度，可以减小钻柱内和环形空间的循环压耗，使钻头喷嘴处的压降增加，提高射流对井底的冲击力，加强清除岩屑的作用，从而使钻速也相应增加。埃凯尔（J. R. Eckel）的实验证明，在一定的钻井液排量和喷射速度下，钻速随钻井液的运动黏度的增加而降低，如图3-1-3所示。这里的运动黏度是指钻头喷嘴出口处视黏度与其密度的比值。

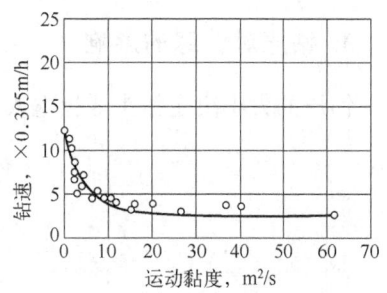

图3-1-3　钻井液运动黏度对钻速的影响

埃凯尔利用微钻头实验结果提出了钻井液性能和水力因素对钻速的综合影响，建立一定条件下的关系表达式：

$$v_{\mathrm{pe}} = k \left(\frac{Q \rho_{\mathrm{d}}}{d_e \mu} \right)^{0.5} \tag{3-1-6}$$

式中　Q——钻井液排量，m^3/s；

ρ_{d}——钻井液密度，kg/m^3；

d_e——喷嘴当量直径，m；

μ——喷嘴出口处的黏度，$Pa \cdot s$；

k——比例系数。

实际上，增加钻井液密度将加大井底的液柱压力，对钻速有不利影响。因此，在实际工作中通常先按平衡地层压力的要求，确定钻井液密度，然后再调节钻井液性能，尽量降低钻头喷嘴出口处的视黏度。

3）钻井液固相含量及其分散性对钻速的影响

钻井液的固相含量对钻进速度和钻头消耗量都有严重的影响，因此必须严格控制钻井液的固相含量，一般应尽量采用固相含量低于4%的低固相钻井液。对钻井液固相含量的深入研究发现，不仅固相含量对钻速有影响，固体颗粒的分散度对钻速也有影响。实验证明，钻井液内直径小于$1\mu m$的胶体颗粒越多，对钻速的影响越大。

此外，钻井液失水和含油量等都对钻速有一定的影响。但因这些性能与钻井液黏度、固相含量及分散性等因素有关，增加钻井液失水常会降低钻井液黏度，因此难于测定它们对钻速的独立影响，迄今为止，通常都只通过调节钻井液密度、黏度和固体含量及其分散度等主要性能来提高钻速和确保安全。只有钻到复杂地层和含油气层时，才按特定要求控制失水或混入一定量的油类，甚至完全用油基钻井液钻井，这时钻速即使有所下降，也应首先满足井下的特殊需要。

钻井实践证明，钻井液性能是影响钻速的重要因素，它与水力参数密切配合对钻进速度的影响比其他任何可控变量的影响都大。但因钻井液性能受井下工作条件的影响，难于严格控制，因此至今还没有一个能够确切反映钻井液性能影响规律的数学模型，这是钻进参数优选中需要进一步研究解决的重要课题。

实际上，在钻进过程中，钻压、转速和水力参数在井底的破岩、清岩作用是同时发生的，很难确定水力参数只起清岩作用而不起破岩作用。研究表明，在切削齿使岩石产生裂缝的前提下，水力对破碎坑的冲蚀和水楔作用有利于扩展裂纹而加速岩石的破碎，机械参数与水力参数是相辅相成的，同时提高这两种参数将有利于提高机械钻速。

3. 钻压对钻速的影响

钻压的大小决定钻头牙齿吃入岩石的深度及岩石破碎体积,是影响钻速最直接和最显著的因素之一。图 3-1-4 给出了在其他钻进参数条件保持不变的情况下,钻速与钻压的典型关系曲线。由图可见,最初因钻压很小,岩屑量少,井底净化充分,钻速则沿 0a 线段与钻压平方成正比;继续增加钻压,岩屑量相应增多,但因水力参数不变,井底净化条件逐渐变差,钻速增长率逐步下降而沿 ab 段几乎与钻压呈线性关系;此后再增加钻压,井底净化条件严重恶化,钻速增长更慢,至 c 点便不再增长,甚至还有所下降。

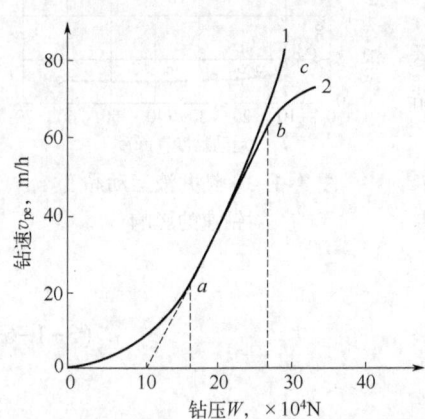

图 3-1-4 钻速与钻压的关系曲线
1—井底净化充分;2—净化不够充分

钻井实践证明,在目前通用的钻压范围内,钻压一般都与钻速呈线性关系,因为钻压小于 W_a 时,钻速增长率虽然比较高,但因钻压过低,钻速很慢,一般都不采用;钻压超过 W_b 以后,井底净化条件难于改善,钻头磨损也会加剧,限制了钻压的进一步加大。因此,通常都以图 3-1-4 中的直线段 ab,建立钻压与钻速的定量关系,即

$$v_{pe} \propto (W-M) \tag{3-1-7}$$

式中　v_{pe}——钻速,m/h;
　　　W——钻压,N;
　　　M——门限钻压,N,它是图 3-1-4 中 ab 线在横轴上的截距,相当于牙齿开始压入岩层时的钻压,其数值主要与岩层性质有关。

部分钻井工作者也用幂函数来反映钻速与钻压的关系,即

$$v_{pe} \propto W^d \tag{3-1-8}$$

式中　d——钻压指数,主要与岩层性质有关。

在油田常用的钻压范围内,由式(3-1-7)和式(3-1-8)反映的相互关系,往往差别不大。因此,在目前通用的钻速数学模型中,常采用二者之一。

4. 转速对钻速的影响

油田现场大量钻进实践表明,一般井底净化不充分条件下,钻速与转速间呈指数(指数小于1)关系。图 3-1-5 是在钻压和其他钻进参数保持不变的条件下,钻速 v_{pe} 与转速 n 的关系曲线通常表示为

$$v_{pe} \propto n^{\lambda} \tag{3-1-9}$$

式中　n——转速,r/min;
　　　λ——钻速指数,其数值与岩层性质有关,一般都小于 1。

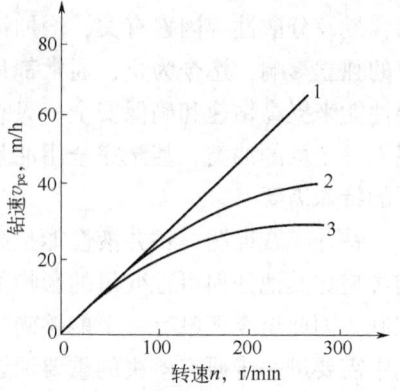

图 3-1-5 钻速与转速的关系曲线
1—净化充分;2—净化不充分;
3—硬地层,净化不充分

5. 牙齿磨损对钻速的影响

随着钻头不断地破碎岩石，钻头牙齿也随之磨损，钻头工作效率将显著下降，钻进速度也将随之降低。当钻压、转速等各种钻进参数保持不变时，钻速与牙齿磨损量的关系如图 3-1-6 所示。这一关系可以表示为

$$v_{pe} \propto \frac{1}{1+C_2 h} \tag{3-1-10}$$

式中 C_2——牙齿磨损系数，与牙齿特性及岩层性质有关，需由现场数据统计获得；

h——牙齿磨损量，以牙齿的相对磨损高度表示，新钻头 $h=0$，牙齿全部磨损 $h=1$。

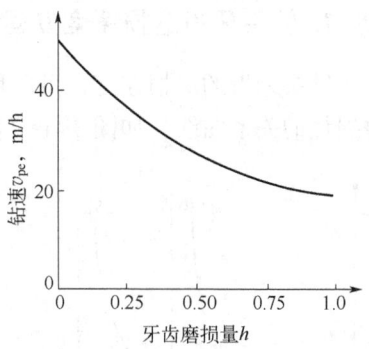

图 3-1-6 钻速与牙齿磨损量的关系曲线

二、钻速方程

依据上述各因素对钻速的影响规律，假设钻压、转速和牙齿磨损量都是互不影响的独立变量，则可用乘积式结合起来，再引入一个比列系数，即可建立由钻压、转速与牙齿磨损因素构成的杨格（F. S. Young）钻速方程，即

$$v_{pe} = K(W-M)n^\lambda \frac{1}{1+C_2 h} \tag{3-1-11}$$

式中 K——岩石可钻性系数，与岩石硬度、钻头类型及钻井液性能等因素有关。

式（3-1-11）是杨格 1969 年提出的钻速模式。当岩层特性、钻头类型及钻井液性能和水力参数一定时，K、M、λ、C_2 都是固定不变的常量，可由释放钻压法等钻进试验和钻头资料确定。

后人在杨格钻速模式中引入了考虑井底压差和水力参数影响的修正系数，便成为目前广泛采用的修正杨格模式，即

$$v_{pe} = KC_p C_H (W-M)n^\lambda \frac{1}{1+C_2 h} \tag{3-1-12}$$

在实施平衡压力钻井时，钻井液密度 ρ_d 等于岩层孔隙压力梯度，则 $C_p=1$；当实际提供的钻头比水功率超过净化完善时所需要的最小钻头比水功率时，则取水力参数影响系数 $C_H=1$。

三、钻头磨损方程

钻压、转速是直接作用于井底并以此作为破碎岩石的基本参数。由于钻压、转速是通过钻头破碎岩石的，它们的作用不仅对钻进速度有影响，同时也会影响钻头的磨损速度和工作寿命。因此，在优选钻压、转速时，必须分析和研究钻头磨损规律，在综合考虑钻压、转速对钻速及钻头磨损两方面影响的基础上对钻进参数实施优选，确定最优参数配合。

牙轮钻头的磨损包括两个方面：一个是牙齿的磨损；另一个是钻头轴承的磨损。

1. 钻头牙齿磨损速度方程

钻头牙齿的磨损速度，可以用牙齿磨损量对时间的导数来表示。它与钻压、转速及牙齿磨损量的关系曲线，如图 3-1-7 所示。

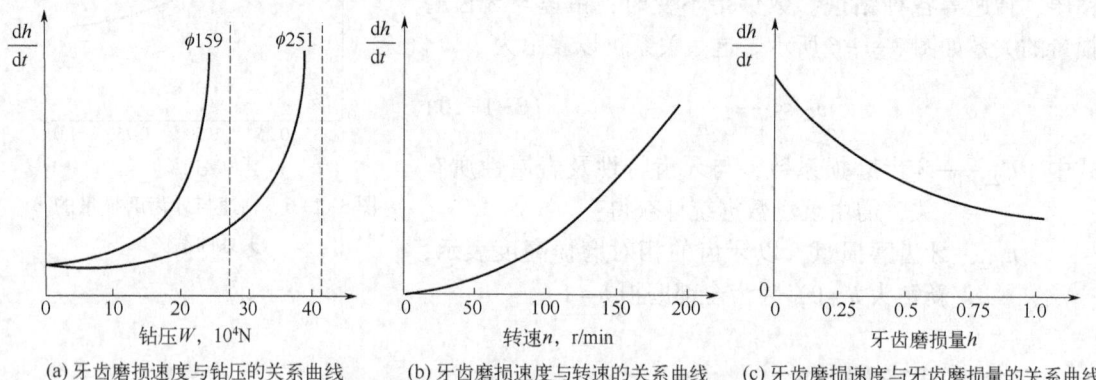

(a) 牙齿磨损速度与钻压的关系曲线　　(b) 牙齿磨损速度与转速的关系曲线　　(c) 牙齿磨损速度与牙齿磨损量的关系曲线

图 3-1-7　牙齿磨损速度与钻压、转速、牙齿磨损量的关系曲线

图 3-1-7(a) 为不同直径钻头牙齿磨损速度与钻压的关系曲线，其关系式可描述为

$$\frac{dh}{dt} \propto \frac{1}{Z_2 - Z_1 W} \tag{3-1-13}$$

式中　Z_1，Z_2——钻压影响系数，其值与牙轮钻头尺寸有关。

由式(3-1-13) 可见，当钻压等于 Z_2/Z_1 时，牙齿磨损速度为无限大。由此，可定义 Z_2/Z_1 的值为该尺寸钻头的极限钻压。依据美国休斯公司提供的实验数据确定的钻压影响系数 Z_1、Z_2 见表 3-1-1。

表 3-1-1　钻压影响系数

钻头直径，mm	Z_1	Z_2	钻头直径，mm	Z_1	Z_2
159	0.0198	5.5	251	0.0146	6.44
171	0.0187	5.6	270	0.0139	6.68
200	0.0167	5.94	311	0.0131	7.15
220	0.0160	6.11	350	0.0124	7.56
244	0.0148	6.38			

钻压一定时，增大转速，牙齿磨损速度也将加快 [图 3-1-7(b)]，其关系表达式为

$$\frac{dh}{dt} \propto a_1 n + a_2 n^3 \tag{3-1-14}$$

式中　a_1，a_2——由钻头类型决定的转速影响系数，其数值见表 3-1-2。

牙齿的工作面积随着牙齿的磨损将不断增加，因此，当各种钻进参数不变时，牙齿的磨损速度将随着牙齿磨损量的增加而下降 [图 3-1-7(c)]，其关系表达式为

$$\frac{dh}{dt} \propto \frac{1}{1 + C_1 h} \tag{3-1-15}$$

式中　C_1——牙齿磨损减慢系数，与钻头类型有关，其数值见表 3-1-2。

表 3-1-2　转速影响系数与牙齿磨损减慢系数

齿形	适用地层	系列号	类型	a_1	a_2	C_1
铣齿钻头	软	1	1	2.5	1.088×10^{-4}	7
			2			
			3	2.0	0.870×10^{-4}	6
			4			
	中	2	1	1.5	0.653×10^{-4}	5
			2	1.2	0.522×10^{-4}	4
			3			
			4	0.9	0.392×10^{-4}	3
	硬	3	1	0.65	0.283×10^{-4}	2
			2	0.5	0.218×10^{-4}	2
			3			
			4			
镶齿钻头	特软	4	1	0.5	0.218×10^{-4}	2
			2			
			3			
			4			
	软	5	1			
			2			
			3			
			4			
	中	6	1			
			2			
			3			
			4			
	硬	7	1			
			2			
			3			
			4			
	坚硬	8	1			
			2			
			3			
			4			

依据上述分析，采用与前述建立钻速方程同样的方法，可以建立牙齿磨损速度与钻压、转速、牙齿磨损量的数学关系表达式，即牙齿磨损速度方程：

$$\frac{dh}{dt} = \frac{A_f(a_1 n + a_2 n^3)}{(Z_2 - Z_1 W)(1 + C_1 h)} \tag{3-1-16}$$

式中 A_f——地层研磨性系数,其含义是当钻压、转速和牙齿的磨损状况一定时,牙轮钻头牙齿的磨损速度与地层的研磨性成正比。

2. 钻头轴承磨损速度方程

在某些研磨性较低的岩层内,或用牙齿耐磨性很高的镶齿牙轮钻头时,钻头牙齿往往磨损不多而轴承先期磨损。这时钻头的工作寿命则应由轴承的磨损速度来确定。根据钻压、转速对轴承磨损速度的影响(图3-1-8),轴承磨损速度与钻压、转速的关系可表示为

$$\frac{dB}{dt} = \frac{1}{b} n W^{1.5} \tag{3-1-17}$$

式中 B——轴承磨损量,由轴承磨损分级标准确定;
　　　b——轴承工作系数,与钻头类型及钻井液性能有关,由实际资料确定。

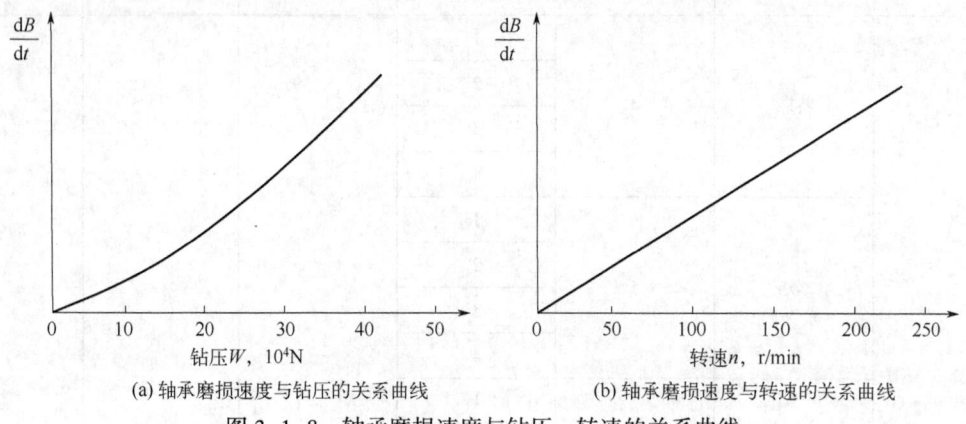

(a)轴承磨损速度与钻压的关系曲线　　(b)轴承磨损速度与转速的关系曲线

图3-1-8　轴承磨损速度与钻压、转速的关系曲线

四、钻速方程与钻头磨损方程中有关系数的确定

描述钻进过程基本规律的钻速方程和钻头磨损方程,是在一定条件下通过实验和数学分析处理而得到的。方程中的地层可钻性系数 K、门限钻压 M、转速指数 λ、牙齿磨损系数 C_2 以及岩石研磨性系数 A_f 和轴承工作系数 b 与钻井的实际条件和环境有密切关系,需要根据实际钻井资料分析确定。

确定各参数的基本步骤是:首先根据新钻头开始钻进时的钻速试验资料求门限钻压、转速指数和地层可钻性系数,然后根据该钻头的工作记录确定该钻头所钻岩层的岩石研磨性系数、牙齿磨损系数和轴承工作系数。

1. 门限钻压和转速指数的确定

求取门限钻压和转速指数的基本方法是五点法钻速试验。

1) 五点法钻速试验的条件

① 试验中钻井液性能不变，水力参数恒定，且维持在本地区的通用水平上，以保证试验中 C_P 和 C_H 不变，同时避免水力破岩条件变化对 M 值的影响。

② 在不影响试验精确性的条件下，尽可能使试验井段短一些或试验时间短一些，以保证试验开始和结束时的牙齿磨损量相差很小。

2) 五点法钻速试验的步骤

① 根据本地区、本井段可能使用的钻压和转速范围，确定试验中所采用的最高钻压 W_{max} 和最低钻压 W_{min}、最高转速 n_{max} 和最低转速 n_{min}。同时，选取一对近似于平均钻压和平均转速的钻压 W_0 和转速 n_0。

② 按照图 3-1-9 上各点的钻压、转速配合，从第一点 (W_0, n_0) 开始，按图中所示的方向，依点的序号进行钻进试验，每点钻进 1m 或 0.5m，并记录下各点的钻时，直至钻完第 6 点，完成试验。

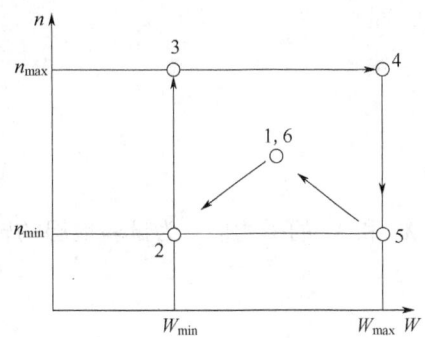

图 3-1-9 五点法钻速试验

③ 将试验数据填入表 3-1-3 中，同时将钻时转换为钻速。

表 3-1-3 五点法钻速试验记录

实测点序号	钻压, kN	转速, r/min	钻时, s/m	钻速, m/h
1	W_0	n_0	Δt_1	v_{pe1}
2	W_{min}	n_{min}	Δt_2	v_{pe2}
3	W_{min}	n_{max}	Δt_3	v_{pe3}
4	W_{max}	n_{max}	Δt_4	v_{pe4}
5	W_{max}	n_{min}	Δt_5	v_{pe5}
6	W_0	n_0	Δt_6	v_{pe6}

试验中设置同一钻压、转速配合的第 1 点和第 6 点，目的在于求取试验的相对误差。试验的相对误差 $\dfrac{|v_{pe1}-v_{pe6}|}{v_{pe1}}$ 应小于 15%，试验才算成功。

根据试验记录中恒转速 2、5 两点的试验数据，设该转速下的门限钻压为 M_1，由钻速方程可得

$$v_{pe2}=KC_pC_H(W_{min}-M_1)n_{min}^{\lambda}\frac{1}{1+C_2h} \qquad (3\text{-}1\text{-}18)$$

$$v_{pe5}=KC_pC_H(W_{max}-M_1)n_{min}^{\lambda}\frac{1}{1+C_2h} \qquad (3\text{-}1\text{-}19)$$

由式 (3-1-18) 除以式 (3-1-19) 消去方程中的不变量，整理可得

$$M_1=W_{min}-\frac{W_{max}-W_{min}}{v_{pe5}-v_{pe2}}v_{pe2} \qquad (3\text{-}1\text{-}20)$$

同理，由 3、4 两点的试验数据，可得该试验转速下的门限钻压 M_2 为

$$M_2=W_{min}-\frac{W_{max}-W_{min}}{v_{pe4}-v_{pe3}}v_{pe3} \qquad (3\text{-}1\text{-}21)$$

取 M_1、M_2 的平均值，为该地层的门限钻压值 M，即

$$M = \frac{M_1 + M_2}{2} \tag{3-1-22}$$

同样，根据试验记录中恒钻压条件下的两对试验点，将2、3两点和4、5两点的试验数据分别代入钻速方程，并消去方程中的不变量，则可求得两个钻压下的转速指数 λ_1 和 λ_2，即

$$\lambda_1 = \frac{\lg(v_{pe2}/v_{pe3})}{\lg(n_{\min}/n_{\max})} \tag{3-1-23}$$

$$\lambda_2 = \frac{\lg(v_{pe4}/v_{pe5})}{\lg(n_{\min}/n_{\max})} \tag{3-1-24}$$

取 λ_1 和 λ_2 的平均值，为试验地层的转速指数 λ，即

$$\lambda = \frac{\lambda_1 + \lambda_2}{2} \tag{3-1-25}$$

五点法钻速试验求门限钻压和转速指数较适用于钻速较快的地层。对于钻速极慢的地层，可以参考有关资料，采用释放钻压法求门限钻压和转速指数。

2. 地层可钻性系数的确定

根据新钻头的试钻资料，此时牙齿磨损量 $h = 0$，由钻速方程式(3-1-12)可得

$$K = \frac{v_{pe}}{C_p C_H (W - M) n^{\lambda}} \tag{3-1-26}$$

3. 牙齿磨损系数的确定

假定在钻进过程中岩石性质基本不变，各项钻进参数又基本保持一致，起出钻头的牙齿磨损量为 h_f，开始钻进和起钻时的钻速分别为 v_{pe0} 和 v_{pef}，则由钻速方程式(3-1-12)得

$$\frac{v_{pe0}}{v_{pef}} = \frac{1 + C_2 h_f}{1 + C_2 h_0} \tag{3-1-27}$$

因开始钻进时的牙齿磨损量 $h_0 = 0$，则

$$v_{pe0} = (1 + C_2 h_f) v_{pef} \tag{3-1-28}$$

$$C_2 = \frac{v_{pe0} - v_{pef}}{v_{pef} h_f} \tag{3-1-29}$$

4. 岩石研磨性系数的确定

由牙齿磨损速度方程 (3-1-16)，积分得牙齿磨损量为 h_f 的钻头工作时间 t_f 为

$$t_f = \frac{(Z_2 - Z_1 W)}{A_f (a_1 n + a_2 n^3)} \left(h_f + \frac{C_1}{2} h_f^2 \right) \tag{3-1-30}$$

根据钻头类型及其影响系数，钻进过程中的平均钻压、转速和钻头工作时间，以及起出钻头的牙齿磨损量，便可求出该钻进过程内的岩石研磨性系数 A_f 为

$$A_f = \frac{(Z_2 - Z_1 W)}{(a_1 n + a_2 n^3) t_f} \left(h_f + \frac{C_1}{2} h_f^2 \right) \tag{3-1-31}$$

第二节 钻进参数优选

钻进参数优选的目的是选择钻压、转速参数的最优组合，使井眼钻进达到最佳的技术经济效果。为此，需要建立能够表征钻进技术经济效果的数学模型作为目标函数及约束条件，并用最优化数学理论，寻求保障目标函数最优的极值条件，由此选定能使钻速更快、成本更低的最优钻进参数配合。

一、建立目标函数

用于评价钻井整体技术经济效果的指标与标准有多种类型。通常钻井工程中，一般都以单位进尺成本 C 作为优选钻进参数目标函数，即

$$C = \frac{C_b + C_r(t_t + t_{cn} + t_d)}{H} \tag{3-2-1}$$

式中　C_b——钻头成本，元；
　　　C_r——钻机作业费，元/h；
　　　t_t——起下钻时间，h；
　　　t_{cn}——接单根时间，h；
　　　t_d——钻头工作时间，h；
　　　H——钻头总进尺，m。

钻头总进尺及其工作时间，可由修正杨格钻速模式和钻头牙齿磨损模式确定。

钻速方程（3-1-12）可以用钻头总进尺对其工作时间的微分形式进行表述：

$$v_{pe} = \frac{dH}{dt} = KC_p C_H (W-M) n^\lambda \frac{1}{1+C_2 h} \tag{3-2-2}$$

$$dH = KC_p C_H (W-M) n^\lambda \frac{1}{1+C_2 h} dt \tag{3-2-3}$$

由牙齿磨损速度方程（3-1-16）可得

$$dt = \frac{(Z_2 - Z_1 W)}{A_f (a_1 n + a_2 n^3)} (1+C_1 h) dh \tag{3-2-4}$$

将式（3-2-4）代入式（3-2-3），可得

$$dH = \frac{KC_p C_H (W-M) n^\lambda (Z_2 - Z_1 W)}{A_f (a_1 n + a_2 n^3)} \frac{1+C_1 h}{1+C_2 h} dh \tag{3-2-5}$$

设一定钻压、转速条件下，钻头齿高磨损量为 h_f 时钻头进尺为 H_f，对式（3-2-5）积分可得

$$H_f = \frac{KC_p C_H (W-M) n^\lambda (Z_2 - Z_1 W)}{A_f (a_1 n + a_2 n^3)} \left[\frac{C_1}{C_2} h_f + \frac{C_2 - C_1}{C_2^2} \ln(1 + C_2 h_f) \right] \tag{3-2-6}$$

令

$$J = KC_p C_H (W-M) n^\lambda \tag{3-2-7}$$

$$S = \frac{A_f (a_1 n + a_2 n^3)}{(Z_2 - Z_1 W)} \tag{3-2-8}$$

$$E = \frac{C_1}{C_2}h_f + \frac{C_2-C_1}{C_2^2}\ln(1+C_2h_f) \tag{3-2-9}$$

则钻头进尺表达式(3-2-6)可写成

$$H_f = \frac{J}{S}E \tag{3-2-10}$$

式中　J——当牙齿磨损量 $h=0$ 时的初始钻速，m/h；

　　　S——牙齿磨损量 $h=0$ 时的牙齿初始磨损速度，其倒数相当于不考虑牙齿磨损影响时的钻头理论寿命，1/h；

　　　J/S——不考虑到牙齿磨损影响时的钻头理论进尺；

　　　E——考虑牙齿磨损对钻速和磨损速度影响后的进尺系数，是牙齿最终磨损量的函数。

相对于牙齿最终磨损量 h_f，积分式(3-2-4)可获得钻头的工作时间 t_f：

$$t_f = \frac{(Z_2-Z_1W)}{A_f(a_1n+a_2n^3)}\left(h_f+\frac{C_1}{2}h_f^2\right) \tag{3-2-11}$$

令

$$F = h_f + \frac{C_1}{2}h_f^2 \tag{3-2-12}$$

则

$$t_f = \frac{F}{S} \tag{3-2-13}$$

式中　F——考虑到牙齿磨损对钻速和磨损速度影响后的钻头寿命系数。

对于钻进成本目标函数表达式(3-2-1)，令

$$t_e = \frac{C_b}{C_r} + t_t + t_{cn} \tag{3-2-14}$$

式中　t_e——钻头与起下钻和接单根成本的折算时间，h。

当钻头成本一定时，t_e 仅与起下钻和接单根时间有关，而与钻进参数无关。将钻头进尺表达式(3-2-10)、钻头工作时间表达式(3-2-13)及式(3-2-14)代入钻进成本目标函数(3-2-1)，则目标函数可表达为含五个变量（W, n, h_f, C_H, C_p）的关系式：

$$C = \frac{C_r}{JE}(St_e + F) \tag{3-2-15}$$

$$C = \frac{C_r\left[\dfrac{t_eA_f(a_1n+a_2n^3)}{(Z_2-Z_1W)}+h_f+\dfrac{C_1}{2}h_f^2\right]}{KC_pC_H(W-M)n^\lambda\left[\dfrac{C_1}{C_2}h_f+\dfrac{C_2-C_1}{C_2^2}\ln(1+C_2h_f)\right]} \tag{3-2-16}$$

优选钻进参数时应取钻进成本最低的各有关参数，即要寻求目标函数式(3-2-16)为极小值时的最优参数配合。

二、目标函数的极值点

根据最优化理论，寻求目标函数极值点的首要步骤，是令目标函数对各个变量的偏导数等于零，即

$$\frac{\partial C}{\partial W}=0; \quad \frac{\partial C}{\partial n}=0; \quad \frac{\partial C}{\partial h_f}=0; \quad \frac{\partial C}{\partial C_H}=0; \quad \frac{\partial C}{\partial C_p}=0 \tag{3-2-17}$$

大量的数学运算证明，对钻进成本函数来讲，符合式(3-2-17) 条件的点，即为目标函数 C 的极小值。

在目标函数的五个独立变量中，C_H 和 C_p 两个影响系数只存在于进尺表达式中，按照式(3-2-6) 和式(3-2-7) 求其使成本获得极小值的最优条件为 C_p 和 C_H 的值应尽量增大。但按这两个影响系数的定义，其最大值都取 1，故在钻井实践中，为使钻进成本最低，应该尽量使 $C_H=1$，$C_p \approx 1$。由此，求解钻进成本函数极小值的条件转化为

$$\frac{\partial C}{\partial W}=0; \quad \frac{\partial C}{\partial n}=0; \quad \frac{\partial C}{\partial h_f}=0 \tag{3-2-18}$$

上述钻进成本函数中的钻压、转速和牙齿磨损量三个变量，在实际工况中取值范围都有一定限制（即目标函数极值约束条件），归纳起来可用以下四组不等式描述：

牙齿磨损量　　　　　　　　　　$1 \geqslant h > 0$ 　　　　　　　　　　(3-2-19a)

轴承磨损量　　　　　　　　　　$1 \geqslant B > 0$ 　　　　　　　　　　(3-2-19b)

钻压　　$\begin{cases} \dfrac{Z_2}{Z_1} > W > M, & M > 0 \\ \dfrac{Z_2}{Z_1} > W > 0, & M \leqslant 0 \end{cases}$ 　　　　　(3-2-19c)

转速　　　　　　　　　　　　　$n > 0$ 　　　　　　　　　　　　　(3-2-19d)

上述四组不等式中，有关轴承磨损量的不等式似乎不直接与目标函数有关，但是对于同一个钻头，轴承磨损量与牙齿磨损量始终保持着严格的对应关系，因为同一个钻头的工作寿命 t_f 同时为牙齿磨损量和轴承磨损量的函数，即

$$t_f = \frac{Z_2 - Z_1 W}{A_f(a_1 n + a_2 n^3)}\left(h_f + \frac{C_1}{2} h_f^2\right)$$

$$t_f = \frac{b B_f}{n W^{1.5}} \tag{3-2-20}$$

因同一个钻头的工作寿命相等，所以有

$$B_f = \frac{(Z_2 - Z_1 W) n W^{1.5}}{A_f b(a_1 n + a_2 n^3)}\left(h_f + \frac{C_1}{2} h_f^2\right) \tag{3-2-21}$$

由式(3-2-21) 可见，轴承磨损量约束条件可由相对应的牙齿磨损量表示。因此，钻进成本函数的约束条件，由三个变量的四个不等式组成，这四个不等式，在 W—n—h_f 三维空间中，形成一个交集。凡是在该交集的点，均能同时满足四个不等式的条件，这种交集称为目标函数的可行集。凡是不属于可行集上的点，其钻进参数都是不可行的。

三、钻头最优磨损量、最优钻压和最优转速

1. 钻头最优磨损量

偏导数 $\dfrac{\partial C}{\partial h_f}=0$，是决定最优磨损量的必要条件。根据目标函数式，可得出最优磨损量的

条件方程式：

$$\frac{C_1}{2}h_f^2+\left(\frac{C_1}{C_2}-1\right)h_f-\frac{C_1-C_2}{C_2^2}(1+C_2h_f)\ln(1+C_2h_f)-\frac{t_eA_f(a_1n+a_2n^3)}{(Z_2-Z_1W)}=0 \quad (3-2-22)$$

式（3-2-22）是个三元超越方程式，它在 W—n—h_f 三维空间中组成一个曲面，称为最优磨损面。从理论上讲，每一组 W—n 的数值，都可在最优磨损面上找到一个对应点，即把每一组 W—n 的数值代入式（3-2-22），都可以解出一个最优磨损量 h_f。但因钻进成本函数受到四个不等式的约束，凡在可行集以外的最优磨损量都是不可取的，这时只能用可行集上的极限磨损量作为最优磨损量。

2. 最优钻压

为了确定最优钻压，首先要求目标函数 C 对钻压 W 的偏导数，并令其为零，据此可解得最优钻压为

$$W_{op}=\frac{Z_2}{Z_1}+\frac{W_x}{F}-\left[\frac{W_x}{F}\left(\frac{W_x}{F}+\frac{Z_2}{Z_1}-M\right)\right]^{1/2} \quad (3-2-23)$$

其中

$$W_x=\frac{t_eA_f(a_1n+a_2n^3)}{Z_1}$$

式（3-2-23）即为给定 n 和 h_f 值时，求最优钻压的通式。需要说明的是，求最优钻压的条件方程是一个三元超越方程，在 W—n—h_f 三维空间中，它是一个空间曲面，称为最优钻压面。解此方程式可以获得两个钻压值，一个大于 D_2/D_1，另一个小于 D_2/D_1。由于前者不属于目标函数的可行集，故其解应是式（3-2-23）小于 D_2/D_1 的解。

3. 最优转速

与最优钻压相仿，在 W—n—h_f 三维空间中，任取一个钻压和磨损量，都可以找到一个钻进成本最低的转速，此转速即为所取钻压和磨损量时的最优转速。取目标函数对转速 n 的偏导数，并令其为零求得

$$n_{op}=\left\{\frac{X}{2}+\left[\left(\frac{X}{2}\right)^2+\left(\frac{Y}{3}\right)^3\right]^{1/2}\right\}^{1/3}+\left\{\frac{X}{2}-\left[\left(\frac{X}{2}\right)^2+\left(\frac{Y}{3}\right)^3\right]^{1/2}\right\}^{1/3} \quad (3-2-24)$$

其中

$$X=\frac{\lambda}{3-\lambda}\frac{F(Z_2-Z_1W)}{t_eA_fa_2}, \quad Y=\frac{1-\lambda}{3-\lambda}\frac{a_1}{a_2}$$

式（3-2-24）是根据给定钻压 W 和钻头磨损量 h_f 求最优转速的通用公式。实际上，C 对 n 的偏导数条件方程也是一个三元超越方程，它在 W—n—h_f 三维空间中也是一个曲面，称为最优转速面。该条件方程共有三个解：一个实数解和两个复数解。对于钻进参数来说，只有实数解才有意义，式（3-2-24）即为实数解。

上述最优磨损量、最优钻压、最优转速公式是在先规定其中任意两个量为定值的情况下，分别由三元超越方程确立另一个最优量的。因此，如果给出两个量的具体数值，就很容易根据所建立的最优条件公式计算出给定条件下另一个参数的最优值，但该最优值不一定是三者之间的最优配合。在实际工作中，一般都根据邻井或同口井上一个钻头资料，先确定牙齿或轴承的合理磨损量，然后根据钻机设备条件确定转速的允许范围，最后求不同钻压—转速组合时的钻井成本，从中找出成本最低的最优钻压—转速组合。

【例 3-1】 某井段内地层可钻性系数 $K=0.0023$，研磨性系数 $A_f=2.28\times10^{-3}$，门限钻压 $M=10\text{kN}$，转速指数 $\lambda=0.68$。用 $\phi251\text{mm}$ 适用于中硬地层的 21 型钻头钻进，$C_2=3.68$，$C_H=1$，$C_p=1$，单只钻头成本 900 元，钻机作业费 $C_r=250$ 元/h，起下钻时间 $t_t=5.75\text{h}$；所用钻机转盘转速只有三挡，分别为 $n_1=60\text{r/min}$，$n_2=120\text{r/min}$，$n_3=180\text{r/min}$。根据临井资料，所选钻头在该井段的牙齿磨损量一般为 T_6 级（$h_f=0.75$），试求最优钻压、转速组合及其工作指标。

解： 查表可得 $\phi251\text{mm}$ 适用于中硬地层的 21 型钻头的相关参数：

$$Z_1=0.0146,\quad Z_2=6.44,\quad a_1=1.5,\quad a_2=6.53\times10^{-5},\quad C_1=5$$

$$t_e=\frac{C_b}{C_r}+t_t+t_{cn}=\frac{900}{250}+5.75=9.35(\text{h})$$

$$E=\frac{C_1}{C_2}h_f+\frac{C_2-C_1}{C_2^2}\ln(1+C_2h_f)=\frac{5}{3.68}\times0.75+\frac{3.68-5}{3.68^2}\ln(1+3.68\times0.75)=0.89$$

$$F=h_f+\frac{C_1}{2}h_f^2=0.75+\frac{5}{2}\times0.75^2=2.156$$

不同转速的最优钻压可由式(3-2-23) 求得，即

$$W_{op}=\frac{Z_2}{Z_1}+\frac{W_x}{F}-\left[\frac{W_x}{F}\left(\frac{W_x}{F}+\frac{Z_2}{Z_1}-M\right)\right]^{1/2}$$

$$W_x=\frac{t_eA_f(a_1n+a_2n^3)}{Z_1}$$

计算结果见表 3-2-1。

表 3-2-1 不同转速时的最优钻压及其工作指标

n, r/min	60	120	180
a_1n+a_2n	104.105	292.838	650.830
W_x	152.008	427.584	950.301
W_x/F	70.505	198.323	440.770
W_{op}, kN	323.544	286.109	261.950
S	0.1383	0.2651	0.5673
t_t, h	15.59	7.31	3.80
J	11.67	16.47	19.80
H_f, m	75.10	49.67	31.06
C, 元/m	83.02	83.83	105.84

由表 3-2-4 可见，按照钻进成本最低的目标要求，转速为 120r/min 和 180r/min 时的最优钻压都是局部最优值，只有 $n=60\text{r/min}$ 时的最优钻压才是该设备条件下钻进成本最低的最优转速和最优钻压组合。

第三节 水力参数的优选

钻井过程中，及时把岩屑携带出井保持良好的井眼净化状态是安全快速钻进的重要条件

之一。把岩屑从井底携带出井口要经过两个过程，第一个过程是使岩屑离开井底，进入环形空间；第二个过程是依靠钻井液上返将岩屑携带至地面。经过多年的实践和研究，人们逐渐认识到把岩屑冲离井底是困难的，岩屑不能及时离开井底是影响钻进速度的主要因素之一。喷射钻井技术是着眼于解决将岩屑及时冲离井底的问题而发展起来的一种钻井工艺技术。

喷射钻井工作过程中，钻井液流经钻头喷嘴形成钻井液射流，钻井液射流喷射速度高、水力功率大，能给予井底岩屑一个很大的冲击压力作用，使岩屑及时迅速地离开井底，始终保持井底干净。这就是喷射钻井能够大幅度提高钻速的主要原因。此外，在一定条件下，高速钻井液射流还可以辅助或直接破碎岩石。

用于描述和表征钻头水力特性、射流水力特性的参数称为水力参数，主要包括钻头水力参数和射流水力参数。水力参数优化设计的概念是随着喷射式钻头的应用而提出来的。水力参数优化设计的目的是寻求合理的水力参数指标，使喷射速度、射流冲击力、钻头水功率等钻头和射流水力参数在井底获得最优的工作效果，实现井底最优净化状态，提高机械钻速。由于喷射式钻头的射流是钻井液流经钻头喷嘴形成的，其所形成的水力参数及其对井底的作用效能，受地面钻井泵性能（功率、泵压、排量）、环空净化要求的环空返速等条件制约，同时又与喷嘴性能（直径、形状等）、钻井液循环系统的损耗（压力、能量）等有关。因此，了解井底射流水力特性，掌握循环系统水功率传递原理、钻井泵工作特性及喷射钻井工作方式，对于合理选择钻井泵及缸套配备、优选排量、喷嘴组合等水力参数设计工作具有重要意义。

一、喷射式钻头的水力特性

喷射式钻头的主要水力结构特点就是在钻头上安放具有一定结构特点的喷嘴。钻井液通过喷嘴以后，能形成具有一定水力能量的高速射流，以射流冲击的形式作用于井底，从而清除井底岩屑或破碎井底岩石。

1. 射流的结构和特性

射流是指通过管嘴或孔口过水断面周界不与固体壁接触的液流。按射流流体与周围流体介质的关系划分，射流可分为淹没射流（射流流体的密度小于或等于周围流体的密度）和非淹没射流（射流流体密度大于周围流体密度）；按射流的运动和发展是否受到固壁限制，射流可分为自由射流（不受固壁限制）和非自由射流（受到固壁限制）；按射流压力是否稳定划分，射流可分为连续射流（射流内某一点的压力保持稳定）和脉冲射流（射流流束内的压力不稳定）等。在喷射式钻头的井底条件下，钻井液从普通喷嘴喷出形成射流后，被井筒内的钻井液所淹没，并且其运动和发展受到井底和井壁的限制，因而属淹没非自由射流。

射流喷出喷嘴后，由于摩擦作用，射流流体与周围流体产生动量交换，带动周围流体一起运动，使射流的周界直径不断扩大。射流纵剖面上周界母线的夹角称为射流扩散角，如图3-3-1中的α。射流扩散角α表示了射流的密集程度。显然，α越小，则射流的密集性越高，能量越集中。

射流在喷嘴出口断面，各点的速度基本相等，为初始速度v_{j0}。随着射流的运动和向前发展，由于动量交换并带动周围介质运动，首先射流周边的速度分布受到影响，且影响范围不断向射流中心推进，使原来保持初始速度运动的流束直径逐渐减小，直至射流中心的速度小于初始速度。射流中心这一部分保持初始速度流动的流束，称为射流等速核（图3-3-1），射流等速核的长度用 L_0 表示，主要受喷嘴直径和喷嘴内流道的影响。由于周围介质是由外向里逐渐影响射流的，在射流的任一横截面上，射流轴心上的速度最高，自射流中心向外速度很快降低，到射流边界上速度为零（射流各截面上的速度分布如图3-3-1所示）。在等速核以内，射流轴线上的速度等于出口速度；超过等速核以后，射流轴线上的速度迅速降低。

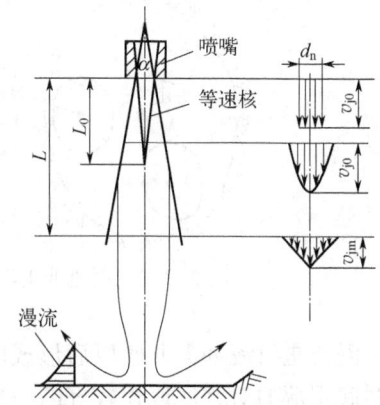

图 3-3-1　喷射式钻头的井底射流特性
d_n—喷嘴直径；L—射流轴线上某点距出口的距离；L_0—等速核长度；v_{j0}—射流出口速度；v_{jm}—距出口 L 处的最大流速

由于射流液体具有一定的密度，又具有一定的速度，在射流前进方向上遇到障碍物时，射流将给障碍物施加一个压力，这个压力就是射流具有的动压力。根据流体力学原理，射流动压力与该点的速度平方成正比。因此，射流速度越高则动压力越大。射流动压力的分布规律与速度分布规律类似，具体可描述为：射流等速核内各处动压力都等于射流出口断面处的动压力；在射流任一横截面上，射流轴心上动压力最大，自中心向外，射流动压力急剧衰减，在射流边界上动压力为零；在射流轴线上，超过等速核后，动压力急剧下降。

等速核是射流能量最集中的部分，等速核越长，则能量集中的部分越接近井底，对井底的清洗效果也越好。因此，对于喷射钻井来说，等速核越长越有利。

2. 射流对井底的作用

1）射流对井底的净化作用

钻井液通过喷射式钻头的喷嘴能够形成喷射钻井所需钻井液射流，这是喷射式钻头与普通钻头的主要区别。射流冲到井底以后能产生两种净化井底的作用：一是射流对岩屑的冲击压力作用；二是漫流对岩屑的横推作用（视频3-3-1）。

射流冲击压力是当射流碰到井底后，将其动压力传递给井底所形成的，在数值大小上等于射流到达井底时的动压力。由于射流对井底所产生的冲击压力，是由射流动压力转变而来的，因此，这个压力是动压力不是静压力，并且此冲击压力并不是作用在整个井底，而是作用在与喷

视频 3-3-1　漫流对岩屑的横推作用

嘴相对应的小圆面积上（图3-3-2），在整个井底乃至射流作用面积内的分布极不均匀；再加之钻头的转动，射流作用于井底的小圆面积在迅速移动，使得本来不均匀的压力分布，又在迅速发生变化，导致作用在井底岩屑上的冲击压力极不均匀，使岩屑产生一个翻转力矩（图3-3-3），从而离开井底。显然，对清洗井底有实际意义的是冲击压力的不均匀性，而衡量这种不均匀性的大小是动压力梯度。因此，要提高射流冲击压力对井底的净化能力，就必须增大射流对井底的冲击压力梯度。而要提高冲击压力梯度，则须增大射流出口动压力和射流压力减低系数，或缩小喷嘴直径。

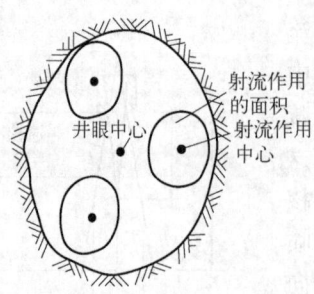
图 3-3-2 射流冲击面积

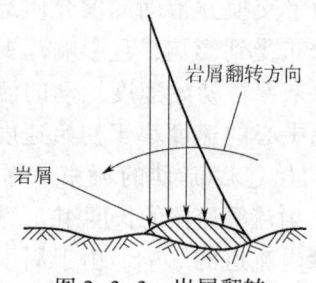
图 3-3-3 岩屑翻转

漫流是射流冲向井底以后形成的沿井底的横向流动。实验研究表明，漫流是紧贴并平行于井底很薄的对井底遮盖较好的一层横向流动的液流，具有相当高的流速。其对井底岩屑产生横向推动力或牵引力，从而使岩屑离开原破碎点。因而，井底漫流对井底清洗有非常重要的作用。研究结果表明，在射流冲击的面积以内，射流冲击中心的漫流速度为零；离开中心，漫流速度逐渐增大；在射流冲击面积的边缘，漫流速度达到最大。在射流冲击面积以外，漫流流速与距冲击中心的距离成反比，即离冲击中心越远则漫流流速越小。在表面光滑的井底条件下，最大漫流速度出现在约小于距井底 0.5mm 的高度范围内，最大漫流速度值可达到喷嘴出口射流速度的 50%~80%，喷嘴出口距井底越近，井底漫流速度越高；超过此高度后，漫流速度随距井底高度的增加而迅速降低。实验结果表明要增大漫流流速，就要增大射流喷速和射流流量。

2) 射流对井底的破岩作用

多年来的研究和喷射钻井实践表明，当射流的水功率足够大时，射流不但具有清洗井底的作用，而且还具有直接或辅助破碎岩石的作用（视频 3-3-2）。在岩石强度较低的地层中，射流的冲击压力超过地层岩石的破碎压力时，射流将直接破碎岩石。这种破岩形式在一口井的表层钻进中经常遇到。例如，有些地区钻鼠洞，只开泵不用旋转钻头就可完成。在岩石强度较高的地层中，钻头破碎井底岩石时，在机械力的作用下，在岩石中形成微裂纹和裂缝。高压射流流体挤入岩石微裂纹或裂缝，形成"水楔"，使微裂纹和裂缝扩大，从而使岩石强度大大降低，钻头的破碎效率大大提高。

视频 3-3-2 射流对井底的破岩作用

3. 射流水力参数和钻头水力参数

对喷射钻井有实际意义的是射流水力参数，但由于钻井液流经喷嘴时要产生一部分能量损耗，因此，在喷射钻井设计中，不仅要计算射流的能量，而且要考虑喷嘴损耗的能量。能够反映出这两部分能量的，就是钻头的水力参数。

1) 射流水力参数

射流水力参数包括射流喷射速度、射流冲击力和射流水功率。从衡量射流对井底的清洗效果来看，应该计算的是射流到达井底时的水力参数，但由于射流的速度和动压力在射流截面及轴线方向均存在变化，直接计算井底的射流水力参数还有一定困难，因此，工程中常选择射流出口断面作为水力参数的计算位置。

(1) 射流喷射速度 v_j

钻头喷嘴出口处的速度称为射流喷射速度。射流喷射速度的计算公式为

$$v_j = \frac{10Q}{A_{nt}} \tag{3-3-1}$$

其中 $\quad A_{nt} = \frac{\pi}{4}d_{ne}^2, \quad d_{ne} = \sqrt{\sum d_{ni}^2}$

式中　v_j——射流喷速，m/s；
　　　Q——钻井液排量，L/s；
　　　A_{nt}——喷嘴出口截面积，cm^2；
　　　d_{ne}——喷嘴当量直径，cm；
　　　d_{ni}——第 i 个喷嘴直径（$i=1,2,\cdots,n$），cm。

（2）射流冲击力 F_j

射流冲击力是指射流在其作用面积上的总作用力，它是由射流的动量发生变化而产生的，其计算公式为

$$F_j = \frac{\rho_d Q^2}{100 A_{nt}} \tag{3-3-2}$$

式中　F_j——射流冲击力，kN；
　　　ρ_d——射流液体密度，g/cm^3。

（3）射流水功率 P_j

射流清洗井底和协助钻头破碎岩石的过程，实质上是射流不断地对井底和岩屑做功。单位时间内，射流做功越多，清洗井底效果越好，破岩效率越高。单位时间内射流具有的做功能量就是射流水功率，其计算公式为

$$P_j = \frac{0.05 \rho_d Q^3}{A_{nt}^2} \tag{3-3-3}$$

式中　P_j——射流水功率，kW。

2）钻头水力参数

钻头水力参数包括钻头压力降和钻头水功率。

（1）钻头压力降 Δp_b

钻头压力降是指钻井液流过钻头喷嘴后钻井液压力降低的值，它受喷射速度及喷嘴流量系数的影响。按照流体力学原理，可得钻头压降的表达式为

$$\Delta p_b = \frac{0.05 \rho_d Q^2}{C^2 A_{nt}^2} \tag{3-3-4}$$

其中 $\quad C = \sqrt{\frac{1}{1+\xi}}$

式中　Δp_b——钻头压降，MPa；
　　　C——喷嘴流量系数；
　　　ξ——喷嘴阻力系数，与喷嘴类型及形状有关。

（2）钻头水功率 P_b

钻头水功率是指钻井液流过钻头时所消耗的水功率，钻头水功率的大部分变成射流水功率，少部分则用于克服喷嘴阻力而做功。钻头水功率的表达式为

$$P_b = \Delta p_b Q = \frac{0.05 \rho_d Q^3}{C^2 A_{nt}^2} \tag{3-3-5}$$

可见，钻头水力参数和射流水力参数间是密切相关的。对比分析可建立下述关系式：

$$P_j = C^2 P_b \tag{3-3-6}$$

$$v_j = \sqrt{\frac{2C^2}{\rho_d}}\sqrt{\Delta p_b} \tag{3-3-7}$$

$$F_j = 2C^2 A_{nt} \Delta p_b \tag{3-3-8}$$

式(3-3-6)~式(3-3-8)的建立，说明了射流水功率是钻头水功率的一部分，是由钻头水功率转换而来的，而其能量转换效率即为 C^2。因此，为了提高射流水功率、射流喷速和冲击力，必须选择能量转换效率高的喷嘴，提高钻头的水功率和钻头压降。

二、水功率的传递

1. 水功率传递的基本关系式

视频 3-3-3　钻井液循环过程

钻井过程中，钻井泵通过钻井液在循环系统中的流动将泵水功率传递给钻头而成为钻头水功率。钻井液的循环系统主要由地面管汇、钻柱内部、钻头喷嘴及环形空间四部分组成。钻井液流经这四个部分时，都要产生压力和水功率损耗。钻井液循环过程如视频 3-3-3 所示。钻井液在循环过程中满足压力及能量平衡关系：

$$p_s = \Delta p_g + \Delta p_i + \Delta p_a + \Delta p_b = \Delta p_{cs} + \Delta p_b \tag{3-3-9}$$

$$P_s = P_g + P_i + P_a + P_b = P_{cs} + P_b \tag{3-3-10}$$

式中　$p_s, \Delta p_g, \Delta p_i, \Delta p_a, \Delta p_b$——钻井泵泵压、地面管汇、钻柱内部、环形空间的压力损耗及钻头压降，MPa；

P_s, P_g, P_i, P_a, P_b——钻井泵的功率、地面管汇、钻柱内部、环形空间的功率损耗及钻头水功率，kW。

在式(3-3-9)和式(3-3-10)中，Δp_b、P_b是在喷射钻井过程力求提高的钻头压降和钻头水功率，而其余三部分消耗的压力和水功率称为循环系统的压力损耗 Δp_{cs} 和功率损耗 P_{cs}。因此，在泵压、泵功率一定的前提下，要提高钻头压降 Δp_b，就必须设法降低循环系统的压力损耗 Δp_{cs}。

2. 循环系统压力损耗的计算

钻进过程中循环系统压力损耗的计算主要涉及钻井液在地面管汇、钻柱内、环空内等不同部位的流动。按照流变学本构关系，钻井液可分为幂律流体、宾汉流体、赫切尔—巴尔克莱流体等；按照钻井液循环系统的流道几何形态，钻井液的循环流动主要分为管内流动和环空流动；按照流动状态，钻井液流动又可以分为层流和紊流。不同几何流道、不同流动状态条件下，钻井液流动压力损耗的计算公式及结果是不同的。此外，转盘旋转钻进时，钻柱旋转会使钻柱内、环空中产生螺旋流；而当钻柱在井内呈现偏心状态时，井眼环空为偏心环空等。环空螺旋流、偏心环空流动也会对压力损耗计算带来影响。因此，若要获得严格意义上的流动压力损耗计算结果，应针对具体条件对钻井液流动进行流体力学理论分析。即以选择或确定钻井液流变学模式为基础，分别针对管内流动、环空流动，选择或建立的流动状态稳定性判别参数，分析确定流动状态，选择或建立相应流动状态（层流或紊流）下的压力损耗计算公式，完成钻井液各流动部位及循环系统的压力损耗计算。

根据流体力学原理，流动状态的决定性因素是雷诺数 Re。大量实验证明，下临界雷诺数的值可近似取为 2100，而上临界雷诺数则不是一个固定的值，它与实验条件、操作水平等有关。因此，一般采用下临界雷诺数作为判别流动状态的标准，即 $Re<2100$ 时为层流，$Re\geqslant 2100$ 时为紊流。钻井工程中，为了简化计算，多数人认为临界雷诺数可近似取为 2000。近年来，在非牛顿流体流动稳定性及流动状态判别方面，提出了一些能够比雷诺数更精确的稳定性参数。例如，与小扰动理论相关的稳定性参数 Z 值（$Z<808$ 为层流，$Z\geqslant 808$ 为紊流）及汉克斯（Hanks）局部稳定性参数 H（$H<404$ 为层流，$H\geqslant 404$ 为紊流）等常用于分析非圆管内非牛顿流体的流动稳定性问题。

1）压耗计算的基本公式

上述分析表明，循环系统压耗的计算是一个非常复杂的问题，需要针对具体的钻井液性能、流道及流动条件进行具体分析、建模及计算。工程中为方便应用，可以在精度允许的范围内对循环系统的流动计算进行适当简化。工程实践表明，在实际钻井条件下，管内流动总是紊流，而环空中的流动则可能是紊流也可能是层流。研究表明，除小井眼钻井外，循环系统压力损耗主要产生于管内流动损失，而环空压力损耗在数值上较小。因此，在进行循环系统压力损耗计算时通常进行适当简化：一是不进行流态的判别，整个循环系统全部采用紊流公式进行计算；二是忽略钻柱偏心、旋转等影响；三是考虑高剪切速率下不同流变模式流体的流变性比较接近，将钻井液考虑为宾汉流体。上述简化方法对喷射钻井设计来说还是能够保证精确度的。但是，在单纯研究钻井液环空流动规律、钻井液携屑规律等涉及的环空水力学问题时，则不能进行这样的简化。

紊流流态的压力损耗计算比层流流态的压力损耗计算复杂，工程中一般以范宁—达西公式为基础来进行钻井液紊流条件下的设计计算。

对于圆管流动：

$$\Delta p_i = \frac{0.2 f \rho_d L v^2}{d_i} \qquad (3-3-11)$$

对于环空流动：

$$\Delta p_a = \frac{0.2 f \rho_d L v^2}{d_h - d_p} \qquad (3-3-12)$$

式中 $\Delta p_i, \Delta p_a$——管内、环空压力损耗，MPa；

f——管路的水力摩阻系数；

d_i, d_p, d_h——圆管内径、钻柱外径和井眼直径，cm；

L——管路长度，m；

v——钻井液平均流速，m/s。

研究结果表明，流体流动的摩阻系数与流体流变学本构关系、流态、管壁粗糙度以及流体雷诺数等因素有关，目前尚无适于各种流动条件下的精确计算方法，仍采用实验测定或利用经验公式进行计算。

对于牛顿流体，有人通过实验测定了摩阻系数 f 与雷诺数 Re 之间的关系曲线。为了便于工程计算，紊流状态下，通常将 f 与 Re 的实验曲线用下式来近似计算：

$$f = \frac{A}{Re^{0.2}} \qquad (3-3-13)$$

式(3-3-13)中，对不同类型的钻杆和环形空间，A 的取值不同。对于内平钻杆，$A = 0.053$；对于贯眼接头的钻杆内或下套管井的环形空间，$A = 0.059$；对于未下套管裸眼井的环形空间，$A = 0.062$。

研究结果表明，各种不同流变学模型的流体在紊流状态下都会表现出与牛顿流体相同的规律。因此，若钻井液为宾汉流体，其在紊流状态下的黏度（紊流当量黏度）μ_e 要比塑性黏度 η_{pv} 低得多，二者关系为 $\mu_e = \eta_{pv}/3.2$；用于计算紊流条件下宾汉流体摩阻系数的雷诺数计算公式为

圆管流：

$$Re = \frac{32\rho_d d_i v}{\eta_{pv}} \tag{3-3-14}$$

环空流：

$$Re = \frac{32\rho_d (d_h - d_p) v}{\eta_{pv}} \tag{3-3-15}$$

式中 η_{pv}——宾汉流体的塑性黏度，Pa·s。

由此，按照 A 值可以计算出不同管路流动中的摩阻系数。

内平钻杆与钻铤内流动摩阻系数为

$$f = 0.0265 \left(\frac{\mu_{pv}}{\rho_d d_i v} \right)^{0.2} \tag{3-3-16}$$

贯眼接头的钻杆内流动摩阻系数为

$$f = 0.0295 \left(\frac{\mu_{pv}}{\rho_d d_i v} \right)^{0.2} \tag{3-3-17}$$

环形空间流动摩阻系数为

$$\begin{cases} f = 0.0295 \left(\dfrac{\mu_{pv}}{\rho_d (d_h - d_p) v} \right)^{0.2} & \text{（下套管的环形空间）} \\ f = 0.0310 \left(\dfrac{\mu_{pv}}{\rho_d (d_h - d_p) v} \right)^{0.2} & \text{（裸眼井的环形空间）} \end{cases} \tag{3-3-18}$$

2）循环系统压力损耗计算公式及简化

按钻井液的循环路径，可以把循环系统压力损耗计算公式分为三个大部分，即地面管汇部分（地面高压管线、立管、水龙带和水龙头、方钻杆等）、钻杆部分（钻杆内部、钻杆外环形空间）及钻铤部分（钻铤内部、钻铤外环形空间）。利用上述所建立的圆管流、环空流的压耗及相关流动摩阻系数，可以建立钻井液在各部分管路中的流动压降与排量的关系式。

地面管汇部分压耗为

$$\Delta p_g = 0.51655 \rho_d^{0.8} \mu_{pv}^{0.2} \left(\frac{L_1}{d_1^{4.8}} + \frac{L_2}{d_2^{4.8}} + \frac{L_3}{d_3^{4.8}} + \frac{L_4}{d_4^{4.8}} \right) Q^{1.8} \tag{3-3-19}$$

式中 Δp_g——地面管汇压耗，MPa；

d_1, d_2, d_3, d_4——地面高压管线、立管、水龙带和水龙头、方钻杆的内径，cm；

L_1, L_2, L_3, L_4——地面高压管线、立管、水龙带和水龙头、方钻杆长度，m。

钻杆部分压耗为

$$\Delta p_p = \Delta p_{pi} + \Delta p_{pa} = \rho_d^{0.8} \mu_{pv}^{0.2} L_p \left[\frac{B}{d_{pi}^{4.8}} + \frac{0.57503}{(d_h - d_{po})^3 (d_h + d_{po})^{1.8}} \right] Q^{1.8} \tag{3-3-20}$$

式中 $\Delta p_{\text{p}}, \Delta p_{\text{pi}}, \Delta p_{\text{pa}}$——钻杆部分、钻杆内、钻杆外环空压耗，MPa；

$d_{\text{pi}}, d_{\text{po}}$——钻杆的内径、外径，cm；

d_{h}——井眼直径，cm；

L_{p}——钻杆和钻铤的长度，m；

B——常数，对内平钻杆 $B=0.51655$，对贯眼钻杆 $B=0.57503$。

钻铤部分压耗为

$$\Delta p_{\text{c}} = \Delta p_{\text{ci}} + \Delta p_{\text{ca}} = \rho_{\text{d}}^{0.8} \mu_{\text{pv}}^{0.2} L_{\text{c}} \left[\frac{0.51655}{d_{\text{ci}}^{4.8}} + \frac{0.57503}{(d_{\text{h}}-d_{\text{co}})^3 (d_{\text{h}}+d_{\text{co}})^{1.8}} \right] Q^{1.8} \quad (3-3-21)$$

式中 $\Delta p_{\text{c}}, \Delta p_{\text{ci}}, \Delta p_{\text{ca}}$——钻铤部分、钻铤内、钻铤外环空压耗，MPa；

$d_{\text{ci}}, d_{\text{co}}$——钻铤的内径、外径，cm；

L_{c}——钻铤的长度，m。

令

$$K_{\text{g}} = 0.51655 \rho_{\text{d}}^{0.8} \mu_{\text{pv}}^{0.2} \left(\frac{L_1}{d_1^{4.8}} + \frac{L_1}{d_2^{4.8}} + \frac{L_1}{d_3^{4.8}} + \frac{L_1}{d_4^{4.8}} \right) \quad (3-3-22)$$

$$K_{\text{p}} = \rho_{\text{d}}^{0.8} \mu_{\text{pv}}^{0.2} L_{\text{p}} \left[\frac{B}{d_{\text{pi}}^{4.8}} + \frac{0.57503}{(d_{\text{h}}-d_{\text{po}})^3 (d_{\text{h}}+d_{\text{po}})^{1.8}} \right] \quad (3-3-23)$$

$$K_{\text{c}} = \rho_{\text{d}}^{0.8} \mu_{\text{pv}}^{0.2} L_{\text{c}} \left[\frac{0.51655}{d_{\text{ci}}^{4.8}} + \frac{0.57503}{(d_{\text{h}}-d_{\text{co}})^3 (d_{\text{h}}+d_{\text{co}})^{1.8}} \right] \quad (3-3-24)$$

$$K_{\text{cs}} = K_{\text{g}} + K_{\text{p}} + K_{\text{c}} \quad (3-3-25)$$

式中 $K_{\text{g}}, K_{\text{p}}, K_{\text{c}}, K_{\text{cs}}$——地面管汇、钻杆内外、钻铤内外、循环系统的压力损耗系数。

由此，整个循环系统的压力损耗 Δp_{cs} 可以表示为

$$\Delta p_{\text{cs}} = K_{\text{cs}} Q^{1.8} \quad (3-3-26)$$

令

$$m = \rho_{\text{d}}^{0.8} \mu_{\text{pv}}^{0.2} \left[\frac{B}{d_{\text{pi}}^{4.8}} + \frac{0.57503}{(d_{\text{h}}-d_{\text{po}})^3 (d_{\text{h}}+d_{\text{po}})^{1.8}} \right] \quad (3-3-27)$$

$$n = K_{\text{g}} + K_{\text{c}} - mL_{\text{c}} \quad (3-3-28)$$

得

$$K_{\text{cs}} = K_{\text{g}} + K_{\text{p}} + K_{\text{c}} = mD_{\text{w}} + n$$

$$\Delta p_{\text{cs}} = (mD_{\text{w}} + n) Q^{1.8} \quad (3-3-29)$$

其中 $D_{\text{w}} = L_{\text{p}} + L_{\text{c}}$

式中 D_{w}——井深，m。

3）提高钻头水力参数的途径

上述水力功率传递计算公式的分析和建立，为寻求提高钻头水力参数的途径提供了可靠的理论依据。仿照上述分析方法，钻头压降公式可以表示为钻头压降系数 K_{b} 的函数关系式，即

$$\Delta p_{\text{b}} = K_{\text{b}} Q^2 = \frac{0.05 \rho_{\text{d}} Q^2}{C^2 A_{\text{nt}}^2} \quad (3-3-30)$$

$$K_b = \frac{0.05\rho_d}{C^2 A_{nt}^2}$$

由此，式(3-3-9)可表示为

$$p_s = \Delta p_{cs} + \Delta p_b = K_{cs}Q^{1.8} + K_b Q^2 \quad (3-3-31)$$

相应的水力功率关系式可写为

$$P_s = P_{cs} + P_b = K_{cs}Q^{2.8} + K_b Q^3 \quad (3-3-32)$$

钻井泵提供的钻井液压力和水功率消耗在循环系统和钻头两部分，由此，提高钻头水力参数即是通过一定手段使泵提供的压力、功率尽量少地消耗在循环系统，更多地传递给钻头。

综合分析上述公式可知，提高钻头水力参数的可行途径有以下四方面：一是通过改变地面泵的条件提高泵压和泵功率；二是通过减少钻井液密度、钻井液黏度降低循环系统的压力损耗系数；三是通过减少喷嘴直径来提高钻头压降系数；四是通过优选钻井液排量，使喷射钻井在最优条件下工作。

三、钻井水力参数设计

水力参数设计是喷射钻井设计的主要内容之一。水力参数设计的实质是，在一定的条件参数（泵功率、泵压、最低环空返速、井深）下选择手段参数（排量、喷嘴直径）使喷射速度、射流冲击力、钻头水功率等钻头和射流水力参数等目标参数获得最优的工作效果。

1. 最小排量的确定

最小排量一般是指满足钻井液携屑要求的最低排量。钻井液在环空上返过程中要完成将井眼内岩屑携至地面的任务，井眼中岩屑的净化程度将影响钻进速度。因此，对于喷射钻井来说，在进行排量优选时必须考虑井眼净化问题。

工程中井眼净化程度常用岩屑举升效率或传输比（岩屑在环空中的实际上返速度 v_c 与钻井液在环空中的平均上返速度 v_{as} 的比值）来衡量。实践表明，岩屑举升效率 $v_c/v_{as} \geq 0.5$ 以后即能保证井眼清洁。因此，最大的岩屑滑落速度应为 $v_{sl} = 0.5 v_{as}$，或最低的环空返速应为 $v_{as} = 2v_{sl}$。可见，确定保证井眼清洁的最低环空返速 v_{as} 的关键在于如何计算岩屑的滑落速度 v_{sl}。

岩屑密度一般都大于钻井液密度，因此，在自身重力作用下将产生相对于钻井液的滑落。岩屑在环空中的实际上返速度可表示为

$$v_c = v_{as} - v_{sl} \quad (3-3-33)$$

式中　v_c——岩屑在环空中的实际上返速度，m/s；

v_{as}——环空钻井液上返速度，m/s；

v_{sl}——岩屑在钻井液中的滑落速度，m/s。

目前在钻井工程中，普遍认为莫尔（Moore）提出的关系式用于确定钻直井时以层流上返的钻井液中岩屑滑落速度是比较准确的。莫尔公式的具体形式为

$$v_{sl} = 0.0707 \frac{d_s(\rho_s - \rho_d)^{2/3}}{\rho_d^{1/3} \mu_e^{1/3}} \quad (3-3-34)$$

$$\mu_e = K\left(\frac{d_h - d_{po}}{1200 v_{as}}\right)^{1-n} \left(\frac{2n+1}{3n}\right)^n \tag{3-3-35}$$

式中 d_s——岩屑粒径，cm；

ρ_s, ρ_d——岩屑和钻井液密度，g/cm³；

μ_e——钻井液有效黏度，Pa·s；

d_h, d_{po}——井径和钻柱外径，cm；

n——流性指数；

K——稠度系数，Pa·s^n。

确定出岩屑滑落速度后，可依据保证井眼清洁的最低条件 $v_{as} = 2v_{sl}$ 确定出钻井液在环空中最低上返速度，进而确定出满足携屑要求的最低钻井液排量：

$$Q_a = \frac{\pi}{40}(d_h^2 - d_{po}^2) v_{as} \tag{3-3-36}$$

式中 Q_a——携屑所需最小钻井液排量，L/s。

2. 钻井泵的工作状态

在喷射钻井中，泵的工作状态影响喷射钻井的工作方式及工作条件。石油钻井中所使用的泵为双缸或三缸活塞泵，每种钻井泵都有一个最大的输出功率，称为该泵的额定功率 P_r。每一种泵都有几种可更换的不同直径的缸套，每种缸套都有一定的允许压力，称为该缸套的额定压力 p_r。当泵以额定泵功率和额定泵压工作时的排量为泵的额定排量 Q_r。额定排量时的泵冲数称为泵的额定冲数。钻井工程中经常使用 3NB-1000 和 3NB-1300 泵，其性能参数见表 3-3-1。

表 3-3-1 3NB-1000 和 3NB-1300 泵的性能参数表

型号	缸套直径，mm	额定泵冲数，次/min	额定排量，L/s	额定泵压，MPa
3NB-1000	120	150	19.9	33.1
	130		23.4	28.2
	140		27.1	24.3
	150		31.1	21.2
	160		35.4	18.6
	170		40.0	16.5
3NB-1300	130	140	23.6	34.3
	140		27.4	31.4
	150		31.4	27.3
	160		35.7	24.0
	170		40.0	21.3

根据流体力学原理，泵功率、泵压与泵排量三者之间的关系为

$$P = pQ \tag{3-3-37}$$

$$P_r = p_r Q_r \tag{3-3-38}$$

式中　P, P_r——泵功率和额定泵功率，kW；
　　　p, p_r——泵压和额定泵压，MPa；
　　　Q, Q_r——排量和额定排量，L/s。

根据排量的变化范围，可以把泵的工作状态分为额定泵压工作状态（$Q<Q_r$）和额定泵功率工作状态（$Q>Q_r$）两种，如图 3-3-4 所示。

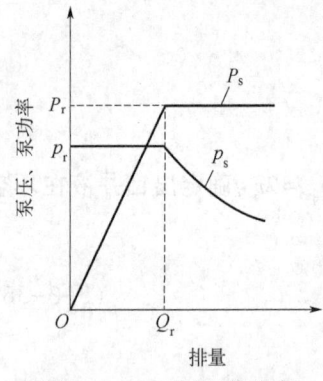

图 3-3-4　泵的工作状态

当 $Q<Q_r$ 时，泵处于额定泵压工作状态。此种工作状态下，泵压等于额定泵压 $p_s=p_r$，泵功率小于额定泵功率 $P_s<P_r$，随着排量 Q 的减小，泵功率 P_s 将不断减小。

当 $Q>Q_r$ 时，泵处于额定泵功率工作状态。此种工作状态下，泵功率等于额定泵功率 $P_s=P_r$，泵压小于额定泵压 $p_s<p_r$，随着排量 Q 的增大，泵压 p_s 将不断下降。

按照泵的上述两种工作状态分析结果，只有当泵的排量等于额定排量时，泵才有可能同时达到额定输出功率和缸套最大许用压力。因此，在选择缸套时，应尽可能选择额定排量与实际排量相接近的缸套，这样才能充分发挥泵的能力。

3. 喷射钻井工作方式及最优条件

喷射钻井设计和施工中，通常以优选排量及喷嘴直径作为提高钻头水力参数和射流水力参数的重要手段。因此，确定排量与各水力参数之间的关系是十分必要的。

前面已经介绍了射流与钻头的五个水力参数：射流喷射速度 v_j、射流冲击力 F_j、射流水功率 P_j、钻头水功率 P_b 与钻头压降 Δp_b，并且给出了射流水力参数与钻头水力参数之间、钻头水力参数与泵压之间的关系表达式。由于 P_b 和 P_j 之间仅仅相差一个能量转换系数 C^2，因此在实际工作及设计中只计算 P_b。根据前述分析可以建立射流与钻头水力参数与排量之间的关系式：

$$\Delta p_b = p_s - K_{cs} Q^{1.8} \tag{3-3-39}$$

$$v_j = K_v \sqrt{p_s - K_{cs} Q^{1.8}} \tag{3-3-40}$$

$$F_j = K_F Q \sqrt{p_s - K_{cs} Q^{1.8}} \tag{3-3-41}$$

$$\Delta p_b = Q(p_s - K_{cs} Q^{1.8}) \tag{3-3-42}$$

其中　　　　　　$K_v = 10C \dfrac{\sqrt{20}}{\sqrt{\rho_d}}, \quad K_F = C \dfrac{\sqrt{20 \rho_d}}{100}$

按照上述关系式，四个水力参数随排量变化的关系曲线如图 3-3-5。可以看出，四个水力参数的变化规律是不同的。不存在那样一个排量，其所对应的各水力参数都取得最大值。因此，在选择和确定排量时，存在应该以提高哪个参数为准，即选择何种喷射钻井工作方式的问题。

肯达尔（Kendall）和戈因斯（Goins）分别从射流对井底作用能量、力和压力等不同观点，以井下能获得某一水力参数的最大值为目标，提出了最大钻头水功率、最大射流冲击力和最大射流喷射速

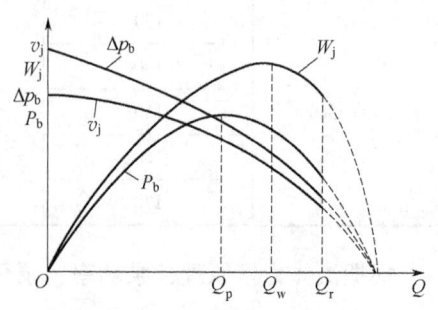

图 3-3-5　射流与钻头水力参数随排量的变化规律

度三种喷射钻井工作方式理论,并给出了各工作方式的最优条件。到目前为止仍不能断言具体哪一种工作方式现场效果为最佳,但国内各油田使用最普遍的是最大钻头水功率工作方式。

1) 最大钻头水功率工作方式

最大钻头水功率工作方式(用 P_{bmax} 表示),认为清洗井底实际上是射流对岩屑做功的过程,因此 P_{bmax} 方式认为水功率越大越好。

当泵处在额定泵功率工作状态时,$P_s = P_r$,钻头水功率为

$$P_b = P_r - K_{cs}Q^{2.8} \quad (3-3-43)$$

可见,随着排量 Q 的增大,钻头水功率 P_b 将不断降低;随着 Q 减小,P_b 总是增大。但由于在额定泵功率工作状态下,排量最小只能等于 Q_r。所以,在额定泵功率工作状态下,实际获得 P_{bmax} 的条件为 $Q = Q_r$。

当泵处于额定泵压工作状态时,$p_s = p_r$,则钻头水功率可表示为

$$P_b = p_r Q - K_{cs}Q^{2.8} \quad (3-3-44)$$

式(3-3-44)存在极值条件:

$$\frac{dP_b}{dQ} = p_r - 2.8 K_{cs}Q^{1.8} = 0 \quad (3-3-45)$$

于是,可以获得最大钻头水功率 P_{bmax} 工作方式的最优条件:

$$\Delta p_{cs} = \frac{p_r}{2.8} = 0.357 p_r \quad (3-3-46)$$

$$Q_{opt} = \left(\frac{p_r}{2.8 K_{cs}}\right)^{1/1.8} = \left[\frac{p_r}{2.8(mD_w+n)}\right]^{1/1.8} \quad (3-3-47)$$

式中 Q_{opt} ——最优排量,L/s。

2) 最大射流冲击力工作方式

最大射流冲击力工作方式(用 F_{jmax} 表示),认为射流冲击力是清洗井底的主要因素,应以冲击力达到最大值为标准。

在额定泵功率工作状态时,$P_s = P_r$,则有

$$F_j = K_F \sqrt{P_r Q - K_{cs}Q^{3.8}} \quad (3-3-48)$$

获得 F_{jmax} 的条件为 $\frac{dF_j}{dQ} = 0$,即

$$P_{cs} = \frac{P_r}{3.8} \quad (3-3-49)$$

但在实际工作中,要求 $Q > Q_r$ 是不合适的。因此,在额定泵功率工作状态下,通常不采用式(3-3-49)所得的理论条件,而以 $Q = Q_r$ 为最优条件。

在额定泵压工作状时,$p_s = p_r$,则有

$$F_j = K_F \sqrt{p_r Q^2 - K_{cs}Q^{3.8}} \quad (3-3-50)$$

利用 $\frac{dF_j}{dQ} = 0$ 求得获取 F_{jmax} 的条件为

$$\Delta p_{cs} = \frac{p_r}{1.9} = 0.526 p_r \quad (3-3-51)$$

$$Q_{opt} = \left(\frac{p_r}{1.9K_{cs}}\right)^{1/1.8} = \left[\frac{p_r}{1.9(mD_w+n)}\right]^{1/1.8} \tag{3-3-52}$$

3) 最大射流喷速工作方式

最大射流喷速工作方式(用 v_{jmax} 表示)，实质上是从增大井底压力梯度的角度提出的。在额定泵功率工作状态下，v_j 可表示为

$$v_j = K_v \sqrt{\frac{P_r}{Q} - K_{cs}Q^{1.8}} \tag{3-3-53}$$

在额定泵压工作状态下，v_j 可表示为

$$v_j = K_v \sqrt{p_r - K_{cs}Q^{1.8}} \tag{3-3-54}$$

分析可知，不管在哪种泵工作状态下，随着 Q 的减小，v_j 总是增加的。实际上，若使环空上返的钻井液完成携屑的任务，排量必须满足井眼净化所要的最低值 Q_a。因此，Q 最小只能等于 Q_a。实际工作中，v_{jmax} 的最优条件为 $Q = Q_a$。

4. 临界井深的确定

前面已经分析得出了各不同工作方式下的最优条件。实际上，在进行水力程序设计时，除了最大射流喷射速度工作方式的最优工作条件与泵的工作状态无关外，最大钻头水功率工作方式及最大射流冲击力工作方式最优条件的获得均与泵的工作状态有关。因此，在实际施工设计中，必须要考虑泵的工作状态转换问题，而这一问题又是和井深条件相联系的。发生工作状态转变的点所处的井深称为临界井深。由于各工作方式的最优条件不同，其对应的状态转变的临界井深也不同，因此，确定出各工作方式的临界井深，是喷射钻井水力参数设计中必须解决的又一个关键性问题。

1) P_{bmax} 方式的工作图像及临界井深

将 $K_{cs} = mD_w + n$ 代入式(3-3-43)及式(3-3-44)中，可得

当 $Q > Q_r$ 时
$$P_b = P_r - (mD_w + n)Q^{2.8} \tag{3-3-55}$$

当 $Q < Q_r$ 时
$$P_b = p_r Q - (mD_w + n)Q^{2.8} \tag{3-3-56}$$

设定不同的井深 D_w，并分别代入式(3-3-55)与式(3-3-56)中，联合作图，得到图 3-3-6 所示的 P_{bmax} 工作方式图。由图可以清楚地看出，P_{bmax} 方式的工作路线为图像中 1 点→2 点→3 点→4 点。这条工作路线中存在两个转折点，即 2 点和 3 点。

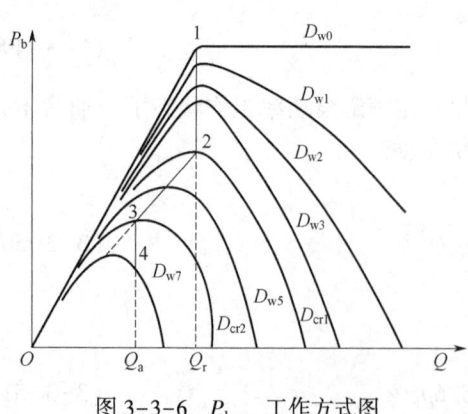

图 3-3-6 P_{bmax} 工作方式图

结合前述分析可知，2 点是泵工作状态转变点，即在 2 点处，泵将由额定泵功率状态转变为额定泵压工作状态。因此，2 点所处井深为一临界井深，在 2 点以前，最优条件为 $Q = Q_r$。当井深超过 2 点所对应的临界井深之后，最优条件为 $\Delta p_{cs} = 0.357 p_r$，最优排量为按式(3-3-47)计算得到的排量。但是，值得注意的是，随着井深的增加要想保证能够获得最优条件则最优排量应该是不断降低的。当井深 D_w 超过一定深度(反映在图像中的 3 点)之后，按最优条件所求出的最优排量将低于环空携屑所要求的最小排

量 Q_a，致使在该条件下钻进时井眼不能被充分净化，钻进效果会变差。因此，在实际工作中，超过了 3 点所对应的井深之后，最优排量要按 $Q=Q_a$ 确定，于是 3 点所处的井深也是一个临界井深。

据此，在工程设计和施工中常把 2 点所处井深定义为第一临界井深，以 D_{cr1} 表示；3 点所处井深定义为第二临界井深，以 D_{cr2} 表示。按照上面分析，可以导出两个临界井深的表达式。

对于第一临界井深（2 点），最优条件既满足 $Q=Q_r$，又满足 $\Delta p_{cs}=0.357p_r$，于是有

$$D_{cr1}=\frac{0.357p_r}{mQ_r^{1.8}}-\frac{n}{m} \quad (3-3-57)$$

对于第二临界井深（3 点），最优条件满足 $\Delta p_{cs}=0.357p_r$ 及 $Q=Q_a$，于是有

$$D_{cr2}=\frac{0.357p_r}{mQ_a^{1.8}}-\frac{n}{m} \quad (3-3-58)$$

2) F_{jmax} 方式的工作图及临界井深

将 $K_{cs}=(mD_w+n)$ 代入式(3-3-48)及式(3-3-50)中，可得

当 $Q>Q_r$ 时
$$F_j=K_F\sqrt{P_rQ-(mD_w-n)Q^{3.8}} \quad (3-3-59)$$

当 $Q<Q_r$ 时
$$F_j=K_F\sqrt{p_rQ^2-(mD_w-n)Q^{3.8}} \quad (3-3-60)$$

将不同的井深 D_w 分别代入式(3-3-59)和式(3-3-60)中通过联合作图的方法，也可得到 F_{jmax} 工作方式的工作路线图，如图 3-3-7 所示。

连接各曲线最高点，可知 F_{jmax} 方式工作路线为 1'点→2 点→3 点→4 点。这条工作路线是根据纯理论计算所得到的，而实际上，前面的分析已得出，对于在额定泵功率工作状态下，由于 $Q>Q_r$ 对泵的工作不利，F_{jmax} 方式的最优条件实际上是 $Q=Q_r$，所以现场工作中往往取 1 点→2 点→3 点→4 点这一路线工作。

当 F_{jmax} 按照 1 点→2 点→3 点→4 点路线工作时，其图像中仍然存在 3 点和 4 点两个临界点。按照前述分析，3 点和 4 点所处的井深则可以分别定义为第一临界井深和第二临界井深。3 点即为泵额定功率

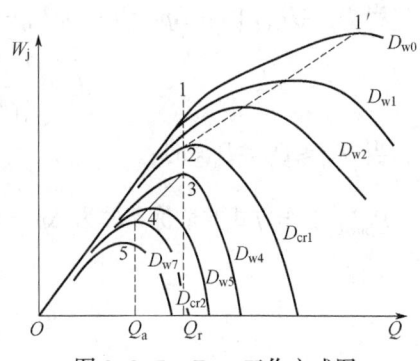

图 3-3-7　F_{jmax} 工作方式图

状态和额定泵压分界点，在 3 点之前最优条件为 $Q=Q_r$，在 3 点之后最优条件为 $\Delta p_{cs}=0.526p_r$。4 点是环空携屑最低排量限制点，在 4 点之后，最优条件应为 $Q=Q_a$。

于是，可以很容易按上述条件得出两个临界井深的表达式。

对于第一临界井深（3 点），有

$$D_{cr1}=\frac{0.526p_r}{mQ_r^{1.8}}-\frac{n}{m} \quad (3-3-61)$$

对于第二临界井深（4 点），有

$$D_{cr2}=\frac{0.526p_r}{mQ_a^{1.8}}-\frac{n}{m} \quad (3-3-62)$$

5. 最优排量和喷嘴直径的确定

确定各工作方式的最优工作条件和临界井深的目的，就是要通过这些条件来合理地配给地面泵的排量及喷嘴的尺寸，以便于井底钻头能够获得所期望的高水力参数。

根据前面的讨论，v_{jmax} 方式最优排量 Q_{opt} 为携带岩屑所需要的最低排量 Q_a，即 $Q_{opt} = Q_a$。而对于 P_{bmax} 和 F_{jmax} 两种方式，其最优排量的确定则依赖于临界井深。当井深小于第一临界井深时，P_{bmax} 和 F_{jmax} 两种方式的最优排量都等于泵的额定排量 Q_r，即 $Q_{opt} = Q_r$；当井深超过第二临界井深时，最优排量都为最低携屑排量 Q_a，即 $Q_{opt} = Q_a$；当井深在第一临界井深和第二临界井深之间（$D_{cr1} \leq D_w \leq D_{cr2}$）时，最优排量将随着井深的增加而不断减小，各井深处的最优排量不同，P_{bmax}、F_{jmax} 两种方式的最优排量可分别按照式(3-3-47)、式(3-3-52) 计算。

对于 P_{bmax} 和 F_{jmax} 两种不同的工作方式，实际上泵总是以额定泵压 p_r 为系统提供压力的，因此，针对每个井深所确定的排量 Q_{opt}，可以计算出循环系统压力损耗 Δp_{cs}，于是即可确定出钻头压降 Δp_b，即 $\Delta p_b = p_r - \Delta p_{cs}$，进而由钻头压降公式得出喷嘴当量直径：

$$d_{ne} = \left(\frac{0.081 \rho_d Q_{opt}^2}{C^2 \Delta p_b} \right)^{1/4} \tag{3-3-63}$$

当钻头布置三个等径喷嘴时，每个喷嘴的直径为

$$d_{ni} = \left(\frac{0.009 \rho_d Q_{opt}^2}{C^2 \Delta p_b} \right)^{1/4} \tag{3-3-64}$$

当 $D_w \leq D_{cr1}$ 时：$\Delta p_b = p_r - (mD_w - n) Q_r^{1.8}$，$P_{bmax}$ 和 F_{jmax} 工作方式的喷嘴直径为

$$d_{ne} = \left\{ \frac{0.081 \rho_d Q_r^2}{C^2 [p_r - (mD_w + n) Q_r^{1.8}]} \right\}^{1/4} \tag{3-3-65}$$

当 $D_{cr1} \leq D_w \leq D_{cr2}$ 时：

P_{bmax} 工作方式的最优条件为 $\Delta p_b = 0.643 p_r$，$Q_{opt} = \left[\dfrac{p_r}{2.8(mD_w+n)} \right]^{1/1.8}$，喷嘴直径为

$$d_{ne} = \left[\frac{0.040 \rho_d p_r^{0.1/0.9}}{C^2 (mD_w+n)^{1/0.9}} \right]^{1/4} \tag{3-3-66}$$

F_{jmax} 工作方式的最优条件为 $\Delta p_b = 0.474 p_r$，$Q_{opt} = \left[\dfrac{p_r}{1.9(mD_w+n)} \right]^{1/1.8}$，喷嘴直径为

$$d_{ne} = \left[\frac{0.084 \rho_d p_r^{0.1/0.9}}{C^2 (mD_w+n)^{1/0.9}} \right]^{1/4} \tag{3-3-67}$$

当 $D_w > D_{cr2}$ 时：$\Delta p_b = p_r - (mD_w - n) Q_a^{1.8}$，$P_{bmax}$ 和 F_{jmax} 工作方式的喷嘴直径为

$$d_{ne} = \left(\frac{0.081 \rho_d Q_a^2}{C^2 [p_r - (mD_w - n) Q_a^{1.8}]} \right)^{1/4} \tag{3-3-68}$$

6. 水力参数设计步骤

1) 确定最小排量 Q_a

最小排量是指钻井液携带岩屑所需要的最低排量，只要确定了携带岩屑所需的最低钻井

液环空返速，也就确定了最小排量。确定最小环空返速的方法有多种，一种方法是根据理论分析所建立的岩屑在钻井液中的滑落速度建立计算公式，例如采用前述所列出式(3-3-36)来计算；另一种方法是根据现场工作经验来确定，使用的经验公式为

$$v_{as} = \frac{18.24}{\rho_d d_h} \tag{3-3-69}$$

式中 v_{as}——最低环空返速，m/s；
ρ_d——钻井液密度，g/cm³；
d_h——井眼直径，cm。

2) 计算不同井深时的循环系统压耗系数

将全井分为若干个井段，用每个井段最下端处的井深作为计算井深。根据前面介绍的公式，分别计算 K_g、K_p、K_c、m、n，最后计算不同井深时的循环系统压耗系数 $K_{cs}=mD_w+n$。

3) 选择缸套直径

钻井泵的每一级缸套都有一个额定排量，在所选缸套的额定排量 Q_r 大于携带岩屑所需的最小排量 Q_a 的前提下，尽量选用小尺寸缸套。缸套直径确定以后，P_r、Q_r、p_r 三个额定参数就确定了。需要注意的是：应根据所选用缸套的允许压力和整个循环系（包括地面管汇、水龙带、水龙头等）耐压能力的最小值，确定钻井过程中钻井泵的最大许用压力 p_r。

4) 排量、喷嘴直径及各项水力参数的计算和确定

在确定排量之前先要选择水力参数优选的标准；根据所选择的优选标准计算第一临界井深和第二临界井深；根据优选标准、临界井深和获得最大水力参数的条件，计算各井段所用的排量和喷嘴直径；同时，计算出不同井段可获得的射流参数和钻头水力参数数据。

习题

1. 试述射流对井底的净化作用机理。
2. 试述射流水力参数与钻头水力参数的关系。
3. 影响钻进速度的主要因素有哪些？其影响规律如何？
4. 循环系统总压力损失受哪些因素限制？
5. 钻井泵为何有两种工作状态？
6. 试推导并论述喷射钻井的工作方式及其临界井深、最优排量。
7. 在实际钻井中为什么不能始终用理论给出的最优排量和最优喷嘴直径？
8. 已知某井五点钻速的试验结果如下表所示，试求该地区的门限钻压和转速指数。

试验点	1	2	3	4	5	6
钻压，kN	225	254	254	196	196	225
转速，r/min	70	60	120	120	60	70
钻速，m/s	31	32.5	46	34	24	30

9. 某井用 ϕ220mm 的 21 型牙轮钻头钻进，钻压、转速分别始终为 250kN 和 60r/min。钻头工作15h后起钻，按磨损分级标准，该钻头牙齿磨损为 T_2 级（相应齿高磨损量为

1/4），轴承磨损为 B_6 级（相应轴承磨损量为 3/4）。试求该钻头的轴承工作系数。

10. 某油田 2800m 井段的地层研磨性系数 $A_f = 3.22 \times 10^{-3}$，用 ϕ251mm 钻头钻进，钻压 20×10^4N，转速 110r/min，试求 10h 后的牙齿磨损量（$Z_2 = 6.44$，$Z_1 = 1.433 \times 10^{-3}$，$a_1 = 1.5$，$a_2 = 0.653 \times 10^{-4}$，$C_1 = 5$）。

11. 某井段的地层可钻性系数为 2.3×10^{-3}，研磨性系数为 2.28×10^{-3}，门限钻压 1.0×10^4N，转速指数为 0.68，拟用 ϕ251mm 的 21 型钻头钻进（$Z_2 = 6.44$，$Z_1 = 1.433 \times 10^{-2}$，$a_1 = 1.5$，$a_2 = 6.53 \times 10^{-5}$，$C_1 = 5$，$C_2 = 3.68$，$C_H = 1$，$C_P = 1$）。钻头成本为 900 元，钻机作业费用为 250 元/h，起下钻时间为 5.75h，试求：（1）转速为 50r/min，$h_f = 1.0$ 时的最优钻压、钻头寿命和钻进成本；（2）钻压为 22×10^4N，且牙齿全部磨损（$h_f = 1$）时的最优转速及其相应的钻头寿命和钻进成本。

12. 某井用 ϕ215mm 钻头钻进，井内钻井液密度为 1.42g/cm^3，排量为 16L/s。若要求井底比水功率为 0.418kW/cm^2，且三个喷嘴中有一个喷嘴的直径为 9mm，其他两个喷嘴为等径。若喷嘴流量系数为 0.96，试求其他两喷嘴的直径，并计算射流水力参数和钻头水力参数。

13. 某井用 ϕ215mm 钻头钻进，钻杆外径 127mm，井内钻井液密度为 1.16g/cm^3，排量为 21L/s。钻井液范式旋转黏度计 600r/min 和 300r/min 时的读数分别为 65 和 39。若岩屑密度为 2.52g/cm^3，平均粒径 6mm。试校核井径 310mm 处井眼内岩屑举升效率。

14. 某井钻进直径 215mm 的井眼，使用钻杆 ϕ127mm 内平钻杆（内径 108.6mm），ϕ177.8mm 钻铤（内径 71.4mm）100m。井内钻井液密度为 1.2g/cm^3，塑性黏度为 0.022Pa·s，排量为 20L/s 时地面管汇压耗为 0.30MPa。试求：（1）m 和 n 值及井深 2000m 时循环系统压力损耗；（2）允许泵压分别为 17.3MPa 和 14.2MPa 时钻头所能获得的压降、相应的喷嘴当量直径（$C = 0.96$）和射流水力参数。

15. 某井在钻进 2000~2500m 井段时准备采用钻井液密度为 1.15g/cm^3，泵额定排量为 36L/s，额定泵压为 20MPa，携屑要求的最小排量为 20L/s。若测得 $m = 5.5 \times 10^{-6}$，$n = 5.7 \times 10^{-3}$。试设计获得钻头最大水功率的钻头喷嘴当量直径（$C = 0.98$）。

16. 某井钻进至井深 2000m 时，排量 28L/s，循环压耗为 8MPa；钻至 2500m 时，排量 28L/s，循环压耗为 9MPa；钻进至井深 2700m 时，排量保持不变，泵压 20MPa，此时钻井液密度 1.3g/cm^3，若钻头上使用三个等直径喷嘴（$C = 0.96$），试求喷嘴当量直径。

参考文献

[1] 刘希圣. 钻井工艺原理（上册）[M]. 北京：石油工业出版社，1988.

[2] 陈庭根，管志川. 钻井工程理论与技术 [M]. 东营：石油大学出版社，2006.

[3] 钻井手册（甲方）编写组. 钻井手册（甲方）上册 [M]. 北京：石油工业出版社，1990.

[4] 张景富. 钻井流体力学 [M]. 北京：石油工业出版社，1994.

第四章

井眼轨道设计与轨迹控制

本章要点

了解不同井眼轨道的油气井分类、井眼轨道设计原则、测斜方法、测斜计算数据的规定、井斜的危害、定向井造斜工具、定向井轨迹控制的基本方法以及造斜工具的定向。掌握井眼轨迹的基本参数、计算参数、井眼轨迹的图示法、井眼轨道的分类、井眼轨道类型以及垂直井防斜控斜工具等内容。重点掌握井眼轨道设计方法、井斜的原因以及扭方位计算。

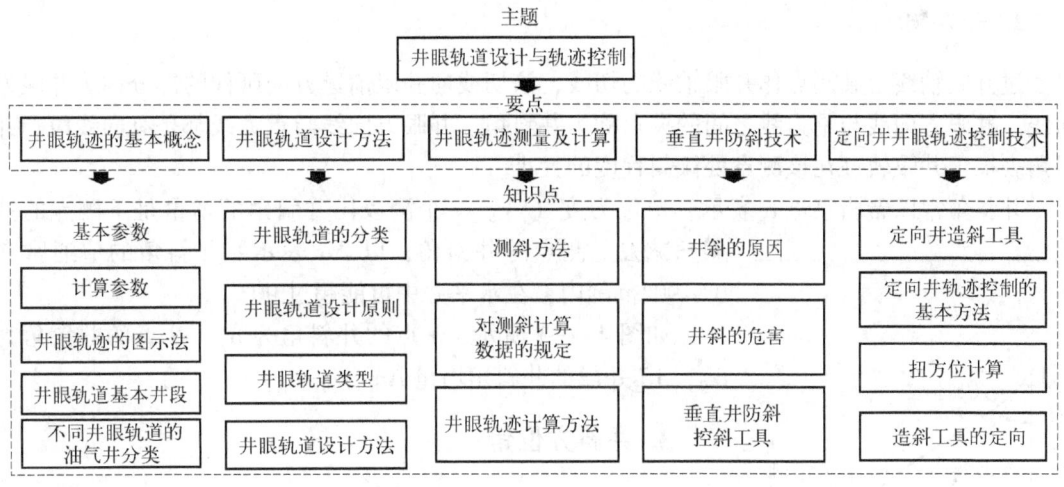

目前，定向钻井已成为油田勘探开发重要手段，井眼轨道设计和井眼轨迹控制是定向钻井技术的基本内容。垂直井可以看作特殊定向井，垂直井防斜和定向井井眼轨迹控制在技术原理上是一致的。井眼轨道是指在一口井钻进之前设计出来的井眼轴线形状。井眼轨道设计是指根据油田地质情况、地面条件和钻采技术水平而设计的直井、定向井、水平井、丛式井或多底分支井等，是钻井作业的基础。井眼轨迹是指一口井实际钻出来的井眼轴线形状。

第一节 井眼轨迹的基本概念

搞清井眼轨迹有关参数的概念及各参数之间的关系，对于井眼轨道设计、轨迹测量和计算、轨迹控制至关重要。井眼轨道与井眼轨迹虽有虚实之分，但均指井眼轴线。故下述某些概念虽从井眼轨迹的角度给出，但对井眼轨道而言同样适用。

一、基本参数

一口实钻井的井眼轴线是一条空间曲线。为了进行井眼轨迹控制，就要了解这条空间曲线的形状，进行井眼轨迹测量，这就是"测斜"。目前常用的测斜方法并不是连续测斜，而是每隔一定长度的井段测一个点，这些井段被称为测段，这些点被称为测点。每个测点上测得的参数有三个，即井深、井斜角和井斜方位角，这三个参数就是井眼轨迹的基本参数。

1. 井深

井口（通常以转盘面为基准）至测点的井眼长度，也称为斜深，国外称为测量井深（measure depth）。井深是以钻柱或电缆的长度来测量的。井深既是测点的基本参数之一，又是表明测点位置的标志。

井深常以字母 L 表示，其增量以 ΔL 表示，单位为米（m）。相邻两测点之间的井段称为测段。在一个测段的两个测点中，井深小的称为上测点，井深大的称为下测点。井深的增量是下测点井深减去上测点井深。

2. 井斜角

过井眼轴线上某测点作井眼轴线的切线，该切线向井眼前进方向延伸的部分称为井眼方向线。井眼方向线与重力线之间的夹角称为井斜角。井眼方向线与重力线都是有向线段。井斜角表征了井眼轨迹在该测点处倾斜程度的大小。

井斜角常以希腊字母 α 表示，单位为度（°）。一个测段内井斜角的增量是下测点的井斜角减去上测点的井斜角，以 $\Delta\alpha$ 表示。井斜角的值通常在 0°~90°范围内，在水平井中可能超过 90°。

如图 4-1-1 所示，A 点的井斜角为 α_A，B 点的井斜角为 α_B，AB 井段的井斜角增量 $\Delta\alpha=\alpha_B-\alpha_A$。

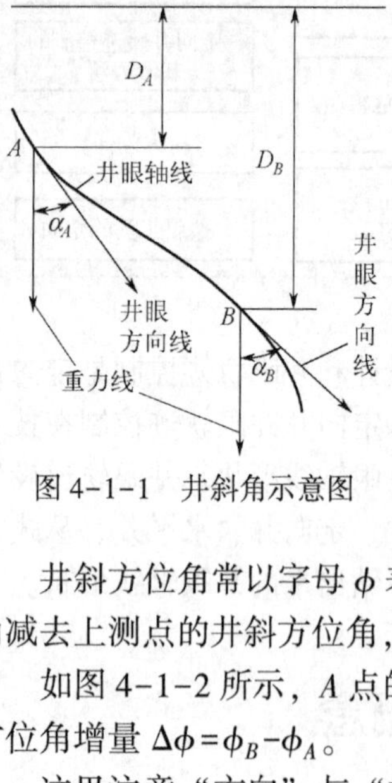

3. 井斜方位角

某测点处的井眼方向线投影到水平面上，称为井眼方位线或井斜方位线。以正北方位线为始边，顺时针方向旋转到井眼方位线上所转过的角度称为井斜方位角。注意，正北方位线是指地理子午线沿正北方向延伸的线段。因此，正北方位线和井眼方位线都是有向线段，都可以用矢量表示。

图 4-1-1 井斜角示意图

井斜方位角常以字母 ϕ 表示，单位为度（°）。井斜方位角的增量是下测点的井斜方位角减去上测点的井斜方位角，以 $\Delta\phi$ 表示。井斜方位角的值可以在 0°~360°范围内变化。

如图 4-1-2 所示，A 点的井斜方位角为 ϕ_A，B 点的井斜方位角为 ϕ_B，AB 井段的井斜方位角增量 $\Delta\phi=\phi_B-\phi_A$。

这里注意"方向"与"方位"的区别。方位线是水平面上的矢量，而方向线是指空间的矢量。只要讲到方位、方位线、方位角，都是在某个水平面上；而方向和方向线则是在三维空间内（当然也可能在水平面上）。井眼方向线是指井眼轴线上某一点的井眼前进方向线。该点的井眼方位线是指该点井眼方向线在水平面上的投影。

目前广泛使用的磁性测斜仪是以地球磁北方位（MN）为基准的。磁北方位与正北方位并不重合，而是有一个夹角，称为磁偏角。磁偏角又分为东磁偏角和西磁偏角。当磁北方位线位于正北方位线东面时，磁偏角为正值，称为东磁偏角；当磁北方位线位于正北方位线西面时，磁偏角为负值，称为西磁偏角。用磁性测斜仪测得的井斜方位角称为磁方位角，并不是真方位角。要求得真方位角需要经过换算，这种换算称为磁偏角校正。校正方法如下：

$$真方位角 = 磁方位角 + 东磁偏角$$

$$真方位角 = 磁方位角 - 西磁偏角$$

井斜方位角还有另一种表示方式，称为象限角模式。它是指井斜方位线与正北方位线或正南方位线之间的夹角，如图4-1-3所示。象限角在 0°～90° 之间变化，书写时需注明所在象限，如 N67.5°W。

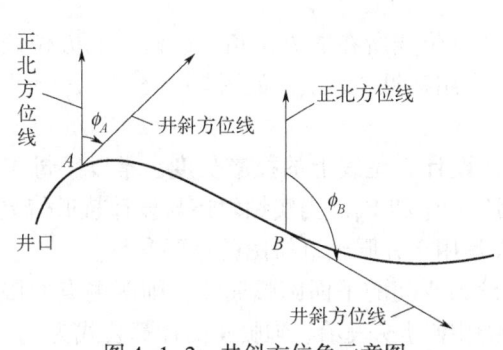

图 4-1-2 井斜方位角示意图

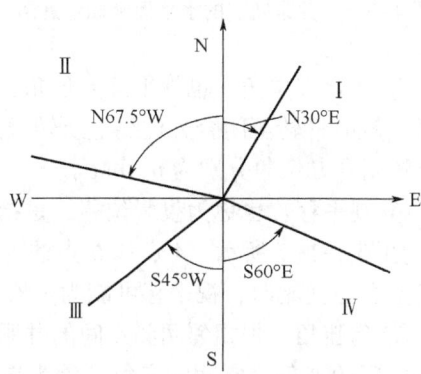

图 4-1-3 井斜方位角的象限角表示法

二、计算参数

所谓计算参数，就是根据基本参数计算出来的参数。井眼轨迹的计算参数可用于描述井眼轨迹的形状和位置，也可用于井眼轨迹绘图。

① 垂直井深：简称垂深，是指井眼轨迹上某点至井口所在水平面的距离。垂深的增量称为垂增。垂深常以字母 D 表示，垂增以 ΔD 表示。如图4-1-1所示，A 点和 B 点的垂深分别为 D_A 和 D_B，AB 井段的垂增 $\Delta D = D_B - D_A$。

② 北南位移和东西位移：井眼轨迹上某点在以井口为原点的水平面坐标系中的坐标值。此水平面坐标系有两个坐标轴：一是 N 坐标轴，以正北方向为正方向；二是 E 坐标轴，以正东方向为正方向。北南位移和东西位移可简称为 N 坐标和 E 坐标。如图4-1-4所示，A 点和 B 点的水平坐标值分别为 (N_A, E_A) 和 (N_B, E_B)。水平坐标可以有增量，以 ΔN 和 ΔE 表示。

③ 水平投影长度：简称水平长度或平长，是指井眼轨迹上某点至井口的长度在水平面上的投影，即井深在水平面上的投影长度。水平长度的增量称为平增。水平长度以字母 P 表示，平增以 ΔP 表示。如图4-1-4所示，水平长度和平增均是曲线的长度。

④ 闭合距：也称为水平位移，是指井眼轨迹上某点至井口所在铅垂线的距离，或指井眼轨迹上某点至井口的距离在水平面上的投影。此投影线称为闭合方位线。闭合距常以字母 C 表示。如图4-1-5所示，A 点和 B 点的闭合距分别为 C_A 和 C_B。闭合距和水平投影长度是完全不同的概念。在实钻井眼轨迹上，二者的区别是明显的，但在二维设计轨道上二者是完

全相同的。

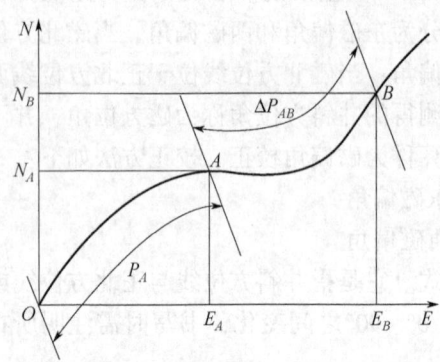

图 4-1-4　井眼轨迹的水平面坐标示意图

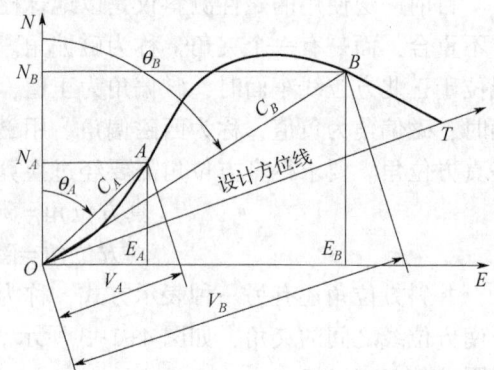

图 4-1-5　闭合距、闭合方位角与视平移

⑤ 闭合方位角：也称平移方位角，是指闭合方位线所在的方位角，即以正北方位线为始边，顺时针转至闭合方位线上所转过的角度，常用字母 θ 表示。如图 4-1-5 所示，A 点和 B 点的闭合方位角分别为 θ_A 和 θ_B。

⑥ 视平移：也称为投影位移，是指闭合距在设计方位线上的投影长度，常以字母 V 表示。如图 4-1-5 所示，A 点和 B 点的视平移分别为 V_A 和 V_B。当实钻轨迹与设计轨道偏差很大甚至背道而驰时，视平移可能为负值。视平移是用于井眼轨迹绘图的重要参数。

⑦ 狗腿角：把相邻两测点间的井眼轴线假设为空间的平面圆弧曲线，则两测点井眼方向线之间的夹角（空间的夹角）称为狗腿角，常用字母 γ 表示。狗腿角的计算公式为

$$\cos\gamma = \cos\alpha_1 \cos\alpha_2 + \sin\alpha_1 \sin\alpha_2 \cos(\phi_2 - \phi_1) \tag{4-1-1}$$

式中　α_1，α_2——上、下两测点的井斜角，(°)；
　　　ϕ_1，ϕ_2——上、下两测点的井斜方位角，(°)。

⑧ 全角变化值：井眼从一个点到另一个点，其前进方向发生了变化，既有井斜角的变化，又有井斜方位角的变化，人们将这种既反映井斜角变化又反映井斜方位角变化的井眼前进方向变化值称为全角变化值，也常用字母 γ 表示。全角变化值的计算公式为

$$\gamma = \sqrt{\Delta\alpha^2 + \Delta\phi^2 \sin^2\alpha_c} \tag{4-1-2}$$

$$\alpha_c = \frac{\alpha_1 + \alpha_2}{2} \tag{4-1-3}$$

式中　α_c——该测段的平均井斜角，(°)；

⑨ 狗腿严重度：在狗腿角定义中假设的空间平面圆弧曲线的曲率称为狗腿严重度。狗腿严重度可以反映井眼的平均曲率。由于狗腿角是根据平面圆弧曲线假设推导的，所以计算出的狗腿严重度实际上是井眼曲率的最小值。

⑩ 全角变化率：全角变化值与井段长度的比值。全角变化率也可以反映该井段的平均井眼曲率。

⑪ 井眼曲率：单位长度井段井眼轴线的切线所转过的角度，也称井眼轴线曲率。由于实钻井眼轨迹是任意的空间曲线，其曲率是不断变化的，所以在工程上常常计算井段的平均曲率。井眼曲率的计算公式为

$$K = \frac{\gamma}{\Delta L} \times 30 \tag{4-1-4}$$

式中，平均井眼曲率 K 的单位通常为（°）/30m。如果采用狗腿角计算，则 K 称为狗腿严重度；如果采用全角变化值计算，则 K 称为全角变化率。

三、井眼轨迹的图示法

井眼轨迹的图示法有两种：一种是垂直投影图与水平投影图相结合，如图 4-1-6(a) 所示；另一种是垂直剖面图与水平投影图相结合，如图 4-1-6(b) 所示。不管哪种都必须有水平投影图。

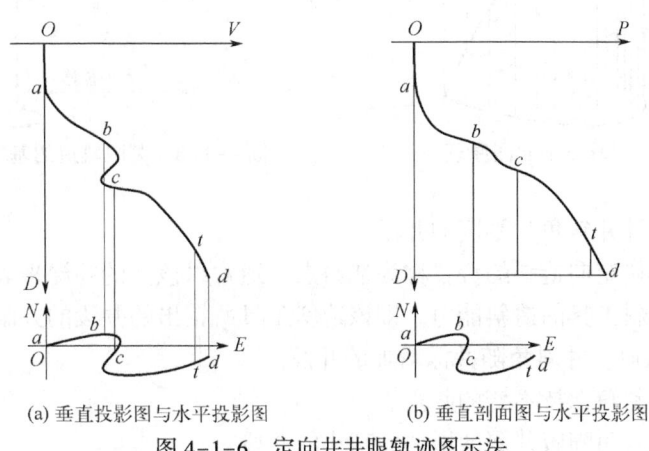

图 4-1-6　定向井井眼轨迹图示法

1. 水平投影图

水平投影图相当于机械制图中的俯视图，也相当于将井眼轨迹这条空间曲线投影到井口所在的水平面上。图中的坐标为 N 坐标和 E 坐标，以井口为坐标原点。所以只要知道井眼轨迹上所有测点的 N 坐标值和 E 坐标值就可以绘出水平投影图。

2. 垂直投影图

垂直投影图相当于机械制图中的侧视图，即将井眼轨迹这条空间曲线投影到某个铅垂面上。但是经过井口的铅垂面有无数个，我国钻井行业标准规定的是选择设计方位线所在的铅垂面。这样得到的垂直投影图与设计轨道的垂直投影图进行比较，可以看出实钻井眼轨迹与设计井眼轨道的差别，便于指导井眼轨迹控制。垂直投影图也是以井口为坐标原点，坐标为垂深 D 和视平移 V。只要计算出井眼轨迹上所有测点的垂深和视平移，就可以绘出垂直投影图。

3. 垂直剖面图

如图 4-1-7 所示，设想过井眼轨迹上每个测点作一条铅垂线，所有这些铅垂线就构成了一个曲面，这种曲面在数学上称为柱面。此曲面有一个显著的特点，就是可以展平到一个平面上。当此柱面展平时就形成了垂直剖面图。垂直剖面图的两个坐标是垂深 D 和水平长度 P，只要计算出井眼轨迹上所有测点的垂深和水平长度就可以绘出垂直剖面图。

四、井眼轨道基本井段

图 4-1-8 是井身在垂直平面内的投影图，在该图上可以定义以下概念：

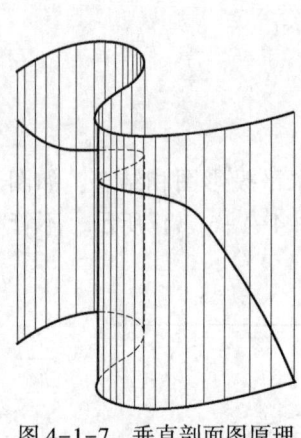

图 4-1-7 垂直剖面图原理　　　　图 4-1-8 井眼轨道的基本井段

① 直井段：设计井斜角为零度的井段。
② 造斜点：开始定向造斜的位置称为造斜点。通常以该点的井深来表示。
③ 造斜率：造斜工具的造斜能力，即该造斜工具所钻出的井段的井眼曲率。
④ 造（增）斜段：井斜角随井深增加的井段。
⑤ 稳斜段：井斜角保持不变的井段。
⑥ 降斜段：井斜角随着井深的增加而减小的井段。
⑦ 目标点：设计规定的、必须钻达的地层位置，通常以地面井口为坐标原点的空间坐标系的坐标值来表示。
⑧ 靶区及靶区半径：包含目标点在内的一个区域称为靶区。在一般油气井中，靶区半径为允许实钻井眼轨迹偏离设计目标点的水平距离，靶区为在目标点所在的水平面上，以目标点为圆心，以靶区半径为半径的一个圆面积。在大斜度井和水平井中，靶区为包含设计井眼轨道的一个柱状体。
⑨ 靶心距：在靶区平面上，实钻井眼轴线与目标点之间的距离。

五、不同井眼轨道的油气井分类

1. 直井

直井是指设计井眼轴线为一条铅垂线，实钻井眼轴线大体沿铅垂方向，其井斜角、井底水平位移和全角变化率均在限定范围内的井。

2. 定向井

定向井是指沿着预先设计的井眼轨道，按既定的方向偏离井口垂线一定距离，钻达目标的井。它还可分为普通定向井、大斜度井、水平井、径向水平井、丛式井、多底井以及斜直井等。
① 普通定向井：在一个井场内仅有一口最大井斜角小于 60° 的定向井。
② 大斜度井：在一个井场内仅有一口最大井斜角在 60°~86° 范围内的定向井。

③ 水平井：在一个井场内仅有一口最大井斜角大于或等于 86°，并保持这种角度钻完一定长度水平段的定向井。它分为长曲率半径（造斜率小于 6°/30m）水平井、中曲率半径［造斜率为（6°~20°)/30m］水平井、中短曲率半径［造斜率为（1°~20°)/30m］水平井短曲率半径［造斜率为（1°~10°)/m］水平井以及径向（造斜率为无穷大）水平井。

④ 丛式井：在一个井场内有计划钻出的两口或两口以上的定向井组，其中可含一口直井。

⑤ 多底井：一个井口下面有两个或两个以上井底的定向井。

⑥ 斜直井：用倾斜钻机或倾斜井架完成的，自井口开始井眼轨道一直是一段斜直井段的定向井。

定向井应用广泛，其应用领域大体有以下三种情况：

① 地面环境条件的限制。当地面上是高山、湖泊、沼泽、河流、沟壑、海洋、农田或重要的建筑物等，难以安装钻机进行钻井作业时或者安装钻机和钻井作业费用很高时，为了勘探和开发它们下面的油田，最好钻定向井。

② 地下地质条件的要求。对于断层遮挡油藏，定向井比垂直井可发现和钻穿更多的油层；对于薄油层，定向井和水平井比垂直井的油层裸露面积要大得多。另外，侧钻井、分支井、大位移井、侧钻水平井、径向水平井等特殊定向井显著地扩大了勘探开发效果，增加了原油产量，提高了油藏的采收率。

③ 处理井下事故的特殊手段。当井下落物或钻具落鱼最终无法捞出时，可从上部井段侧钻打定向井。特别是遇到井喷着火，采用常规方法难以处理时，可在事故井附近打定向井（称作救援井），与事故井贯通，进行引流或压井，从而处理井喷着火事故。

第二节 井眼轨道设计方法

一口定向井的实施，首先要有轨道设计，才能以此为依据进行定向井钻井施工。勘探、开发目的及设计限制条件不同，定向井的设计方法也不相同，而每种设计方法都有一定的设计原则。定向井设计是一个非常重要的环节，合理地设计好井眼轨道是定向井成功的保证。

一、井眼轨道的分类

按设计井眼轨道在空间直角坐标系中的形状，可将井眼轨道分为二维井眼轨道和三维井眼轨道。二维井眼轨道是指设计井眼轴线仅在设计方位线所在铅垂平面上变化的井眼轨道，即设计井眼轨道只有井斜角的变化而无井斜方位角的变化。三维井眼轨道是指设计的井眼轴线上既有井斜角变化又有井斜方位角变化的井眼轨道。

二维井眼轨道又可分为常规和非常规两种。常规二维井眼轨道都是由直线和圆弧曲线组成的。非常规二维井眼轨道除直线和圆弧曲线外，还有某种特殊曲线，如悬链线、二次抛物线等。

二、井眼轨道设计原则

定向井井眼轨道设计应遵循以下原则：

① 能实现钻定向井的目的。钻定向井的目的多种多样的：或为钻穿多套含油层系，扩大勘探成果；或为延长目标段的长度，增大油层的裸露面积；或为使老井、死井复活；或为处理井下事故进行侧钻；或受限于地面条件而移动井位，或受限于地下条件而钻绕障井；或为节约土地而钻丛式井；或为扑灭邻井大火而钻救援井，等等。井眼轨道设计首先要考虑实现本井目的，这是定向井设计的主要依据和首要原则。

② 有利于安全、优质、快速钻井。要注意选好造斜点，应选择硬度适中，且无坍塌、缩径、高压、易漏等复杂情况的地层开始造斜。在可能的条件下，井斜角不要太大，以便减小钻井的难度，但最大井斜角不得小于15°，否则井斜方位角不易稳定。在选择井眼曲率值时，要权衡造斜工具的造斜能力，减小起下钻和下套管的难度，以及缩短造斜井段的长度等各方面的要求。

③ 有利于采油工艺的要求。在可能的情况下应减小井眼曲率，以改善油管和抽油杆的工作环境。在某些情况下，进入目的层的井段的井斜角还应尽量小，最好是垂直井段，以利于安装电潜泵、坐封封隔器及进行其他井下作业。

三、井眼轨道类型

按照我国钻井行业标准的规定，常规二维定向井井眼轨道有四种类型，如图 4-2-1 所示。

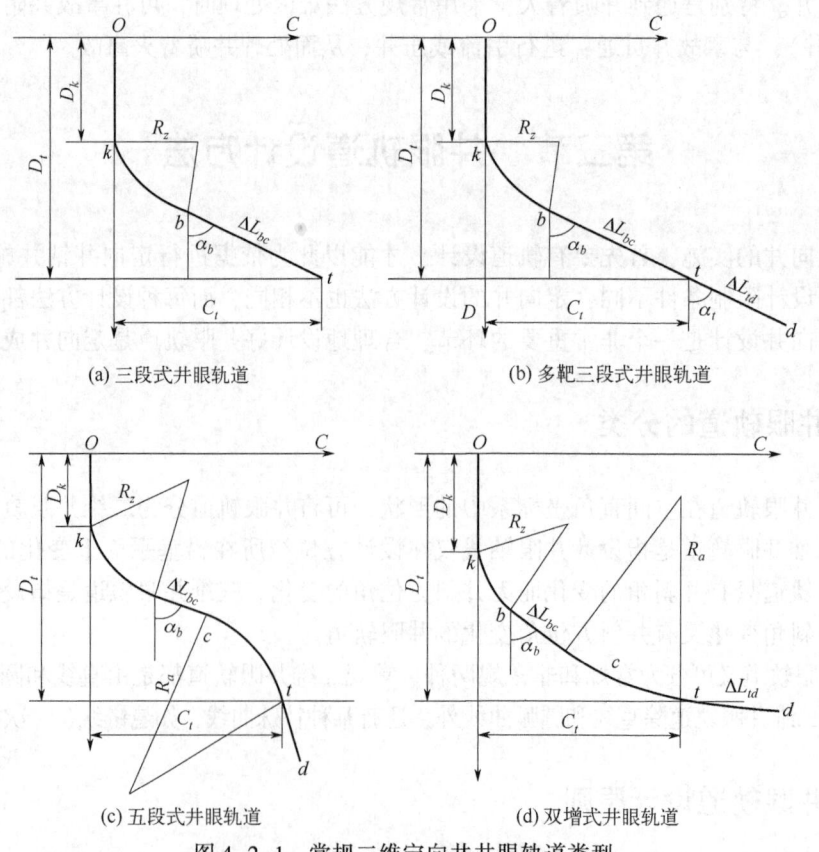

图 4-2-1　常规二维定向井井眼轨道类型

1. 三段式井眼轨道

三段式井眼轨道由直井段、增斜段、稳斜段组成。这种井眼轨道造斜点浅，施工简单，便于控制，通常在表层套管内即达到所需的最大井斜角，以后一直稳斜钻达目的层位。它常用于不下中间套管、油层单一的中深井，也可用于要求水平位移很大的较深的井和水平井。

2. 多靶三段式井眼轨道

多靶三段式井眼轨道由直井段、增斜段、稳斜段、稳斜段组成。多靶三段式与三段式大体相同，但可设计多个钻达目标点、两段稳斜段。

3. 五段式井眼轨道

五段式井眼轨道由直井段、增斜段、稳斜段、降斜段、稳斜段组成。这种井眼轨道造斜深度浅，造斜完成后下表层套管，稳斜钻进，在达到一定水平位移后降斜，在达到油层时井斜角符合要求。通常还要下一层中间套管，最后稳斜钻穿油层。

4. 双增式井眼轨道

双增式井眼轨道由直井段、增斜段、稳斜段、增斜段、稳斜段组成。这种井眼轨道造斜深度浅，造斜完成后下表层套管，稳斜钻进，在达到一定水平位移后再增斜，在达到油层时井斜角符合要求。通常还要下一层中间套管，最后稳斜钻穿油层，一般用于水平井轨道设计。

如图 4-2-1 所示，图中的字母 k 代表造斜点，b 代表增斜结束点，t 代表目标点，c 代表五段式的降斜始点或双增式的第二次造斜点，d 代表多目标井的目标终点。所有这些点称为节点，这些节点的参数均以相应字母为下标。

此外，不同类型的井眼轨道，它们的设计条件和计算公式各不相同。

四、井眼轨道设计方法

1. 井眼轨道设计依据的条件

井眼轨道设计依据的条件有两种：一种是由地质、采油部门提供的分层地质情况预告和目标点或目标井段的有关数据（如目标点的垂深、闭合距及设计方位等）；另一种是由钻井工程部门根据设计原则和钻井条件选定的造斜点位置、造斜率大小等。

将给定和选定的条件汇集于表 4-2-1 中。

表 4-2-1 井眼轨道设计给定的条件

井眼轨道类型	给定的条件	关键参数
三段式井眼轨道	D_t，C_t，D_k，C_k，α_k，K_z，θ_0	α_b，ΔL_{bc}
多靶三段式井眼轨道	D_t，D_k，C_k，α_k，K_z，θ_0，α_t，ΔL_{td}	C_t，ΔL_{bc}
五段式井眼轨道	D_t，C_t，D_k，C_k，α_k，K_z，θ_0，α_t，ΔL_{td}，K_n	α_b，ΔL_{bc}
双增式井眼轨道	D_t，C_t，D_k，C_k，α_k，K_z，θ_0，α_t，ΔL_{td}，K_{zz}	α_b，ΔL_{bc}

表中符号解释如下：

D_t——目标点或目标段起点的垂深，m；

C_t——目标点或目标段起点的闭合距，m；

D_k——造斜点垂深，m；

C——造斜点闭合距，m；

α_k——造斜点井斜角，(°)；

K_z——造斜段的造斜率，(°)/30m；

K_n——降斜段的造斜率，(°)/30m；

K_{zz}——双增式轨道的第二增斜段的造斜率，(°)/30m；

θ_0——设计方位角，(°)；

α_t——目标点（段）井斜角，(°)；

ΔL_{td}——目标段长度，m；

α_b——稳斜段井斜角，(°)；

ΔL_{bc}——稳斜段长度，m。

根据 K_z、K_n 和 K_{zz} 可分别算出对应的曲率半径 R_z、R_n 和 R_{zz}：

$$R = \frac{1719}{K} \tag{4-2-1}$$

根据 D_k 和 α_k，可计算出 C_k：

$$C_k = D_k \tan\alpha_k \tag{4-2-2}$$

表 4-2-1 中，关键参数是指井眼轨道设计中需要首先求得的参数。只有首先求得这些关键参数，才能进行井眼轨道其他参数的计算。

2. 关键参数的计算

对于不同的井眼轨道类型，关键参数的计算方法不同。

1) 三段式井眼轨道

① 正常情况下，给定设计条件见表 4-2-1，所需计算的关键参数为 α_b 和 ΔL_{bc}。这种情况下的计算公式为

$$D_e = D_t - D_k + R_z \sin\alpha_k \tag{4-2-3}$$

$$C_e = C_t - C_k - R_z \cos\alpha_k \tag{4-2-4}$$

$$R_e = R_z \tag{4-2-5}$$

$$\Delta L_{bc} = \sqrt{D_e^2 + C_e^2 - R_e^2} \tag{4-2-6}$$

$$\alpha_b = 2\arctan\frac{D_e - \Delta L_{bc}}{R_e - C_e} \tag{4-2-7}$$

② 有时可给定 D_t、D_k、C_t、C_k、α_k、α_b，所需计算的关键参数为 ΔL_{bc} 和 K_z，这种情况下的计算公式为

$$R_z = \frac{(D_t - D_k)\sin\alpha_b - (C_t - C_k)\cos\alpha_b}{1 - \cos(\alpha_b - \alpha_k)} \tag{4-2-8}$$

$$\Delta L_{bc} = \frac{D_t - D_k - R_z(\sin\alpha_b - \sin\alpha_k)}{\cos\alpha_b} \tag{4-2-9}$$

$$K_z = \frac{1719}{R_z} \quad (4\text{-}2\text{-}10)$$

③ 有时也给定 D_t、C_t、K_z、α_k、α_b，而求 D_k 和 ΔL_{bc}，这种情况下的计算公式为

$$D_k = \frac{C_t\cos\alpha_b - D_t\sin\alpha_b + R_z[1-\cos(\alpha_b-\alpha_k)]}{\tan\alpha_k\cos\alpha_b - \sin\alpha_b} \quad (4\text{-}2\text{-}11)$$

$$\Delta L_{bc} = \frac{(D_t-D_k) - R_z(\sin\alpha_b - \sin\alpha_k)}{\cos\alpha_b} \quad (4\text{-}2\text{-}12)$$

2) 多靶三段式井眼轨道

多靶三段式井眼轨道给定的设计条件中没有目标点的闭合距 C_t，也就是说没有给出地面上的井位，这是它与其他类型的区别之处。这种设计需要求出 C_t，之后再确定地面上的井位，所以被称为倒推设计法。其计算公式为

$$C_t = C_k + (D_t-D_k)\tan\alpha_t - R_z\frac{1-\cos(\alpha_t-\alpha_k)}{\cos\alpha_t} \quad (4\text{-}2\text{-}13)$$

ΔL_{bc} 的计算公式同式(4-2-12)。

3) 五段式井眼轨道

五段式井眼轨道可用下述三式计算 D_e、C_e、R_e，然后用式(4-2-6) 和式(4-2-7) 求得 α_b 和 ΔL_{bc}：

$$D_e = D_t - D_k + R_z\sin\alpha_k + R_n\sin\alpha_t \quad (4\text{-}2\text{-}14)$$

$$C_e = C_t - C_k - R_z\cos\alpha_k - R_n\cos\alpha_t \quad (4\text{-}2\text{-}15)$$

$$R_e = R_z + R_n \quad (4\text{-}2\text{-}16)$$

4) 双增式井眼轨道

双增式井眼轨道可用下述三式计算 D_e、C_e、R_e，然后用式(4-2-6) 和式(4-2-7) 求得 α_b 和 ΔL_{bc}：

$$D_e = D_t - D_k + R_z\sin\alpha_k - R_{zz}\sin\alpha_t \quad (4\text{-}2\text{-}17)$$

$$C_e = C_t - C_k - R_z\cos\alpha_k + R_{zz}\cos\alpha_t \quad (4\text{-}2\text{-}18)$$

$$R_e = R_z - R_{zz} \quad (4\text{-}2\text{-}19)$$

3. 节点参数计算及设计结果表述

节点参数计算是根据给定的设计条件和计算出的关键参数，算出每个节点的井深、垂深、闭合距三个参数。下面分别列出节点参数的计算公式。

造斜点处（k 点）D_k 和 C_k 已知，井深的计算公式为

$$L_k = \frac{D_k}{\cos\alpha_k} \quad (4\text{-}2\text{-}20)$$

增斜段井眼轨道终点（b 点）参数计算：

$$L_b = L_k + \frac{R_z\pi(\alpha_b - \alpha_k)}{180} \quad (4\text{-}2\text{-}21)$$

$$D_b = D_k + R_z(\sin\alpha_b - \sin\alpha_k) \quad (4\text{-}2\text{-}22)$$

$$C_b = C_k + R_z(\cos\alpha_k - \cos\alpha_b) \quad (4\text{-}2\text{-}23)$$

稳斜段井眼轨道终点（c 点或三段式井眼轨道、多靶三段式井眼轨道的 t 点）参数计算：

$$L_c = L_b + \Delta L_{bc} \qquad (4-2-24)$$
$$D_c = D_b + \Delta L_{bc} \cos\alpha_b \qquad (4-2-25)$$
$$C_c = C_b + \Delta L_{bc} \sin\alpha_b \qquad (4-2-26)$$

五段式井眼轨道降斜段终点（t 点）参数计算：

$$L_t = L_c + \frac{R_n \pi (\alpha_b - \alpha_t)}{180} \qquad (4-2-27)$$
$$D_t = D_c + R_n (\sin\alpha_b - \sin\alpha_t) \qquad (4-2-28)$$
$$C_t = C_c + R_n (\cos\alpha_t - \cos\alpha_b) \qquad (4-2-29)$$

双增式井眼轨道第二增斜段终点（t 点）参数计算：

$$L_t = L_c + \frac{R_{zz}(\alpha_t - \alpha_b)\pi}{180} \qquad (4-2-30)$$
$$D_t = D_c + R_{zz}(\sin\alpha_t - \sin\alpha_b) \qquad (4-2-31)$$
$$C_t = C_c + R_{zz}(\cos\alpha_b - \cos\alpha_t) \qquad (4-2-32)$$

多靶三段式井眼轨道、五段式井眼轨道及双增式井眼轨道井底（d 点）参数计算：

$$L_d = L_t + \Delta L_{td} \qquad (4-2-33)$$
$$D_d = D_t + \Delta L_{td} \cos\alpha_t \qquad (4-2-34)$$
$$C_d = C_t + \Delta L_{td} \sin\alpha_t \qquad (4-2-35)$$

根据以上计算，将设计结果列表或绘图。

[例 4-1] 已知设计条件如下：$D_t = 2530$m，$C_t = 910$m，$D_k = 300$m，$\alpha_k = 0°$，$\alpha_t = 15°$，$\Delta L_{td} = 120$m，$K_z = 2.7°/30$m，$K_n = 1°/30$m，试设计五段式井眼轨道。

解： 根据式（4-2-1）可求得 $R_z = 636.67$m，$R_n = 1719$m。

根据式（4-2-14）至式（4-2-16）、式（4-2-6）及式（4-2-7），计算结果为

$$D_e = 2674.91\text{m}, C_e = -1387.1\text{m}, R_e = 2355.67\text{m}, \Delta L_{bc} = 1878.83\text{m}, \alpha_b = 24.02°$$

根据式（4-2-20）至式（4-2-29）及式（4-2-33）至式（4-2-35），可计算出全部节点参数。设计的五段式井眼轨道数据列于表 4-2-2 中。

表 4-2-2　五段式井眼轨道设计结果列表

井段	垂直段	增斜段	稳斜段	降斜段	目标段
井斜角，(°)	0	0~24.02	24.02	24.02~15	15
垂增，m	300	259.11	1716.19	254.70	115.91
垂深，m	300	559.11	2275.30	2530.00	2645.91
闭合距，m	0	55.11	819.76	910.00	941.59
段长，m	300	266.68	1878.83	270.49	120.00
井深，m	300	566.68	2445.51	2716.00	2836.00

第三节　井眼轨迹测量及计算

一口井钻完后，需要知道井眼轨迹的形状和位置，需要知道是否打中了预计的目标点。在实钻过程中，也需要及时了解已钻井眼的轨迹形状，以便判断其发展趋势，及时采取控

措施。这就需要进行井眼轨迹测量，并根据测量数据进行井眼轨迹计算。井眼轨迹测量在工程术语中称为测斜。测斜时所使用专门的测量仪器，称为测斜仪。

一、测斜方法

测斜仪按照测量方法可分为单点测斜仪、多点测斜仪和随钻测斜仪三类。单点测斜仪通常是用钢丝或电缆从钻柱内送入井下，一次下井只能测一个井深处（通常测量靠近钻头）的井眼轨迹参数，费时短，常用于井眼轨迹控制过程中给造斜工具定向。多点测斜仪一次下井可以测量多个井深位置处的井眼轨迹参数，在裸眼井中可以用电缆送入井下，或者在起钻前从钻柱水眼中投入靠近钻头处，然后在起钻过程中利用每起一个立柱的静止卸扣时间进行测量和记录。多点测量数据通常用于井眼轨迹计算。随钻测斜仪随同钻柱一同下入井内，在钻进过程中连续进行测量，并实时将测量数据传到地面上，可准确地进行井眼轨迹控制。

每个测点的井眼轨迹基本参数有三个：井深、井斜角和井斜方位角。井深是依靠记录电缆或者钻柱的长度来测量的。实际上只有井斜角和井斜方位角两个参数需要用测斜仪测量。

二、对测斜计算数据的规定

我国钻井行业标准对测斜计算数据有以下规定。

① 用于进行井眼轨迹计算的测斜数据必须是用多点测斜仪测得的数据。

② 用磁性测斜仪测得的井斜方位角必须经过磁偏角校正，还要进行子午线收敛角校正，然后才能进行井眼轨迹计算。

③ 测点编号：测斜时虽然是自下而上进行的，但规定的测点编号顺序却是自上而下的，第 1 个井斜角不等于 0° 的测点作为第 1 测点，向下类推编号。每个测点的井眼轨迹参数皆以该点编号作为下标符号。

④ 测段编号：也是自上而下编号的且规定第 $i-1$ 个点与第 i 个点之间所夹的测段为第 i 测段。因此，若有 n 个测点，就有 n 个测段。每个测段的井眼轨迹参数皆以该段的编号作为下标符号。

⑤ 第 0 测点：根据测段编号的方法，第 1 测段应该是第 0 测点与第 1 测点之间所夹的测段。第 0 测点不是实测的，而是人为规定的。当第 1 测点的井深大于 25m 时，规定第 0 测点的井深比第 1 测点的井深小 25m，井斜角为 0°。当第 1 测点的井深小于或等于 25m 时，规定第 0 测点的井深为 0m，井斜角为 0°。

⑥ 当某个测点的井斜角等于 0° 时，该点的井斜方位角是不存在的。为了满足计算的需要，规定：若 $\alpha_i=0°$，则计算第 i 测段时，$\phi_i=\phi_{i-1}$；计算第 $i+1$ 测段时，$\phi_i=\phi_{i+1}$。

⑦ 在一个测段内，井斜方位角变化的绝对值不得超过 180°。在具体计算时，还要特别注意平均井斜方位角 ϕ_c 的计算方法。

当 $\phi_i-\phi_{i-1}>180°$ 时，有

$$\Delta\phi_i = \phi_i - \phi_{i-1} - 360° \tag{4-3-1}$$

$$\phi_c = \frac{\phi_i + \phi_{i-1}}{2} - 180° \tag{4-3-2}$$

当 $\phi_i-\phi_{i-1}<-180°$ 时，有

$$\Delta\phi_i=\phi_i-\phi_{i-1}+360° \tag{4-3-3}$$

$$\phi_c=\frac{\phi_i+\phi_{i-1}}{2}+180° \tag{4-3-4}$$

第②条中涉及的磁偏角校正和子午线收敛角校正合称为井斜方位角校正。子午线收敛角的概念和校正如下：如图4-3-1所示，在高斯投影图上，除中央子午线是直线外，其余子午线都是互不平行的曲线。曲线上任一点的真北方位 TN（True North）是该点的切线方向。井斜方位角经过磁偏角校正之后变成以真北方位为基准。各测点的位置不同，其真北方位也不同。但是，进行定向井井眼轨道设计、轨迹计算以及绘图时，使用的坐标系是高斯平面直角坐标系，俗称网格坐标系，纵坐标正方向为 GN（Grid North），称为网格北，横坐标正方向为正东（E）。在网格坐标系中，所有点的正北方位都是相同的，且互相平行。显然，除中央子午线和赤道外，其余各处的真北方位线与网格北方位线是不一致的，二者之间的夹角称为子午线收敛角。

子午线收敛角也有正负之分：当网格北方位线处在真北方位线以东时，为正值，称为东收敛角；当网格北方位线处在真北方位线以西时，为负值，称为西收敛角。以真北方位为基准表示的井斜方位角不能直接应用于高斯平面直角坐标系中，需要对井斜方位角进行子午线收敛角校正。

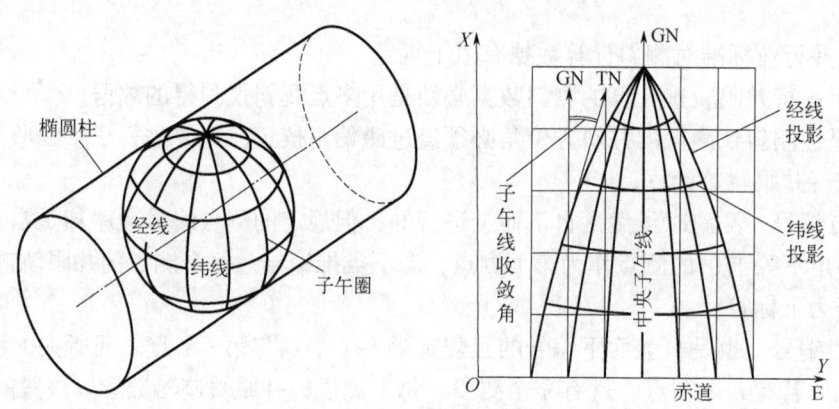

图4-3-1 高斯地图投影

在实际工程计算中，磁偏角校正和子午线收敛角校正通常是同时进行的。如图4-3-2所示，设磁性测斜仪测量得到的井斜方位角以磁方位角 ϕ_m 表示，校正后可用于测斜计算的井斜方位角以 ϕ 表示，则有

$$\phi=\phi_m+\delta-\beta \tag{4-3-5}$$

式中　δ——磁偏角，(°)；

β——子午线收敛角，(°)。

三、井眼轨迹计算方法

1. 轨迹计算的顺序

对一个测段来说，需要计算的井眼轨迹参数有五个，即四个坐标增量（ΔD，ΔP，ΔN，

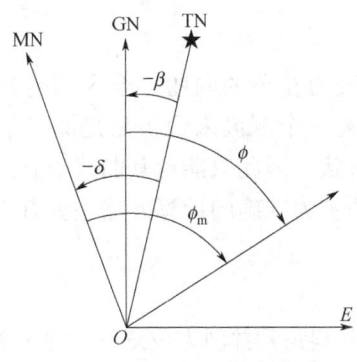
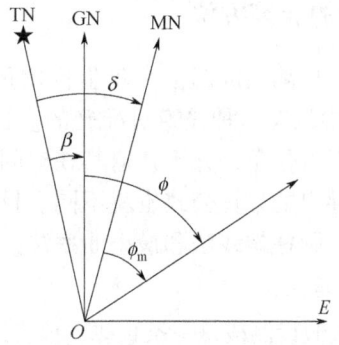

(a) 西磁偏角和西收敛角的校正　　　　(b) 东磁偏角和东收敛角的校正

图 4-3-2　井斜方位角的校正

ΔE) 和井眼曲率 K。对一个测点来说，需要计算的井眼轨迹参数有七个，即五个直角坐标值 (D, P, N, E, V) 和两个极坐标值 (C, θ)。

井眼轨迹计算的最终要求是计算出每个测点的全部坐标值。为此必须首先计算出每个测段的坐标增量，然后累加求得测点的坐标值（极坐标 C 和 θ 除外）。具体的计算是从第 1 测段开始，逐段向下进行。

由于第 1 测段的上测点（第 0 测点）的坐标值是已知的，即 $D_0 = L_0$，$P_0 = 0$，$N_0 = 0$，$E_0 = 0$。所以，在算出第 1 测段的坐标增量之后就可算出第 1 测点的坐标值。第 1 测点既是第 1 测段的下测点，又是第 2 测段的上测点。在求得第 2 测段的坐标增量之后又可计算第 2 测点的坐标值。对于第 i 测段来说，在算出该测段的坐标增量之后，即可求得该测段下测点的坐标值。用公式表达为

$$D_i = D_{i-1} + \Delta D_i \tag{4-3-6}$$

$$P_i = P_{i-1} + \Delta P_i \tag{4-3-7}$$

$$N_i = N_{i-1} + \Delta N_i \tag{4-3-8}$$

$$E_i = E_{i-1} + \Delta E_i \tag{4-3-9}$$

第 i 测段下测点的坐标就可以作为第 $i+1$ 测段上测点的坐标值。在算出第 $i+1$ 测段的坐标增量之后就可计算第 $i+1$ 测段下测点的坐标值。依此类推，可由第 1 测段算至最后一个测段。

求得测点的上述四个直角坐标之后，即可计算测点的闭合距和闭合方位角：

$$C_i = \sqrt{N_i^2 + E_i^2} \tag{4-3-10}$$

$$\theta_i = \begin{cases} \arctan\dfrac{E_i}{N_i} & (N_i > 0) \\[2pt] \arctan\dfrac{E_i}{N_i} + 180° & (N_i < 0) \\[2pt] 90° & (N_i = 0, E_i > 0) \\[2pt] 270° & (N_i = 0, E_i < 0) \end{cases} \tag{4-3-11}$$

利用闭合距和闭合方位角以及设计方位角 θ_0，即可求得视平移：

$$V_i = C_i \cos(\theta_0 - \theta_i) \tag{4-3-12}$$

2. 测段的计算方法

如何计算出测段的四个直角坐标增量是一个较为复杂的问题，至今国内外已经提出的 20 多种方法中没有一种是绝对准确的。这是因为对一个测段来说，只是测得了两个端点的井斜角和井斜方位角，并不知道其在空间的曲线形状，因此只能对其曲线形状进行假设。假设不同，推导出的计算公式也就不同。目前常用的较为准确的计算方法主要有平均角法、校正平均角法、圆柱螺线法和最小曲率法。

1) 平均角法

平均角法假设测段是一条直线，该直线对应的井斜角和井斜方位角分别等于该测段上下两测点的平均井斜角和平均井斜方位角。根据这种假设，测段四个坐标增量的计算公式如下：

$$\Delta D = \Delta L \cos\alpha_c, \quad \Delta P = \Delta L \sin\alpha_c, \quad \Delta N = \Delta L \sin\alpha_c \cos\phi_c, \quad \Delta E = \Delta L \sin\alpha_c \sin\phi_c$$

其中

$$\alpha_c = (\alpha_1 + \alpha_2)/2, \quad \phi_c = (\phi_1 + \phi_2)/2$$

式中，α_c 为平均井斜角，(°)；ϕ_c 为平均井斜方位角，(°)。

2) 圆柱螺线法

郑基英教授在曲率半径法基础上，提出了圆柱螺线法，其假设条件为：两测点间的测段是一条等变螺旋角的圆柱螺线，螺线在两端点处与上下两测点的井眼方向线相切。所谓等变螺旋角，是指螺旋升角是变化的，螺旋升角 α 的变化与螺线长度 L 成正比，即 $d\alpha/dL =$ 常数。既然是圆柱螺线，水平投影图必然是圆弧曲线。根据 $d\alpha/dL =$ 常数，垂直剖面图也必然是圆弧曲线，则推导的圆柱螺线法计算公式如下：

$$\Delta D = \frac{2\Delta L \sin\frac{\Delta\alpha}{2}\cos\alpha_c}{\Delta\alpha}, \quad \Delta P = \frac{2\Delta L \sin\frac{\Delta\alpha}{2}\cos\alpha_c}{\Delta\alpha},$$

$$\Delta N = \frac{4\Delta L \sin\frac{\Delta\alpha}{2}\sin\frac{\Delta\phi}{2}\sin\alpha_c \cos\phi_c}{\Delta\alpha g \Delta\phi}, \quad \Delta E = \frac{4\Delta L \sin\frac{\Delta\alpha}{2}\sin\frac{\Delta\phi}{2}\sin\alpha_c \cos\phi_c}{\Delta\alpha g \Delta\phi}$$

上述公式中可能出现分母为零的情况，需要特殊处理，处理方案如下：

第一种情况，$\Delta\alpha = 0$，$\Delta\phi \neq 0$，此时按如下公式计算：

$$\Delta D = \Delta L\cos\alpha_2, \quad \Delta P = \Delta L\sin\alpha_2, \quad \Delta N = \frac{2\Delta L\sin\alpha_2 \sin\frac{\Delta\phi}{2}\cos\phi_c}{\Delta\phi}, \quad \Delta E = \frac{2\Delta L\sin\alpha_2 \sin\frac{\Delta\phi}{2}\sin\phi_c}{\Delta\phi}$$

第二种情况，$\Delta\alpha \neq 0$，$\Delta\phi = 0$，此时按如下公式计算：

$$\Delta D = \frac{2\Delta L \sin\frac{\Delta\alpha}{2}\cos\alpha_c}{\Delta\alpha}, \quad \Delta P = \frac{2\Delta L \sin\frac{\Delta\alpha}{2}\sin\alpha_c}{\Delta\alpha},$$

$$\Delta N = \frac{2\Delta L\sin\alpha_c \sin\frac{\Delta\alpha}{2}\cos\phi_2}{\Delta\alpha}, \quad \Delta E = \frac{2\Delta L\sin\alpha_c \sin\frac{\Delta\alpha}{2}\sin\phi_2}{\Delta\alpha}$$

第三种情况，$\Delta\alpha = 0$，$\Delta\phi = 0$，此时按如下公式计算：

$$\Delta D = \Delta L\cos\alpha_2, \quad \Delta P = \Delta L\sin\alpha_2, \quad \Delta N = \Delta L\sin\alpha_2\cos\phi_2, \quad \Delta E = \Delta L\sin\alpha_2\sin\phi_2$$

3) 校正平均角法

校正平均角法是郑基英教授在圆柱螺线法基础上经过近似处理而得到的方法，其计算公式为：

$$\Delta D = \left(1 - \frac{\Delta\alpha^2}{24}\right)\Delta L\cos\alpha_c, \quad \Delta P = \left(1 - \frac{\Delta\alpha^2}{24}\right)\Delta L\sin\alpha_c,$$

$$\Delta N = \left(1 - \frac{\Delta\alpha^2 + \Delta\phi^2}{24}\right)\Delta L\sin\alpha_c\cos\phi_c, \quad \Delta E = \left(1 - \frac{\Delta\alpha^2 + \Delta\phi^2}{24}\right)\Delta L\sin\alpha_c\sin\phi_c$$

该方法消除了分母可能为零的情况，而且表达形式更简单，应用实践也表明误差很小。需要注意的是，此处 $\Delta\alpha$ 和 $\Delta\phi$ 应采用弧度。

4）最小曲率法

最小曲率法把测段假设为空间某平面上的圆弧曲线，这正好与狗腿严重度公式的假设条件相同。由于狗腿严重度反映的是测段的最小曲率，所以此方法被称为最小曲率法。最小曲率法的计算公式如下：

$$\Delta D = \lambda_M(\cos\alpha_1 + \cos\alpha_2), \quad \Delta N = \lambda_M(\sin\alpha_1\cos\phi_1 + \sin\alpha_2\cos\phi_2),$$

$$\Delta E = \lambda_M(\sin\alpha_1\sin\phi_1 + \sin\alpha_2\sin\phi_2)$$

其中

$$\lambda_M = \frac{180}{\pi}\frac{\Delta L}{\gamma}\tan\frac{\gamma}{2}, \gamma = \arccos(\cos\alpha_1\cos\alpha_2 + \sin\alpha_2\cos\alpha_2\cos\Delta\phi)$$

注意：最小曲率法没有计算水平投影长度的公式。这是因为测段是空间斜平面上的圆弧曲线，那么它在水平面上的投影一般来说只能是椭圆曲线，而椭圆曲线长度的计算很复杂，无法用简单公式表示。

第四节　垂直井防斜技术

按照设计井眼轨道的不同，井可以分为两大类，即垂直井和定向井。对于垂直井来说，设计轨道是一条铅垂线，因此不需要进行特殊设计。但钻井实践表明，垂直井的实钻井眼轨迹往往会偏离设计的铅垂线，即发生井斜现象，因此需要对垂直井的井眼轨迹进行控制，防止实钻井眼轨迹偏离设计的铅垂线。一般来说，实钻井眼轨迹总是要偏离设计井眼轨道的，实钻的垂直井总是会发生井斜的。因此，垂直井防斜技术的核心不是要控制垂直井井眼绝对不斜，而是控制其井斜度数，或井底闭合距或井眼曲率在一定范围之内。

一、井斜的原因

影响井斜的因素很多，概括起来可分为三大类：地质因素、钻具因素以及井眼扩大。

1. 地质因素

地质因素导致井斜的原因最本质的是地层可钻性的不均匀性和地层倾斜两个因素。地层可钻性的不均匀性表现在许多方面，再与地层倾斜相结合，最终导致井眼倾斜。

1）地层可钻性的各向异性

地层可钻性的各向异性即地层可钻性在不同方向上的不均匀性。如图 4-4-1 所示，沉积岩都有这样的特性：垂直层面方向的可钻性高，平行层面方向的可钻性低。钻头总是有向着容易钻进的方向前进的趋势。在地层倾斜的情况下，井眼偏斜的大体规律是：当地层倾角小于45°时，钻头前进方向偏向垂直地层层面的方向，于是偏离铅垂线；当地层倾角超过60°以后，钻头前进方向则是沿着平行于地层层面方向下滑，于是偏离铅垂线；当地层倾角在45°~60°之间时，井斜方向属不稳定状态。

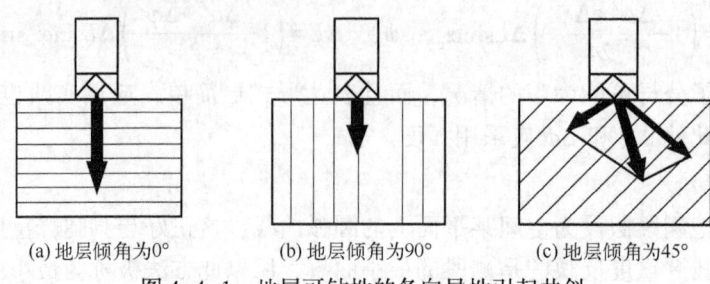

(a) 地层倾角为0°　　(b) 地层倾角为90°　　(c) 地层倾角为45°

图 4-4-1　地层可钻性的各向异性引起井斜

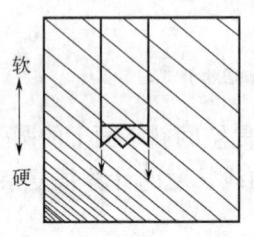

(a) 软硬交错地层钻速示意图　(b) 软硬交错地层井斜示意图

图 4-4-2　地层可钻性纵向变化引起井斜

2) 地层可钻性的纵向变化

地层在沉积过程中，由于沉积环境的不同和变化，形成了沿垂直于地层层面方向可钻性的变化，俗称软硬交错。这里的纵向变化是指沿钻头轴线方向遇到软硬交错地层。如图4-4-2所示，由于地层倾斜，钻头底面上遇到软地层的一侧容易钻，该侧的钻速高；而另一侧遇到硬地层则钻速低，于是井眼轴线偏离，发生井斜。

3) 地层可钻性的横向变化

地层可钻性不仅沿垂直于地层层面方向有变化，而且在平行于地层层面方向也有变化。这里的横向变化是指垂直于钻头轴线方向上可钻性的变化。如图4-4-3所示，在钻头的一侧钻遇溶洞或较疏松的地层，而另一侧则钻遇较致密的地层，于是钻头前进方向发生偏离。

从以上分析可知，地层可钻性的各种不均匀性和地层倾斜引起井斜的机理最终体现为钻头对井底的不对称切削，使钻头轴线相对于井眼轴线发生倾斜，从而使新钻的井眼偏离原井眼。

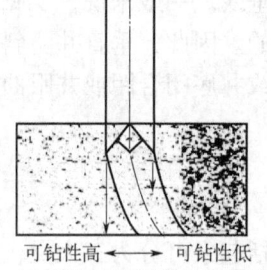
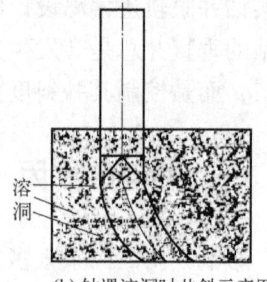

(a) 可钻性不同地层井斜示意图　　(b) 钻遇溶洞时井斜示意图

图 4-4-3　地层可钻性横向变化引起井斜

2. 钻具因素

在钻进过程中，钻具导致井斜的主要因素是钻具的倾斜和弯曲。其中，影响最大的是靠近钻头的那部分钻具，称为底部钻具组合（bottom hole assembly，BHA）。一方面由于钻具直径小于井眼直径，钻具和井眼之间有一定的间隙，所以钻具在井眼内的活动余地很大，这就给钻具的倾斜和弯曲创造了空间条件。另一方面，由于钻压的作用，下部钻具受压后必将靠向井壁一侧而倾斜。当轴向压力超过一定值后，钻柱将发生弯曲，弯曲钻柱将使靠近钻头的钻具倾斜更大。此外，由于下入井内的钻具本来就是弯曲的，天车、游车和转盘三点不在一条铅垂线上，转盘安装不平等原因也会使得钻具一开始就倾斜。

钻具的倾斜和弯曲将产生两个后果：一是引起钻头倾斜，在井底形成不对称切削，如图 4-4-4(a) 所示，新钻的井眼将不断地偏离原井眼方向；二是使钻头受到侧向力的作用，迫使钻头进行侧向切削，如图 4-4-4(b) 所示，这样也将使新钻的井眼不断地偏离原井眼方向。

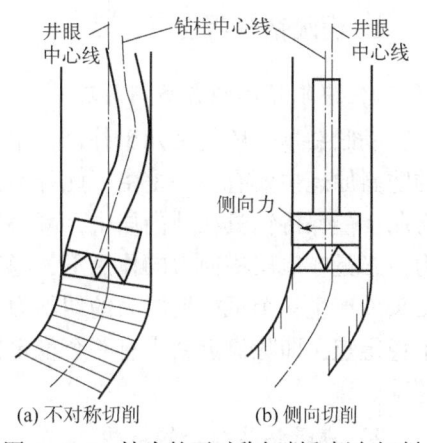

图 4-4-4　钻头的不对称切削和侧向切削

3. 井眼扩大

除上述地质和钻具因素外，井眼扩大也是井斜的重要原因。井眼扩大后，钻头可在井眼内左右移动，靠向一侧，于是钻头轴线与井眼轴线不重合，导致井斜。

从上述对井斜原因的分析可知，井斜的原因可归结为：①钻头对井底的不对称切削；②钻头轴线相对于井眼轴线发生倾斜；③钻头上的侧向力导致对井壁的侧向切削。

二、井斜的危害

在钻井工作中，不但要求速度快，而且还要求质量好。井身质量的好坏是油气井完井质量的前提和基础，它直接关系到油气田的勘探与开发工作。

如果直井井斜过大，井眼偏离设计井位，将打乱油气田开发的布井方案。对于勘探工作来说，井斜过大会使井深发生误差，使所得的地质资料不真实。同时，由于井底远离设计井位，会错过油气层，造成勘探工作的失误，这对于断块小的油田显得格外重要。

直井打斜后，给钻井工作本身也会增加不少困难，甚至会造成严重事故。在斜井内，钻柱易靠在井壁一侧，旋转时发生严重摩擦，在井斜突变井段钻柱发生弯曲，易使钻柱磨损和折断，也可能造成井壁坍塌与键槽卡钻等事故。一旦疏忽大意，井斜过大而超过要求时，就会被迫中途填井纠斜，造成很大耗费，并会推迟完井时间。

此外，井斜过大会还会影响固井质量。首先是造成下套管困难，同时套管下入后不易居中，这往往是造成固井窜槽、管外冒油冒气的原因之一。

对采油工作来说，井斜过大会直接影响分层注、采的正常进行（如下封隔器困难、封隔器密封不好等），对抽油井也常引起油管和抽油杆的磨损与折断，甚至造成严重的井下事故。

三、垂直井防斜控斜工具

造成井斜的原因中，地质因素是客观存在的，无法改变。井眼扩大总是有个过程的，不会刚一钻成就马上扩大，所以可以利用这个过程防斜。钻具因素是可以人为控制的，人们在这方面进行了大量的研究，设计了许多种防斜和纠斜钻具组合，最常见的两种是满眼钻具组合和钟摆钻具组合。

1. 满眼钻具组合

1）满眼钻具组合防斜原理

满眼钻具一般是由几个外径与钻头直径相近的稳定器以及一些外径较大的钻铤组成。它的防斜原理主要有：一是由于此种钻具比钻铤的刚度大且能填满井眼，因而在大钻压下不易弯曲，能保持钻具在井内居中，减小钻头倾斜角，从而减小和限制由于钻柱弯曲产生的增斜力；二是在地层横向力的作用下，稳定器能支撑在井壁上，限制钻头的横向移动，同时能在钻头处产生一个抵抗地层力的纠斜力。为了发挥满眼钻具的防斜作用，在钻具上至少要有 3 个稳定点，即除靠近钻头有一个稳定器外，其上面应再安放两个稳定器才能保持有 3 点接触井壁。

2）满眼钻具组合的结构

典型的满眼钻具组合如图 4-4-5 所示，其包括四个扶正器，自下而上分别为近钻头扶正器、中扶正器、上扶正器和第四扶正器。

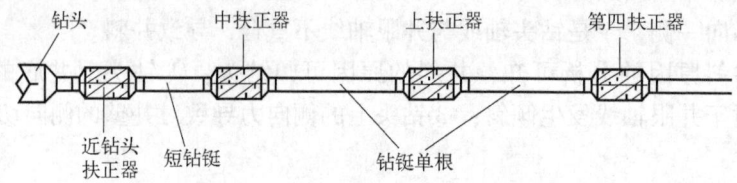

图 4-4-5　典型满眼钻具组合结构图

① 近钻头扶正器：紧装在钻头之上，简称近扶。近扶直径较大，与钻头直径仅差 1~2mm。在易斜地区，近扶的长度可加长；在特别易斜的地层，可将两个扶正器串联起来作为近扶。近扶的主要作用是依靠其支撑在尚未扩大的井壁上，抵抗钻头所受的侧向力，有效地防止钻头侧向切削。同时，近扶由于直径大、长度长、刚性大，也可有效地防止钻头倾斜，从而阻止钻头的不对称切削。

② 中扶正器：简称中扶或二扶。中扶的安装位置需要经过严格的计算来确定。中扶的直径与近扶的直径相同。中扶的主要作用是保证中扶与钻头之间的钻柱不发生弯曲，使这段钻柱不发生倾斜，从而防止钻头对井底的不对称切削。

③ 上扶正器：简称上扶或三扶。上扶的安装位置在中扶之上一个钻铤单根处。上扶的直径一般与近扶和中扶的直径相同，但要求可以稍松。

④ 第四扶正器：简称四扶，一般情况下可不装，仅在特别易斜的地层才安装。其安装位置在上扶之上一个钻铤单根处，四扶的直径与上扶的直径相同。

上扶与四扶的作用在于增大下部钻柱的刚度，协助中扶防止下部钻柱轴线发生倾斜。

3）满眼钻具组合中扶位置的计算

中扶位置的计算是满眼钻具组合设计的核心。在近钻头稳定器上部适当位置安放另一个稳定器，即中稳定器做支撑，可以显著减小下部钻柱弯曲和钻头偏斜。为了控制井眼曲率，该稳定器的理想安放位置应满足在特性条件下使钻头偏斜角 θ 为最小。

为了分析中稳定器的理想位置，必须研究钻头与中稳定器之间这一段钻铤的变形。在此不考虑近钻头稳定器对这段钻铤刚度的影响，仅把它当成一段等截面梁，其力学模型如图 4-4-6 所示。

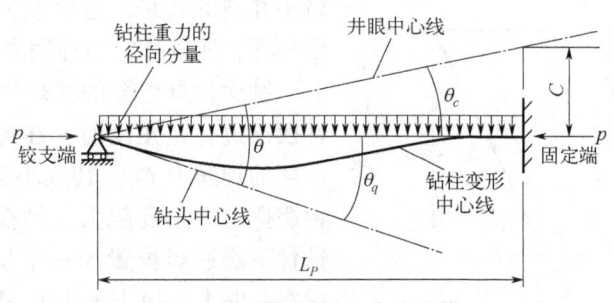

图 4-4-6 满眼钻具组合力学模型

由图可知，钻头相对于井眼中心线的偏移角 $\theta = \theta_c + \theta_q$。中扶距钻头的距离增大，则 θ_c 减小，但 θ_q 增大；中扶距钻头的距离减小，则 θ_c 增大，但 θ_q 减小。所以，存在着一个最优距离可使 θ 最小。根据力学模型建立数学模型，然后求解，即可得到中扶距钻头最优长度的计算公式。最后对公式进行简化如下：

$$L_p = \sqrt[4]{\frac{16CEJ}{q_m \sin\alpha}} \qquad (4-4-1)$$

其中
$$C = (d_h - d_s)/2$$

式中 L_p ——中扶距钻头的最优长度，m；
C ——扶正器与井眼的半间隙，m；
d_h ——井眼直径，m；
d_s ——扶正器外径，m；
E ——钻铤钢材的弹性模量，kPa；
J ——钻铤截面的轴惯性矩，m^4；
q_m ——钻铤在钻井液中的线重，kN/m；
α ——允许的最大井斜角，(°)。

4) 满眼钻具组合的使用条件

① 在已经发生井斜的井内使用满眼钻具组合并不能减小井斜角，只能做到使井斜角的变化（增斜或降斜）很小或不变化，所以满眼钻具组合的主要功能是控制井眼曲率，而不能控制井斜角的大小。

② 使用满眼钻具组合的关键在于一个"满"字，即扶正器与井眼的间隙对满眼钻具组合的性能影响非常显著，在使用中应使间隙尽可能小，间隙要满足设计要求。在使用中，因扶正器的磨损而导致间隙达到或超过两倍的设计值时，应及时更换或修复扶正器。

③ 保持"满"的另一个关键在于井径不得扩大，这要求有好的钻井液护壁技术。即使钻井液护壁技术不好，但井径的扩大总要经过一定的时间才会发生，只要抢在井径扩大以前钻出新的井眼，则仍可保持"满"的效果，这就要求加快钻速，要"以快保满，以满保直"。

④ 在钻进软硬交错或倾角较大的地层时，要注意适当减小钻压，并要勤划眼，以便消除可能出现的狗腿（特指垂直井实钻井眼轨迹上井眼曲率较大的井段）。

2. 钟摆钻具组合

1) 钟摆钻具组合控斜原理

钟摆钻具是利用斜井内切点以下钻铤重量的横向分力把钻头推向井壁下方，以达到逐渐

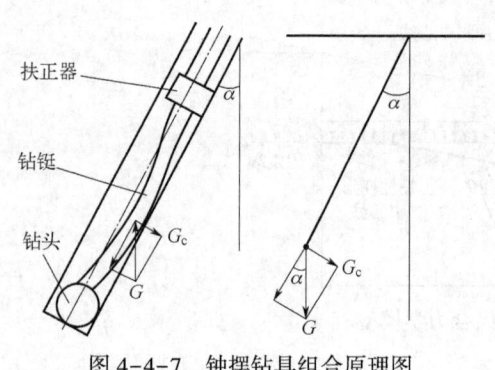

图4-4-7 钟摆钻具组合原理图

减小井斜的效果。这个横向分力的作用犹如钟摆一样,所以称它为钟摆力。

钟摆钻具组合的原理如图4-4-7所示。当钟摆摆过一定角度时,在钟摆上会产生一个向回摆的钟摆力 G_c,其大小为 $G_c = G\sin\alpha$。显然,钟摆摆过的角度越大,钟摆力就越大。如果在钻柱下部适当位置加一个扶正器,该扶正器支撑在井壁上,使下部钻柱悬空,则该扶正器以下的钻柱就好像一个钟摆,也会产生一个钟摆力。此钟摆力的作用是使钻头切削井壁的下侧,从而使新钻的井眼不断降斜。

2) 钟摆钻具组合的设计

钟摆钻具组合设计的关键在于计算扶正器至钻头的距离 L_z,此距离太小,则钟摆力不够大,此距离太大,则扶正器与钻头间会产生新的接触点。因此,L_z 称为最优距离,其计算公式为

$$L_z = \sqrt{\frac{\sqrt{B^2+4AC}-B}{2A}} \tag{4-4-2}$$

其中 $A = \pi^2 q_m \sin\alpha, B = 82.04Wr, C = 184.6\pi^2 EJr, r = (d_h - d_{co})/2$

式中 W——钻压,kN;

d_h——井眼井径,m;

d_{co}——钻铤外径,m;

考虑到扶正器的磨损和井径的扩大,在实际使用时,扶正器至钻头的距离可比计算的 L_z 减小5%~10%。

3) 钟摆钻具组合的使用条件

① 钟摆钻具组合的钟摆力随井斜角的大小而变化。井斜角大,则钟摆力大;井斜角等于零,则钟摆力也等于零。因此,钟摆钻具组合多数用于对井斜角已经较大的井进行纠斜。

② 钟摆钻具组合的性能对钻压特别敏感。钻压增大,则增斜力增大,钟摆力减小;钻压再增大,则会将扶正器以下的钻柱压弯,甚至出现新的接触点,从而完全失去钟摆钻具组合的纠斜作用。因此,钟摆钻具组合在使用过程中必须严格控制钻压。

③ 在井尚未斜或井斜角很小时,要想继续钻进而保持不斜,只能减小钻压进行吊打。由于吊打钻速很慢,所以这时多使用满眼钻具组合。仅在对井眼轨迹要求特别严格的垂直井(段)中,才使用钟摆钻具组合进行吊打。

④ 扶正器与井眼的间隙对钟摆钻具组合性能的影响也特别明显。当扶正器直径因磨损而减小时应及时更换或修复。

⑤ 使用多扶正器的钟摆钻具组合需要进行较复杂的设计和计算。

第五节 定向井井眼轨迹控制技术

随着石油勘探开发需求的变化以及钻井技术的不断发展,定向井施工得到了前所未有的

发展，井眼轨迹控制技术在定向井施工中的重要作用也日益突显。

一、定向井造斜工具

当前，定向井井眼轨迹控制过程可由三类工具实现，分别为转盘钻造斜工具、动力钻具造斜工具以及导向钻井系统。

1. 转盘钻造斜工具

转盘钻造斜工具包括变向器、射流钻头和扶正器钻具组合。变向器和射流钻头仅用于造斜，目前已经很少应用，因此仅作简单介绍。

1）变向器

变向器的结构如图4-5-1所示，它是最早使用的造斜工具。由于工艺复杂，目前变向器仅用于套管内开窗侧钻或不适宜用动力钻具的井内。

2）射流钻头

射流钻头的结构如图4-5-2所示。从外形上看，它与普通钻头没有什么区别，只是使用一个大喷嘴、两个小喷嘴。利用这种钻头造斜时，先要定向并保持钻柱不旋转，然后开泵循环并上下小幅度活动钻具，大喷嘴中喷出的强大射流会沿预定方向冲出一个斜井眼来，之后再启动转盘，修整并扩大此斜井眼。如此反复即可不断造斜。射流钻头仅适用于较软的地层，现在也仅用于缺少动力钻具的情况。

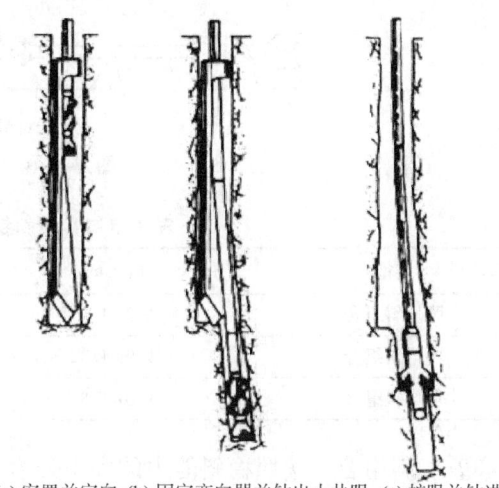

(a) 安置并定向　(b) 固定变向器并钻出小井眼　(c) 扩眼并钻进

图 4-5-1　变向器结构及造斜原理

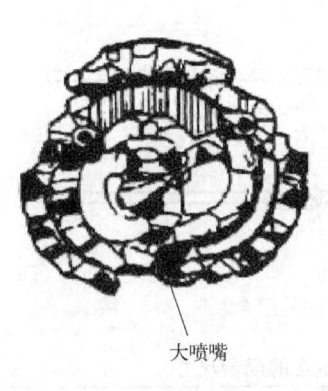

(a) 射流钻头

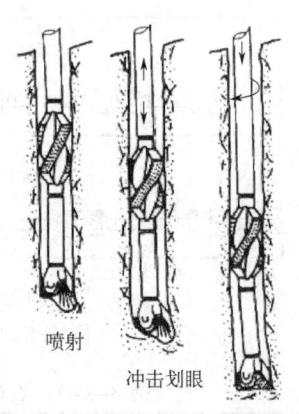

(b) 造斜原理

图 4-5-2　射流钻头结构及造斜原理

3）扶正器钻具组合

扶正器钻具组合不能用于造斜，仅能用于在已有一定斜度的井眼内进行增斜、降斜或稳斜。扶正器钻具组合是在转盘钻的基础上，利用靠近钻头的钻铤部分，巧妙地使用扶正器，得到各种造斜性能的钻具组合。

① 增斜组合：按照增斜能力的大小分为强、中、弱三种，其结构如图 4-5-3 所示，配合尺寸见表 4-5-1。在使用中要注意：钻压越大，增斜能力越大；L_1 越长，增斜能力越小；近钻头扶正器直径减小，增斜能力也减小。使用时应保持低转速。

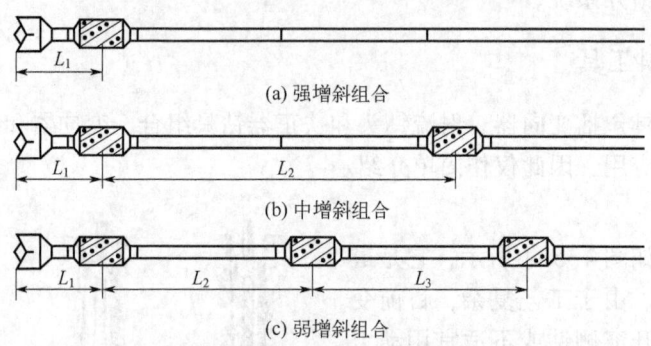

图 4-5-3　增斜钻具组合

表 4-5-1　增斜钻具组合的配合尺寸

类型	L_1，m	L_2，m	L_2，m
强增斜组合	1.0~1.8	—	—
中增斜组合	1.0~1.8	18.0~27.0	—
弱增斜组合	1.0~1.8	9.0~18.0	9.0

② 稳斜组合：按照稳斜能力的大小分为强、中、弱三种，其结构如图 4-5-4 所示，配合尺寸见表 4-5-2。在使用中要注意保持正常钻压和较高转速。若需要更强的稳斜组合，可将双扶正器串联起来作为近钻头扶正器。

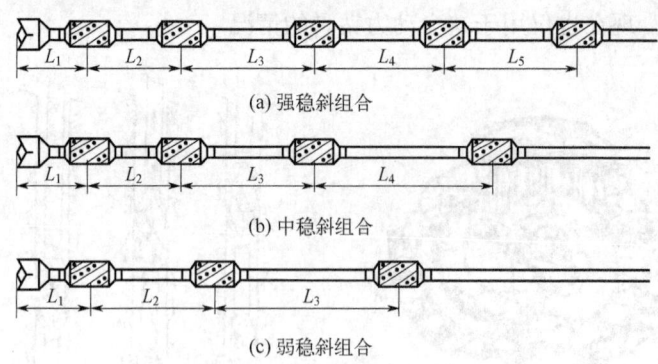

图 4-5-4　稳斜钻具组合

表 4-5-2　稳斜钻具组合的配合尺寸

类型	L_1，m	L_2，m	L_3，m	L_4，m	L_5，m
强稳斜组合	0.8~1.2	4.5~6.0	9.0	9.0	9.0
中稳斜组合	1.0~1.8	3.0~6.0	9.0~18.0	9.0~27.0	—
弱稳斜组合	1.0~1.8	4.5	9.0	—	—

③ 降斜组合：按照降斜能力的大小分为强、弱两种，其结构如图 4-5-5 所示，配合尺寸见表 4-5-3。在使用中要注意保持小钻压和较低转速。对于强降斜组合来说，L_1 越长，则降斜能力越大，但不得与井壁有新的接触点。

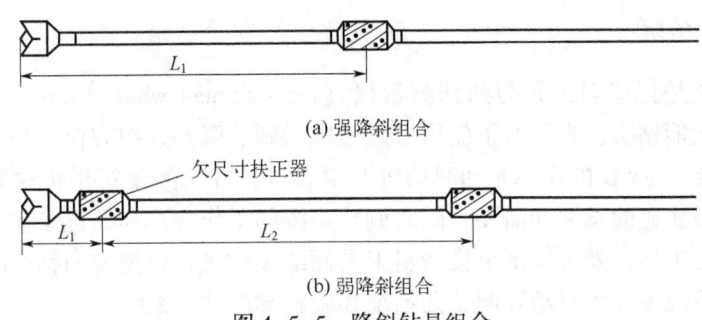

(a) 强降斜组合

(b) 弱降斜组合

图 4-5-5　降斜钻具组合

表 4-5-3　降斜钻具组合的配合尺寸

类型	L_1, m	L_2, m
强降斜组合	9.0~27.0	—
弱降斜组合	0.8	18.0~27.0

2. 动力钻具造斜工具

动力钻具包括涡轮钻具、螺杆钻具、电动钻具三种。目前我国常用的是前两种。动力钻具接在钻铤之下、钻头之上。对于涡轮钻具和螺杆钻具来说，钻井液循环通过动力钻具时，驱动动力钻具转动并带动钻头旋转破碎岩石，动力钻具以上的整个钻柱都可以不旋转，这种特点对定向造斜是非常有利的。

动力钻具造斜工具的形式有三种，如图 4-5-6 所示。

1) 弯接头

在动力钻具和钻铤之间接一个弯接头（又称斜接头），使此部位形成一个弯曲角。这种结构一方面迫使钻头倾斜，造成对井底的不对称切削，从而改变井眼方向；另一方面井壁迫使造斜工具的弯曲部分伸直，使钻头受到钻柱的弹性力作用，从而产生侧向切削，改变井眼方向。

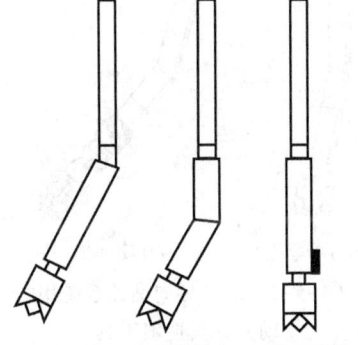

(a) 弯接头　(b) 弯外壳　(c) 偏心垫块

图 4-5-6　动力钻具造斜工具的形式

弯接头造斜率的大小与以下因素有关：弯接头弯角越大，造斜率越大；弯曲点以上钻柱的刚度越大，造斜率越大；弯曲点至钻头的距离越小且重量越小，造斜率越大；钻进速度越小，造斜率越大。此外，造斜率大小还与井眼间隙、地层因素、钻头结构有关。

2) 弯外壳

动力钻具的外壳做成弯曲形状，称为弯外壳马达。其造斜原理与弯接头类似，而且比弯接头的造斜能力更大。

3) 偏心垫块

在动力钻具壳体下端的一侧加焊一个垫块。在井斜角较大的倾斜井眼内，通过定向使此垫块处在井壁下侧，形成一个支点，在上部钻柱重力作用下使钻头受到一个杠杆力，从而产生侧向切削，改变井眼方向。显然，垫块的偏心高度越大，则造斜率越大。

需要注意，工具的造斜率越大，下入井内就越困难。

3. 导向钻井系统

导向钻井系统是把造斜工具与随钻测量仪（measurement while drilling，MWD）组合起来，并配合以高效能钻头，在一次下钻后可以完成增斜、降斜、扭方位、稳斜等各种轨迹控制任务的钻井系统。MWD 的作用是随时测量井眼轨迹，并把测量结果传输到地面上，便于施工人员根据井眼轨迹的发展和需要，随时调整系统的工作方式和钻进参数。只要井下工具和测量仪器可正常工作，就可以不更换造斜工具而继续钻进。根据定向钻进时是否允许钻柱旋转，导向钻井系统可分为滑动导向钻井系统和旋转导向钻井系统。

1) 滑动导向钻井系统

滑动导向钻井系统是把动力钻具造斜工具与 MWD 组合在一起的钻井系统，是在动力钻具造斜工具基础上发展起来的。这是目前应用最为广泛的导向钻井系统。滑动导向钻井系统有两种工作方式：

① 当需要增斜、降斜或扭方位时，钻柱不能旋转，只能沿井眼轴线方向滑动钻进，称为滑动钻进方式。

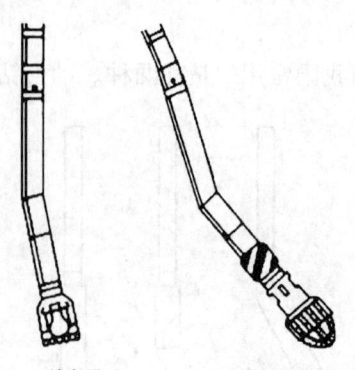

(a) 单弯马达　　(b) 反向双弯马达

图 4-5-7　滑动导向钻井系统用的动力钻具造斜工具

② 当需要稳斜或使井眼曲率变化很小时，在动力钻具旋转的同时，用转盘驱动整个钻柱带动动力钻具外壳旋转起来，称为旋转钻进方式。

因为动力钻具外壳需要旋转，所以不是所有的动力钻具造斜工具都可用于导向钻井系统，只有特制的弯外壳动力钻具才可应用于导向钻井系统。这种弯外壳动力钻具有两种结构形式，如图 4-5-7 所示。一种俗称单弯马达，弯曲点较低，弯曲角度较小；另一种俗称反向双弯马达，具有两个方向相反的弯曲角。它们的共同特点是：在滑动钻进过程中具有较大的造斜能力，在旋转钻进过程中弯外壳可以旋转而不会有很大的阻力。

滑动导向钻井系统的出现大大促进了现代水平井和大位移井的发展，也是目前水平井和大位移井最重要的钻井工具之一。

2) 旋转导向钻井系统

随着水平井和大位移井的继续发展以及更高难度的三维多目标井的出现，滑动导向钻井系统显现出多种问题：①在滑动钻进方式下，钻柱不旋转，钻柱与井壁的摩擦阻力完全施加在钻柱轴向上，有时会导致钻柱屈曲甚至自锁，使送钻困难，加不上钻压，钻速很低；还容易出现黏卡现象，动力钻具反扭角严重干扰工具面角的稳定，容易形成井眼扭曲。②在旋转钻进方式下，弯外壳旋转会造成井眼扩大，同时加快钻头磨损。于是，旋转导向钻井系统应运而生。

旋转导向钻井系统是由旋转造斜工具与 MWD 组合起来的，甚至还可以把随钻测井（logging while drilling，LWD）、随钻地层评价（formation evaluation while drilling，FEWD）等组合进来,形成功能更强大的钻井系统(视频4-5-1)。

旋转导向钻井系统的造斜工具部分有两种结构:一种称为侧推钻头式(push-the-bit),另一种称为指引钻头式(point-the-bit)。

(1)侧推钻头式造斜工具

根据造斜工具的执行机构是否随钻柱一起旋转,侧推钻头式造斜工具(视频4-5-2)又可分为两种:静态侧推钻头式和动态侧推钻头式。此处仅以动态侧推钻头式造斜工具为例进行介绍。

视频4-5-1 旋转导向钻井系统

动态侧推钻头式造斜工具的结构如图4-5-8所示,包括控制总成和执行总成两大部分。控制总成的核心除一个惯性平台外,还包括发电装置和计算机控制系统。当钻柱旋转时,控制总成的外壳和钻头跟着钻柱旋转,但惯性平台不旋转。

视频4-5-2 侧推钻头式造斜工具

如图4-5-9所示,侧推钻头式造斜工具的执行总成内有静盘阀和动盘阀,静盘阀上有一个月牙形的孔。静盘阀受惯性平台的控制,不随钻柱旋转而旋转,所以静盘阀的月牙孔的径向方位是不动的。此方位可以根据井眼轨迹发展的需要由惯性平台进行调整。

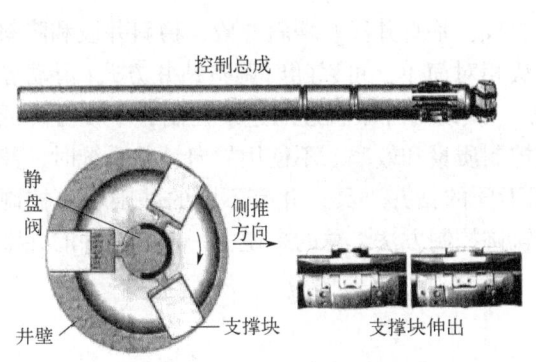

图4-5-8 侧推钻头式造斜工具

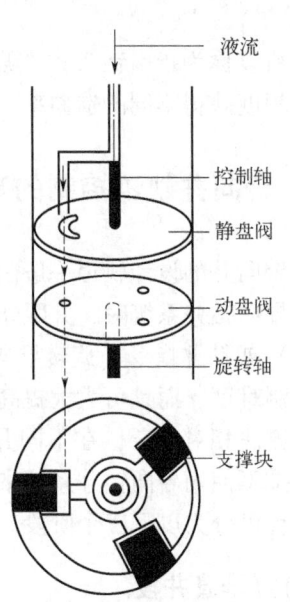

图4-5-9 侧推钻头式造斜工具的执行总成及液流控制原理

动盘阀上有三个相隔120°的孔,三个孔分别与三个相隔120°的液缸相连通,每个液缸内有一个相当于活塞的支撑块。动盘阀受钻柱旋转轴控制,当钻柱旋转时,动盘阀跟着一起旋转。只有当动盘阀的某个孔旋转到与静盘阀的月牙孔相通时,液流才会流进与该孔相通的液缸中,推动该液缸中的支撑块伸出去,给井壁一个支撑力。当该孔离开月牙孔时,液流被切断,该支撑块将缩回液缸中。接下来,另一个动盘阀孔旋转到与月牙孔相通,又一个支撑块伸出并给井壁一个支撑力。由于月牙孔的方位不变,所以每个支撑块给予井壁上的支撑力总是在同一个方位上。在井壁支撑力的作用下,钻头被推向另一侧,形成侧向切削,这样就实现了定向造斜。

调整流过月牙孔的液流压力,即可调整支撑块的支撑力,从而调整造斜率。如果完全切断此液流，则可进行稳斜钻进。

(2) 指引钻头式造斜工具

指引钻头式造斜工具如图 4-5-10 所示。在靠近钻头处有一个非旋转套筒，内有两个偏心环，即外偏心环和内偏心环。在钻进过程中，偏心环和非旋转套筒都不随钻柱旋转。由于偏心环的偏置作用，驱动钻头旋转的旋转轴将出现弯曲，这就使钻头轴线与井眼轴线偏离一个角度，其结果导致钻头对井底的不对称切削，从而实现造斜。

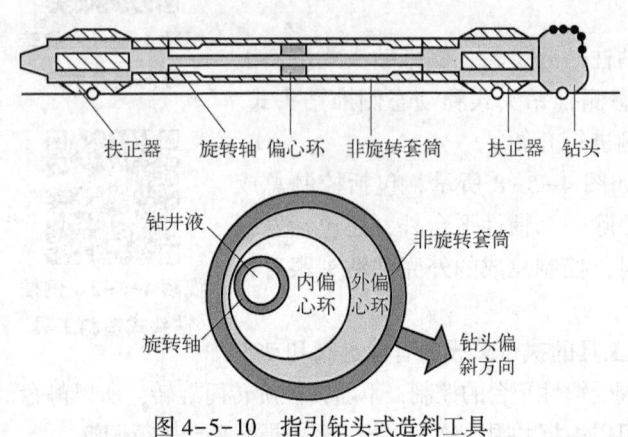

图 4-5-10 指引钻头式造斜工具

内外偏心环的不同组合可以使旋转轴弯曲方向不同，从而实现定向造斜。这种造斜原理就像船舶的舵一样，在钻头后面为钻头指引前进方向，所以称为指引钻头式。偏心环的调整不仅可以改变旋转轴的弯曲方向，还可以通过改变弯曲程度获得不同的造斜率，也可以使旋转轴完全不弯曲，从而实现稳斜钻进。

二、定向井轨迹控制的基本方法

二维定向井的设计轨道一般由四种井段组成：垂直井段、增斜井段、稳斜井段和降斜井段。使用导向钻井系统时，井眼轨迹控制方法相对简单，可以随时调整钻井方式（滑动导向钻井系统）或钻井指令（旋转导向钻井系统），实现对井眼轨迹的连续控制，不仅可降低井眼轨迹控制难度，而且可大大提高井眼轨迹控制质量和效率。不使用导向钻井系统时，井眼轨迹控制方法相对复杂，在不同井段应使用不同的钻井工具，并有不同的井眼轨迹控制方法。此处按不使用导向钻井系统来介绍井眼轨迹控制方法。总的来说，一口定向井的井眼轨迹控制过程可分为以下三个阶段。

1. 打好垂直井段

要求垂直井段的实钻井眼轨迹尽可能接近铅垂线，也就是要求井斜角尽可能小。定向井的垂直井段可以按照打垂直井的方法进行轨迹控制，而且比打垂直井要求更高，因为定向井垂直井段的施工质量是以后轨迹控制的基础。

2. 把好定向造斜关

这是增斜井段的一部分，但它是从垂直井段开始增斜的。由于垂直井段井斜角等于零，所以称为造斜。由于垂直井段没有井斜方位角，所以开始造斜时需要定向。如果定向造斜段的井斜方位角有偏差，则会给以后的井眼轨迹控制造成巨大困难。所以，定向造斜是关键，一定要把好这一关。

现代的定向造斜除套管开窗侧钻还使用变向器外，几乎全都使用动力钻具造斜工具。造斜井段的长度一般是以井斜角达到可以使用转盘钻的扶正器钻具组合继续增斜为准，这个井斜角一般为 8°~10°。

3. 跟踪控制到靶点

从造斜段结束，至钻完全井，都属于跟踪控制阶段。人们常说的轨迹控制实际上多指这一阶段。这一阶段的任务是在实钻过程中不断了解井眼轨迹的变化发展情况，不断使用各种造斜工具或钻具组合使实钻井眼轨迹偏离设计井眼轨道"不要太远"。"不要太远"一词的意义在于，一方面如果太远就可能造成脱靶，使井成为不合格井；另一方面如果始终要求实钻轨迹与设计轨道误差很小，势必要非常频繁地测斜和更换造斜工具，这将大大地增加钻井时间和钻井成本，而且还有可能造成井下复杂情况。所以这里的原则就是：既要保证中靶，又要加快钻速。

跟踪控制阶段还有一个原则，就是尽可能使用转盘钻的扶正器钻具组合来进行控制。这是因为转盘钻的钻速比动力钻具的钻速要高。所以在造斜段结束之后，一般都换用转盘钻继续增斜，并在需要稳斜和降斜时仍然使用转盘钻来完成。只有在下列两种情况下，才使用动力钻具进行控制：

① 使用转盘钻扶正器组合已难以完成增斜或降斜要求时，改用动力钻具造斜工具进行强力增斜或降斜。

② 转盘钻扶正器组合不能控制方位，在钻进中常常出现方位偏差。当井眼方位有较大偏差，有可能造成脱靶时，必须使用动力钻具造斜工具来完成扭方位。

可见，在跟踪控制阶段井斜角的控制比较容易，可用的工具也较多，但井斜方位角的控制则比较难，还涉及许多复杂的计算问题，特别是在扭方位的同时还要求改变井斜角，其计算就更为复杂。

三、扭方位计算

扭方位是指除沿原井眼方位继续增斜或降斜以外，只要有井眼方位改变则都属于扭方位。在扭方位期间往往伴随着井斜角的变化。在定向井井眼轨迹控制中，扭方位计算是最基本、最重要的计算，也是定向井工程师必须掌握的基本计算之一。扭方位计算包括工具面角的计算、动力钻具反扭角的计算以及给定工具面角和方位井段长度条件下新井底的井斜角、井斜方位角的计算等。

1. 工具面角的概念

前述的造斜工具的定向造斜原理都可使钻头的前进方向向井壁的一侧偏斜。在这个偏斜方向上引一条垂直于钻柱轴线的方向线，这条方向线称为工具面向（tool face）。这个工具面向与钻柱轴线构成的平面称为工具面，如图 4-5-11 所示。

由于井眼倾斜，井底平面当然也跟着倾斜。井底圆平面上的最高点与圆心的连线称为高边方向线。当钻柱下到井底后，造斜工具的工具面向线与高边方向线之间

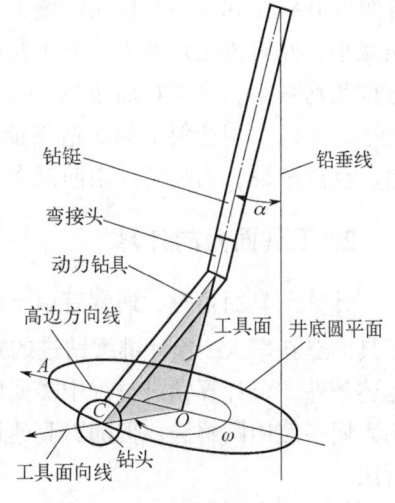

图 4-5-11 工具面角示意图

的夹角称为高边工具面角，也称为装置角。需要注意的是，高边工具面角是以高边方向线为始边，顺时针旋转到工具面向线所转过的角度。高边工具面角通常用字母 ω 表示。

除高边工具面角以外，工具面角还有一种表达方式，称为磁北工具面角。但是，如果不特指的话，通常所说的工具面角都是指高边工具面角。磁北工具面角是指在井底圆平面上，以磁北方位线为始边，顺时针旋转到工具面向线所转过的角度。磁北工具面角用符号 ω_m 表示。由于磁北方位线并不处在井底平面上，所以实际通过测量计算获得的磁北工具面角计算公式是近似公式，只有当井斜角较小或者井斜方位角接近 0° 或 180° 时，近似程度才比较高。而高边工具面角恰恰在井斜角较小时精确度较低。所以，在实际工作中，二者可互补使用：井斜角大于 5° 时，以高边工具面角为准；井斜角小于 5° 时，则以磁北工具面角为准。

磁北工具面角与高边工具面角的换算可近似采用如下公式：

$$\text{磁北工具面角} = \text{井斜方位角} + \text{高边工具面角}$$

显然，随着钻柱的转动，工具面向也跟着转动，工具面角也随之发生变化。工具面角的变化范围是 0°~360°。在西方国家，工具面角的变化范围常常采用 0°~180°，但前面需要加上"右旋"或"左旋"字样，或者在前面加上正负号，"+"表示右旋，"-"表示左旋；工具面角是以高边方向线或磁北方位线为始边，顺时针（右旋）或逆时针（左旋）旋转到工具面向线所转过的角度。

显然，工具面角不同，新钻出来的井眼方向就会不同：

① 当工具面角等于 0° 时，工具面向将与高边方向重合，新钻出来的井眼只有井斜角变化，井斜方位角不变化，井斜角的变化为继续增斜。

② 当工具面角等于 180° 时，工具面向将与高边方向相反，新钻出来的井眼也是只有井斜角变化，但井斜角的变化却是不断降斜，井斜方位角保持不变。但当井斜角降到 0° 以后，如果仍保持工具面角不变，井眼将会向相反方向增斜，井斜方位角也将同时反向 180°。

③ 当工具面角在 0°~180° 之间以及 180°~360° 之间时，各存在一个特殊的工具面角，可以使井斜角不变化，只有井斜方位角变化。

④ 当工具面角等于上述特殊值以外的其他值时，则新钻出的井眼的井斜角和井斜方位角将同时发生变化，而且变化方向和快慢均取决于工具面角的大小。

在造斜井段狗腿角较小的情况下，一般来说，当工具面角在 0°~90° 之间时，新钻出的井眼的井斜角和井斜方位角均增大；当工具面角在 90°~180° 之间时，新钻出的井眼的井斜角减小，井斜方位角增大；当工具面角在 180°~270° 之间时，新钻出的井眼的井斜角和井斜方位角均减小；当工具面角在 270°~360° 之间时，新钻出的井眼的井斜角增大，井斜方位角减小。所以，当造斜工具的造斜能力确定以后，改变井眼方向的最重要的参数就是工具面角。反过来说，当需要井眼向某个方向钻进时，只要计算和控制好工具面角就可以实现。

2. 工具面角的计算

计算工具面角时，通常有以下已知条件：当前井底的井斜角 α_1、井斜方位角 ϕ_1；造斜工具的造斜率 K；预计继续钻进的井段长度 ΔL、新井底的井斜角 α_2、井斜方位角 ϕ_2。根据上述条件，可计算钻进过程中需要的工具面角 ω。计算方法有两种，即图解法和解析法。早期人们多使用图解法，但随着高速计算工具的出现和发展，图解法已被淘汰。下面只介绍解析法。

解析法按照如下公式进行计算：

$$\cos\gamma = \cos\alpha_1\cos\alpha_2 + \sin\alpha_1\sin\alpha_2\cos\Delta\phi \tag{4-5-1}$$

$$\cos\omega = \frac{\cos\alpha_1\cos\gamma - \cos\alpha_2}{\sin\alpha_1\sin\gamma} \tag{4-5-2}$$

由式(4-5-1)可求得狗腿角 γ，将 γ 代入式(4-5-2)即可求得工具面角 ω。

需要特别注意的是，利用式(4-5-2)求 ω 时，反余弦函数的值域为 $0°\sim180°$，所以当 $\Delta\phi$ 为负值时，应注意 ω 的取值范围。设 $\cos\omega = C$，则：当 $\Delta\phi>0$ 时，$\omega = \arccos C$；当 $\Delta\phi<0$ 时，$\omega = -\arccos C + 360°$。扭方位的井段长度 ΔL 为

$$\Delta L = \frac{30\gamma}{K} \tag{4-5-3}$$

上述三个公式中，共有七个参数，即 α_1、α_2、$\Delta\phi$、γ、K、ω、ΔL。若已知其中四个就可求得另外三个，可根据扭方位的实际情况灵活应用。

3. 动力钻具反扭角的计算

动力钻具在工作中，循环钻井液作用于转子上并产生扭矩，传给钻头以破碎岩石。循环钻井液同时也作用于定子上，使定子受到一个反扭矩，此反扭矩有使钻柱沿逆时针方向旋转的趋势，但由于钻柱在井口处是被转盘锁住的，所以只能沿逆时针方向扭转一定的角度，此角度称为反扭角，以 ϕ_n 表示。反扭角会使已确定好的工具面角减小。为了弥补反扭角的影响，在给造斜工具定向时，需要在原计算出的工具面角上加上此反扭角值。

影响反扭角的因素很多，因此很难建立反扭角的计算公式。在工程上，常采用经验数据法或资料反算法获得反扭角值。资料反算法是根据试钻一个井段的有关参数，反过来计算实际的反扭角。在试钻前，先根据井眼轨迹发展要求和造斜工具的造斜能力，计算一个工具面角 ω_0，同时估计一个反扭角 ϕ_{n0}，然后按照工具面角等于 $\omega_0 + \phi_{n0}$ 给造斜工具定向。开始试钻进以后，因为预先估计的反扭角总有一定偏差，所以实际工具面角 ω 和反扭角 ϕ_n 均未知。由于试钻进时钻柱在井口处是被转盘锁住的，所以试钻进过程中实际工具面角 ω 和反扭角 ϕ_n 之和始终等于定向结束时造斜工具的工具面角，即 $\omega_0 + \phi_{n0} = \omega + \phi_n$。因此，试钻结束后进行井眼轨迹测量和计算，即可反算出实际的工具面角 ω 和反扭角 ϕ_n。

已知试钻前的井斜角 α_1 和井斜方位角 ϕ_1，试钻后测量出的井斜角 α_2 和井斜方位角 ϕ_2，按如下顺序进行计算。

① 求试钻井段的狗腿角 γ：

$$\gamma = \arccos[\cos\alpha_1\cos\alpha_2 + \sin\alpha_1\sin\alpha_2\cos(\phi_2 - \phi_1)] \tag{4-5-4}$$

② 求试钻井段的实际工具面角 ω：

$$\omega = \pm\arccos\frac{\cos\alpha_1\cos\gamma - \cos\alpha_2}{\sin\alpha_1\sin\gamma} \tag{4-5-5}$$

式中，当 $\phi_2>\phi_1$ 时，ω 取"+"；当 $\phi_2<\phi_1$ 时，ω 取"-"。

③ 求实际反扭角 ϕ_n：

$$\phi_n = \omega_0 + \phi_{n0} - \omega \tag{4-5-6}$$

四、造斜工具的定向

所有的造斜工具，包括转盘钻造斜工具和动力钻具造斜工具，只要进行定向钻进，就需

要进行定向。可以根据井眼轨迹发展的需要，计算出造斜工具的工具面角 ω。但还需要知道井下造斜工具的工具面是否刚好放置在预定的定向方位角上，这就需要一套定向工艺技术。定向就是把造斜工具的工具面摆在预定位置上。

当使用导向钻井系统时，由于井下有 MWD，可以随时把造斜工具的工具面角数据传到地面上并显示出来。如果工具面角不符合计算值，可随时旋转钻柱进行调整。但是，目前仍有很多定向井没有使用导向钻井系统，而是使用单点测斜仪进行定向，其定向方法可分为两大类：地面定向法和井下定向法。

地面定向法是在井口将造斜工具的工具面摆到预定的方位线上，然后通过定向下钻，始终知道造斜工具的工具面在下钻过程中的实际方位，因而也知道下钻到底时的实际方位。如果实际方位与预定方位不符，则可在地面上通过转盘将工具面扭到预定的定向方位上。这种方法由于工序复杂、准确性差，目前已经很少使用。

井下定向法是先用正常下钻法将造斜工具下到井底，然后从钻柱内下入仪器测量工具面在井下的实际方位。如果实际方位与预定方位不符，也可在地面上通过转盘将工具面扭到预定的定向方位上。

习题

1. 简述定向井与垂直井的区别。什么情况下适合打定向井？
2. 井眼轨迹的基本参数有哪些？为什么将它们称为基本参数？
3. 简述方位与方向的区别。
4. 全角变化值含义是什么？如何计算？
5. 磁偏角、子午线收敛角的定义是什么？
6. 磁北、真北和网格北三者之间区别是什么？钻井工程中为什么要以网格北为基准？
7. 为什么要进行井斜方位角校正？如何进行校正？
8. 垂直井井眼轨迹控制的主要任务是什么？
9. 引起井斜的地质因素中最本质的两个因素是什么？二者如何起作用？
10. 引起井斜的钻具因素中最主要的两个因素是什么？它们又与什么因素有关？
11. 简述满眼钻具组合控制井斜的原理。
12. 简述钟摆钻具组合控制井斜的原理。
13. 定向井如何分类？常规二维定向井包括哪些？
14. 高边方向线与工具面向线各是怎样形成的？
15. 工具面角有何重要意义？当工具面角等于240°时，井眼轨迹将如何发展？
16. 有了高边工具面角为什么还要有磁北工具面角？它们之间有什么关系？
17. 动力钻具反扭角是如何产生的？为什么反扭角总是使工具面角减小？
18. 井斜方位角与象限角的换算：
① 将下列井斜方位角用象限角表示：50°，90°，175°，200°，315°，0°。
② 将下列象限角用井斜方位角表示：S13.5°E，S70°W，N50°E，N33°W。
19. 满眼钻具组合中扶位置的计算：已知井径 d_h = 216mm，扶正器直径 d_s = 215mm，钻铤外径 d_{co} = 178mm（内径 d_{ci} = 71.40mm），弹性模量 E = 20.594 × 10^{10}Pa，线重 q_c =

1.606kN/m，钻井液密度 ρ_d = 1.33g/cm³，设计允许的最大井斜角为3°。试求该组合的中扶正器距离钻头的最优距离。

20. 钟摆钻具组合扶正器最优距离的计算：已知井径 d_h = 216mm，扶正器直径 d_s = 214mm，钻铤外径 d_{co} = 178mm（内径 d_{ci} = 71.40mm），弹性模量 E = 20.594×10¹⁰Pa，线重 q_c = 1.606kN/m，钻井液密度 ρ_d = 1.33g/cm³，设计允许的最大井斜角为3°，钻压为120kN。试求该钟摆钻具组合扶正器距离钻头的最优距离。

21. 某井拟设计为三段式轨道，已知设计条件如下：目标点垂深为1200m，闭合距为200m，造斜点垂深为500m，造斜率为1.8°/30m。试设计该井井眼轨道。

22. 某井钻至井深2000m处，井斜角31°，井斜方位角102°。根据井眼轨迹控制要求，希望继续钻进100m使井斜角达到33°，井斜方位角达到70°。试求造斜工具的工具面角和造斜率。

23. 某井方位控制计算：已知当前井底井斜角为22.5°，井斜方位角为205°，造斜工具的造斜率为4.5°/30m，工具面角设定为85°，试求钻进120m以后的新井底井斜角和井斜方位角值。

参考文献

[1] 刘希圣. 钻井工艺原理（上册）[M]. 北京：石油工业出版社，1988.
[2] 管志川，陈庭根. 钻井工程理论与技术 [M]. 2版. 青岛：中国石油大学出版社，2017.
[3] 楼一珊，李琪. 钻井工程 [M]. 北京：石油工业出版社，2013.
[4] 钻井手册（甲方）编写组. 钻井手册（甲方）（上册）[M]. 北京：石油工业出版社，1990.

第五章
油气井压力预测与控制

本章要点

掌握地下压力特性,明确地下各种压力概念、地层压力评价方法以及地层破裂压力和地层坍塌压力的确定方法;掌握井眼与地层压力的平衡关系,认识油气井控基本常识,能够进行地层流体侵入判别分析;掌握油气井压力控制方法,学习压井、关井相关知识,理解常规压井方法原理,能够进行压井基本参数的计算,针对不同的井下压力失控情况选用不同的井控措施或压井方法(如工程师法压井、司钻法压井);了解欠平衡钻井、控压钻井等压力控制钻井技术。

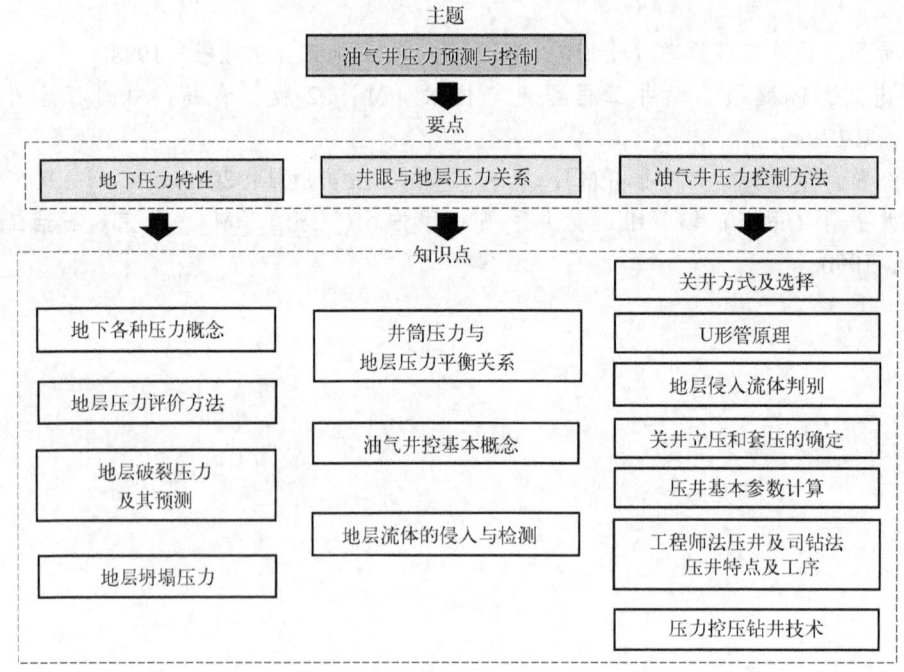

进入 20 世纪 60 年代以来,油气井压力预测与控制受到重视,其原因是井喷失控不但影响油气田的正常勘探与开发,而且会造成重大的经济损失。目前,世界各石油公司发展了一整套油气井压力预测与控制技术:在一口井钻井之前,根据地层压力梯度和地层破裂压力梯度科学地选择钻井液密度,合理地设计一口井的套管程序,为实现平衡压力钻井提供保障。在钻井过程中,通过一次井控(调整钻井液密度)和二次井控(使用井控设备)能够有效

地减少钻井复杂情况和事故（井喷、井漏、卡钻等）及降低钻井成本。因此，学习油气井压力预测与控制的基本理论和技术，对于提高钻井工程质量、降低钻井成本具有十分重要的意义。

第一节　地下压力特性

地下各种压力的理论及其评价技术对油气勘探和开发具有重要意义。在钻井工程中，地层孔隙压力、地层坍塌压力和地层破裂压力是科学地进行钻井设计和施工的基本依据，因而必须对它们进行准确的评价。本节主要介绍地下各种压力的概念和压力评价方法。

一、地下各种压力的概念

地层深部同时存在多种压力，主要包括地层液体静液压力、上覆岩层压力、地层压力、基岩应力及地应力等，了解和掌握地下的这些压力的概念和形成原理（视频5-1-1），对于科学进行钻井设计和施工具有重要意义。

视频 5-1-1
地下各种压力概念

1. 静液压力

静液压力是由液柱重量引起的压力。它的大小与液体密度、垂直高度有关，而与液柱的横向尺寸、形状无关。如果静液压力用 p_h 表示，则

$$p_h = 0.00981\rho h \tag{5-1-1}$$

式中　p_h——静液压力，MPa；
　　　ρ——液体的密度，g/cm³；
　　　h——静液柱垂直高度，m。

图 5-1-1 给出了静液压力随垂直高度的变化曲线，可见液柱的静液压力随液柱垂直高度的增加而增大。通常采用单位高度或单位深度的压力（即压力梯度）或当量密度来表示相关压力随高度或深度的变化。由此，静液压力梯度可以表示为

$$G_h = p_h/h = 0.00981\rho \tag{5-1-2}$$

式中　G_h——静液压力梯度，MPa/m。

静液压力梯度不仅受液体密度的影响，也受含盐浓度、气体的浓度以及温度梯度的影响。含盐浓度高会使静液压力梯度增大，溶解气体量增加和温度增高则会使静液压力梯度减小。在油气钻井中，钻井液类型不同，静液压力梯度差异很大。例如，气体钻井的钻井液静液压力梯度一般在 0.0034MPa/m 以下；泡沫钻井的钻井液静液压力梯度一般在 0.005～0.009MPa/m 之间；常规水基钻井液或油基钻井液钻井的钻井液静液压力梯度一般在 0.01～0.025MPa/m 之间。

油气井钻井中遇到的有代表性的平均静液压力梯度有两类：一类是淡水和淡盐水盆地，静液压力梯度为 0.0098MPa/m；另一类是盐水盆地，静液压力梯度为 0.0105MPa/m，这相当于总含盐量为 80g/L 的盐水柱在 25℃ 时的平均压力梯度。石油钻井中遇到的地层，平均静液压力梯度大多数为后一种。

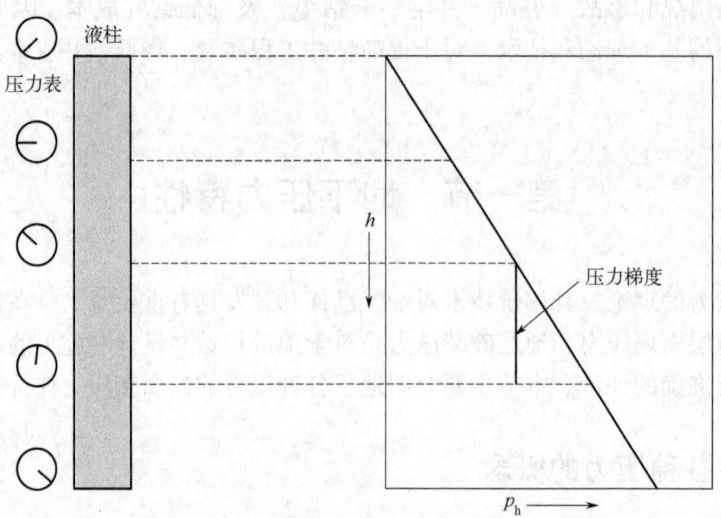

图 5-1-1 液柱垂直高度—静液压力关系图

2. 上覆岩层压力

某处地层上覆岩层压力是指覆盖在该地层以上的地层基质（岩石）和孔隙中流体（油、气、水）的总重量造成的压力，其计算公式为

$$p_o = \frac{基岩重力+流体重力}{面积}$$

$$p_o = 0.00981 D \rho_b = 0.00981 D[(1-\phi)\rho_{ma} + \phi \rho_f] \tag{5-1-3}$$

式中 p_o——上覆岩层压力，MPa；
D——地层垂直深度，m；
ϕ——岩石的孔隙度，%；
ρ_b——岩石容积密度，g/cm³；
ρ_{ma}——岩石骨架密度，g/cm³；
ρ_f——岩石孔隙中流体密度，g/cm³。

如果用 G_o 表示上覆岩层压力梯度，且地层垂直深度 D 内各参数取平均值，则

$$G_o = p_o/D = 0.00981[(1-\phi)\rho_{ma} + \phi \rho_f]$$

式中 G_o——上覆岩层压力梯度，MPa/m；

由于沉积压实作用，上覆岩层压力随深度的增加而增大。若沉积岩的平均密度为 2.5g/cm³，平均孔隙度为 10%，流体的密度为 1g/cm³，则上覆岩层压力梯度为 0.0231MPa/m。在实际钻井过程中，通常以钻台位置作为上覆岩层压力的基准面。因此在海上钻井时，钻台面到海平面的距离、海水的深度和海底未固结沉积物对上覆岩层压力梯度都有影响，实际上覆岩层压力梯度值要小于 0.0231MPa/m。

由于岩石的容积密度随埋深的增加而增大，因此上覆岩层压力梯度一般需要分层段计算，密度和岩性接近的层段作为一个分析层段，即

$$G_o = \frac{\sum p_{oi}}{\sum D_i} = \frac{\sum 0.00981 \rho_{bi} D_i}{\sum D_i} \tag{5-1-4}$$

式中　G_o——上覆岩层压力梯度，MPa/m；
　　　p_{oi}——第 i 层段的上覆岩层压力，MPa；
　　　D_i——第 i 层段的厚度，m；
　　　ρ_{bi}——第 i 层段的平均密度，g/cm³。

3. 地层压力

地层压力是指岩石孔隙中的流体（油、气、水）所具有的压力，也称为地层孔隙压力。常用 p_p、G_p 来分别表示地层压力与地层压力梯度。在各种地质沉积中，地层压力分为正常地层压力和异常地层压力两种类型。

正常地层压力等于从地表到地下某处的连续地层水的静液压力，其值的大小与沉积环境有关，主要取决于孔隙内流体的密度和环境温度。若地层水为淡水（密度小于 1.02g/cm³），则正常地层压力梯度（用 G_p 表示）为 0.01MPa/m；若地层水为盐水，则正常地层压力梯度随地层水含盐量的大小而变化，典型的盐水质量分数为 8%，密度为 1.07g/cm³，其压力梯度为 0.0105MPa/m。石油钻井中遇到的地层水多数为盐水。

异常地层压力是指地层压力大于或小于正常地层压力的现象，即压力异常现象。超过正常压力的地层压力（$p_p > p_h$）称为异常高压；低于正常压力的地层压力（$p_p < p_h$）称为异常低压。

4. 基岩应力

基岩应力是指岩石骨架承担的那部分压力，用 σ 表示。对于上覆岩层压力来说，其基岩应力也称有效上覆岩层压力或骨架应力。

以上所述地下各种压力之间的关系可用图 5-1-2 和式(5-1-5)来说明：

$$p_o = p_p + \sigma \tag{5-1-5}$$

式中　σ——基岩应力，MPa。

上覆岩层的重力是由岩石基质（基岩）和岩石孔隙中的流体共同承担的，所以不管什么原因使基岩应力降低，都会导致孔隙压力增大。在正常的压力环境中（$p_p = p_h$），由于颗粒和颗粒间相互接触，岩石基体支撑着上覆岩层重量，当颗粒间应力减少（$\sigma \to 0$）时，将导致孔隙内流体支撑起部分上覆岩层，而形成异常高压（$p_p > p_h$）。上覆岩层压力 p_o、地层压力 p_p 和基岩应力 σ 之间的关系如图 5-1-3 所示。

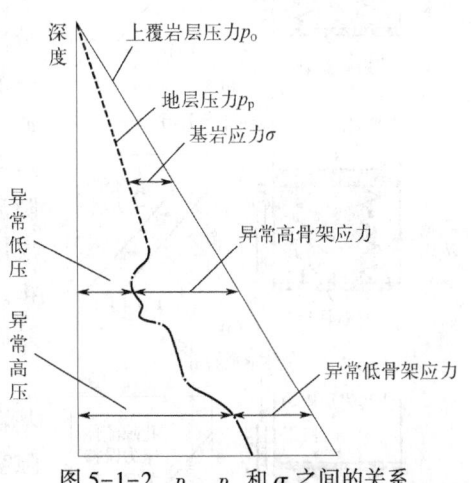

图 5-1-2　p_o、p_p 和 σ 之间的关系

5. 水平地应力

由地下岩石之间的作用而产生的力，统称为地应力。地应力由三个主应力分量构成：垂向应力（上覆岩层压力）、最大水平地应力和最小水平地应力。水平地应力是上覆岩层压力在水平方向产生的侧压力与构造运动产生的构造应力作用的结果。

如果地层是水平方向同性的，由垂直方向的上覆岩层压力产生的一部分水平地应力在水平方向上是均匀分布的，可以认为只和该岩层的泊松比 ν 值有关，这部分有效水平地应力值为

$$\frac{\nu}{1-\nu}(p_\mathrm{o}-p_\mathrm{p})$$

由地质构造力产生的另一部分水平地应力，它在水平的两个主方向上一般是不相等的，但都随埋藏深度的增加而线性增大，都和有效上覆岩层压力成正比。因此，若设 α、β 分别为 1 和 2 两个水平方向的构造力系数，且 $\alpha>\beta$，则某深处最大、最小水平地应力可以表示为

$$\begin{cases} \sigma_1 = \left(\dfrac{\nu}{1-\nu}+\alpha\right)(p_\mathrm{o}-p_\mathrm{p}) \\ \sigma_2 = \left(\dfrac{\nu}{1-\nu}+\beta\right)(p_\mathrm{o}-p_\mathrm{p}) \end{cases} \tag{5-1-6}$$

6. 异常压力的成因

异常低压和异常高压统称为异常压力。异常低压的压力梯度小于 0.01MPa/m（或 0.0105MPa/m），有的甚至只有静液压力梯度的一半。世界各地的钻井情况表明，异常低压地层比异常高压地层要少。一般认为，多年开采的油气藏而又没有足够的能量补充，便会产生异常低压；地下水位很低的地区也会产生异常低压现象。在这样的地区，正常的流体静液压力梯度要从地下潜水面开始算起。

异常压力形成的机制非常复杂，且不同区域形成机制可能有所不同。对于沉积地层，正常的流体压力体系可以看成一个水力学的"开启"系统，即可渗透的、流体可以流通的地层，它允许建立或重新建立静液压力条件。与此相反，异常高压地层的压力系统基本上是封闭的。异常高压和正常压力之间有一个封隔层，它可以阻止或至少大大地限制流体的流通。这样上部基岩重力有一部分由岩石孔隙内的流体所支撑，形成了欠压实现象。一般认为欠压实机制是形成异常高压的最主要机制，通常用欠压实模型来描述。图 5-1-3 给出了模拟压实过程的简单模型，容器内有流体和弹簧，流体代表孔隙流体，弹簧代表岩石骨架，活塞的受力代表上覆岩层压力，则上覆岩层压力由弹簧力和流体压力共同承担。因此，上覆岩层压力、基岩应力和地层压力的关系满足式(5-1-5)。

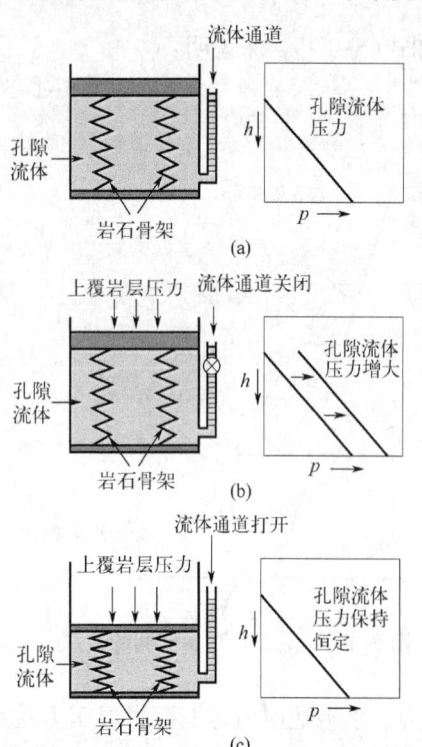

图 5-1-3 形成异常高压的欠压实模型

从模型中可以看出，随着上覆岩层压力的增加，基岩应力和地层压力都将增大。如果不允许流体排出孔隙空间［排水阀关闭，图 5-1-3(b)］，则地层压力会超过正常地层压力，产生异常高压。由于水的不可压缩性，增加的上覆岩层压力由地层压力承担，而基岩应力没有增加。如果地层流体可以自由流出［排水阀开启，图 5-1-3(c)］，增加的上覆岩层压力全部由基

岩应力承担，而流体压力保持原值，此种情况描述的是正常压力地层的环境。

通常认为异常高压的上限为上覆岩层压力。根据稳定性理论，它是不能超过上覆岩层压力的。但是，在一些地区，如中国新疆准噶尔南缘、巴基斯坦、伊朗、巴比亚等地的钻井实践中，都曾遇到比上覆岩层压力高的超高压地层，有的孔隙压力梯度甚至超过上覆岩层压力梯度的40%，这种超高压地层可以看作存在一个"压力桥"（图5-1-4）的局部化条件。覆盖在超高压地层上面的岩石内部的抗压强度可帮助上覆岩层部分地平衡超高压地层流体向上的巨大作用力。

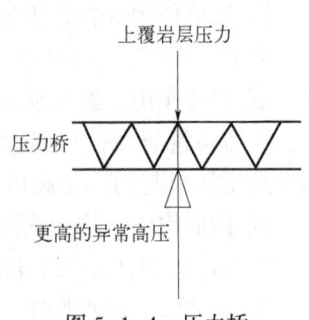

图5-1-4　压力桥

沉积物的压缩过程是由上覆沉积层的重力所引起的。随着地层的沉降，上覆沉积物不断增加，下伏岩层逐渐被压实。如果沉积速度较慢，孔隙中的流体就有足够的时间被挤出，沉积层内的岩石颗粒重新紧密排列，从而使孔隙度减小。如果是"开放"的地质环境，被挤出的流体就沿着阻力小的方向或向着低压高渗透方向流动，于是便建立起正常的静液压力环境。这种正常沉积压实的地层，随着地层埋藏深度的增加，岩石越来越致密，密度越来越大，孔隙度越来越小。地层压实能否保持平衡，主要取决于四种因素：①上覆沉积物沉积速度的大小；②地层渗透率的大小；③孔隙度减小的速度；④排出孔隙流体的能力。如果沉积物的沉积速度与其他过程相比很慢，沉积层就能正常压实，保持正常的静液压力。

在稳定沉积过程中，若保持平衡的任意条件受到影响，正常的沉积平衡就被破坏。如果沉积速度很快，岩石颗粒没有足够的时间重新排列，孔隙内流体的排出受到限制，基岩应力无法增加，即无法增加基岩对上覆岩层的支撑能力。由于上覆岩层继续沉积，负荷增加，而下面基岩的支撑能力没有增加，孔隙中的流体必然开始部分地支撑本应由岩石骨架支撑的那部分上覆岩层压力，从而形成异常高压。

在某一环境中，要将一个异常压力圈闭起来，就必须有一个密封结构。在连续沉积的盆地中，最常见的密封结构是低渗透率的岩层，如纯净的页岩层段。页岩可降低正常流体的散逸，从而导致欠压实和异常的流体压力。与正常压实的地层相比，欠压实地层的岩石密度低，孔隙度大。

在大陆边缘，特别是三角洲地区，容易产生沉积物的快速沉降。在这些地区，沉积速度很容易超过平衡条件所要求的值，因此常常遇到异常高压地层。

异常高压的形成常常是多种因素综合作用的结果，这些因素与地质作用、构造作用和沉积速度等密切相关。目前，普遍公认的异常高压成因主要有压实作用、水热增压、渗透作用和构造作用等。

① 压实作用。压实作用主要是沉积物的快速沉积，造成地层的渗透性变差，孔隙内的流体与外界不连通，排出孔隙水的速度小于沉积的速度。由于埋深的增加，上覆岩层压力继续增加，部分增加的压力传递给地层流体，造成地层孔隙压力增加，产生异常高压。

② 水热增压。随深度的增加，温度升高，孔隙内的流体受热膨胀，当地层与周围环境隔绝时，流体的受热膨胀受到阻碍，形成高压，这种异常高压可以通过地温梯度的异常或钻井液出口处的温度变化进行预测。

③ 蒙脱石的脱水作用。地层中含有大量的泥岩、泥质岩类，它们主要由黏土矿物和砂岩组成。黏土矿物的主要成分是硅铝酸盐，有蒙脱石、伊利石、高岭石和绿泥石等。当温度大于100℃时，蒙脱石内的束缚水变为自由水，释放到孔隙中，使岩石孔隙中水的体积增

加，当增加的流体流动受到阻碍时，产生异常高压。

④ 气层作用。在含天然气的高渗透厚砂层，顶部与底部有相同的压力，造成气层的顶部产生异常高压，这种现象在浅气层中特别明显。

⑤ 渗透作用。黏土或页岩两侧的盐浓度有明显的差异，黏土或页岩可以起半透膜的作用，产生渗透压力，在高盐浓度的一侧形成高压。但渗透作用引起的异常高压低于压实作用和水热增压引起的异常高压。

⑥ 构造作用。构造强烈变形的区域极易形成高压，如盐丘的刺穿形成高压；地层产生较大的垂向位移，并在上升或下降的过程中产生封闭，也会形成异常高压。

⑦ 老油田的注水作用。油田长期高压注水可造成地层异常高压，但生产多年的衰竭油气层、大量生产而未充分注水补偿的油气层、同一水动力系统的地层露头低于井口、地下水位低、液柱压力低，使得地层压力小于静液压力时，形成异常低压。

7. 压力过渡带

图 5-1-5 是美国墨西哥湾某井的井深—压力剖面图。从图中可以看出，上部地层的孔隙压力为常压，其压力梯度为静液压力梯度；下部地层的孔隙压力为异常高压，其压力梯度接近上覆岩层压力梯度。正常压力与异常高压之间的井段称为压力过渡带。

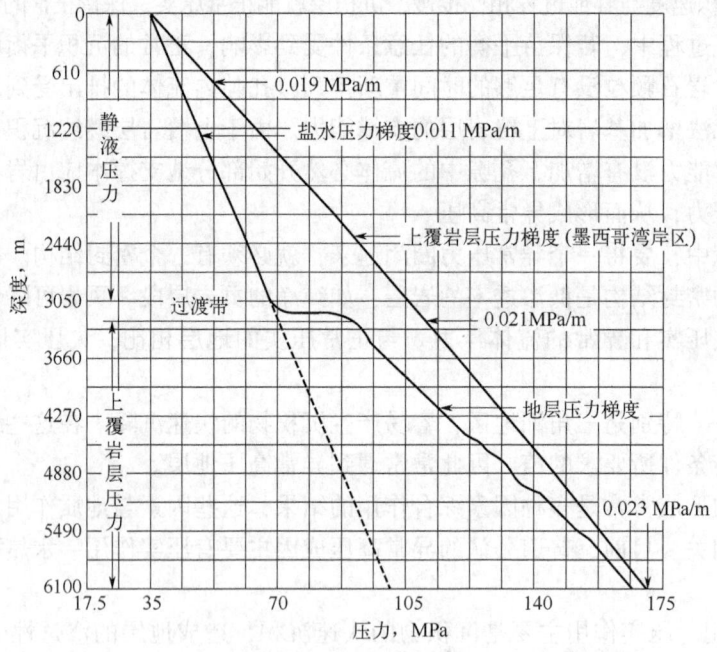

图 5-1-5　美国墨西哥湾某井的井深—压力剖面图

压力过渡带和异常高压层的压力明显高于常压地层的压力，压力过渡带是异常高压地层的盖层，因此图 5-1-5 中的压力过渡带代表厚页岩层。这一页岩层具有很低的孔隙度，使得孔隙空间的流体具有超压特征。由于页岩层的渗透率很低，以致页岩层内及其下部超压层的流体不会通过页岩层向上流动，从而形成有效圈闭。因此，油藏的盖层不是完全不渗透的，但一般情况下其渗透率极低。

如果盖层是厚页岩层，则地层压力是逐渐增加的，这为检测地层超压提供了途径。但如果盖层是不渗透的结晶盐（无渗透率），则不会存在压力过渡带，就无法检测压力在盖层的逐渐变化。

如果在高压区钻井，井队会通过检测钻井液、岩屑等性能参数来判断压力过渡带地层压力的增加。因此，压力过渡带给井队提供了一个发现进入超压层的机会。需要明确的是，尽管压力过渡带的孔隙压力很高，但地层流体无法流入井眼，即盖层的渗透率极低，压力过渡带不会产生溢流，必须用其他方法检测超压。

8. 与异常地层压力相关的钻井问题

在常规钻井过程中，钻井液静液压力要满足两方面的要求：一是防止井壁坍塌；二是防止地层溢流。因此，钻井液静液压力一般要高于地层压力，这一现象称为过平衡。如果过平衡量太大，则会出现如下现象：①降低机械钻速（由于压持作用）；②压裂地层并导致井漏；③导致压差卡钻。

地层压力剖面是井身结构设计的主要依据。如果在一个低压井段上面存在一个高压井段，则不可能用同一密度的钻井液钻穿这两个层位，否则可能导致低压区的破裂。因此，必须用套管封隔上部高压层，然后用较低密度的钻井液打开低压层。一个经常遇到的问题是表层套管下入太浅，当下部钻遇高压层出现溢流时，无法用高密度钻井液将溢流循环出井眼而不压漏上部地层，这种现象对于海上钻井尤为突出。因此，每一层套管的下深都必须超过封闭点，以使在下部井段压井作业时不致压裂地层。如果不能满足这一要求，就需要增加一层套管，这不仅会增加钻井成本，而且会导致井眼直径变小，以致完井后生产管柱尺寸的选择受到限制。

可见，钻前准确了解地层压力信息可以优化井身结构设计，避免或降低井涌、井漏等事故的发生。

二、地层压力的评价方法

地层压力评价对正确地选择钻井液的密度、减少钻井的复杂情况有着重要的意义，它不仅关系到安全、优质、快速、低成本地钻井，甚至关系到钻井的成败。

在长期的实践中，石油工作者总结出多种评价地层压力的方法。但由于每种方法都有一定的局限性，所以目前单纯应用一种方法很难准确地评价一个地区的地层压力，要用多种方法进行综合分析和解释。地层压力的评价方法可分为两类：一类是用邻近井资料进行压力预测，建立地层压力剖面，此方法常用于新油井设计；另一类是根据所钻井的实时数据进行压力监测，以掌握地层压力的实际变化规律，并据此确定现行钻井措施。这两类方法要求在测井和钻井过程中详细和真实地记录有关资料，然后进行分析处理，并做出科学推断。

由于异常高压地层的成因多种多样，在泥岩、砂岩剖面中，异常高压层可能有几个盖层（即由几个致密阻挡层组成的层系），它们的厚度范围变化不一，而且可能存在多个压力转变区。当存在断层时，有时会使情况变得更加复杂。另外，岩性的变化（如泥岩中存在钙质、粉砂等成分），也会影响地层压力评价的准确性。因此，在进行地层压力评价时要针对具体情况，综合分析所收集的有关资料，力求做出合理的评价（视频5-1-2）。

视频 5-1-2 地层压力评价方法

1. 地层压力预测

钻井前要进行地层压力预测，建立地层压力剖面，为钻井工程设计和施工提供依据。利用地球物理测井资料预测地层压力是常用且有效的方法。常用的预测方法有地震资料法、声波时差法和电阻率测井法等。

1) 地震资料法

因为地震波是一种弹性波，其传播速度与岩石致密程度有关。通常，岩石越致密，波的传播速度越快，传播时间越短。在正常压力梯度下，岩石的致密程度随深度增加而增大，因此，地震波传播速度也随深度增加而增大，其传播时间随深度增加而减小。当地层出现异常高压（$p_p > p_h$）时，岩石致密度下降，地震波传播速度减小，传播时间增大，因此可根据这一特性来解释地震波与井深的关系曲线，从而预报异常高压。

地震资料法一般用于钻井施工前的初步预测。1973年已经用这种方法预报过异常高压的顶部位置，误差在±120kg/m³当量钻井液密度范围内。

2) 声波时差法

声波速度是测井资料中的一种常规资料。通过测量声波在不同地层中传播的速度可识别地层岩性、判断储层、确定地层孔隙度和计算地层孔隙压力。

声波在岩石中的传播可分为纵波和横波两种。在同一种岩石中，纵波速度大约是横波速度的两倍，能够较先到达接收装置。为研究方便，常规声波测井主要是研究纵波在地层中的传播规律。声波在地层中传播的快慢常以通过单位距离所用的时间来衡量，即声波时差，其计算公式为

$$\Delta t = \sqrt{\frac{\rho(1+\mu)}{3E(1-\mu)}} \tag{5-1-7}$$

式中 Δt——声波时差，μs/m；

ρ——岩石的密度，g/cm³；

μ——岩石泊松比；

E——岩石弹性模量，MPa。

由式(5-1-7)可知，声波在地层中传播的快慢与岩石的密度和弹性参数等有关，而岩石的密度和弹性参数又取决于岩石的性质、结构、孔隙度和埋藏深度。不同的地层、不同的岩性有不同的传播速度。因此，通过测定声波在地层中的传播速度就可研究和识别地层特性。

当岩性一定时，声波速度随岩石孔隙度的增大而减小。对于由沉积压实作用形成的泥岩、页岩，声波时差与孔隙度之间有如下关系：

$$\phi = \frac{\Delta t - \Delta t_m}{\Delta t_f - \Delta t_m} \tag{5-1-8}$$

式中 ϕ——岩石孔隙度，%；

Δt_m——基岩声波时差，μs/m；

Δt_f——孔隙流体声波时差，μs/m。

正常沉积条件下，泥岩、页岩的孔隙度随深度的变化关系为

$$\phi = \phi_0 e^{-cD} \tag{5-1-9}$$

由孔隙度和声波时差之间的关系可得

$$\phi_0 = \frac{\Delta t_0 - \Delta t_m}{\Delta t_f - \Delta t_m} \tag{5-1-10}$$

式中　ϕ_0——泥岩、页岩在地面的孔隙度,%；
　　　c——常数；
　　　D——地层深度，m；
　　　Δt_0——深度为0时的声波时差，μs/m。

在一定区域内，Δt_0 可近似看作常数。由式(5-1-8)至式(5-1-10)可得

$$\Delta t_0 - \Delta t_m = (\Delta t_f - \Delta t_m) e^{-cD} \tag{5-1-11}$$

在泥岩、页岩的岩性一定的情况下，Δt_m 也为常数。考虑到岩石基质中的 Δt_m 非常小，若 $\Delta t_m = 0$，则

$$\Delta t = \Delta t_0 e^{-cD} \tag{5-1-12}$$

因此，在半对数坐标系中（井深 D 为线性坐标，即纵坐标；声波时差为对数坐标，即横坐标），声波时差的对数与井深呈线性关系。

在正常地层压力井段，随着井深的增加，岩石的孔隙度减小，声波速度增大，声波时差减小。根据声波时差的数据，可在半对数坐标纸上绘出曲线，如图5-1-6所示。在正常压力地层，曲线近似为一直线，称为声波时差的正常趋势线；进入异常高压地层之后，岩石的孔隙度增大，声波速度减小，声波时差增大，便偏离正常趋势线，开始偏离的那一点就是异常高压的顶部。

对于一个地区来说，异常高压地层实测声波时差 Δt 与相应深度的正常声波时差 Δt_n 之间的差值 Δt_{sh}（$\Delta t_{sh} = \Delta t - \Delta t_n$）和地层压力梯度 G_p 有较好的相关性，如图5-1-7所示，利用该曲线可定量计算地层压力。

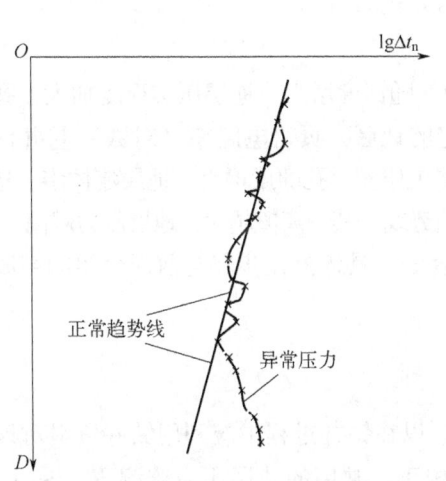

图 5-1-6　Δt_n 与 D 关系曲线示意图

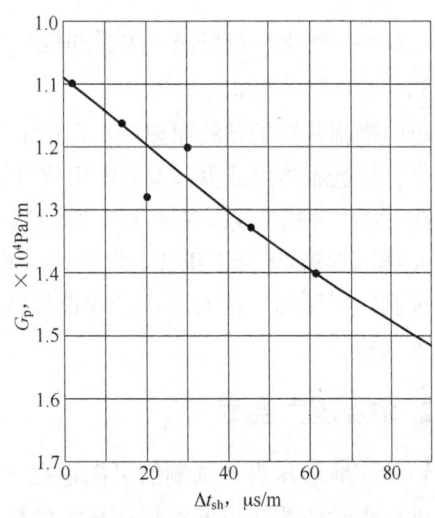

图 5-1-7　G_p 与 Δt_{sh} 关系图

利用声波时差预测地层压力的方法有地区经验曲线法和当量深度法。

（1）地区经验曲线法

根据大量数据可得出一定地区地层压力梯度 G_p 和声波时差偏离值 Δt_{sh} 之间的关系曲线，如图5-1-8所示。利用该曲线可定量计算地层压力。利用地区经验曲线法进行预测的步骤如下：

① 在标准声波时差测井资料中选择纯泥岩、页岩层，以5m左右为间隔点在测井曲线读

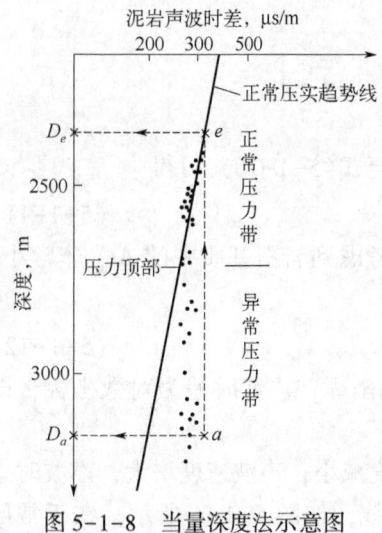

图 5-1-8 当量深度法示意图

取井深与相应声波时差值,并在半对数坐标纸上描点。

② 在已知的正常地层压力井段,通过尽可能多的、可信赖的点建立声波时差随井深变化的正常趋势线,并将其延伸至异常高压井段。

③ 读出某深度的实测声波时差 Δt 和该井深所对应的正常趋势线上的声波时差 Δt_n,并计算 $\Delta t_{sh} = \Delta t - \Delta t_n$。

④ 在该地区 Δt_{sh} 和 G_p 关系曲线上查出 G_p 值,依据下式可确定该深度处的地层压力:

$$p_p = G_p D \tag{5-1-13}$$

(2) 当量深度法

在连续沉积盆地,声波传播时间的正常趋势反映了地层的正常压实趋势。当地层压力异常时,如图 5-1-8 中 a 点,地层欠压实,基岩应力 σ 下降。由于地层有正常压实的趋势,可在正常压力段找出一点 e,其 σ 值与之相等。相应深度 D_e 称为当量深度。

正常压力段深度 D_e 的 σ_e 易于求得

$$\sigma_e = D_e(G_{oe} - G_{pe}) \tag{5-1-14}$$

由于深度 D_a 处的 $\sigma_a = \sigma_e$,则 a 点处的地层压力计算式为

$$p_p = G_o D_a - (G_{oe} - G_{pe})\frac{\lg\Delta t - \lg\Delta t_a}{C} \tag{5-1-15}$$

式中 C——声波时差与深度关系曲线中正常压实趋势线的斜率。

3) 电阻率测井法

电阻率测井法的预测原理是:在正常压力地层中,随深度增大,地层压实程度加大,孔隙度减小,导电流体也减少,页岩电阻率加大。在一定的地区,页岩电阻率(对数)与井深之间存在一条正常趋势线;在异常压力地层中,由于地层欠压实,孔隙度增大,地层流体多,地温高,页岩电阻率向着低于正常电阻率的一侧偏离正常趋势线,其偏离值越大,地层压力越高。

预测地层压力方法有地区经验曲线法及当量深度法,具体操作步骤与前面介绍的声波测井法大致相同。

2. 地层压力监测

钻井前地层压力的预测值可能存在一定误差,所以在钻井过程中应利用钻井资料对地层压力进行实时监测,以便对地层压力的预测值进行校正。常用的地层压力监测方法有 d_c 指数法、标准化钻速法和页岩密度法等。下面主要介绍 d_c 指数法。

1) d(或 d_c)指数法

20 世纪 60 年代以来,人们了解了机械钻速和地层压力之间的关系,并在此基础上发展了一种根据机械钻速预测地层压力的方法,称为 d(或 d_c)指数法。

(1) 工作原理

d(或 d_c)指数法是利用泥岩、页岩的压实规律及欠压实地层机械钻速增大的特性和压差影响机械钻速的原理,同时考虑了钻井参数对机械钻速的影响来监测地层压力的。

根据钻速与转速、钻压及钻头直径之间的关系，并考虑保持 d 的数值与英制单位时相同，则可得

$$d = \frac{\lg \dfrac{0.0547 v_{pe}}{n}}{\lg \dfrac{0.0684 W}{d_b}} \tag{5-1-16}$$

式中 d——钻压指数；
v_{pe}——机械钻速，m/h；
n——转速，r/min；
W——钻压，kN；
d_b——钻头直径，mm。

因为 $\dfrac{0.0547 v_{pe}}{n}$ 的值总是小于 1，所以 $\lg \dfrac{0.0547 v_{pe}}{n}$ 的绝对值与 v_{pe} 成反比。因此，d 指数与 v_{pe} 成反比。

在正常压力条件下，随着深度加大，v_{pe} 下降，d 指数增大，且 d 与 D 之间呈一条正常趋势线。在压力过渡带和异常高压地层，由于地层欠压实和井底压差减小，v_{pe} 加大，d 指数下降，通过其与正常趋势线偏离值的大小，可以预报出地层压力。

d 指数法的前提之一是保持钻井液密度不变，但这在生产中难以达到，尤其在进入压力过渡带后，为了安全起见，需增加钻井液密度，这样，d 指数便随之升高，影响了它的正常显示。为了消除此影响，提出了修正的 d 指数，即 d_c 指数法，表达式为

$$d_c = d \frac{\rho_{wf}}{\rho_d}$$

将式 (5-1-16) 代入 d_c 的表达式，则可得

$$d_c = \frac{\lg \dfrac{0.0547 v_{pe}}{n}}{\lg \dfrac{0.0684 W}{d_b}} \frac{\rho_{wf}}{\rho_d} \tag{5-1-17}$$

式中 ρ_{wf}——正常压力层段地层水密度；
ρ_d——实际使用的钻井液密度。

（2）预测方法

利用 d_c 指数估算地层压力的步骤如下：

① 在高压层顶部以上至少 300m 的纯泥岩、页岩井段，按一定深度间隔取点（如果是砂岩、泥岩交错的地层，取泥岩、页岩的数据点），比较理想的是每 1.5m 或 3m 取一点，如果钻速高，可以每 5m 或 10m 甚至更大的间隔取点。重点井段可加密到每 1m 取一点，记录每点所对应的钻速、钻压、转速、钻头直径、地层水密度和实际钻井液密度等六项参数。

② 根据记录的数据计算 d 指数和 d_c 指数。

③ 在半对数坐标纸上一一画出 d_c 指数和相应井深所确定的点（纵坐标为井深、横坐标为 d_c 指数）。

④ 根据正常地层压力井段的数据引 d_c 指数的正常趋势线，如图 5-1-9 所示。

⑤ 计算地层压力，画出 d_c—D 和正常趋势线之后，可直接观察到异常高压出现的层位和该层位内 d_c 指数的偏离值。d_c 指数偏离正常趋势越远，说明地层压力越高。根据 d_c 指数的偏离值，应用下式可计算相应的地层压力当量密度：

$$\rho_p = \rho_n \frac{d_{cn}}{d_{ca}} \tag{5-1-18}$$

式中 ρ_p——所求井深处地层压力当量密度，g/cm^3；

ρ_n——所求井深处正常地层压力当量密度，g/cm^3；

d_{cn}——所求井深处正常 d_c 指数值；

d_{ca}——所求井深处实测 d_c 指数值。

式(5-1-18) 中的 ρ_n（即正常地层压力的地层水密度）是随地区而异的，要根据不同地区的统计资料加以确定。地层水的密度取决于水中的含盐量（即矿化度），计算时应在不同层位取样分析，测定含盐量，并换算成密度。

另外，还可用等效深度法求地层压力。d_c 指数反映了泥岩、页岩的压实程度，若地层具有相同的 d_c 指数，则可视其基岩应力相等。而上覆岩层压力总是等于基岩应力与地层压力之和。正常地层压力下的地层，其基岩应力是已知的，于是就可以用 d_c 指数值相同时，基岩应力相等的原理，在正常压力井段找出与异常地层压力下井深 D 的 d_c 指数值相等的井深 D_e（图 5-1-10），并求出异常高压地层的地层压力：

$$p_p = G_o D - (G_o - G_{pn}) D_e \tag{5-1-19}$$

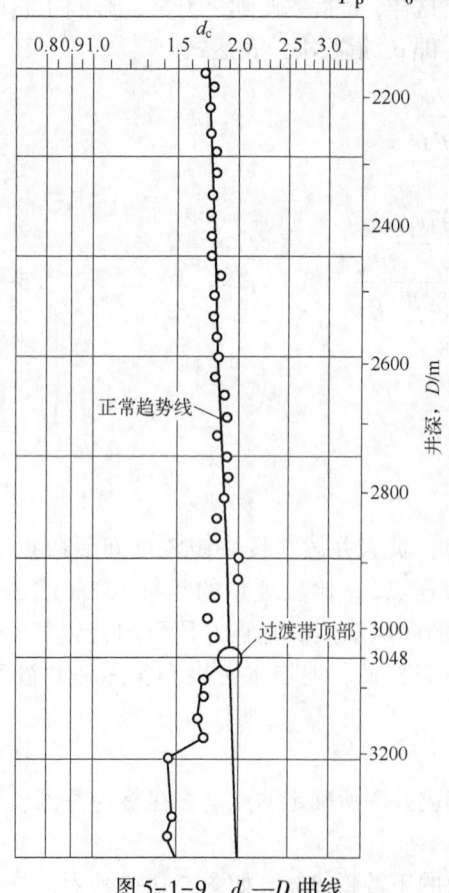

图 5-1-9 d_c—D 曲线

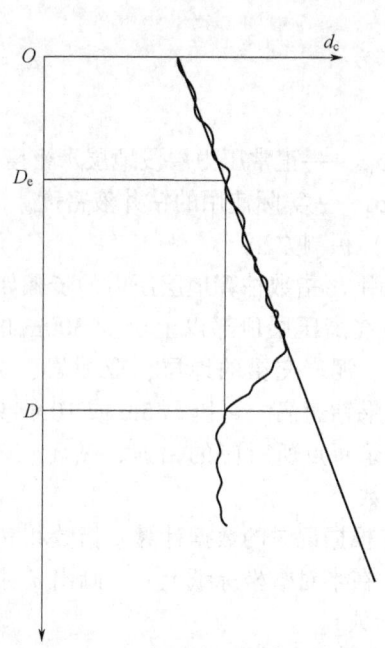

图 5-1-10 d_c 指数的等效深度

式中　p_p——所求深度处的地层压力，MPa；
　　　G_o——上覆岩层压力梯度，MPa/m；
　　　D——所求地层压力点的深度，m；
　　　G_{pn}——等效深度处的正常地层压力梯度，MPa/m；
　　　D_e——等效深度，m。

在计算 d_c 指数值、绘制 d_c 指数正常趋势线时，会产生 d_c 指数值的发散现象，这些发散点是不可取的。产生发散的原因主要有以下几个方面：

① 岩性变化。d_c 指数取决于基岩强度，岩性不同，基岩强度也不同。在岩性发生变化的地层，如砂岩、页岩交错的地层，d_c 指数的规律也将发生变化。

② 水力参数。水力参数发生大的变化时，射流对地层的破碎作用不同，d_c 指数的规律也将发生变化。

③ 钻头类型。钻头类型不同，其破岩机理不同，所以钻头类型的变化会引起 d_c 指数正常趋势线的移动。

另外，在纠斜吊打、用刮刀钻头和取心钻头钻进、钻头的跑合期和磨损的后期、井底不干净、钻遇断层裂缝等情况下都不宜取点计算 d_c 指数值。

2）标准化钻速法

标准化钻速法于 1967 年由维德林（Vidrine）和贝尼特（Benit）提出，1980 年由普伦蒂斯（Prentice）和伍兹（Woods）进一步完善，并用于现场。它是利用钻速方程把影响钻速的诸因素修正成标准值，唯独将压差（当量循环密度与地层压力之差）孤立出来。当井内的当量循环密度为一常数时，标准化钻速值的变化可以直接反映出所钻地层孔隙压力的变化。据有关资料介绍，该方法能监测到地层压力很小的变化，但因其分析计算较繁琐，从而限制了它的广泛应用。

3）其他方法

地层压力还可利用页岩密度、岩屑情况变化分析、化石资料、钻井液返出温度及钻井液中天然气、氯化物含量变化等预测，具体方法可参阅有关文献。

三、地层破裂压力及其预测

打开井眼后，井筒内充满钻井液，钻井液液柱压力对井壁起到支撑作用。钻井实践表明，当钻井液液柱压力高到一定程度时，井壁会产生破裂。井壁产生破裂的钻井液液柱压力称为地层破裂压力。利用水力压裂地层，从 20 世纪 40 年代开始就用作油井的增产措施。但对钻井工程而言，并不希望地层被压裂，因为这样容易引起井漏，造成一系列井下复杂问题。地层破裂压力广泛应用于钻井的井身结构、井控设计施工和油田开采过程中的压裂施工设计中，因此，准确预测地层破裂压力对于钻井、完井、注水及压裂等工艺设计是十分重要的（视频 5-1-3）。

视频 5-1-3　地层破裂压力及其预测

1. 地层破裂压力及压力梯度

在井中一定深度处的地层，其承受压力的能力是有限的，当压力达到某一值时会使地层破裂，这个压力称为地层破裂压力，常用 p_f 表示。工程中也常用单位深度增加的地层破裂压力值，即压力梯度 G_f 来衡量某一深度 D 的破裂压力 p_f 的大小：

$$G_f = \frac{p_f}{D} \tag{5-1-20}$$

式中　G_f——地层破裂压力梯度，MPa/m；

　　　p_f——地层破裂压力，MPa；

　　　D——地层深度，m。

地层破裂压力的大小取决于许多因素，如上覆岩层压力、地层压力、岩性、地层年代、埋藏深度以及该处岩石的应力状态。对于钻井工程来说，准确地掌握地层破裂压力梯度，可以预防井漏、井塌、卡钻及井喷事故的发生，也是制订钻井液方案、设计套管程序、确定其下深的重要依据。

2. 地层破裂压力预测方法

为准确地掌握地层破裂压力，不少学者提出了不同的检测、计算地层破裂压力的方法。这些方法多数是基于现场经验或半理论的公式，有其局限性，还有待进一步发展完善。下面介绍几种常用的方法。

1) 休伯特和威利斯（Hubbert&Willis）法

1957 年，休伯特和威利斯根据岩石水力压裂机理和实验做出推论，在发生正断层作用的地质区域，地下应力状态以三维不均匀主应力状态为特征，且三个主应力互相垂直。最大主应力 σ_1 为垂直方向，大小等于有效上覆岩层压力（即基岩应力），最小主应力 σ_3 和介于 σ_1 与 σ_3 之间的主应力 σ_2 在水平方向上互相垂直。最小主应力 $\sigma_3 = (1/3 \sim 1/2)\sigma_1$。

当井眼液柱压力达到地层压力和最小主应力 σ_3 之和时，地层会产生破裂，即

$$p_f = p_p + \sigma_3 = p_p + (1/3 \sim 1/2)\sigma_1 \tag{5-1-21}$$

而 $\sigma_1 = p_o - p_p$，故

$$p_f = p_p + (1/3 \sim 1/2)(p_o - p_p) \tag{5-1-22}$$

根据式(5-1-22)求得地层破裂压力梯度为

$$G_f = G_p + \frac{(1/3 \sim 1/2)(p_o - p_p)}{D} \tag{5-1-23}$$

式中　p_o——井深 D 处的上覆岩层压力，MPa；

　　　p_p——井深 D 处的地层压力，MPa。

2) 马修斯和凯利（Mathews & Kelly）法

与休伯特和威利斯法的不同，马修斯和凯顿法认为基岩应力与地层压实程度有关，水平地应力与上覆岩层有效压力之间并非固定的 1/2~1/3 关系，而应用变数基岩应力系数 K_i（可变的水平与垂直应力比）来计算：

$$G_f = G_p + K_i \frac{\sigma}{D} \tag{5-1-24}$$

基岩应力系数是将不同地区的地层破裂压力的经验数据代入式(5-1-24) 得出的。基岩应力系数是井深的函数，且与岩性有关，通常泥质更多的砂岩层比一般砂岩层的应力系数要高。正常地层压力情况下，K_i 随井深增加而增加，但在异常高地层中，地层压力增大，K_i 减小。

3) 伊顿 (Eaton) 法

1969年，伊顿假设地层是弹性体，并用泊松比 ν 把水平应力 σ_H 和垂向应力 σ_z 联系起来，给出了地层破裂压力梯度公式：

$$G_f = \frac{p_p}{D} + \left(\frac{\nu}{1-\nu}\right)\frac{p_o - p_p}{D} \quad (5\text{-}1\text{-}25)$$

伊顿认为，上覆岩层压力 p_b 和泊松比 ν 都随深度而变化，地层破裂压力梯度 G_f 也随深度而变化，因而比较接近实际。

应用伊顿法预测地层破裂压力梯度的步骤如下：

① 分析测井资料或用 d 指数法，确定 p_p。

② 根据密度测井资料，计算并绘制该地区 p_o 与 D 的关系曲线；根据实际压裂资料、挤水泥资料和井漏值，取得 p_f 数据。

③ 用已知的 p_p、p_f 和 p_o，计算并绘制 ν 与 D 的关系曲线。

④ 用 p_o、p_p 和 ν 的数值，由式(5-1-25) 计算任一深度的 G_f，得出地区性的破裂压力梯度预测曲线。

伊顿的地层破裂压力梯度预测方法用于连续沉积盆地，是比较准确的。但它没有考虑井壁应力集中和地质构造应力的影响，因此使用受到限制。

4) 黄荣樽法

以上介绍的计算地层破裂压力的方法均未考虑地层的抗拉强度和地层构造应力对破裂压力的影响，因而计算结果与实际情况有一定的差距。

黄荣樽法主张，地层的破裂是由井壁上的应力状态决定的，并且要考虑地下实际存在的非均匀地应力场的作用。由此，在总结分析国外各种计算地层破裂压力方法的基础上，充分考虑地层抗拉强度及构造应力对地层破裂压力的影响，提出了预测地层破裂压力的新模式：

$$p_f = \left(\frac{2\nu}{1-\nu} - K_{ss}\right)(p_o - p_p) + p_p + \sigma_T \quad (5\text{-}1\text{-}26)$$

式中 K_{ss} ——非均匀的地质构造应力系数；

σ_T——岩石的抗拉强度，MPa。

新模式与前述三个模式相比具有以下两个显著特点：

① 地应力一般是不均匀的，包括三个主应力分量，即垂直应力（上覆岩层压力）、最大水平地应力和最小水平地应力。水平地应力一般由两部分组成：一部分是由上覆岩层压力引起的侧压力，它是岩石泊松比的函数；另一部分是地层构造运动引起的构造应力，它与岩石的泊松比无关，且在两个方向上一般是不相等的。

② 地层的破裂是由井壁上的应力状态决定的。深部地层的水压致裂是由于井壁上的有效切向应力达到或超过了岩石的抗拉强度。

岩石抗拉强度 σ_T 是利用钻取的地下岩心，在室内通过巴西实验求得的。

构造应力系数 K_{ss} 对不同的地质构造是不同的，但它在同一构造断块内部是一个常数，不随深度发生变化。构造应力系数是通过现场实际破裂压力试验和在室内对岩心进行泊松比实验相结合的办法来确定的。如果准确地掌握了破裂层的泊松比 ν、破裂压力 p_f、抗拉强度 σ_T，便能精确地求出构造应力系数 K_{ss}。

以上介绍的计算地层破裂压力的方法均有一定局限性，即使条件合适，计算值与实际值之间也有一定的误差。下面介绍一种准确有效的现场实测方法。

5) 漏失试验法

漏失试验是在下套管注水泥，并钻过水泥塞后进行的。通过钻井泵或水泥车向井眼内注入钻井液，产生高压，当压力达到一定值后，套管鞋下第一个砂岩层（若存在）首先破裂，此时的井眼压力称为该层的破裂压力。一般认为地层的破裂压力自上而下逐渐升高，因此只要保证套管鞋处不破裂，下部井段发生井漏的可能性会大大减小。

漏失试验的步骤如下：

① 钻开水泥塞，并钻进新地层 5~10m 或出现第一个砂岩地层后，停钻。
② 循环调节钻井液性能，保证钻井液性能稳定，上提钻头至套管鞋内，关闭防喷器。
③ 用较小排量（0.66~1.32L/s）向井内注入钻井液，并记录各个时段的注入量及立管压力。
④ 作立管压力与累计泵入量的关系曲线图，如图 5-1-11 所示。

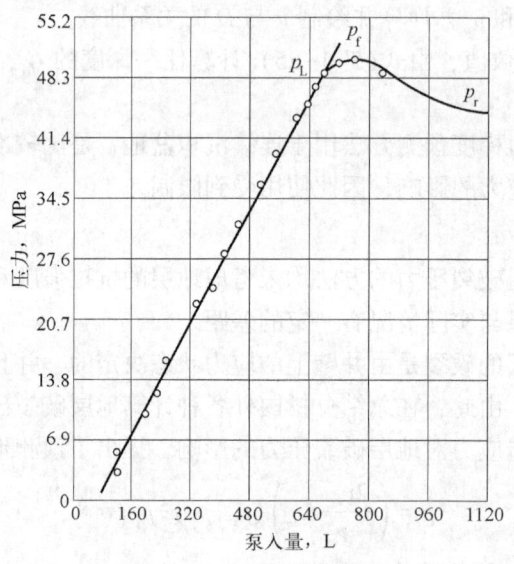

图 5-1-11 漏失试验曲线

⑤ 从图上确定各个压力值。漏失压力 p_L 即开始偏离直线点的压力，其后压力继续上升；压力升到最大值，即为破裂压力 p_f；最大值过后压力下降并趋于平缓，平缓的压力称为传播压力，即 p_r。

⑥ 求地层破裂压力当量密度 ρ_f：

$$\rho_f = \rho_d + p_L/(0.00981D) \tag{5-1-27}$$

式中　ρ_d——试验用钻井液密度，g/cm^3；

　　　p_L——漏失压力，MPa；

　　　D——试验井深，m。

试验压力不应超过地面设备和套管的承载能力，否则应通过提高试验用钻井液密度来完成试验。

四、地层坍塌压力

钻井之前，深埋地下的岩层在上覆岩层压力、水平地应力、地层压力等作用下处于平衡状态,而当打开井眼后,井壁岩石的支持由钻井液液柱压力承担,井眼围岩应力将重新分布,在井壁附近产生很高的应力集中,如果岩石强度不够大,就会出现井壁不稳定现象。井壁应力集中程度与地层岩石性质、钻井液液柱压力相关,通过调整钻井液密度可以改变井眼附近的应力状态,达到稳定井壁的作用。因此,当将作用于直井眼井壁的力学作用关系简化为平面应力应变形式时,井壁岩石的受力及稳定状态主要由地层水平地应力(最大水平地应力 σ_H、最小水平地应力 σ_h)与井内钻井液液柱压力 p_h 相互作用状况有关(图 5-1-12)。

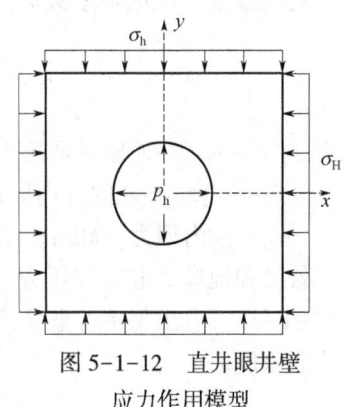

图 5-1-12　直井眼井壁应力作用模型

按照图 5-1-12 直井眼平面应力力学模型,当把地层看作为线弹性体时,可以建立井眼围岩的应力分布函数:

$$\begin{cases} \sigma_r = \dfrac{\sigma_H+\sigma_h}{2}\left(1-\dfrac{R^2}{r^2}\right)+\dfrac{\sigma_H-\sigma_h}{2}\left(1-4\dfrac{R^2}{r^2}+3\dfrac{R^4}{r^4}\right)\cos2\theta+\dfrac{R^2}{r^2}p_h-\alpha p_p \\ \sigma_\theta = \dfrac{\sigma_H+\sigma_h}{2}\left(1+\dfrac{R^2}{r^2}\right)-\dfrac{\sigma_H-\sigma_h}{2}\left(1+3\dfrac{R^4}{r^4}\right)\cos2\theta-\dfrac{R^2}{r^2}p_h-\alpha p_p \\ \sigma_z = \sigma_o-\mu\left[2(\sigma_H-\sigma_h)\dfrac{R^2}{r^2}\cos2\theta\right]-\alpha p_p \\ \tau_{r\theta} = \dfrac{\sigma_H-\sigma_h}{2}\left(1+2\dfrac{R^2}{r^2}-3\dfrac{R^4}{r^4}\right)\sin2\theta \end{cases} \quad (5-1-28)$$

式中　σ_r——径向应力,MPa;
　　　σ_θ——径向应力,MPa;
　　　σ_z——垂向应力,MPa;
　　　$\tau_{r\theta}$——剪切应力,MPa;
　　　σ_H——最大水平地应力,MPa;
　　　σ_h——最小水平地应力,MPa;
　　　σ_o——上覆岩层压力,MPa;
　　　R——井眼半径,m;
　　　r——研究点半径,m;
　　　θ——圆周周向角,(°);
　　　α——有效应力系数;
　　　p_h——井眼液柱压力,MPa;
　　　p_p——地层孔隙压力,MPa。

如果钻井液密度过低,井壁应力将超过岩石的抗剪强度而产生剪切破坏,此时的井眼液柱压力定义为地层坍塌压力。按井壁的破坏形式,剪切破坏可分为两种:一种是脆性破坏,通常发生在脆性岩层中,表现为井壁坍塌造成井眼扩径,为钻井、固井、测井等后续施工带来问题。另一种是由于井壁岩石屈服而导致井眼缩径,多发生在软泥岩、砂岩、盐岩等地层,一些灰岩地层也可能出现这种现象。工程中一旦发生井眼缩径现象,后续钻进中需要不断进行划眼,要特别注意防止发生卡钻问题。

根据摩尔—库伦强度破坏准则,直井地层坍塌压力可按下式计算:

$$p_c = \frac{0.5(3\sigma_H - \sigma_h)(\sqrt{f^2+1} - f) + f\alpha p_p - \tau_0}{\sqrt{f^2+1}} \tag{5-1-29}$$

式中 p_c——直井地层坍塌压力,MPa;
f——内摩擦系数(内摩擦角的正切值);
τ_0——内聚力,MPa。

若已知地应力和地层压力,并由能够实验确定出岩石的抗剪强度参数 f、τ_0,则可利用式(5-1-29)求出保持井壁稳定的最小钻井液液柱压力,并以此确定出保持井壁稳定的最小钻井液密度值。

第二节 地层—井眼系统的压力平衡

为了保证正常的钻进过程,需要用井眼中钻井液液柱压力来平衡地层压力,即地层—井眼系统保持压力平衡。如果失去平衡,当钻井液液柱压力大于地层压力时,会造成机械钻速慢、压差卡钻多、钻进时油气显示不好等;当钻井液液柱压力小于地层压力时,地层流体将向井内流动,产生井涌或溢流,此时若不及时进行压井作业,使这种流动失去控制,则会形成井喷;当钻井液液柱压力大于地层破裂压力时,还会发生井漏或地下井喷,造成钻井液完全丧失循环。因此,保持地层—井眼系统的压力平衡是实现安全钻井的基本要求。

视频 5-2-1 地层—井眼系统的压力平衡关系

一、地层—井眼系统的压力平衡关系

地层—井眼系统的压力平衡关系受到许多因素影响,除了已经介绍的地层孔隙压力、地层破裂压力、钻井液液柱压力、钻井液循环压力外,还受钻柱在井筒中的运动、钻井液中所含岩屑的情况、井口回压等因素影响(视频 5-2-1)。

1. 波动压力

1)波动压力的定义

井内波动压力是指由于井内钻具或流体上下运动而引起井底压力增大或减小的压力值,它是激动压力和抽汲压力的总称。

① 激动压力:当钻柱向下运动时,井内钻井液向上流动,受钻井液黏度、切力、流动速度等因素的影响,使井底压力增加的值。其计算公式为

$$p_{sg} = 0.00981 S_g D \tag{5-2-1}$$

式中 p_{sg}——激动压力,MPa;
S_g——激动压力的当量钻井液密度(激动压力系数),g/cm³;
D——井深,m。

一般情况下,$S_g = 0.015 \sim 0.040$ g/cm³。

② 抽汲压力:当钻柱向上运动时,井内钻井液向下流动,受钻井液黏度、切力、流动

速度等因素的影响，使井底压力降低的值。其计算公式为

$$p_{sb} = 0.00981 S_b D \tag{5-2-2}$$

式中　p_{sb}——抽汲压力，MPa；

　　　S_b——抽汲压力的当量钻井液密度（抽汲压力系数），g/cm^3。

一般情况下，$S_b = 0.015 \sim 0.040 g/cm^3$。

2）波动压力对钻井安全的影响

由于钻井液具有一定的黏度和切力，当快速提升钻柱（尤其是存在缩径、钻头泥包）时，会引起过大的抽吸压力，使井底压力降低，造成井侵；当钻具下放速度过快时，会引起过大的激动压力，使井底压力升高，造成井漏。

3）引起波动压力的主要因素

① 钻井液静切力：钻井液静止时间越长，其网状结构强度越大，静切力越大，钻井液从静止状态到流动状态所需克服的流动阻力就越大，井内钻柱上下运动时造成的波动压力也会越大。

② 起下钻具速度：起钻具时，钻具底部产生负压，使井底压力减小；下钻具时，钻具底部排挤钻井液向上流动，使井底压力增大。

③ 惯性力：在起下钻具作业中，钻柱加速和减速运动产生的惯性力会产生波动压力。惯性力越大，波动压力就越大。

4）减小波动压力的措施

① 严格控制起下钻具速度，尤其是钻头在井底附近和裸眼井段时，更应高度重视；

② 起下钻具时严禁猛提猛刹，防止产生过大的惯性力；

③ 维持钻井液性能良好，保持密度均匀，防止因切力、黏度过大产生较大的波动压力；

④ 保持井眼畅通，避免或减小因缩径、泥包等引起的压力波动。

2. 含岩屑钻井液的压力增加值

含岩屑钻井液的压力增加值可表示为

$$\Delta p_r = 0.00981 \Delta \rho_r D \tag{5-2-3}$$

式中　Δp_r——含钻屑钻井液压力增加值，MPa；

　　　$\Delta \rho_r$——含钻屑钻井液密度增加值，g/cm^3。

3. 井底有效压力

井底有效压力是指作用在井底上的各种压力的总和。不同钻井作业工况下井底有效压力不同。以下计算以转盘钻进方式为例。

1）井内钻井液静止时

井内钻井液静止时，井底有效压力可表示为

$$p_{he} = p_h = 0.00981 \rho_d h \tag{5-2-4}$$

式中　p_h——钻井液液柱压力，MPa；

　　　ρ_d——钻井液密度，g/cm^3；

　　　h——钻井液液柱垂直高度，m。

钻井液液柱压力是构成井底有效压力和维持井内压力平衡最主要的部分，是实施一级井

控的关键。

2）钻进时

钻进时，井底有效压力 p_{he} 可表示为

$$p_{he}=p_h+\Delta p_a+\Delta p_r \tag{5-2-5}$$

式中 Δp_a——环空循环压降，MPa。

环空循环压降使井底压力增加，有利于抑制地层流体向井内侵入。

3）起钻时

起钻时，井底有效压力 p_{he} 可表示为

$$p_{he}=p_h+\Delta p_r-p_{sb} \tag{5-2-6}$$

起钻时，一般会停止循环钻井液，故 $\Delta p_a=0$；由于起钻前会循环钻井液，清除钻井液中的岩屑，因此 Δp_r 会显著降低，再加上抽吸作用的存在，井底有效压力会降低，所以起钻时应格外谨慎。另外，起钻时随着井内钻具的减少，井筒内的液柱高度会降低，导致井底有效压力减小，因此，起钻过程和起钻后的静止时段是诱发井底压力失衡的关键时段，应特别注意及时灌满（灌足）钻井液和观察空井时段的溢流。当探井、深井、含气井长时间空井时，建议关闭井口，并密切关注套压变化。

4）下钻时

下钻时，井底有效压力 p_{he} 可表示为

$$p_{he}=p_h+\Delta p_r+p_{sg} \tag{5-2-7}$$

下钻时，钻具下放引起的激动压力会使井底有效压力增大。如果钻具下放速度过快，引发的激动压力过高，可能会压漏地层，造成钻井液漏失，因此应注意监测井漏。

5）最大井底有效压力与最小井底有效压力

钻井过程中向下划眼时，井底有效压力最大，可表示为

$$p_{hemax}=p_h+\Delta p_r+\Delta p_a+p_{sg} \tag{5-2-8}$$

式中 p_{hemax}——最大井底有效压力，MPa。

起钻时，井底有效压力最小（由于起钻前会对钻井液中的岩屑进行清除，所以起钻时不考虑岩屑对井底有效压力的影响），可表示为

$$p_{hemin}=p_h-p_{sb} \tag{5-2-9}$$

式中 p_{hemin}——最小井底有效压力，MPa。

可以看出，处于不同施工阶段的井底有效压力差别较大，这也是造成窄压力窗口地层溢、漏交替的主要原因。

4. 井底有效压力与地层压力的平衡关系

井底压差是井底有效压力与地层孔隙压力之差，即

$$\Delta p=p_{he}-p_p \tag{5-2-10}$$

式中 Δp——井底压差，MPa。

井底有效压力与地层孔隙压力和地层破裂压力的关系为

① 当 $p_{he}\gg p_p$ 时，$\Delta p\gg 0$，井底为过平衡状态；

② 当 p_{he} 稍大于 p_p 时，Δp 稍大于零，井底为近平衡状态，相应的钻井方式称为平衡压钻井；

③ 当 $p_{he}<p_p$ 时，$\Delta p<0$，井底为欠平衡状态，相应的钻井方式称为欠平衡钻井；
④ 当 $p_{he}>p_f$ 时，可能会压漏地层；
⑤ 当 $p_{he}<p_p$ 时，地层流体可能侵入井眼。

二、地层—井眼系统压力失去平衡的原因

通过对大量井喷事例的分析，地层—井眼系统压力失去平衡的主要原因如下所述。

1. 地层压力预测不准

地层压力预测不准是新探区经常会遇到的情况。因此，在新探区钻井应特别警惕，认真研究地质剖面及其特性，充分考虑遇到异常高压的可能性，运用前面介绍的各种方法预测异常高压地层，采取必要的预防措施，在实践中逐步准确地掌握地层压力。

2. 钻井液柱高度降低

起钻时由于井内钻具起出而使液面下降。统计资料表明大约25%的溢流和井喷发生在起钻时，因此在起钻过程中应该注意灌钻井液。起钻铤时灌满钻井液特别重要，因为钻铤的体积比钻杆大得多，如果起出和钻杆相同长度的钻铤，那么钻井液面将下降到原来的1/5。所以在起出钻铤时必须灌注4~5倍通常量的钻井液，这对于裸露的浅气层是特别重要的。同时，在平衡高压油气水层时，应该注意防止井漏，勿使裸露的地层破裂。

3. 钻井液密度降低

地层流体侵入后，钻井液密度下降，井内钻井液柱压力逐渐降低；液柱压力的降低又使地层流体更容易侵入，而且侵入得更厉害。这样钻井液的密度及其液柱压力大大降低，以至于最后造成井喷。

由于气体的可压缩性，气侵后的钻井液密度降低较小，但存在恶化的可能。气侵后在地面测量钻井液密度降低得很多，因为气体在井底被压缩，在井底气体的体积很小，井内钻井液柱压力将只有很小的减少，气体在向上运移的过程中，随着压力的降低，气体不断膨胀，大量的钻井液被顶替至地面，造成井内钻井液柱高度的下降，液柱压力逐渐降低。

4. 井内压力激动

静止时井内的钻井液柱压力是一定的，而在钻井各项作业的操作过程中，某些外力会引起井内压力变化（升高或降低），这种压力变化称为压力激动。

压力激动常常影响钻井工作的正常进行，据统计，25%以上的井喷是由起钻时的抽汲造成井眼中压力减少所引起的；在下套管时过高的激动压力会引起井漏，导致下漏上喷；由于钻杆的运动（例如接单根），抽汲和压力激动交替发生，引起压力变化，可引起井塌，并且使得井眼不稳定的状态更加严重。

5. 抽汲引起的压力降低

钻柱在上提过程中可引起抽汲作用，静止时钻井液中的黏土颗粒是以弹性或触变方式与钻具、井壁及其他黏土颗粒相互黏结在一起的。当钻柱上提时，黏结在钻柱内外表面的钻井

液有与钻柱相同速度向上运动的趋势，使井底压力减少，这种由于钻柱上提引起井底压力暂时减少的作用就是抽汲作用。当钻头泥包或取心时，这种抽汲作用会更加明显。即使是不带钻头的光钻杆在钻井液中上提时也会产生抽汲作用。如果天然气进入钻井液中，胶皮护箍会膨胀而增加抽汲作用。因此，应采用对于碳氢化合物有抗胀性的护箍。钻井液的静切力、井中钻柱长度、钻杆与套管或井壁间的环形间隙是影响抽汲作用的主要因素，上提的速度和加速度越大，则抽汲作用也越大。当各种条件同时满足时，抽汲作用将大大增加。如钻井液切力和黏度高、滤饼厚、钻杆胶皮护箍或钻铤同套管或井壁之间的间隙小、钻头泥包或者在钻杆中装有回压阀门、使用取心钻具取完岩心起钻时，抽汲作用将大大增加。

为了减小抽汲作用引起的变化，可以采取平衡地层压力所需要的钻井液密度，加上安全起钻的附加压力，选择黏度和切力较小的钻井液体系等措施；当井内有许多钻具时，开始起钻时应降低速度，同时，保持钻柱与井眼间有适当的间隙。

现场常用检查抽汲作用的最好方法是核对起钻时灌入井内的钻井液量。除了设法减少抽汲作用外，还应该检查是否把地层流体抽入井内，最大量的抽汲作用发生在钻头刚离开井底的时候，此时更需仔细地进行检查。如果从井中起出了 $1.0m^3$ 的钻杆钢材体积，就应该灌入 $1.0m^3$ 的钻井液。如果实际只能灌入 $0.8m^3$，说明有 $0.2m^3$ 的地层流体已进入井内，这个方法可以及早发现地层流体进入井内。

在正式起下钻之前，先从井内起出一二十根钻杆，然后将其下回到井底，开泵循环，观察返出的井底钻井液是否受侵。如果只有小的抽汲显示或者没有显示，就可以安全地进行整个起下钻作业。如果井底返出的钻井液已气侵，应该提高钻井液的密度，并且在正式起下钻以前，再进行一次短起下钻的抽汲试验。上述方法中采用灌钻井液的方法最为精确，因为灌入的量是可以直接观察计量的。

发觉油气被抽汲入井内时，必须将钻杆下入到井底，把受侵钻井液循环出来，使钻井液密度恢复到起钻前或稍微提高。钻井时许多井喷事例之所以发生在起钻过程中，是由于起钻时存在着抽汲作用，并且疏忽了灌钻井液而使液柱高度下降，使得井底压力降低，当钻井液柱压力小于地层流体压力时，地层—井眼系统压力就失去了平衡。

第三节 油气井控基本概念

井控技术的实施既要考虑油气钻完井施工的安全，又要考虑油气藏的发现、油气层保护等因素。不同类型井、不同施工阶段，对井控的要求各有侧重。例如，在探井、评价井的钻井施工中，由于人们对所钻井地层的认知度较低，井控应以确保钻井施工安全、有效钻达目的层位为重点，井控措施应采取相对保守的策略；在生产井的钻井施工中，由于人们对所钻井的地层情况已有了一定的或较高的认知度，井控应以保证钻井安全、有效发现油气层和减少油气层伤害为重点，井控措施应采取相对开放的策略，即采取能够提高钻速、减少故障、降低伤害的油气井压力控制技术。

常规井控技术的一般原则是保持油气井筒内的压力平衡，以保证钻完井施工的顺利进行和油井的正常生产。现代井控技术对油气井控的概念和功能进行了拓展，强调井筒的完整性，注重技术与装备的配合，协调井眼压力系统的平衡关系，兼顾施工安全、发现和保护油气层、提高钻井速度、减少钻井故障、提高综合经济效益等多方需求，形成了新的井控理念。

一、油气井控

油气井压力控制，简称井控，是指采取一定的技术，控制井口和钻井液液柱压力，使之与地层孔隙压力保持一定的平衡关系，保证钻井施工的安全顺利实施。

定义中所说的"一定的技术"和"一定的平衡关系"包括以下几个方面的内容：

① 一定的井控装备，包括足够强度的套管柱、满足要求的井口防喷器系统和管汇系统以及有效的防喷器控制系统；

② 一定的技术手段，包括可靠的地层压力预（监）测结果、合理的井身结构设计、有效的井筒压力控制技术；

③ 一定的井筒压力平衡关系，包括根据钻井施工需要所选定的近平衡钻井、欠平衡钻井、气体钻井、控压钻井等技术方案；

④ 一定的井控管理，包括接受了相应培训、具有一定资质或技能人员所完成的设计、维修和操作。

二、井侵

地层孔隙中的流体（油、气、水）侵入井内，称为井侵。最常见的井侵为气侵、油侵和盐水侵。

三、溢流

溢流是指地层流体（油、气、水）侵入井内，井口返出的钻井液量大于泵入量，或停泵后钻井液从井口自动外溢的现象。

四、井涌

溢流进一步发展，出现钻井液涌出井口的现象，称为井涌。

五、井喷

井喷是指地层流体（油、气、水）无控制地流入井内，从井口喷出或进入井下某薄弱地层的现象，它是一种恶性钻井事故（视频5-3-1）。

① 地上井喷：地层流体经井筒喷出地面。

② 地下井喷：地层流体从喷出地层进入井下某薄弱地层。

视频5-3-1
井喷

六、井控分级

1. 初级井控

初级井控是指在正常钻进和钻进高压油气层时，利用井内钻井液液柱压力来平衡地层压力的技术。

初级井控的核心是确定一个合理的钻井液密度和一套与井筒压力系统平衡关系相适应的地面装备。初级井控期间，依靠钻井液液柱压力和井口装备能够使井筒压力系统维持在可控的平衡关系下，并保障钻完井施工的安全。

在常规钻完井情况下，初级井控要求钻井液液柱压力能够平衡或大于地层压力，保证井口敞开施工时井底流体不侵入井筒。特殊钻完井施工，如欠平衡钻井、气体钻井、控压钻井等是在地面装备的配合下维持井筒压力系统平衡关系在规定的范围内，保证钻完井施工的安全顺利实施。

2. 二级井控

二级井控是指出现溢流或井涌后，采用井控工艺和井控装备，使井筒压力系统恢复到一级井控状态的技术。

由于某种非故意原因造成钻井液液柱压力小于地层压力，发生了非希望的溢流，但可以利用井控技术和地面装备控制住溢流的发展，并建立起新的压力平衡。能够顺利实施二级井控技术的关键是具有完备的井筒和采用合理的井控工艺。

3. 三级井控

三级井控是指二级井控失败，井喷失控后的井控抢险措施及技术。

由于井涌量过大，地面装备或人员失去对地层流体流入井内的控制时机或能力，发生地上或地下井喷，甚至发生着火、塌陷等恶劣状况时，需要使用特殊的技术与设备重新恢复对井筒压力系统的控制，甚至需要通过抢险、灭火、打救援井等特殊手段来控制井喷。

七、井控原则

井控工作的原则是立足初级井控、搞好二级井控、杜绝三级井控。

应努力使所钻井处于可控状态，同时做好一切应急准备。一旦发现井筒压力超出设计的控制范围，应迅速做出响应，采取正确的措施，尽快恢复井筒压力系统的设计可控状态。

三级井控是油气钻井施工中不希望发生的情况，也是钻井施工、管理、研究人员致力于杜绝发生的事件。

八、井控基本要求

① 有效地控制地层压力，防止井喷；
② 协助解决井漏、井塌或缩径等井筒复杂情况；
③ 在保证井筒安全的前提下，最大限度地保护油气层。

九、井控技术内容

① 地层压力的预测和监测；
② 钻井液密度的控制；

③ 合理的井身结构设计；
④ 达标的防喷装备配套及安装；
⑤ 井眼压力剖面的控制；
⑥ 溢流、井涌、井喷的预防及处理。

需要说明的是，由于地下情况千变万化，受到人们对客观世界认识水平的限制，井喷失控仍有可能发生。警钟长鸣，杜绝思想麻痹、管理松懈造成的井喷责任事故，是井控工作非常关键的内容。

第四节　地层流体的侵入及检测

钻井过程中，井喷一般发生在异常高压地层，但也有许多溢流或井喷发生在正常压力地层，其中大多数发生在起钻的时候。起钻时，由于循环停止又加上抽汲作用，井底压力降低，地层流体试图流入井内，及早地检测出地层流体的侵入是防止井喷的前提。在发现地层流体侵入后，应该迅速采取合理的措施，早期检测出溢流的侵入和及时正确操作是防止井喷的基本要素。

一、地层流体的侵入

1. 地层流体的分类

地层流体包括油、气、水。其中，气可为天然气、二氧化碳或硫化氢等；水可为淡水或盐水等。

对渗透性或裂缝性地层，当井筒内的液柱压力小于该处的地层压力时，地层流体会在负压差作用下侵入井眼。在井眼环空裸眼段任意位置或井筒套管的不完整处，只要环空液柱压力低于该处地层压力，地层流体就可能进入井眼。对于同一裸眼中存在多个压力层系，尽管井底压力有可能大于地层压力，但如果上部钻井液液柱压力小于相应层位的地层压力，则该处地层流体仍有可能进入井眼。因此，正常情况下，要求在全裸眼井段均使环空钻井液液柱压力大于地层压力，才能避免地层流体侵入（视频 5-4-1）。

视频 5-4-1　地层流体的侵入

2. 地层流体侵入的原因

1) 地层压力掌握不准

对于新探区和碳酸盐岩地层压力预测问题，目前还未得到很好的解决。受油气开采、地层枯竭、注水生产等因素的影响，常常难以实现对老探区地层压力的准确预测。由于对地层压力认识的未确知性，可能造成钻井液密度设计值偏低（偏高）。

2) 地层流体侵入

地层中油、气、水的侵入，特别是气体的侵入，会使井筒内钻井液密度降低。

3) 起钻未按规定灌钻井液

起钻过程中，未及时补足因井内钻具减少导致的井筒钻井液体积减小。

4) 井漏使井内液面降低

未及时发现井内的钻井液漏失，导致井底有效压力降低。

5) 起钻抽汲

起钻引起的抽汲作用使井底有效压力减小。

6) 停止循环

当钻井液循环时，由于存在环空循环压降，井底有效压力相对较大；当停止循环时，环空循环压降消失，井底有效压力减小。

3. 不同状态下地层流体侵入量

1) 井底压力与地层压力之差对地层流体侵入的影响

在同样条件下，井底压力与地层压力的负压差越大，则地层流体的侵入量越大。

2) 钻井液循环对地层流体侵入的影响

当钻井液循环时，井底有效压力相对较高，地层流体侵入量相对较低，侵入的流体也很快被循环上升的钻井液所携带，不易产生聚集；当停止循环时，井底有效压力相对较低，侵入量相对较高，侵入的流体会产生聚集。

3) 关井对地层流体侵入的影响

关井初期，随着地层流体侵入和气体的滑脱，井口回压增加，井底有效压力增大，地层流体侵入量会减少。如果长时间关井，井底有效压力随气体的滑脱、膨胀增加，可能会大于薄弱地层的破裂压力，造成钻井液漏失和地层流体的继续侵入，地层—井眼系统的压力严重失衡。

4) 不同地层对地层流体侵入的影响

对于致密地层，其地层流体侵入速度慢，单位时间内的侵入量小；对于低压、低渗地层，侵入量相对较小；对于高压、高渗地层，侵入量大；对于高压且裂缝发育地层及溶洞，侵入量最高。

二、气侵

由于气体的特性，天然气在侵入的方式和在井内的运动状态方面，会使溢流具有显著不同的特点。通常天然气中主要为甲烷，在深井中，甲烷在上升到井筒的中部才开始膨胀，甲烷产生的溢流通常有足够的预警时间。但是深井钻进经常遇到硫化氢和二氧化碳，这两种气体在高压下可以完全溶解于钻井液中，只有在低的压力时，即在井筒的上部开始发生膨胀，引起的溢流几乎没有预警时间。

如在 6098m 的井中由于接单根抽汲进入井底 7.9L 气体。当进入井底的是甲烷时，出口管流速和钻井液池钻井液量增加而给出大约 1h 的预警时间。但硫化氢进入井底时没有任何压力升高的显示，开始井喷前只有几分钟的预警时间，根本没有时间来关闭防喷器，在可能遇到硫化氢和二氧化碳的地区必须注意上述特点。为了有效地进行防喷和压井作业，熟悉掌握气侵的一些特点是十分重要的。

1. 气侵的方式

1）岩石孔隙中的气体随钻碎的岩屑进入井筒内

钻进气层时，随着气层岩石的钻碎，岩石孔隙中所含的气体侵入钻井液。侵入的气体量与岩石的孔隙度、天然气饱和度、钻速、井径等有关。对于薄气层，只有少量天然气侵入钻井液；对于大段含气岩层，侵入钻井液的天然气量可能相当大；对于大裂缝或溶洞气藏，可能出现置换性的大量气体突然侵入，在井底形成气柱。

2）气层中的气体由于浓度差通过滤饼向井内扩散

扩散进入井内的气体量主要取决于钻开的气层表面积、浓度差和滤饼性质。一般经过滤饼扩散进入钻井液的气体量不大，但是当滤饼由于压力激动等原因受到破坏或长期停止循环时，扩散进入的气体量就会增加。以上这两种途径表明，即使在地层压力小于钻井液柱压力时，气体也不可避免地会侵入井中。

3）井底压力小于气层压力时，气体经地层孔隙或裂缝渗入或流入井内

起钻时由于停止循环、抽汲作用等原因会使液柱压力降低，同时又较长时间地停止循环，就可能在井底积聚起大量气体而形成气柱。

2. 气侵的特点

① 气体密度远远小于钻井液密度，气体占据同体积钻井液的井筒高度会使井底压力降低；

② 气体刚刚侵入钻井液时呈压缩状态，导致井底钻井液液柱压力的降低有限；

③ 气体由井底向井口运移时体积膨胀，越接近地面膨胀越快，对井底压力的影响越大；

④ 高压高产气层会造成大量侵入气体在井底积聚形成气柱；

⑤ 长时间停止循环钻井液，气体也会在井底积聚形成气柱；

⑥ 在钻井液液柱压力作用下，侵入气体在井底占据的体积有限。

3. 气侵的危害

① 在未关井条件下，气柱受密度差作用滑脱上升或随钻井液循环上升，上部钻井液液柱压力逐渐降低，气体体积膨胀加速，越接近井口膨胀越快。膨胀的气体置换的钻井液体积越大，钻井液当量密度越低，井底有效压力降低越多。井底有效压力的降低加剧了井筒压力系统的失衡，导致更多的气体更快速地侵入井内，造成井喷。

② 在长期关井条件下，气体保持产出地层的压力滑脱上升，一方面会增大井底压力，另一方面会增大井口压力，引起薄弱地层破裂、井口超压、套管抗内压强度不足，造成井漏、地下井喷。

③ 高压、高产地层，特别是高含硫井气侵来势更猛、发展更快，控制不当则危害更大。

4. 气侵后的压力变化

计算条件为：井深3000m，井眼直径$8\frac{1}{2}$in，钻杆尺寸$4\frac{1}{2}$in，钻井液密度$1.2g/cm^3$。

1）未关井条件下

由图5-4-1可以看出，随着气体滑脱（循环）上升，气体上部的液柱压力减小，气体

体积膨胀，气体占据的井筒体积增大，作用在井底的钻井液液柱压力减小。在本例中，井底侵入气体量为 $0.26m^3$，在井底的气柱高度为 10m，到达井口时，膨胀后的气体体积为 $8.35m^3$、在井口的气柱高度为 320m，引起的井底压力降低值为 3.8MPa。

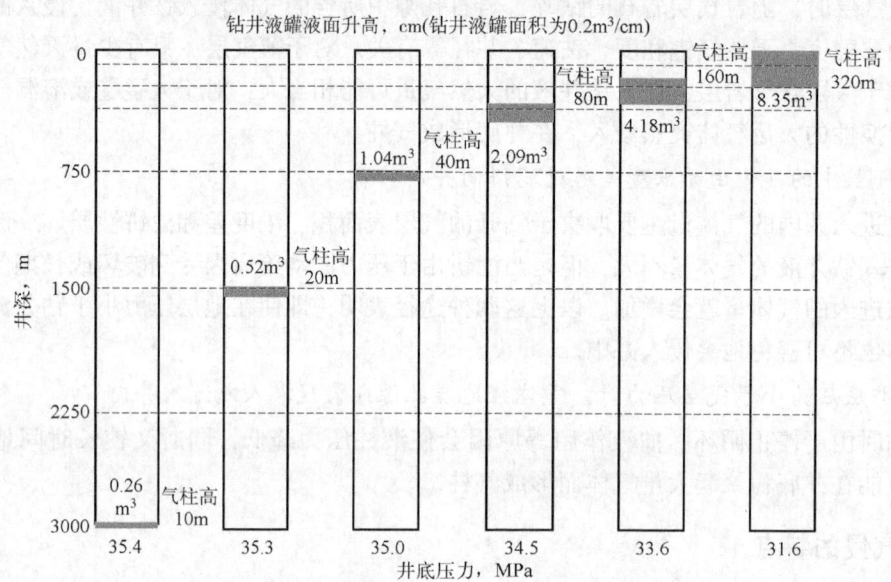

图 5-4-1 未关井条件下的气体膨胀及井底压力变化

2) 关井条件下

气侵关井后，气体滑脱上升，由于井口关闭，气体不能膨胀，气体压力几乎保持井底压力。如果关井时间过长，气体最终会在井口积聚，气体压力与钻井液液柱压力叠加，形成过高的井底压力并作用于整个井筒，极易造成薄弱地层破裂、井口压力超出井控装备的额定压力、井筒压力超出套管抗内压强度、井漏及地下井喷。

由图 5-4-2 可以看出，气体滑脱上升过程中，由于上部钻井液液柱高度减小，不能平衡气柱压力，导致井口压力逐渐增大。气体滑脱到井口时，井口压力等于原井底压力，此时，整个井筒所承受的压力均增加了 35.4MPa，井底压力达到了 70.8MPa。因此，考虑到井口、套管和井底的承压能力，必须避免因长时间关井而造成的井筒压力过高。

三、H_2S 气体的危害

1. H_2S 的物理化学性质

H_2S 是一种无色、剧毒、强酸性气体，其相对密度为 1.176。低浓度的 H_2S 气体有臭鸡蛋味。H_2S 的燃点为 250℃，燃烧时呈蓝色火焰，产生有毒的二氧化硫。H_2S 与空气混合，体积分数达 4.3%~46% 时会形成一种爆炸混合物。

H_2S 的毒性较一氧化碳的毒性大 5~6 倍，几乎与氰化物具有同样的毒性，是一种致命的气体。通常条件下，H_2S 对人的安全临界浓度是 $14×10^{-6}$（体积分数，下同）。

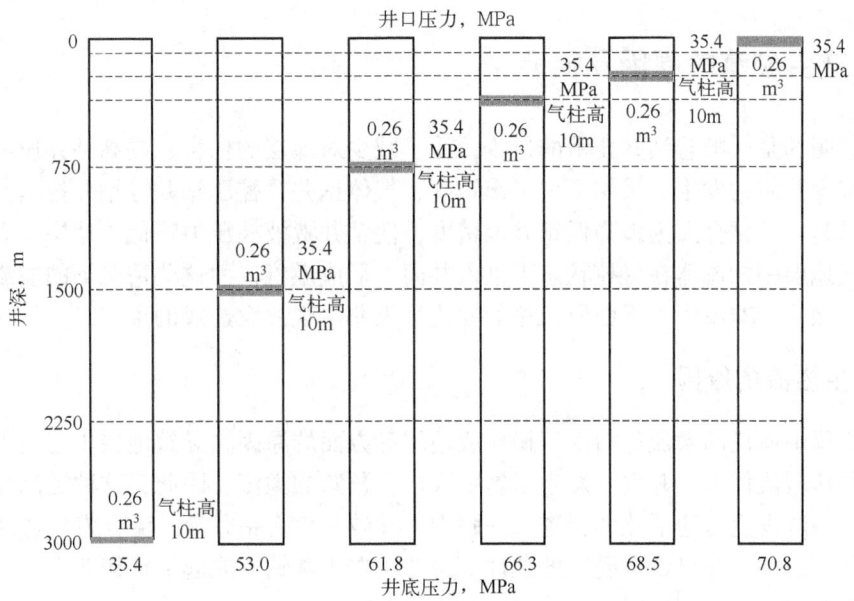

图 5-4-2 关井条件下的井口压力及井底压力变化

表 5-4-1 人类在不同 H_2S 浓度下受到危害的程度对照表

H_2S 浓度（体积分数）×10^{-6}	危害程度
0.13~4.6	可嗅到臭鸡蛋味，一般对人体不产生危害
4.6~10	刚接触有刺热感，但会迅速消失
10~20	为安全临界浓度值，在此浓度且露天条件下，人可以连续待 8h，否则要戴防毒面具
50	允许人直接接触 10min
100	接触 3~10min 就会感到咽喉发痒、咳嗽；接着损伤嗅觉神经、眼睛；有轻微头痛、恶心，脉搏加快。接触 4h 以上可能导致死亡
200	立即破坏嗅觉系统，眼睛、咽喉有灼热感，时间长了，眼睛、咽喉将被灼伤，若不立即离开，将导致死亡
500	失去理智和平衡知觉，呼吸困难，2~15min 内出现呼吸停止，如果抢救不及时，将导致死亡
700	很快失去知觉，停止呼吸，若不立即抢救，马上死亡
1000	立即失去知觉，造成死亡或永久性脑损伤，导致智力残损（植物人）
2000	吸上一口，立即死亡，无法抢救

2. H_2S 气体的分布

H_2S 多存在于碳酸盐岩中，特别是在与碳酸盐岩伴生的硫酸岩沉积环境中大量、普遍地存在 H_2S 气体。世界上 H_2S 气体含量最高的地区是美国的南得克萨斯气田；我国华北油田冀中坳陷赵兰庄气田古近系孔店组碳酸盐岩气藏，四川油田川东卧龙河气田三叠系嘉陵江灰岩气藏，新疆塔里木轮古油田和克拉玛依油田南缘的卡 10 井、西 4 井、东湾 1 井、安 4 井等在钻井施工中都出现过 H_2S 气体；在红山嘴、八区、稠油区等区块的油田开发过程中也出现过 H_2S 气体。

四、产生溢流的原因及征兆

需要说明的是，随着钻井技术的进步，为了减少对地层的伤害、提高钻井速度、早期发现油气、减少井漏的发生，采用了欠平衡钻井、气体钻井、控压钻井等钻井技术。当采用这些钻井技术时，常常会人为地降低钻井液密度，使钻井液液柱压力略低于地层压力。某些情况下会造成地层中的流体在受控状态下进入井筒，形成溢流，而这些情况下的溢流是主观故意造成的。除非特殊说明，下面所讨论的溢流均为非主观故意造成的溢流。

1. 产生溢流的原因

钻井工程中所说的溢流是指由于操作或地层等方面的原因，导致地层压力高于井底有效压力，致使地层流体进入井内，发生了施工人员未预知的溢流，因此，这种溢流为非主观故意造成的。溢流发生时地层流体会进入井眼内，导致井口有钻井液外溢，发现过晚可能会形成井涌，甚至必须在井口设备受压的条件下关井。在正常钻进或起下钻作业中，溢流可能在下列条件下发生：

① 井筒内钻井液液柱压力小于地层压力；
② 溢流发生的地层具有一定的渗透率，允许流体流入井内；
③ 地层中含有一定体积的流体。

虽然地层压力和地层渗透率无法控制，但可以保持井内有适当的钻井液液柱压力。任何原因造成的钻井液液柱压力降低都有可能导致地层流体侵入井内，其中最普遍的原因有：

① 起钻时未及时灌钻井液，使井筒内液柱高度降低；
② 起钻抽汲，形成负压差；
③ 地层漏失，使井筒内液柱高度降低；
④ 钻井液或固井液的密度低，形成负压差；
⑤ 地层异常高压，大于井底有效压力，形成负压差；
⑥ 下钻速度过快，压漏地层，使井筒内液柱高度降低；
⑦ 固井过程中，由于水泥浆的失重、窜槽，形成套管外气侵，造成套管外溢流。

2. 溢流的征兆

在各种钻井作业中，当发生气侵或油水侵后，侵入井内的油气水便推动井内钻井液从井口向外溢出。可以在地面上发现的从井内溢出的钻井液液流的各种显示称为溢流显示。通过观察分析这些溢流显示可以判断井筒内钻井液受侵情况。及时发现溢流，采取正确的操作迅速控制井口，是防止井喷发生的关键。

① 下钻时溢流的征兆：正常情况下，钻柱下入井眼内，会排开相当于该钻柱体积的钻井液，如果返出的钻井液体积大于下入钻柱的体积，证明有一定数量的地层流体侵入井内。若停止下放钻具，井口仍向外溢出钻井液，则说明发生了溢流。下钻中停止下放并观察井口是否有流体流出是最直观、最有效的方法。

② 钻进时溢流的征兆：正常钻进时，出口钻井液流速发生变化，钻井液返出量大于注入量，钻井液罐液面升高；停泵后钻井液外溢；钻井液性能，如气测值、密度、氯离子浓度、电阻率、电导率、温度发生变化等。

③ 起钻时溢流的征兆：起钻时灌入井内的钻井液体积小于起出钻柱的体积；停止起钻时，井口有钻井液外溢。

④ 空井时溢流的征兆：井口有钻井液外溢，钻井液罐液面升高。

五、地层流体侵入的检测

地层流体侵入的检测主要有以下方法（视频5-4-2）。

1. 钻井液体积检测法

地层流体侵入井眼后，钻井液总体积增加，钻井液罐液面升高。对于油水侵入情况，如果忽略其在环空中的压缩性，地层油水侵入多少，钻井液体积应增加多少。对于气侵，由于其具有可压缩性，当气体上升到井筒中上部，有明显膨胀时，钻井液罐液面才有较明显的变化。目前，监测钻井液罐液面的仪器主要有浮子液位计（图5-4-3）和超声液位计。利用安装在各钻井液罐中的传感器监测各钻井液罐的液位改变，可累计求出钻井液体积的改变。

视频5-4-2 地层流体的征兆和检测

2. 返出钻井液流量检测法

检测返出钻井液流量的变化也是溢流检测的方式之一。常用的检测手段主要是采用靶式流量计（图5-4-4），也有采用电磁流量计和质量流量计的检测方式。

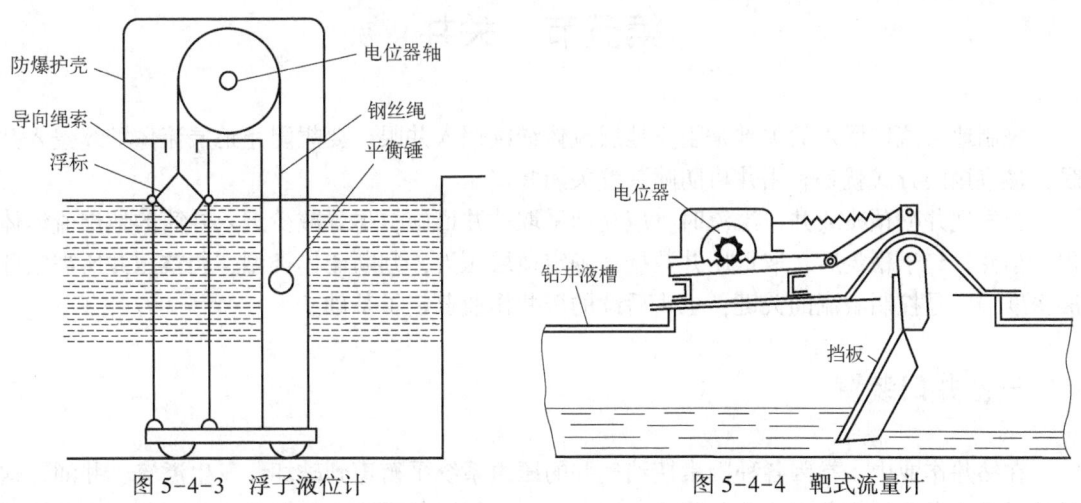

图5-4-3 浮子液位计　　　　图5-4-4 靶式流量计

3. 声波法检测溢流

在常温常压下，声波在水中的传播速度约为1500m/s，在空气中的传播速度约为340m/s，而在空气和水形成的气液两相流中的传播速度可以低达每秒几十米，因此，通过相应的检测仪器和手段可以检测到井筒气侵。

4. 声波法检测漏失

某一时刻沿井筒向下发射声波信号，该信号到达井筒内的气液界面会发生反射，反射波沿井筒上返到达接收装置。测量声波发射时刻到接收时刻的时差,即可计算出井筒内钻井液液面的高度,利用这一原理可以检测出是否发生井漏。

5. 其他检测手段

综合录井技术提供了一套检测地层流体侵入的手段。

① 泵压上升或下降,悬重减小或增大:钻遇高压层时,井底压力突然升高,导致悬重减小,泵压升高;地层流体侵入钻井液后,钻井液密度降低,浮力减小,悬重增大,泵压减小。

② 钻井液出入口温度:异常高压地层温度一般较高,故钻遇异常高压地层时在井口可发现返出钻井液温度升高。

③ 钻井液出入口密度:地层中的油、气、水侵入井眼,会使返出钻井液的密度降低。

④ 钻井液出入口电导(阻)率:地层中的油、气、水侵入井眼,会使钻井液的理化性质发生改变。例如,地层盐水侵入钻井液会使钻井液的电阻率降低,电导率升高。

⑤ 钻井液出入口黏度:地层中的油、气、水侵入井眼,可与钻井液发生反应,使钻井液黏度发生改变。

⑥ 气测值变化:钻到油气层或含有 H_2S 的地层时,返出钻井液中会溶解或携带一定的油气或硫化氢,通过色谱仪可以检测出钻井液中烃组分及全烃的变化;利用 H_2S 监测仪也可以检测出钻井液中是否含有 H_2S。

第五节　关井

控制地层流体侵入的关键是阻止地层流体继续侵入井眼。要想阻止地层流体继续侵入井眼,最直接的方式就是利用井口防喷装置关闭井口。

当发现井喷预兆或井口溢流时,应立即采取关井措施,尽量减少进入井筒的地层流体体积。当井口趋于稳定后,取得压井数据,确定地层压力,判断流体类型,调整压井所需钻井液密度,这是控制溢流的关键,也为后续的压井作业奠定了基础。

一、井口装置

在钻井作业中,常因各种因素使油气井的压力系统平衡遭到破坏,发生溢流、井涌,这时就需要依靠井控装备实施关井作业,再通过一定的压井手段重新恢复对油气井压力系统的控制。井控装备是实施油气井压力控制技术的一整套专用设备、仪表与工具。井控装备具有以下功用:

① 预防井喷。保持井筒内液柱压力与井口压力之和始终略大于地层压力,以预防井喷。

② 及时发现溢流。实施对井筒压力平衡状态的监测,及时发现溢流、井涌、井喷征兆。

③ 迅速控制井喷。一旦发现溢流、井涌、井喷,迅速实施关井,遏制溢流、井涌、井喷势态的进一步恶化,为实施压井作业提供设备条件,重新恢复井眼系统的压力平衡。

④ 处理复杂情况。在井喷失控的情况下，实施压井、灭火、抢险等作业。

发现井喷预兆或井口溢流时，所采取的措施和井场上采用的井口装置有很大关系，井口装置不同，应采取的措施也就不同。现场常采用的井口装置及管线如图5-5-1所示。

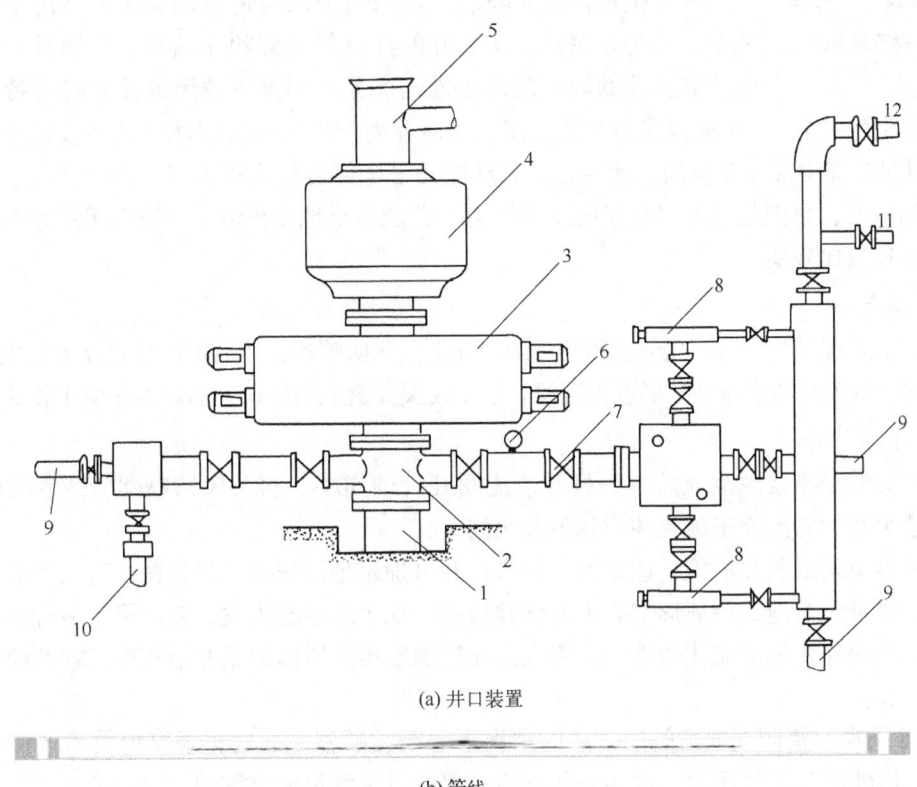

(a) 井口装置

(b) 管线

图 5-5-1　井口装置及管线

1—表层套管；2—四通；3—液压双闸板防喷器；4—多效能防喷器；5—防溢管；6—压力表；7—液动阀；
8—手动可调节流阀；9—放喷管线；10—压井管线；11—接至除气器；12—接至钻井液罐

二、关井

发现井口溢流时，应立即采取关井措施，其目的是尽量减少进入井内的流体量，流入量越小，越容易处理；尽可能多地保持环空内的钻井液量，减少循环压井时的井口回压；取得压井数据，确定地层压力、压井所需钻井液密度，判断流体类型。

井控标准中规定报警时，溢流量不超过 $1m^3$；关井时，溢流量不超过 $2m^3$。对于探井、高压井、气井、含硫井，应该做到疑似溢流立即关井，以确保井筒及井口安全。对地层熟悉、压力低、产量小的井，考虑到卡钻、井壁垮塌等问题，在井控有充分把握的前提下，可以考虑将钻头提到套管鞋后再关井。在地面安全与井下安全的取舍中，应优先考虑地面安全；在人员与设备安全的取舍中，应优先考虑人员安全。

1. 关井方式及选择

关井方式及选择如下（视频 5-5-1）。

视频 5-5-1 关井方式及选择

1) 硬关井

在发生溢流或井喷后，在四通旁的通道全部关闭的情况下关闭防喷器，称为硬关井。硬关井的优点是关井程序简单，控制井口的时间短。硬关井的缺点是产生液击现象。当发生溢流或井喷时（特别是高压、高产油气井），由于液流通道突然关闭，会使井内喷出的地层流体和钻井液速度骤然变为 0，引起系统中液体动量的迅速变化，其动能几乎全部转化为压力能，产生液击。液击产生巨大的压力，可能超过井口装置的工作压力。若能尽早地发现溢流，可以采用硬关井，此时的液击现象比较弱。

2) 软关井

在发生溢流或井喷后，在节流阀开启的情况下关闭防喷器，然后根据需要开关节流阀，称为软关井。软关井的优点是减弱液击现象。鉴于硬关井造成的失误，国内推荐使用软关井。

3) 半软关井

半软关井是指发现溢流后，先打开节流阀开度的 50%，再关闭防喷器，然后关闭节流阀。半软关井的特点介于硬关井与软关井之间。

通过迅速采取关井措施，达到控制井口，并可确定地层压力，尽量减少进入井筒的地层流体量，尽可能多地保持环形空间里的钻井液量。如果防喷器未关，就不可能精确地确定地层压力，无法停止地层流体的进一步流入，无法确定压井所需的钻井液密度。在关闭防喷器时应该注意：

① 必须在节流阀或放喷阀门开启的情况下关闭防喷器，然后再缓慢地关闭节流阀或放喷阀门，以便测量关井压力，这样关井不会引起井口装置很大的震动。

② 当溢流发生时，制止溢流所需的回压取决于关井速度和在井内保持钻井液量的多少。喷出钻井液越多，压井时所需回压将越高，因此，发生溢流时必须迅速关井。

③ 关井后井口压力不断上升，应该注意使压力不超过下面三个极限值中的任何一个：井口压力不超过井口装置的最大工作压力；环形空间压力不超过套管的最小抗内压强度，考虑到套管受磨损后强度的降低，井口套压不应超过 API 套管抗内压强度的 80%；井内环形空间压力不超过地层的破裂压力。

2. 关井中应注意的几个问题

① 关防喷器时，要先关环形防喷器，再关闸板防喷器；

② 关节流阀时，速度不要太快，注意套压不要超过允许值；

③ 关闸板防喷器时，应使钻具处于悬吊状态，不能坐在转盘上，以防止钻具不居中而封不住；

④ 如确实需要向井内下入钻具，不能在钻井液外溢的情况下敞着井口抢下钻，而应采用上下两个闸板防喷器交替过接头强行下钻；

⑤ 当关井套压大于允许关井套压时，不能把节流阀全关死，并保持在尽可能高的套压下进行节流循环。

三、关井后立管压力的确定

关井后，如果井筒是完整的，即井口防喷设备完好，套管抗内压强度满足压井要求，裸眼段没有漏失，整个井筒就可以形成一个密闭的空间，关井后随着地层流体的侵入或气体的滑脱，井筒压力会与地层压力达到暂时的平衡状态。由于井底压力低于地层压力，要重新建立井筒压力系统的平衡，需要提高钻井液液柱压力。在常规钻井方式下，一般通过替入合适密度的加重钻井液，将已进入井眼的地层流体及受到地层流体污染的低密度钻井液循环出井。

配置加重钻井液，首先要确定加重钻井液密度，要确定加重钻井液密度需要知道地层压力，而关井后的立管压力是计算地层压力的基础，因此，必须首先对立管压力进行确定，这个过程需要掌握 U 形管原理和关井立管压力的读取方法。

1. U 形管原理

由于钻柱、环空与地层之间是连通的，它们之间的液体压力是可以传递的，因此，关井立管压力、关井套管压力、地层压力、环空液柱压力、钻杆内液柱压力之间存在一定的平衡关系。由于钻头喷嘴尺寸很小，一般可假设关井期间地层流体未进入钻柱内，随着地层流体的侵入，环空内的钻井液体积增大，关井套管压力增加，井底压力增加，关井立管压力也随之增大，井底压力与地层压力差减小，最终使井底压力与地层压力达到平衡，地层流体停止侵入（视频 5-5-2）。

视频 5-5-2
U 形管原理

1）静止条件下的压力平衡关系

根据 U 形管原理，如图 5-5-2 所示，可以将静止条件下（不循环）的压力平衡关系描述为

$$p_a + p_{ha} = p_p = p_{sp} + p_{hi} \tag{5-5-1}$$

式中 p_a——关井套管压力，MPa；

p_{ha}——环空内受侵钻井液静液柱压力，MPa；

p_p——地层压力，MPa；

p_{sp}——关井立管压力，MPa；

p_{hi}——钻柱内钻井液静液柱压力，MPa。

根据关井后受侵钻井液未进入钻柱内的假设，钻柱内的钻井液密度就是钻井采用的钻井液密度，也就是原钻井液密度，正确读取立管压力与套管压力，由式(5-5-1) 可以计算出地层压力 p_p，并求出平衡地层压力所需的压井钻井液密度。

2）节流循环条件下的压力平衡关系

根据 U 形管原理，如图 5-5-3 所示，可以将节流循环条件下的压力平衡关系描述为

$$p_T + p_{hi} - \Delta p_{ld} = p_p + \Delta p_{la} = p_a + p_{ha} + \Delta p_{la} \tag{5-5-2}$$

$$p_T = p_p - p_{hi} + \Delta p_{ld} + \Delta p_{la}$$

$$= p_{sp} + \Delta p_{ld} + \Delta p_{la} = p_{sp} + \Delta p_c \tag{5-5-3}$$

式中 p_T——循环时的立管压力，MPa；

Δp_{ld}——钻杆内及钻头循环压耗，MPa；

Δp_{la}——环空内循环压耗，MPa；

Δp_c——循环总压耗，MPa。

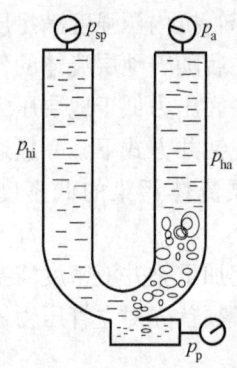
图 5-5-2　关井期间 U 形管原理图

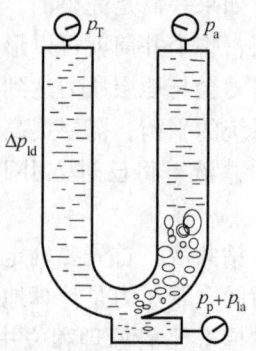
图 5-5-3　节流循环条件下 U 形管原理图

由于环空内的钻井液受到地层流体侵入后密度发生了变化，不能采用关井套管压力来求地层压力。显然，正确地读取立管压力是准确计算地层压力的关键，同时有助于判断井底的压力失衡状态以及侵入的地层流体性质。

2. 关井立管压力与套管压力的确定

1）未装钻具内防喷工具时读取关井立管压力与套管压力

对于具有良好渗透性的地层，关井 10~15min 后地层和井眼之间可以建立起平衡（图 5-5-4），而对于致密性地层，建立起平衡所需的时间较长（视频 5-5-3）。

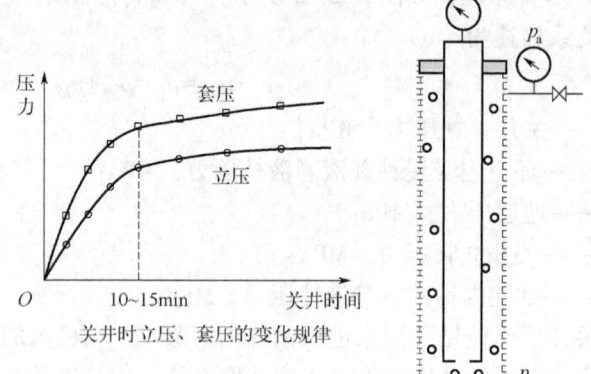

视频 5-5-3　关井立管压力与套管压力的确定

图 5-5-4　关井后立管压力与套管压力的变化

（1）油水侵

油、水密度一般低于钻井液密度，油、水虽与钻井液有相对上升运动，但可忽略不计，因此，不会产生因滑脱膨胀造成的圈闭压力，当关井压力恢复曲线平稳后，即可得出关井压力值。

（2）气侵

对于气侵（油气侵、水气侵）情况，环空内为含气钻井液。如果关井及时，当立管压力与套管压力上升到一定值时,井底压力等于地层压力,地层流体不再进入井眼。从理论上讲,如果此时刚好读取立管压力,则求得的地层压力较为准确。

如果关井时间滞后,则井筒内的气体会滑脱、上升、膨胀,井口压力会上升,读取的立管压力和套管压力会大于平衡地层所需的实际压力,导致由此求取的地层压力也高于实际地层压力。

（3）圈闭压力的释放

圈闭压力是指关井后记录的关井立压或关井套压超出平衡地层压力所应有的关井立压或关井套压的数值。圈闭压力通常是由于溢流发现较晚、关井较迟,或关井后读取关井压力较晚,环空内的气柱滑脱上升,并受到井筒空间限制不能膨胀引起的。如果在循环时关井先于关泵,向关闭的井筒内多注入了一定体积的钻井液,则也会引起井筒憋压,形成圈闭压力。圈闭压力的存在会使读取的关井立压和关井套压偏大,由此求出的压井钻井液密度偏高,造成过度井控,甚至压漏地层,因此,必须先释放圈闭压力。

释放圈闭压力的步骤如下：

① 缓慢开启节流阀,放出少量钻井液（40~80L）,关闭节流阀；

② 观察压力变化情况,如果立管压力和套管压力均有下降,说明有圈闭压力,重复上述步骤；

③ 直至立管压力不再下降为止,记录关井立管压力和关井套管压力。

如果放压后,立管压力不变,套管压力升高,说明没有圈闭压力,不宜继续放出钻井液。

2）装有钻具内防喷工具时读取关井立管压力和关井套管压力

井控标准规定,每个班组必须做低泵冲试验,测定压井排量下的循环总压耗。对于做过低泵冲试验,已知压井排量和循环总压耗 Δp_c 时,求关井立管压力的步骤如下：

① 记录关井套管压力；

② 缓慢开泵和打开节流阀；

③ 控制节流阀,使套压等于关井套压,并保持套压不变；

④ 当排量达到压井排量,套压等于关井套压时,记录循环立管压力 p_T,停泵,关闭节流阀；

⑤ 由式(5-5-3)计算关井立管压力（其中 Δp_c 已知）。

第六节　压井

当地层—井眼压力系统失去平衡时,按照一定的方法往井内注入适当密度的加重钻井液来制止井涌或溢流,以达到迅速恢复或重建井内的压力平衡,此作业称为压井。发生溢流的原因是地层—井眼系统在压力方面失去平衡,因此,压井的根本任务就是如何迅速恢复和重建压力平衡关系。压井时,如果采用一般的循环方法（井口敞开下循环）是无法制止溢流的。因为这时环形空间内液柱压力小于地层压力,打入的重钻井液会随同油气立即溢出或喷出,无法建立起压力平衡。为防止钻井液从环空中溢出或喷出,必须在井口造成一定的局部阻力来增加环空中的压力,以便平衡地层压力。这个增加的阻力称为回压。由于液体和气体都传递压力,井口的这个回压同样也作用于整个井筒和井底。这样,就可以利用回压和钻液柱压力来平衡地层压力，阻止地层流体进一步流入井眼。

压井是指利用合理的压井方法，将由实际地层压力得到的钻井液密度配制出的压井钻井液，按照一定的步骤注入井内，重新建立地层—井眼压力系统的平衡。

一、压井的目的及原则

1. 压井的目的

压井的目的就是恢复井筒与地层之间的压力平衡，使井内钻井液液柱压力不低于地层孔隙压力。一方面要使压井后的井底压力稍大于地层压力，另一方面还必须把由地层进入井眼中的流体安全地排出井眼或安全地压回地层（高含硫井）。

2. 压井的基本原则

一般采用保持井底常压的方法进行压井，即在压井过程中，井底压力略大于地层压力，并在压井施工的整个过程中保持井底压力不变。同时还要考虑套管鞋处的地层破裂压力、套管的抗内压强度、井口防喷装置的承压能力等。

3. 关井套压的最大允许值

关井套压的最大允许值应满足下列条件：
① 不大于井口防喷装置的额定工作压力；
② 与液柱压力之和不大于地层破裂压力；
③ 与液柱压力之和不大于最薄弱套管抗内压强度的80%。

4. 压井工艺过程

根据确定的压井方法，通过控制节流阀，控制立管压力和套管压力，维持井底常压，用确定的压井排量将配制好的压井钻井液注入井内，替换出井内被污染的钻井液，重新建立井筒内的压力平衡。

二、压井基本参数计算

1. 地层压力计算

根据式(5-5-1)得

$$p_\mathrm{p} = p_\mathrm{sp} + p_\mathrm{hi} = 0.00981(\rho_\mathrm{d} + \Delta\rho_\mathrm{d})D \tag{5-6-1}$$

式中　D——井眼垂直深度，m；

　　　ρ_d——原钻井液密度，g/cm³；

　　　$\Delta\rho_\mathrm{d}$——平衡地层压力所需的钻井液密度增量，g/cm³。

2. 压井钻井液密度计算

压井钻井液密度的计算公式为

$$p_\mathrm{he} = p_\mathrm{p} + \Delta p = p_\mathrm{sp} + p_\mathrm{hi} + \Delta p$$

$$= 0.00981\rho_{d1}D \tag{5-6-2}$$

其中
$$\rho_{d1} = \frac{p_p + \Delta p}{0.00981D} \tag{5-6-3}$$

式中　ρ_{d1}——压井钻井液密度，g/cm³；

Δp——井底压力安全附加值，MPa。

其中井底压力的安全附加值取值按标准规定如下：

对于油井，井底压力安全附加值 $\Delta p = 1.5 \sim 3.5$MPa，钻井液密度安全附加值字 $\Delta \rho = 0.05 \sim 0.1$g/cm³；

对于气井，井底压力安全附加值 $\Delta p = 3.0 \sim 5.0$MPa，钻井液密度安全附加值 $\Delta \rho = 0.07 \sim 0.15$g/cm³。

压井钻井液密度计算如视频 5-6-1 所示。

3. 侵入流体的判别

通过 U 形管原理，可以对地层侵入流体进行判别（视频 5-6-2）。由于环形空间内的气侵钻井液密度低于钻柱内的钻井液密度，关井套压通常大于关井立管压力，环形空间内受侵污染度越严重，这个差值就越大。因此，比较关井套压和关井立管压力，可以得到钻井液污染的严重程度和侵入流体的种类（石油、天然气、盐水）。

视频 5-6-1　压井钻井液密度计算

视频 5-6-2　侵入流体的判别

侵入流体的种类也可以通过计算来判断（主要是为了确定是否有天然气侵入环形空间）。由钻井液池中液面升高，精确计量已侵入环形空间的地层流体的数量 ΔV，环形空间单位长度容积为 V_a，则地层流体在环形空间中所占高度 h_f 为

$$h_f = \frac{\Delta V}{V_a} \tag{5-6-4}$$

根据 U 形管原理，式(5-5-1) 又可写为

$$p_a - p_{sp} = p_{hi} - p_{ha} \tag{5-6-5}$$

其中
$$\begin{cases} p_{hi} = \rho_d g D \\ p_{ha} = \rho_d g(D - h_f) + \rho_{df} g h_f \end{cases}$$

式中　ρ_{df}——环形空间中侵入地层流体的密度，g/cm³。

用 p_{af} 代表环形空间中地层流体自身重力所造成的压力，用 G_{Df} 代表这个压力的梯度，式(5-6-5) 可以变形为

$$(G_{Dd} - G_{Df})h_f = p_a - p_{sp}$$

$$G_{Df} = G_{Dd} - \frac{p_a - p_{sp}}{h_f} \tag{5-6-6}$$

式中　G_{Dd}——环形空间中钻井液柱（不包括地层流体）的压力梯度，MPa/m；

G_{Df}——环形空间中侵入地层流体的压力梯度，MPa/m。

由式(5-6-4)和式(5-6-6)，可求得 G_{Df}，由 G_{Df} 的大小来判断地层流体的种类。一般天然气为 $(1.08 \sim 4.51) \times 10^{-3}$ MPa/m，天然气与石油（盐水的混合物）为 $(4.51 \sim 9.03) \times 10^{-3}$ MPa/m，石油或盐水为 $(9.03 \sim 11.28) \times 10^{-3}$ MPa/m。结果是否正确，与侵入环形空间的地层流体的总量是否测算正确以及井眼是否扩大有关。

4. 压井排量计算

压井过程中一般采用低泵速压井，所采用的排量一般为正常钻井施工排量的 1/3～1/2。采用低泵速小排量的目的是便于压井过程中节流阀和压力的控制，同时考虑，气体循环到达井口时，膨胀不要过快，流量不要过大，以减小控制难度和处理难度。其计算式为

$$Q' = (1/3 \sim 1/2)Q \tag{5-6-7}$$

式中 Q'——压井排量，L/s；

Q——钻进时正常排量，L/s。

5. 压井立管压力变化规律

根据压井过程中的压力平衡关系，由式(5-5-1)和式(5-5-3)可以导出

$$p_T + p_{hi} - \Delta p_c = p_p = p_a + p_{ha} \tag{5-6-8}$$

由式(5-6-8)可以看出：

① 只要在压井过程中保持等式左侧的值不变，就能保持井底常压；

② 由于压井钻井液密度 ρ_{d1} 大于原钻井液密度 ρ_d，因此，压井过程中 p_{hi} 是不断增大的，要保持井底压力恒定，必须减小立管总压力 p_T；

③ 增大节流阀开度，可以减小节流压力，降低立管总压力 p_T；

④ 压井钻井液由立管泵入时的立管总压力称为初始循环立管压力 p_{Ti}，压井钻井液返到井口时的立管总压力称为终了循环立管压力 p_{Tf}；

⑤ 当压井钻井液循环到井底时，钻柱内的钻井液液柱压力已能平衡地层压力，关井立管压力变为0，系统循环压耗也由于钻井液密度的变化由初始循环压耗变为终了循环压耗 Δp_c（图5-6-1），可表示为

$$p_{Ti} = p_{sp} + \Delta p_{ci} \tag{5-6-9}$$

$$p_{Tf} = \Delta p_{cf} \frac{\rho_{d1}}{\rho_d} \Delta p_{ci} \tag{5-6-10}$$

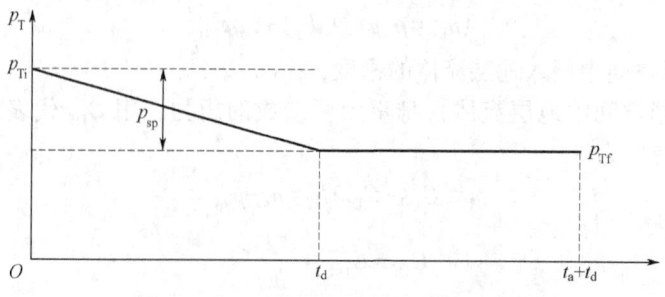

图 5-6-1 压井过程中立管压力的变化

6. 压井钻井液从地面到达钻头的时间

压井钻井液从地面到达钻头的时间是指在压井排量下,将钻井液通过钻杆从地面泵至钻头所需的时间,可表示为

$$t_d = \frac{V_d D}{60 Q'} \tag{5-6-11}$$

式中 t_d——压井钻井液从地面到达钻头的时间,min;

V_d——单位长度钻柱的容积,L/m。

7. 压井钻井液充满环空所需的时间

压井钻井液充满环空所需的时间是指在压井排量下,将钻井液通过钻头上返至井眼环空,充满井眼环空并到达井口所需的时间,可表示为

$$t_a = \frac{V_a D}{60 Q'} \tag{5-6-12}$$

式中 t_a——压井钻井液充满环空所需的时间,min;

V_a——单位长度环空的容积,L/m。

三、压井方法选择

现场常采用控制地层压力不变的方法进行压井,它能精确地计算出地层压力、压井所需的回压和所需钻井液密度,在尽可能短的时间内以不变的井底压力将井控制住,大大减少了井下复杂情况的发生。当发生溢流关井时,关井立管压力可能为零,也可能不为零,针对不同的情况,可以选择不同的压井方法。

1. 关井后立管压力为零时的压井方法

关井后立管压力为零时,不必提高钻井液密度,这是压井中最容易的情况。这种溢流往往是由于抽汲作用或是由于气体扩散进入井底钻井液中。这种现象出现在起下钻后恢复钻进时,或在长期停止循环后。有两种情况可以考虑:

① 套压为零。说明环形空间侵污得并不严重,应该开着防喷器恢复循环。除非情况恶化,在注意钻井液池液面和钻井液密度的同时,对返出的钻井液进行充分除气就可以了。

② 套压不为零。必须通过节流阀循环以排出环形空间内受侵污的钻井液。选定某一泵速,在套压不变情况下启动泵,使泵达到该泵速。此时立管压力应非常接近于用前述方法求得的 p_{ci}。控制节流阀的开启大小,使立管压力等于 p_{ci},并保持不变。由于 $p_d = 0$,所以此时 $p_{ti} = p_{ci}$。在循环一周期后,当环形空间容量已循环出井眼时,套压应该减少到零。停泵校核,套压和立管压力都应为零。

在循环中应注意测量钻井液密度,不要将受侵污的钻井液重新泵入井内,在达到对溢流的控制以后,可以稍微提高钻井液密度,使井内压力得到平衡。

2. 关井后立管压力不为零时的压井方法

当关井后立管压力不为零时,表明钻井液柱所产生的压力不足以平衡地层压力,地层流

体侵入井眼，必须提高钻井液密度进行压井，其方法有四种选择：

① 立刻开始边加重钻井液边循环压井。这种方法可以在最短时间内制止住溢流，使节流阀和井口装置承受的压力最小和受压时间最短，减少钻杆黏附卡钻的发生，因此是最安全的，但需要进行许多计算，较为复杂。

② 继续关井，先加重钻井液，再循环压井（工程师法压井）。这种方法是在一个循环周期中完成的，所需时间较短，井口压力较小，也较安全，但关井时间长，对循环不利。该方法效果的好坏取决于能否迅速加重钻井液。

③ 先循环排出受侵污的钻井液，关井，加重钻井液，然后再循环压井（司钻法压井）。这种方法相对来说是安全的，技术上也比较容易掌握。存在的问题是需要最长的时间、最大程度地运用井口防喷设备以及在等待加重钻井液时关井是否适宜。

④ 先循环排出受侵污的钻井液，然后边加重钻井液边循环压井。这种方法复杂，需要较长时间。

四、司钻法压井

司钻法压井（视频5-6-3）又称为两步控制法压井，是在两个循环周期中完成的。

1. 特点

二次循环压井法又称司钻法，其基本做法是：发现溢流后关井，取得地层压力数据；先用原钻井液循环一周，排出井内受污染钻井液，然后用配制好的压井钻井液进行第二周循环，替出原钻井液，恢复地层井眼系统的压力平衡。

视频5-6-3 司钻法压井特点及工序

二次循环压井法的优点是可以尽快排出井内受污染的钻井液，关井等待时间短，可尽快恢复循环；缺点是压井时间长，第一循环周内套压可能较高。

2. 施工工序

1) 第一循环周期

在平衡地层压力的情况下循环排出受侵污的钻井液，这是司钻法压井的第一循环周期，其操作方法是：

① 必须在不变的泵速和不变的立管压力下循环钻井液，保持井底压力不变。为了平衡地层压力，循环时立管压力应该等于 p_{ti}，在整个循环周期内通过调节节流阀保持立管压力值不变。如立管压力超过 p_{ti}，开大节流阀；如立管压力低于 p_{ti}，关小节流阀。

② 当环形空间容量循环出来时，立即关闭节流阀，以避免地层流体再一次流入。这时关井套压应该等于关井立管压力，因为此时两部分钻井液柱压力相同。

③ 循环完后压力继续稳定，就没有严重危险，可以在防喷器继续关闭的同时准备加重钻井液。但为了安全起见，应该监视压力，以便发现环形空间中的任何流体的重新侵入。

④ 注意调节节流阀的开启大小和立管压力的升降之间存在着迟滞现象。这个迟滞量，即液柱在环形空间里向下或在钻柱里向上传递压力的速度，大约为300m/s。在3000m深的井中，在调节节流阀之后和在立管压力表上显示出压力变化之前有20s迟滞。实际的迟滞量

与液柱中的天然气量和钻井液密度有关。如果不考虑迟滞量，会造成调节过度而导致井底压力的波动。

2）第二循环周期

用加重钻井液循环压井，这是司钻法压井的第二循环周期，其操作方法是：

① 确定加重钻井液密度。加重钻井液液柱产生的压力能够平衡地层流体压力。加重钻井液密度值 ρ_{d1} 可以按式（5-6-3）计算。

② 按照计算的新密度，配制好 1.5~2 倍于整个循环周期容积的加重钻井液。

③ 加重时应注意测量钻井液密度，加强对加重钻井液的搅拌，使加重钻井液的密度均匀，防止由于加重钻井液的不均匀而使密度低的钻井液进入井内。加重时，钻井液中可能仍有一定量的天然气。天然气在钻井液池内多半处于表面，因此，钻井液样品应该从钻井液池内尽可能深的地方取得，以便能更好地代表井中天然气被压缩了的钻井液的密度。用几滴去泡剂缓慢地搅入钻井液样品中，并静止几分钟，就可测得正确的钻井液密度。

④ 加重钻井液配制好后，在不变的泵速（与第一循环周期中所用泵速相同）下用加重钻井液恢复循环，并保持一定的井底压力不变。

⑤ 当加重钻井液在钻柱中下行时，循环压力将成正比变化。在这个过程中，立管压力是变化的，应该由开始循环时的 p_{ti} 变为加重钻井液到达钻头时的 p_{tf}。为了能根据这个变化相应地调节节流阀，必须计算加重钻井液由地面到达钻头所需的时间 t，如式（5-6-11）所示。

因此，开始循环时立管压力为 p_{ti}，在时间 t 以后，立管压力为 p_{tf}。为了能正确地调节节流阀使得立管压力在时间 t 的间隔内相应地均匀变化，可以制成图表，在图的两边分别标明 p_{ti} 和 p_{tf} 两点，用一条直线连起来，而在图的下面相应地分别填上时间和泵的累计冲数，可以知道在任何时间或任何累计冲数时的立管压力，便于调节节流阀。

⑥ 当加重钻井液在环形空间内循环上返时，钻杆总压力为 p_{tf}。当循环周期已完成时，套压应降至零而井应该是重新稳定的。

现结合实例说明司钻法压井。

【例 5-1】 已知井深 3000m，套管外径 339.7mm，下深 1060m，允许套压 17.4MPa，泵速 60 冲/min 时泵压为 21.1MPa，35 冲/min 时泵压为 7.0MPa（压井泵速），$p_d = 1.8$MPa，$p_a = 2.8$MPa，$\rho_d = 1440$kg/m³，$\Delta p_{1a} = 0.4$MPa，钻井液池体积过盈 2.8m³。

① 试判断侵入流体的类型；
② 计算司钻法压井的基本数据；
③ 图示司钻法压井时立管压力和套管压力的变化。

解：① 地层压力为

$$p_p = p_d + \rho_d g D_w = 1.8 + 1440 \times 9.8 \times 3000 \times 10^{-6} = 44(\text{MPa})$$

地层流体压力梯度为

$$G_{Df} = G_{Dd} - \frac{p_a - p_d}{h_f} = 1440 \times 9.8 \times 10^{-6} - \frac{2.5 - 1.8}{2.8/0.034} = 1.98 \times 10^{-3}(\text{MPa/m})$$

地层流体压力梯度在 $(1.08~4.51) \times 10^{-3}$MPa/m 之间，故判断侵入流体为气体。

② 开始以选定的泵速（35 冲/min）泵入原密度钻井液（$\rho_d = 1440$kg/m³），开节流阀，

使 p_a 等于原关井套压 2.8MPa，此时立管压力为

$$p_{ti}=p_d+p_{ci}=1.8+7.0=8.8(\text{MPa})$$

由于附加 Δp_{la} 为 0.4MPa，则井底压力为

$$p_p+\Delta p_{la}=44+0.4=44.4(\text{MPa})$$

为了保持井底压力不变，需调节节流阀保持立管压力不变（8.8MPa），此时气柱循环上升，不断膨胀，到达一半井深时 p_a 上升到 6.3MPa。

气体到达井口，套压最大，为 10.5MPa。此时立管压力仍保持为 8.8MPa。检查允许套压为 17.4MPa，实际套压未超过额定负荷。

气体开始从节流阀排出，同时套压急剧下降。当全部受侵钻井液排出后，关井检查，此时立管压力和套压均应为 1.8MPa。

准备好加重钻井液进行下一步，用加重钻井液循环压井。压井新钻井液密度为

$$\rho_{dl}=\rho_d+\frac{p_d}{gD_w}=1440+\frac{1.8\times 10^6}{9.81\times 3000}=1500(\text{kg/m}^3)$$

当加重钻井液到达井底后，钻柱内钻井液柱压力刚与地层压力平衡，此时

$$p_{tf}=p_{cf}=\frac{\rho_{dl}}{\rho_d}p_{ci}=\frac{1500}{1440}\times 0.7=7.3(\text{MPa})$$

继续循环，为保持井底压力不变，需调节节流阀保持立管压力为 7.3MPa 不变。加重钻井液在环空中不断上升，直至井口，此时套管压力应降为零。井内压力恢复平衡，关井检查时 p_d 和 p_a 均为零，压井结束。

③ 司钻法压井时立管压力和套管压力的变化如图 5-6-2 所示。

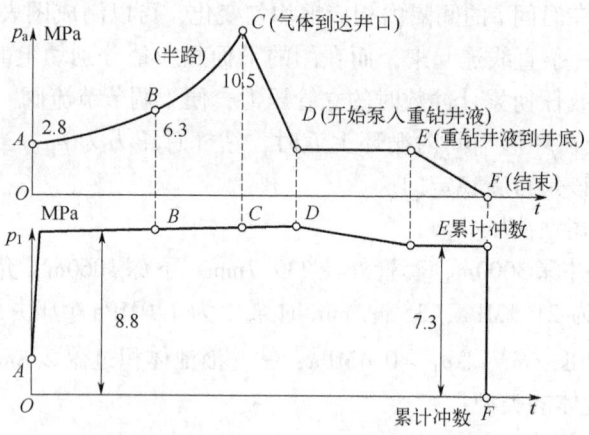

图 5-6-2　司钻法压井时立管压力和套管压力的变化

司钻法压井过程中套压一直变化，在排出受侵污的钻井液时，通过控制立管压力来保持井底压力不变，为此需要调节节流阀。虽然从压力控制的过程来说，套压如何变化并没有什么关系。但是如果要对压井过程中可能出现的各种情况进行分析和判断，对天然气膨胀时钻井液池中液面升高的情况有所准备，就有必要了解套压的变化过程。

套压与受侵钻井液的上升高度有关，离井口越近，套压越大。在环形空间内的受侵钻井液柱压力和套压之间有一个简单关系：套压和受侵钻井液柱压力之和等于井底压力；在压井过程中井底压力必须保持不变，但受侵钻井液柱压力由于气体的膨胀而降低，因此套压增加。

套压与侵入气体量有关，如果溢流发现得早，环形空间并未完全侵污，开始时气体在井底是充分压缩的。当气体循环向上时缓慢膨胀，钻井液液柱压力有显著的减少，套压将增加。

排出气体之前，套压值升高是正常现象。当气体接近地面时套压迅速上升，这说明井已接近处于控制下。此时绝不应开大节流阀释放压力，以至于造成井底压力降低，地层流体重新流入而导致压井失败。排出气体后，套压值逐渐减少。当气体经过节流阀流出时，环形空间里受侵污的钻井液量减少，因而钻井液柱的压力增加，套压将逐渐减少到计算的数值。

五、工程师法压井

1. 特点

一次循环压井法又称为工程师法（视频 5-6-4），也称等待加重法。其基本做法是：发现溢流即关井，取得地层压力数据，等候配制压井钻井液；待压井钻井液配制完成后，开泵，控制节流阀开度，注入压井钻井液；在一个循环周内将原钻井液替出，恢复地层—井眼系统的压力平衡，用一个循环周完成压井施工。

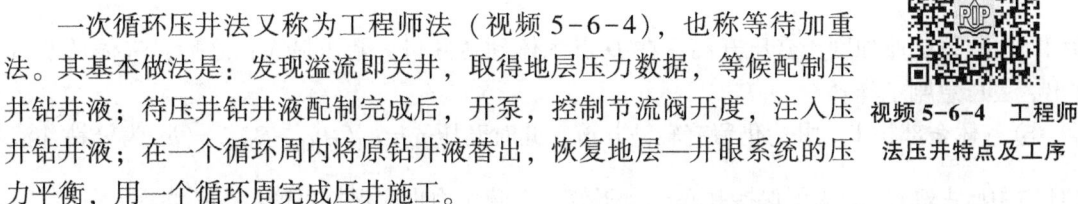

视频 5-6-4　工程师法压井特点及工序

一次循环压井法的优点是压井作业时间短，压井时的套压低，不易压漏薄弱地层；缺点是关井等候压井的时间长，对易卡钻地层增加了卡钻的可能性。近阶段，探井、边远井、重点井都会在井场储备一定体积的重钻井液，使用重钻井液更省时、省力，一次循环压井法的优势更为明显。

2. 施工工序

工程师法与司钻法相比，共同点是两种方法均以保持井底压力不变的原则进行循环压井；不同点在于工程师法压井时，循环排出受侵钻井液和把加重钻井液打入井内是同时完成的，不是分两步进行。具体步骤如下：

① 关井，读出关井的 p_d、p_a 和 ΔV。

② 开始用加重钻井液泵入（密度求法同司钻法），选用压井泵速进行循环。初始立管压力 $p_{ti}=p_d+\Delta p_{ci}$。

③ 在加重钻井液到达井底之前，钻杆内原有轻钻井液被加重钻井液所顶替，立管压力随之减少；同时环空的气体循环上升，不断膨胀，套压也在不断变化。为了保持压井循环过程中井底压力不变，需找出加重钻井液到达井底之前的立管压力变化规律。如图 5-6-3 所示，立管压力随时间（或总的泵冲数）应呈线性减少，从开始循环时的 $p_{ti}=p_d+\Delta p_{ci}$，到加重钻井液到达井底时的 p_{tf}。在施工时就应按照上述图表，在循环压井的任一时刻，调节节流阀，使立管压力等于图上查得的数值，以实现井底压力不变的原则。

④ 当加重钻井液进入环空后，为了保持井底压力不变，应调节节流阀，使立管压力不变，即 $p_{tf}=\dfrac{\rho_{d1}}{\rho_d}p_{ci}$。加重钻井液刚进入环空时，因气体膨胀有限，套压下降；而当气体接近

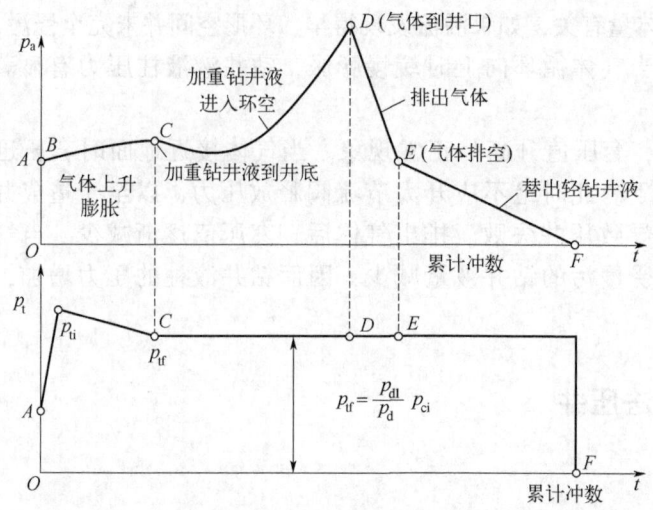

图 5-6-3　工程师法压井时立管压力和套管压力的变化

地面时,气体膨胀加剧,套压升高;在 D 点气体到达井口,套压最大;之后,气体从井口排出,套压急剧下降。

⑤ 气体全部排出。井内仍留有轻钻井液,此时套压 $p_a = h_d(G_{Ddl} - G_{Dd})$($h_d$ 为轻钻井液在环空中所占高度)。为了保持井底压力不变,立管压力也应保持不变 $\left(p_{tf} = \dfrac{\rho_{dl}}{\rho_d} p_{ci}\right)$。

⑥ 轻钻井液全部替出,套压为零,压井结束。

3. 两种压井方法的比较

① 关井等候压井的时间:司钻法<工程师法。
② 压井作业时间:司钻法>工程师法。
③ 套压峰值:司钻法>工程师法。
④ 作业难度:司钻法<工程师法。
⑤ 适用条件:工程师法适用于井口装置承压及地层破裂压力较低的情况;司钻法适用于井下易卡钻的情况。

六、特殊压井方法

1. 置换法

置换法适用于井内钻井液已大部分喷空的井况下压井。其基本方法是:向井内泵入定量钻井液后,关井,使钻井液下落,释放一定的套压,套压降低值与泵入的钻井液产生的液柱压力相等。重复上述过程,逐步降低套压。当套压降低到一定程度后强行下钻,再实行常规压井。在井内无钻具无法实施循环的情况下,也可采用置换法压井。

2. 压回法(直推法)

压回法的适用条件为:高含硫化氢的井涌;套管下得较深、裸眼短、井内无钻具或只有少量钻具；只有一个产层且渗透性很好；钻杆堵塞，压井液不能到达井底；地面设备无法承受的超高压地层；产层下面有一个漏层，且压井循环时大量的钻井液将漏入该漏层等。其基本做法是：从环空泵入钻井液，把进入井筒的地层流体压回地层，以不超过最大许用关井套压的工作压力挤入钻井液。

3. 强行下钻到井底循环压井法

强行下钻到井底循环压井法适用于井眼液体浮力大于钻柱重力，需要强行起下钻工具辅助下放钻具的情况。该方法在井口关闭的情况下进行，强行下钻时必须根据下入钻具的体积放掉相同体积的钻井液。

4. 动力压井法

动力压井法是通过增大压井液的排量、增大循环流动阻力来实施压井的一种方法。这种方法适用于小井眼、超深井等对流速和循环阻力敏感的井。

5. 反循环压井法

反循环压井法是指在发生溢流后，裸眼段较长，为了防止溢流窜入井下其他地层，需尽快将溢流排出井内的方法。其基本做法是：将压井钻井液从环空注入井内，将井底的溢流循环至钻柱内，经钻柱、井口、反循环管汇、地面节流管汇排出。待溢流排出后，可继续采用反循环替出井内的轻钻井液，也可改用正循环压井。

七、压井作业中应注意的问题

当出现溢流或井喷时，压井作业是防止井眼进一步恶化的首要方法，也是制服井喷等重大钻井事故的主要方法。鉴于压井作业中存在的问题，在进行压井作业中应注意下述问题。

1. 保持钻柱位于井内

发现溢流时，尽可能地保持钻柱位于井内，为以后的压井创造有利条件。处理溢流时不要把时间浪费在将钻柱起到套管内，这会使更多的流体进入井筒而引起井眼复杂情况，所需的钻井液密度要比钻柱在井底时压井所需的钻井液密度更高。

2. 保持立管压力不变

压井的主要方法应该是在不变的泵入速度下保持立管压力不变。若是盐水溢流，通过循环时保持钻井液池液面不变可得到控制。如果溢流包含有天然气，保持钻井液池液面不变是无效的，因为此时套压将不断升高，一直到发生地层破裂或套管断裂，从而使井失去控制。所以对于包含有天然气的溢流，只能采取保持立管压力不变的方法进行压井。

3. 选择适当的钻井液密度

处理溢流时，过高的钻井液密度会引起更高的液柱压力，有可能压裂地层。压井用钻井液密度的选择必须以计算出的地层压力为依据，并附加适当的安全系数。

4. 调节节流阀压力

如果发生天然气溢流，应采用司钻法，在井口控制一个不变的回压，就能够将溢流循环排出。在循环排出天然气溢流时，气泡在环形空间内上升，必须允许天然气膨胀，节流阀压力应该增加。由于膨胀，井中液柱减少，需要增加节流阀压力以保持不变的井底压力。在第二个循环周期间，用加重钻井液循环，必须降低节流阀压力。

5. 发现溢流及时关井

发现溢流，必须立即关井，不及时关井只能使溢流更加严重，尤其是天然气溢流，在向上运移中发生膨胀，排出更多的钻井液，发现溢流后继续循环还可能诱发井喷。

6. 关井后注意井口压力的变化

对于天然气溢流，长时间关井会使天然气滑脱上升，集聚在井口，使井口压力和井底压力增加，以至于会超过井口装置的额定工作压力、套管的抗内压强度或地层破裂压力，造成井口装置破坏、套管受损或地层破裂。

第七节　压力控制钻井

早期提出的压力控制钻井（controlled pressure drilling，CPD）包含了气体钻井、欠平衡钻井和控压钻井（managed pressure drilling，MPD）三项技术。

事实上控压钻井是在欠平衡钻井、气体钻井技术不断发展，并为完善欠平衡钻井、气体钻井技术的不足而发展起来的一项钻井工艺技术。三者的共同特点是采用专用装备，控制井口或井筒中某井深处的压力，进而实现对井筒压力分布的控制，以期实现在低压地层、窄压力窗口地层、多压力层系地层、极硬地层、深水钻井等特殊地层、特殊区域安全顺利施工的目的。

一、欠平衡钻井

1. 欠平衡钻井的定义

欠平衡钻井（视频5-7-1）是指使钻井流体施加在井底的压力小于地层孔隙压力，有效控制地层流体流入井筒，并对其进行处理的钻井方式。

视频 5-7-1
欠平衡钻井

欠平衡钻井包括液相欠平衡钻井（flow drilling）和充气钻井液钻井（aerated fluid drilling）。液相欠平衡钻井是指使用液相流体进行的欠平衡钻井；充气钻井液钻井是指将气体注入钻井液，以钻井液和气体的混合物作为钻井循环介质进行的钻井。

2. 欠平衡钻井的技术特点

1）欠平衡钻井的优点

负压差可控制钻井液滤液进入地层，降低地层伤害，保护储层；采用负压钻井，可降低钻井液的密度，部分解决因地层压力衰竭带来的井漏、压差卡钻等问题；可降低或克服压持效应，提高钻速；地层流体在负压差下进入井眼，有利于早期发现油气层；理论上讲，可以通过改变井口回压来改变地层的产液量，进行实时油藏试验。

2) 欠平衡钻井的缺点

由于没有滤饼的保护，压力控制不当会造成更大的地层伤害；裸眼段处于负压差下，容易造成井壁垮塌；地层产出液过多，会对环保提出更高的要求；人为主观故意形成溢流，如果对地层流体侵入量控制不当，会增大井喷的风险；需要特殊设备和服务人员，有时需要多下一层套管，钻井成本会提高。

3. 欠平衡钻井的主要装备

图 5-7-1 为液相欠平衡钻井的主要装备示意图。

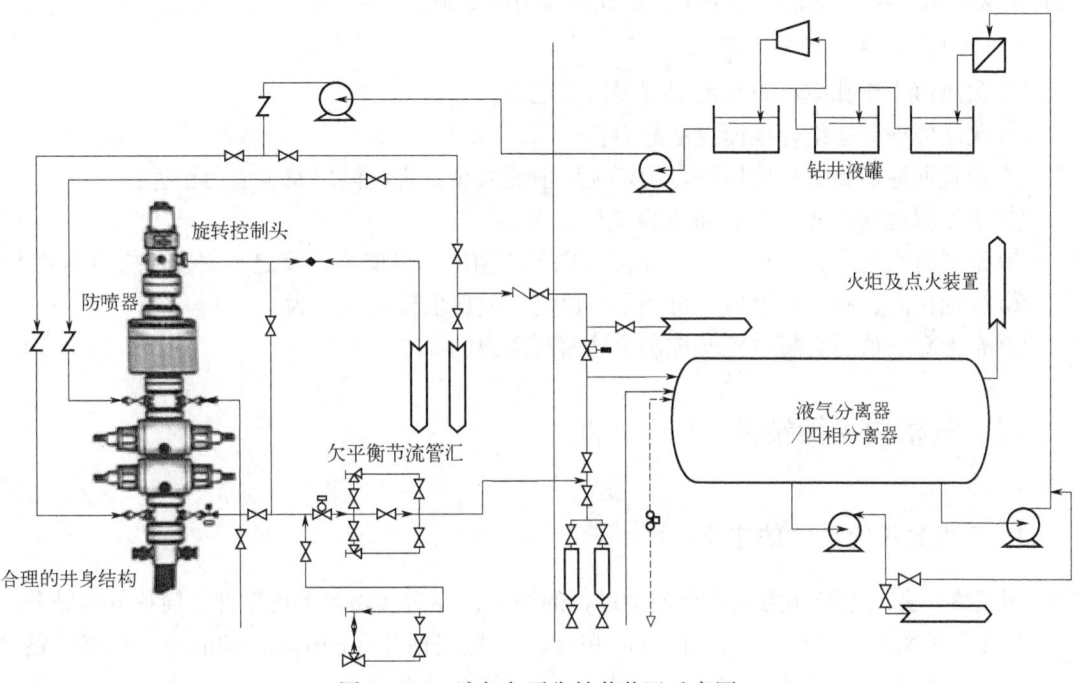

图 5-7-1 液相欠平衡钻井装置示意图

① 旋转控制头（旋转压力控制设备）：欠平衡钻井的关键设备，主要在钻进和起下钻的过程中实现井口环空的动密封。

② 液气分离器或四相分离器：用于实现对产出流体的液气分离或油、气、水、岩屑的分离。

③ 欠平衡节流管汇：在实施欠平衡钻井过程中用于控制节流压力，根据欠平衡钻井的压力控制需要，控制井口压力，实现控制井筒压力分布的目的。

④ 火炬及点火装置：用于完成由液气分离器分离出的可燃气体的自动点火及燃烧放空。

⑤ 数据采集及压力控制系统：用于采集欠平衡钻井的关键参数，实施旋转防喷设备的润滑及动作控制，完成节流压力的控制动作等。

4. 欠平衡钻井的适用条件

① 裸眼井段宜选取压力单一地层；若是多个压力系统，各层压差值均不得超过欠平衡

钻井的允许范围。

② 设计前做井壁稳定分析，地层稳定性应符合要求。

③ 施工中排出的硫化氢含量应符合以下规定：未与大气接触之前浓度小于 50×10^{-6}；与大气接触的出口处浓度小于 20×10^{-6}。

④ 地面装备符合实施欠平衡钻井条件，井身结构应满足欠平衡钻井作业时的井壁稳定要求，减小产出地层流体对储层的伤害。

⑤ 技术套管应封隔可能的破碎带、易坍塌层及出水地层，并尽可能封至储层顶部。

5. 欠平衡压差值

1) 欠平衡压差值的定义

欠平衡压差值（under balanced pressure differential）是指井底压力与井底孔隙压力之差，又称为欠压值，特指井底压力小于井底孔隙压力的数值。

2) 欠平衡压差值的确定原则

① 欠压值小于孔隙压力与地层坍塌压力之差；

② 欠压值设计应结合地面设备能力；

③ 应根据储层类型和岩性特点确定欠压值的大小，避免储层发生应力伤害；

④ 应根据地层产液（气）量确定欠压值大小；

⑤ 地层压力较大，产液（气）量多，则欠压值应尽可能小，反之，欠压值应适当放大；

⑥ 气油比高，则欠压值应尽可能小，反之，欠压值应适当放大；

⑦ 最大套压值不宜超过旋转控制头动密封压力的 50%。

二、气相欠平衡钻井

1. 气相欠平衡钻井的定义

用气体、雾或泡沫作为循环介质所进行的钻井，称为气相欠平衡钻井，简称气体钻井。

气相欠平衡钻井包括空气钻井（air drilling）、氮气钻井（nitrogen drilling）、天然气钻井（natural gas drilling）、雾化钻井（mist drilling）、泡沫钻井（foam drilling）等。空气钻井是指用压缩空气作为钻井流体所进行的钻井。氮气钻井是指用氮气作为钻井流体所进行的钻井。天然气钻井是指用天然气作为钻井流体所进行的钻井。雾化钻井是指将少量水和泡沫剂在压缩气体进入钻柱之前注入气流中作为钻井流体所进行的钻井。泡沫钻井是指用泡沫作为钻井流体所进行的钻井。

2. 气相欠平衡钻井的技术特点

1) 气相欠平衡钻井的优点

① 钻速高，往往能达到常规钻井方式的数倍；

② 单只钻头进尺多；

③ 使用的钻压较低，有利于防斜打直；

④ 能克服水敏性地层缩径、坍塌；

⑤ 可消除压差卡钻；
⑥ 可解决低压地层的井漏问题；
⑦ 井眼尺寸可能更加规则，但是还可能出现井眼冲蚀问题；
⑧ 钻井所需的水量减少；
⑨ 钻井液系统的日常维护费用减少，但是必须储备钻井液，以便于进行井控；
⑩ 岩样循环到达地面的滞后时间短，可降低对产层的伤害等。

2) 气相欠平衡钻井的缺点

① 难以应对有大量液体产出的地层；
② 对地层压力的控制能力低，未知区域（地层）井控风险大；
③ 辅助设备的费用高、材料成本高、作业费用高；
④ 产气层存在燃爆的危险；
⑤ 失去钻井液的润滑，钻具磨损严重；
⑥ 浮力小、钻柱重量大；
⑦ 钻遇未知水层时可能导致卡钻；
⑧ 不能使用常规随钻测量工具；
⑨ 可能出现套管和钻柱腐蚀；
⑩ 井眼冲蚀可能给固井带来困难；
⑪ 套管设计方法与常规钻井套管设计不同；
⑫ 气体设备庞大，所需井场面积大；
⑬ 岩屑尺寸小，可能给岩屑录井带来问题等。

3. 气相欠平衡钻井的主要装备

气相欠平衡钻井的主要装备如图 5-7-2 所示。气相欠平衡钻井配套设备见表 5-7-1。气相欠平衡钻井所需设备除了液相欠平衡钻井所需的主要设备之外，还需要配套压缩机、增压机、氮气装置、排放管及燃烧池、雾泵等设备。

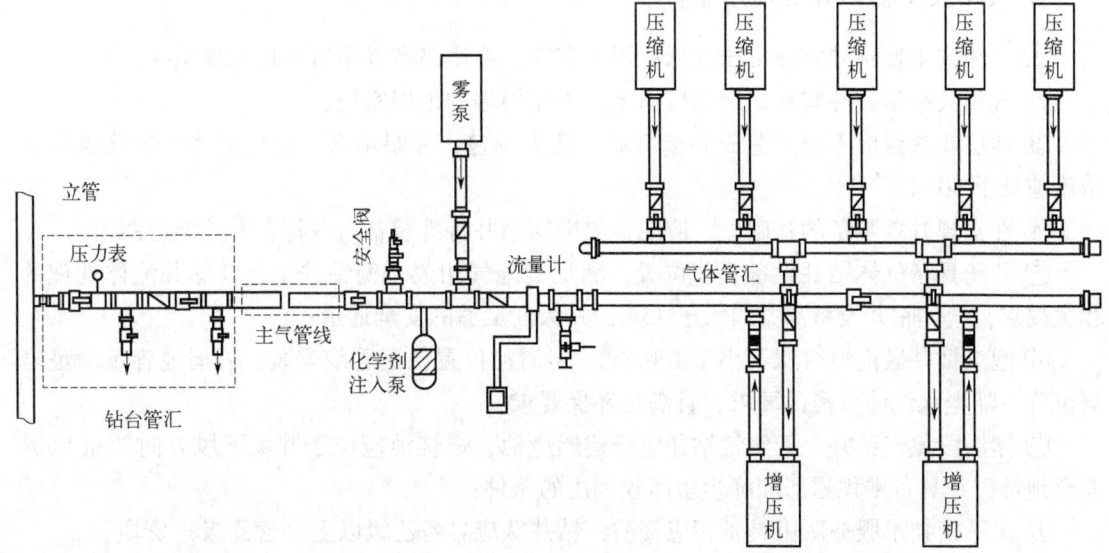

图 5-7-2 气相欠平衡钻井注气设备示意图

表 5-7-1 气相欠平衡钻井配套设备

配套装置	设备名称	欠平衡钻井方式		
		空气/雾化/泡沫	氮气	天然气
压力控制装置	旋转防喷器①	√	√	√
	液动阀		√	√
	专用节流管汇		√	√
气体燃烧装置	自动点火装置	√	√	√
	火炬	√	√	√
	防回火装置	√	√	√
	排气管线	√	√	√
注入装置	空气压缩机	√	√	
	增压器②	√	√	√
	氮气装置③		√	
	雾泵	√		
不压井起下钻装置	套管阀			
	强制起下钻装置			

注：①可以使用旋转控制头；②天然气钻井选专用增压机；③根据现场实际情况选用。

① 压缩机：为气相欠平衡钻井提供一定压力、一定排量的压缩空气。
② 增压机：根据施工需要，为气相欠平衡钻井提供更高压力的压缩空气。
③ 氮气装置：根据打开油气层施工需要，为气相欠平衡钻井提供一定含量的压缩氮气。
④ 排放管及燃烧池：用于排放井筒排出的岩屑及液体，以及可燃气体的点火和燃烧放空。
⑤ 雾泵：根据施工需要，实现压缩空气的雾化。

4. 气相欠平衡钻井的适用条件

① 气相欠平衡钻井宜在常压或低压层段实施，高压高产井不宜开展气体钻井；
② 气相欠平衡钻井宜在地层比较稳定、不易坍塌的地层实施；
③ 地层产液量应不至于造成井壁垮塌、钻头泥包、井眼堵塞，地层流体中硫化氢质量浓度应低于 50×10^{-6}；
④ 在常规井控装备的基础上，应配备欠平衡钻井特殊装备，并符合有关规定；
⑤ 井场具备气体钻井设备安装位置，满足实施气相欠平衡钻井工艺及钻井流体处理的相关要求，气体钻井设备离井口大于 15m，并保证足够的安全通道；
⑥ 泡沫钻井破泡池容积不小于 1000m³，岩屑池位置便于管线安装，岩屑池容量满足岩屑沉降、降尘水沉淀分离的要求，且满足环保要求；
⑦ 储层段氮气钻井、天然气钻井应修建燃烧池，燃烧池应位于井场下风方向 75m 以远安全地带，并具备堆积岩屑和降尘水回收利用的条件；
⑧ 欠平衡技术服务队伍具备相应资质，钻井队应具备乙级以上（含乙级）资质；
⑨ 产层段实施气体钻井技术时，套管尽可能封至储层顶部；

⑩ 非储层气体钻井表层套管或加深导管下深不至于造成地表窜漏；
⑪ 套管抗外挤强度按全掏空进行校核，抗外挤安全系数不低于1.0；
⑫ 上层套管固井质量合格，满足气体钻井施工要求。

三、控压钻井

常规钻井强调的是井底压力略大于地层压力，以保证井控的安全，而欠平衡钻井强调的是具有一定的欠压值以保护地层，提高钻速。气体钻井注重在易漏地层防漏，以及在坚硬地层提高钻速。实践证明，无论是常规近平衡钻井、欠平衡钻井，还是气体钻井，均不能很好地全面解决钻井施工中的一些难题，因此，控压钻井技术应运而生（视频5-7-2）。

视频5-7-2 控压钻井设备和流程

1. 控压钻井的定义

控压钻井是一种适用的钻井程序，根据井底（井筒）压力范围，通过精确地控制整个井眼环空的压力剖面，达到安全高效钻井的目的。

控压钻井包括井底压力恒定控压钻井（constant bottom hole pressure drilling）、钻井液帽钻井（mud cap drilling）、加压钻井液帽钻井（pressured mud cap drilling）和双梯度控压钻井（dualgradient drilling）。

2. 控压钻井的技术特点

① 控压钻井技术利用工具与技术的结合，控制环空液柱压力剖面，有利于减少在窄压力窗口地层钻进带来的施工风险；
② 通过对回压、流体密度、流体流变性、环空液面、循环摩擦阻力和井眼几何尺寸进行综合控制，达到精确控制环空压力剖面的目的；
③ 通过改变节流压力（环空液面高度）的方式更快地纠正压力偏差，有效地减少因调整钻井液密度带来的人力、财力、物力和时间的损失；
④ 可以更快地控制钻井液漏失或地层流体侵入，将施工过程中的地层流体流动更快地控制在安全可控的范围内；
⑤ 技术不够成熟，设备成本高，服务价格昂贵，控制不当仍会带来井控风险。

3. 控压钻井的主要装备

控压钻井的主要装备如图5-7-3所示。
① 控压钻井节流管汇：控压钻井的关键设备，主要实现在钻进和起下钻具的过程中对井口压力的精细控制。
② 流量计：用于实现对循环流体流量的计量。
③ 回压泵：用于起下钻、接单根过程中维持循环过程的连续和井口回压的保持。
④ 随钻井底压力监测：用于钻井过程中实时了解井底压力，便于实施对井底压力的控制。
⑤ 数据采集及压力控制系统：用于采集控压钻井的关键参数，实施对回压泵、节流压力的控制。

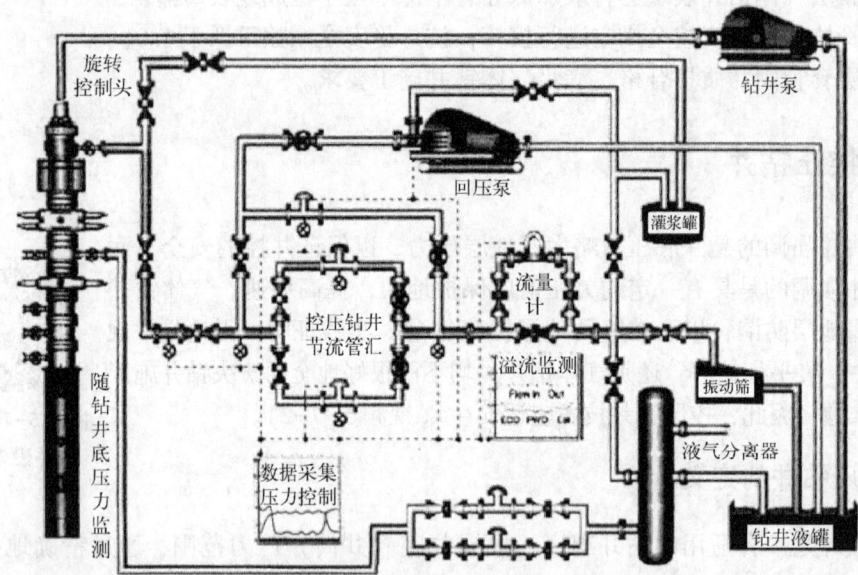

图 5-7-3 控压钻井装置示意图

4. 实施控压钻井的关键条件

实施控压钻井的关键条件有以下三个：
① 一套封闭、承压的循环系统及 MPD 控制装置；
② 一套完备的钻井水力学设计；
③ 一套熟悉 MPD 概念且训练有素的施工班子。

习题

1. 简述地下各种压力的基本概念及上覆岩层压力、地层孔隙压力和基岩应力三者之间的关系。
2. 阐述形成地层异常高压的机理。
3. 简述声波时差法预测地层压力的原理及方法。
4. 试述 d_c 指数法预测地层压力的原理及方法。
5. 某井垂深 2500m，井内钻井液密度为 $1.18g/cm^3$，若地层压力为 27.5MPa，求地层压力当量密度与井底压差。
6. 某井钻至 2500m，钻进时钻头直径为 215mm，钻压 160kN，转速 110r/min，机械钻速 7.3m/h，钻井液密度 $1.28g/cm^3$，正常压力条件下钻井液密度 $1.07g/cm^3$，求 d 指数和 d_c 指数。
7. 如何处理平衡压力钻井与安全钻井的关系？
8. 简述欠平衡钻井的特点、适用性及局限性。
9. 简述地层流体侵入的原因及其预防。
10. 简述地层流体侵入井眼的征兆。

11. 地层流体侵入井眼的检测方法有哪些？
12. 什么情况下采用硬关井？
13. 气侵情况下如何准确地确定关井立管压力与套管压力？
14. 如何根据关井压力恢复情况粗略判断井控难易的原理？
15. 井底常压法压井的原则是什么？
16. 压井方法的选择依据是什么？
17. 简述司钻法压井和工程师法压井时套压的变化规律，画图并简要说明。
18. 假设：井深为 3048m，井眼直径为 0.20m，钻杆直径为 0.1143m，表层套管深 609.60m，609.60m 处破裂压力梯度为 $17.542×10^{-3}$ MPa/m，钻井液密度为 1150.33kg/m³。钻柱下至井底时，环空压力 p_a = 2.068MPa，钻杆压力 p_d = 1.378MPa，钻井液池液量增值为 1.56m³，正常循环速度为 0.0156m³/s，压井速度为 0.0078m³/s，在压井时的循环压力损失 Δp_{cs} = 3.447MPa。试进行司钻法压井主要参数设计计算。

19. 假设：井深为 4572m，井眼直径为 0.20m，钻杆直径为 0.1143m，钻井液密度为 1797.39kg/m³，技术套管下至 3962m 处的破裂压力梯度为 $21.04×10^{-3}$ MPa/m。钻柱下至井底时，环空压力为 6.89MPa，钻杆压力为 4.8MPa，钻井液池液量增加 3.12m³，正常循环速度为 0.0156m³/s，压井速度为 0.0078m³/s，在压井时的循环压力损失 Δp_{cs} = 5.17MPa。估计：井底温度 T_b = 121℃，井底天然气压缩系数 Z_b = 1.4，环空温度为 49℃，地面天然气压缩系数 Z_s = 1.1，钻杆内容积为 0.073m³/m，环空容积为 0.022m³/m，井眼容积为 0.030m³/m。试进行工程师法压井主要参数计算，并判断是否有地层流体侵入井眼，如已侵入，判断是何种类型流体。

参考文献

[1] 李克向. 保护油气层钻井完井技术 [M]. 北京：石油工业出版社，1993.
[2] 刘希圣. 钻井工艺原理（下）[M]. 北京：石油工业出版社，1988.
[3] 中国石油勘探与生产分公司工程技术与监督处. 钻井监督 [M]. 北京：石油工业出版社，2003.
[4] 陈平. 钻井与完井工程 [M]. 北京：石油工业出版社，2005.
[5] 管志川，陈庭根. 钻井工程理论与技术 [M]. 青岛：中国石油大学出版社，2017.

第六章

固井

本章要点

理解井身结构设计原则、套管柱外载荷计算方法。掌握井身结构、双向应力套管强度计算方法、套管柱设计方法。理解油井水泥组成、注水泥质量要求、注水泥工艺与技术,掌握油井水泥水化作用、水泥浆与水泥石工程性能及调整方法,掌握提高注水泥顶替效率、防止水泥浆凝结过程中油、气、水窜的技术措施,掌握注水泥设计方法。

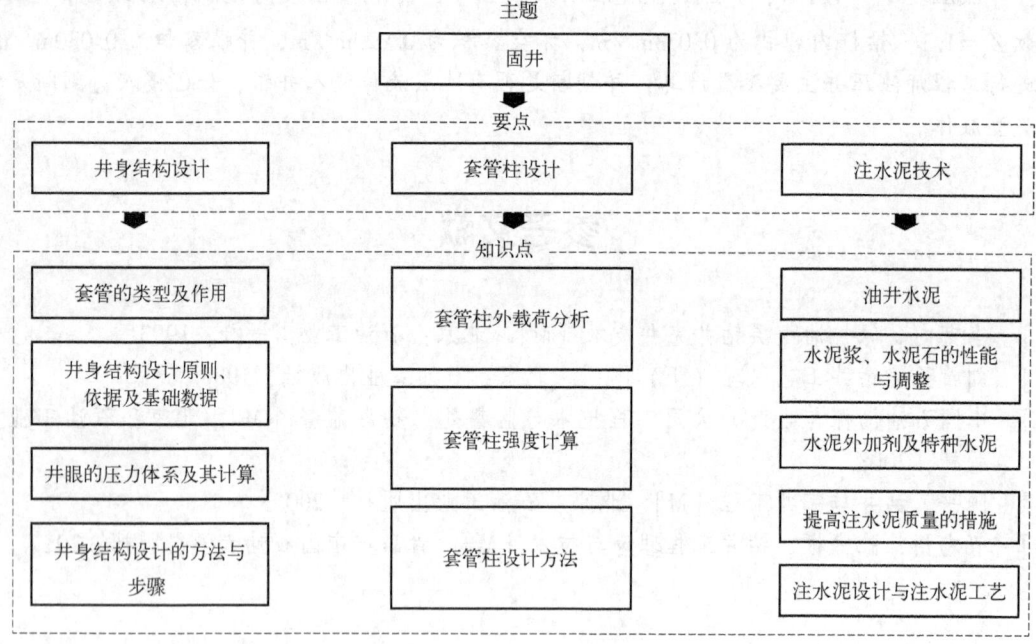

固井是油气井建井过程中的一个重要环节,也是衔接钻井和采油工程且又相对独立的一项系统工程。在钻成的井眼内按设计标准下入一套管串,并在其周围注以水泥,这项工作称为固井。固井是长期维持井眼、构建油流通道的根本手段。因此,固井质量的优劣会严重影响油气井建井质量与投产后的生产能力和油井寿命,必须千方百计地把这项工作做好,为油田的长期高产稳产奠定基础。

第一节　井身结构设计

井身结构是指油气井的基本空间形态，包括入井套管层次和每层套管的下入深度，每层套管的注水泥返高，以及套管和井眼尺寸（钻头尺寸）的配合等。井身结构设计是钻井工程设计的基础，合理的井身结构设计既要考虑保证优质、快速、安全钻井，又要满足钻井和采油工艺的要求，并要兼顾经济性。

一、套管的类型及作用

根据套管的功用，可将其分为导管、表层套管、技术套管（或称为中间套管）、油层套管（或称为生产套管）和尾管（图6-1-1、视频6-1-1）。

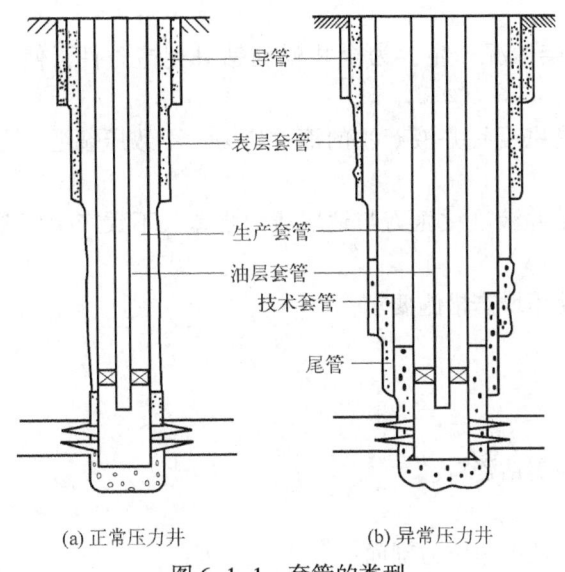

(a) 正常压力井　　(b) 异常压力井

图 6-1-1　套管的类型

视频 6-1-1　套管的类型

① 导管：用于在钻地表井眼时把钻井液从地表引导到钻井装置平面上。其长度变化较大，在坚硬的岩层中约 10~20m，在松软易塌地层则可能上百米。

② 表层套管：用于封隔上部松软的易塌地层和易漏地层；安装井口，控制井喷；支承技术套管与油层套管。其下入深度随地层情况不同，由十几米到几百米，管外水泥浆通常返到地面。钻高压气井时，如上部岩层疏松、破碎，为了防止高压气窜出地面，应将表层套管下深些，并使套管鞋坐于致密、坚硬的岩层上。

③ 技术套管：用于封隔用钻井液难于控制的复杂地层，保证钻井顺利进行，如漏失层、高压水层、严重坍塌层及非目的层的油气层或压力相差悬殊的油气层。技术套管并非一定要下，可以通过采用优质钻井液、加快钻井速度等措施来控制井下的复杂情况，争取不下或少下技术套管。技术套管的水泥返高一般应返至所封隔地层 100m 以上。对高压气井，为了更好地防止漏气，常将水泥浆返到地面。

④ 油层套管：用于把油气层与其他地层及不同压力的油气层分隔开来，以形成油气通

道，保证长期生产，满足开采和增产措施的要求。油层套管的下入深度取决于目的层的深度和完井方法。水泥浆一般返至封隔的油气层上 100m，对于高压气井，水泥浆应返至地面，以利加固套管，同时增强螺纹密封性，提高油层套管抗内压能力。

⑤ 尾管：分为钻井尾管和采油尾管，尾管实际上是一段短套管柱。它的优点是只在裸眼井段下套管注水泥，套管柱不延伸至井口，套管柱长度短、费用低、节约成本。

二、井身结构设计的原则、依据及基础数据

1. 井身结构设计的原则

进行井身结构设计应遵循的基本原则主要包括：
① 符合当地法律、法规，满足安全、健康、环保体系管理要求；
② 能有效地保护油气层，使不同压力梯度的油气层不受钻井液伤害，有利于油气层发现、认识和开采；
③ 应避免漏、喷、塌、卡等复杂情况产生，为全井顺利钻进创造条件，使钻井周期最短；
④ 钻下部高压地层时所用的较高密度钻井液产生的液柱压力，不致压裂上一层套管鞋处薄弱的裸露地层；
⑤ 下套管及钻进过程中，井内钻井液液柱压力与地层压力之差，不致产生压差卡钻及压差卡套管问题；
⑥ 满足钻井、采油采气工艺和使用增产措施要求。

2. 井身结构设计的依据

井身结构设计的依据主要包括：
① 钻井地质设计及邻区块或邻井实钻资料；
② 地层岩性剖面及其故障提示；
③ 地层孔隙压力、地层破裂压力及坍塌压力剖面；
④ 完井方式及油层套管尺寸要求；
⑤ 钻井装备及工艺技术水平；
⑥ 井位附近河流河床、饮用水源地质状况及油气层开采层深度、开发调整井的注水（气）层深度；
⑦ 钻井技术规范。

3. 井身结构设计的基础数据

① 抽汲压力系数 S_b：上提钻柱时，由抽汲作用使井内液柱压力降低的允许值，用当量钻井液密度表示。S_b 一般取 $0.015\sim0.040\text{g/cm}^3$。
② 激动压力系数 S_g：下放钻柱时，由钻柱向下运动产生的激动压力使井内液柱压力增加的允许值，用当量钻井液密度表示。S_g 一般取 $0.015\sim0.040\text{g/cm}^3$。
③ 地层压裂安全系数 S_f：为避免上层套管鞋处裸露地层被压裂的地层破裂压力安全增值，用当量钻井液密度表示。安全系数的大小与地层破裂压力的预测精度有关。S_f 一

般取 0.03g/cm³。

④ 井涌条件允许值 S_k：一旦发生井涌进行关井时允许井内液柱压力（井涌关井后井口回压会引起井内液柱压力上升）的增值，用当量钻井液密度表示。它与地层压力预测的精度及井控技术水平有关。S_k 一般取 0.05~0.10g/cm³。

⑤ 压差允值 Δp_N 与 Δp_A：不产生压差卡套管所允许的最大压差值，其大小和钻井工艺技术及钻井液性能有关，也与裸眼井段的地层孔隙压力有关。Δp_N 为正常压力井段的压差允值，Δp_A 为异常压力井段的压差允值，一般 $\Delta p_A > \Delta p_N$。

需要说明的是，井身结构设计所需要的地质和工程数据不是绝对固定的，应根据本地的统计资料来确定。

三、井眼的压力体系及其计算

1. 井眼的压力体系

在裸眼井段中存在着地层孔隙压力、钻井液液柱压力、地层破裂压力。三个压力体系必须同时满足以下情况：

$$p_f \geq p_m \geq p_p \tag{6-1-1}$$

式中　p_f——地层破裂压力，MPa；
　　　p_m——钻井液液柱压力，MPa；
　　　p_p——地层孔隙压力，MPa。

如式（6-1-1）所示，钻井液液柱压力应稍大于孔隙压力以防止井涌，但必须小于破裂压力以防止压裂地层发生井漏。由于在非密闭的液压体系中（即不关封井器憋回压时），压力随井深呈线性变化，所以使用压力梯度或压力梯度的当量密度表示压力的大小较方便：

$$G_f \geq G_m \geq G_p \tag{6-1-2}$$

$$\rho_f \geq \rho_m \geq \rho_p \tag{6-1-3}$$

式中　G_f——地层破裂压力梯度，MPa/m；
　　　ρ_f——地层破裂压力梯度的当量密度，g/cm³；
　　　G_m——钻井液液柱压力梯度，MPa/m；
　　　ρ_m——钻井液的密度，g/cm³；
　　　G_p——地层孔隙压力梯度，MPa/m；
　　　ρ_p——地层孔隙压力梯度的当量密度，g/cm³。

当考虑到井壁稳定问题时，还需要补充另一个与时间关系有关的不等式，即

$$G_m(t) \geq G_s(t) \tag{6-1-4}$$

式中　$G_s(t)$——某截面岩石的坍塌压力梯度，MPa/m，即岩层不发生坍塌、缩径等情况的最小井内压力梯度。

以上条件的存在是钻进工艺中所必需的，是在施工中所要遵守的，否则会导致钻井事故，以致钻井失败及破坏油藏。当这些压力体系能共存于一个井段时，即在一系列截面上能满足以上条件时，则这些截面间不需套管分隔，否则就需要用套管去分隔开这些不能共存的压力体系。井身结构中，相邻套管深度间隔的井段应满足以上要求并依此来确定。只有充分掌握上述压力体系的分布规律才能做出合理的井身结构设计。

2. 井内最大压力的计算

上述压力体系是套管层次和下入深度设计的基础，油气井钻井工程中地层孔隙压力、地层破裂压力是客观存在的条件，因此，分析和建立井内压力、压力梯度分布规律及计算方法是保障油气井施工安全的前提，是进行井身结构设计的关键。

1) 最大钻井液密度

某一井段中所用的最大钻井液密度和该井段中最大地层压力有关，考虑上提钻柱时保证井内压力满足平衡地层压力的要求，最大钻井液密度可以表示为

$$\rho_{max} = \rho_{pmax} + S_b \tag{6-1-5}$$

式中 ρ_{max}——某井段中所用最大钻井液密度，g/cm^3；

ρ_{pmax}——该井段中的最大地层压力梯度的当量密度，g/cm^3；

S_b——抽汲压力系数，g/cm^3。

2) 最大井内压力梯度

为了避免将井段内的地层压裂，应求得最大井内压力梯度。在正常作业时和井涌压井时，井内压力梯度有所不同。

对于正常作业情况，最大井内压力梯度发生在下放钻柱时，由于产生激动压力而使井内压力升高，则最大井内压力梯度的当量密度 ρ_{Br} 为

$$\rho_{Br} = \rho_{max} + S_g \tag{6-1-6}$$

式中 ρ_{Br}——正常作业情况下最大井内压力梯度的当量密度，g/cm^3；

S_g——激动压力系数，g/cm^3。

对于发生井涌情况，为了平衡地层孔隙压力，制止井涌而压井时，也将产生最大井内压力梯度。若关井或压井时井内压力增高值以等效密度表示为 S_k，则最大井内压力梯度当量密度 ρ_{Bk} 为

$$\rho_{Bk} = \rho_{max} + S_k \tag{6-1-7}$$

式中 ρ_{Bk}——发生井涌情况下最大井内压力梯度的当量密度，g/cm^3；

S_k——井涌条件允许值，g/cm^3。

式(6-1-7)只适用于发生井涌时最大地层孔隙压力所在井深 D_{pmax} 处，对于井深为 D_n 处，存在如下关系：

$$\rho_{Bk} = \rho_{max} + \frac{D_{pmax}}{D_n} S_k \tag{6-1-8}$$

由式(6-1-8)可知，当 D_n 值小时，ρ_{Bk} 值大，即压力梯度大，反之，当 D_n 值大时 ρ_{Bk} 小。

3) 最大井内压力梯度的约束条件

为了确保上一层套管鞋处裸露地层不被压裂，考虑地层压裂安全系数 S_f 时，井内最大压力梯度应满足下列关系：

$$\rho_{Br} = \rho_f - S_f \tag{6-1-9}$$

或

$$\rho_{Bk} = \rho_f - S_f \tag{6-1-10}$$

式中 ρ_f——地层破裂压力梯度的当量密度，g/cm³；

S_f——地层压裂安全系数，g/cm³。

四、井身结构设计的方法与步骤

井身结构设计包括套管层次设计和下入深度设计。其实质是确定两相邻套管下入深度之差，它取决于裸眼井段的长度。在该裸眼井段中，应使钻进过程中及井涌压井时不会压裂地层而发生井漏，并在钻进和下套管时不发生压差卡钻和压差卡套管事故。

设计前必须有所设计地区的地层压力剖面和破裂压力剖面图或数据，压力剖面图用纵坐标表示深度，横坐标表示地层孔隙压力和破裂压力梯度，压力梯度以当量密度表示。

油层套管的下入深度主要取决于完井方法和油气层的位置。因此井身结构设计的步骤是由中间套管开始。设计时由下而上，由内向外逐层确定各层套管的下入深度。

1. 套管层次和下入深度的确定

1) 中间套管下入深度初选点 D_{ni} 的确定

套管下入深度的依据是：其下部井段钻进过程中预计的最大井内压力梯度不致使套管鞋处裸露地层被压裂。根据最大井内压力梯度可求得上部地层不致被压裂所应有的地层破裂压力梯度的当量密度 ρ_f。

正常作业下钻时，由式(6-1-5)、式(6-1-6) 及式(6-1-9)，有

$$\rho_f = \rho_{pmax} + S_b + S_g + S_f \tag{6-1-11}$$

发生井涌情况时，由式(6-1-5)、式(6-1-8) 及式(6-1-10)，有

$$\rho_f = \rho_{pmax} + S_b + S_f + \frac{D_{pmax}}{D_{ni}} S_k \tag{6-1-12}$$

式中 D_{ni}——某层套管下入深度初选点，m。

式(6-1-12) 中的 D_{ni}，可用试算法求得。首先，试取 D_{ni} 的值代入式(6-1-12) 求 ρ_f，然后在设计井的地层破裂压力梯度曲线上求取 D_{ni} 所对应的地层破裂压力梯度。若计算得到的值 ρ_f 与实际值相差不大且略小于实际值，则 D_{ni} 即为该层套管下入深度的初选点。否则另取一 D_{ni} 值计算，直到满足要求为止。

2) 校核中间套管下到初选点深度 D_{ni} 时是否存在被卡的危险

钻进与下套管时是否被卡主要与井内钻井液与地层压力之间的最大压差有关。该井段中最大钻井液密度与最小地层压力之间的最大静止压差 Δp_{rn} 为

$$\Delta p_{rn} = 9.81 D_m (\rho_{pmax} + S_b - \rho_{pmin}) \times 10^{-3} \tag{6-1-13}$$

式中 Δp_{rn}——第 n 层套管钻进井段内实际的井内最大静止压差，MPa；

ρ_{pmin}——该井段内最小地层压力梯度的当量密度，g/cm³；

D_m——该井段内最小地层孔隙压力梯度的最大深度，m。

比较 Δp_{rn} 和 Δp（压差允值，正常压力地层为 Δp_N，异常压力地层为 Δp_A）。当 $\Delta p_{rn} < \Delta p$，钻进及下套管时则不易发生压差卡钻及压差卡套管问题，D_{ni} 即为该层套管下入深度。当 $\Delta p_{rn} > \Delta p$ 时，则可能存在被卡的危险，此时，套管下入深度应浅于初选点 D_{ni}，套管的下入深度按下面方法计算。

令 $\Delta p_{rn} = \Delta p$，在压差 Δp 下所允许的最大地层压力的当量密度为

$$\rho_{pper} = \frac{\Delta p}{9.8 \times 10^{-3} \times D_m} + \rho_{pmin} - S_b \tag{6-1-14}$$

式中 ρ_{pper}——允许的最大地层压力梯度的当量密度，g/cm³。

由地层孔隙压力梯度曲线图上查 ρ_{pper} 所在井深即该层套管下入深度 D_n。当该层套管下入深度浅于初选点 $D_n < D_{ni}$ 时，则需要下入尾管。

3) 尾管下入深度初选点的确定

根据中间套管下入深度 D_n 处的地层破裂压力梯度的当量密度 ρ_{fn}，由式(6-1-12) 可求得允许的最大地层压力梯度 ρ_{pper}：

$$\rho_{pper} = \rho_{fn} - S_b - S_f - \frac{D_{n+1}}{D_n} S_k \tag{6-1-15}$$

式中 ρ_{fn}——该层套管鞋 D_n 处地层破裂压力梯度的当量密度，g/cm³；

ρ_{pper}——该层套管以下井段所允许的最大地层孔隙压力梯度，g/cm³；

D_n——中间套管下入深度，m；

D_{n+1}——尾管下入深度初选点，m。

式(6-1-15) 中的 D_{n+1}，可用试算法求得。若某一深度 D_{n+1} 时计算得到的值 ρ_{pper} 与实际地层孔隙压力梯度曲线图上该深度查得的值相差不大，且略大于实际值，则 D_{n+1} 即为该层套管下入深度的初选点。否则另取一 D_{n+1} 值计算，直到满足要求为止。

4) 校核尾管下入到深度初选点 D_{n+1} 是否存在被卡的危险

尾管下到深度 D_{n+1} 时是有否被卡危险，同样需要按照井内最大静压差进行校核，校核方法与2) 相同。

5) 表层套管下入深度 D_1 的确定

根据中间套管鞋处（D_n）的地层压力梯度，给定井涌条件 S_k，用试算方法计算表层套管下入深度。其计算公式如下：

$$\rho_{fe} = \rho_{pn} + S_b + S_f + \frac{D_n}{D_1} S_k \tag{6-1-16}$$

式中 ρ_{fe}——井涌压井时表层套管鞋处承受压力的当量密度，g/cm³；

ρ_{pn}——中间套管鞋 D_n 处地层压力的当量密度，g/cm³。

试算结果 ρ_{fe} 接近并小于 D_n 处的实际地层破裂压力梯度时，符合要求。该深度即为表层套管下入深度。

6) 必封点的确定

以上套管层次、下入深度的确定是以井内压力系统平衡为基础，以压力剖面为依据进行计算的。但某些影响钻进的复杂情况因素目前还不能反映到压力剖面上，如吸水膨胀易塌泥页岩、含蒙脱石的泥页岩、岩膏层、盐岩层蠕变、胶结不良的砂岩等。

某些复杂情况的产生又与时间因素有关，如钻进速度快，浸泡水时间短，复杂情况并不显示出来，反之钻速慢，上部某些地层裸露时间长或在长时间浸泡下，则发生坍塌、膨胀、缩径等情况。这需要根据已钻过井的经验来确定某些应及时封隔的地层即必封点。某些地区

没有复杂情况则不必确定必封点。另外，求得控制复杂情况所需的坍塌压力梯度值是非常必要的，这样可以不必凭经验来确定必封点。

2. 套管尺寸与井眼尺寸选择及配合

套管尺寸的确定遵循由内向外的次序。首先应根据油井开采全过程的油井类型、采油方式、增产措施、原油特性及采油工程要求等因素确定生产套管尺寸，再确定下入生产套管的井眼尺寸，然后确定中间套管的尺寸，依次类推，直到确定表层套管及其相应井眼尺寸，最后确定导管尺寸。工程实践结果表明，套管和井眼之间的间隙最小值一般在 9.5~12.7mm，最好为 19mm。

目前，套管与井眼尺寸的配合已经系列化，可按照图 6-1-2 选择所下的套管及相应井眼（钻头）尺寸组合。如图 6-1-2 所示，实线为套管和井眼的常用配合，它有足够的间隙以下入该套管及注水泥；虚线为不常用配合（间隙较小），如选用虚线所示的组合时，则必须对套管接箍、钻井液密度、注水泥及井眼曲率大小等予以注意。

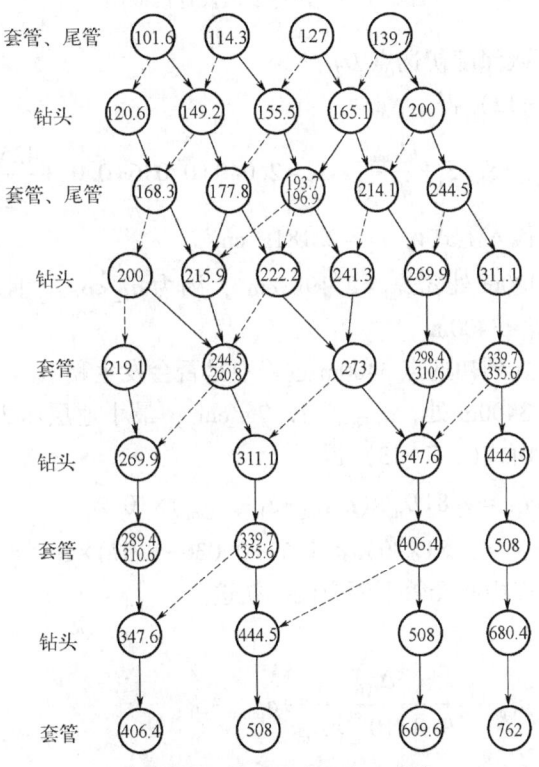

图 6-1-2 套管和井眼尺寸配合（单位：mm）

【例 6-1】 某井井深 $D=4400\text{m}$，地层孔隙压力梯度及破裂压力梯度剖面如图 6-1-3 所示。设计给定：$S_b = 0.036\text{g/cm}^3$；$S_g = 0.04\text{g/cm}^3$；$S_k = 0.06\text{g/cm}^3$；$S_f = 0.03\text{g/cm}^3$；$\Delta p_N = 12\text{MPa}$；$\Delta p_A = 18\text{MPa}$。油层套管采用 139.7mm（5½in）套管。试进行该井的井身结构设计。

解：由图 6-1-3 查得最大地层孔隙压力梯度的当量密度为 2.04g/cm^3，位于 4250m 处。

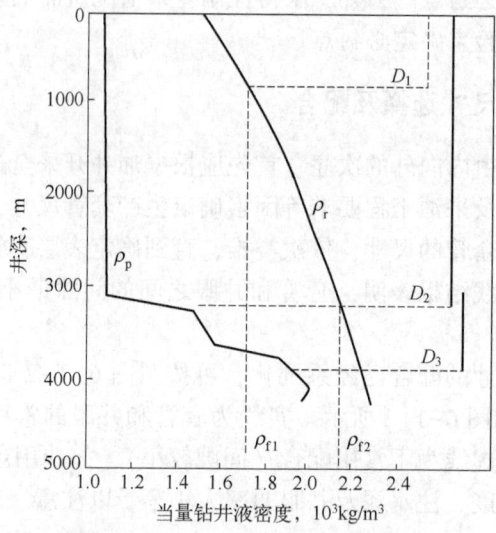

图 6-1-3 井身结构设计剖面图

① 确定中间套管下入深度初选点 D_{21}。

将各值代入式(6-1-12) 得

$$\rho_{f2}=\rho_{pmax}+S_b+S_f+\frac{D_{pmax}}{D_{21}}\cdot S_k = 2.040+0.036+0.03+\frac{4250}{D_{21}}\times 0.06$$

试取 $D_{21}=3400m$,代入上式得 $\rho_{f2}=2.181g/cm^3$。

由图 6-1-3 查得 3400m 处 $\rho_{f3400}=2.19g/cm^3$,因为 $\rho_{f2}<\rho_{f3400}$ 且相近,所以确定中间套管下入深度初选点为 $D_{21}=3400m$。

② 校核中间套管下入到初选点 3400m 过程中是否会发生黏卡。

由图 6-1-3 查得:3400m 处,$\rho_{p3400}=1.57g/cm^3$;最小地层压力 $\rho_{pmin}=1.07g/cm^3$,位于井深 $D_m=3050m$ 处。由式(6-1-13) 得

$$\Delta p_{r2}=9.81D_m\times(\rho_{p3400}+S_b-\rho_{pmin})\times 10^{-3}$$
$$=9.81\times 3050\times(1.57+0.036-1.07)\times 10^{-3}=16.037(MPa)$$

因为 $\Delta p_{r2}>\Delta p_N$,所以中间套管下深应浅于初选点。

令 $\Delta p_{r2}=\Delta p_N$,则

$$\rho_{pper}=\frac{\Delta p_N}{9.8\times 10^{-3}\times D_m}+\rho_{pmin}-S_b$$
$$=\frac{12}{9.81\times 10^{-3}\times 3050}+1.07-0.036=1.435(g/m^3)$$

由图中地层孔隙压力梯度曲线上查出与 $\rho_{pper}=1.435g/cm^3$ 对应的井深为 3200m,则中间套管下入深度 $D_2=3200m$。

由于 $D_2<D_{21}$,所以还必须下入尾套管。

③ 确定尾管下入深度。

确定尾管下入深度初选点为 D_{31},由剖面图查得中间套管下入深度 3200m 处地层破裂压力梯度 $\rho_{f3200}=2.15g/cm^3$,由式(6-1-15) 可得

$$\rho_{\text{pper}} = \rho_{\text{fn}} - S_b - S_f \frac{D_{31}}{D_2} S_k = 2.15 - 0.036 - 0.03 \frac{D_{31}}{3200} \times 0.06$$

试取 $D_{31} = 3900\text{m}$,代入上式得 $\rho_{\text{pper}} = 2.011\text{g/cm}^3$。

由图 6-1-3 查得 3900m 处的地层压力梯度 $\rho_{\text{p3900}} = 1.940\text{g/cm}^3$,因为 $\rho_{\text{p3900}} < \rho_{\text{pper}}$,且相差不大,所以确定尾管下入深度初选点为 $D_{31} = 3900\text{m}$。

④ 校核尾管下入初选点过程中能否发生压差卡套管。

$\Delta p = 0.00981 D_m (\rho_{\text{pmax}} - \rho_{\text{pmin}} + S_b) = 0.00981 \times 3200 \times (1.94 + 0.036 - 1.435) = 16.98\text{MPa}$

因为 $\Delta p < \Delta p_A$,所以尾管下入深度 $D_3 = D_{31} = 3900\text{m}$,满足设计要求。

⑤ 确定表层套管下深 D_1。

由式(6-1-16)确定表层套管下入深度:

$$\rho_{\text{fn}} = \rho_{\text{pmax}} + S_b + S_f \frac{H_{\text{pmax}}}{H_{\text{ni}}} \cdot S_k = 1.435 + 0.036 + 0.03 + \frac{3200}{D_1} \times 0.06$$

试取 $D_1 = 850\text{m}$,代入上式得

$$\rho_{\text{fn}} = 1.435 + 0.036 + 0.03 + \frac{3200}{850} \times 0.06 = 1.727 \, (\text{g/cm}^3)$$

由图 6-1-3 查得井深 850m 处 $\rho_{\text{f850}} = 1740\text{kg/m}^3$。因 $\rho_{\text{fe}} < \rho_{\text{f850}}$ 且相近,所以满足设计要求。

该井的井身结构设计结果见表 6-1-1。

表 6-1-1 井身结构设计结果

套管层次	表层套管	中间套管	钻井尾管	生产套管
下入深度,m	850	3200	3900	4400

第二节 套管柱设计

套管柱设计的主要内容是根据套管柱在井内所受的外载,正确选择套管的钢级和壁厚,使之既要有足够的强度,以保证下入井内的套管不断、不裂、不变形,又要符合节约钢材、降低成本的要求。由于对套管柱在井下的受力和设计方法的不同考虑,所设计出的套管柱是不相同的,究竟哪一种设计最佳,要经过长期的生产和各种作业考验后才能做出正确的判断。这里着重介绍经过长期生产实践考验的 API 常规设计理论与方法。

一、套管柱外载分析

从套管柱入井、注水泥到以后生产的不同时期,套管柱的受力是变化的,且在不同的地层和地质条件下,套管柱所受的外载是不相同的。人们经过长期大量生产实践和分析表明:虽然套管柱受力是复杂的,但是影响套管柱设计的基本载荷是轴向拉力、外挤压力和内压力。在设计中应根据不同情况按该井最危险情况来考虑套管柱所承受的基本载荷。

1. 轴向拉力

套管自重所产生的轴向拉力是套管柱轴向拉力的基本负荷。在一些条件下还应考虑附加拉力的作用。

1) 套管本身自重产生的轴向拉力

套管柱上由自重所产生的轴向拉力由下向上逐渐增大。在井口处套管轴向拉力最大。井口处轴向拉力为

$$W_c = \sum q_{ci} L_{ci} \tag{6-2-1}$$

式中 W_c——井口处套管的轴向拉力，kN；

q_{ci}——第 i 段套管单位长度名义重量，kN/m；

L_{ci}——第 i 段套管长度，m。

考虑浮力时，套管柱在钻井液中的重量为

$$W_{cd} = \sum q_{cdi} L_{ci} \tag{6-2-2}$$

$$q_{cd} = K_B q_c \tag{6-2-3}$$

$$K_B = 1 - \frac{\rho_d}{\rho_s}$$

式中 W_{cd}——套管柱在钻井液中的重量，kN；

K_B——浮力系数；

q_{cd}——每米套管在钻井液中的平均重量，N/m；

ρ_d——钻井液密度，g/cm³；

ρ_s——套管钢材密度，g/cm³。

一般工程中套管柱抗拉强度设计时不考虑浮力，认为在下套管或活动套管时，浮力被套管柱与井壁摩擦产生的附加拉力所抵消；考虑浮力或不考虑浮力，设计中抗拉安全系数应有所不同，特别是在使用加重钻井液时应注意是否考虑浮力的问题。

2) 井眼弯曲产生的附加拉力

API 标准套管的连接强度没有考虑弯曲应力。但当井眼上部存在较大井斜或急弯（狗腿）时，由于弯曲效应增大了套管的拉力负荷，特别是在靠近螺纹啮合处易形成裂缝损坏，所以应该从连接拉伸强度中扣除弯曲效应的影响。其附加拉力计算式为

$$W_{cB} = \frac{E d_{co} a_i \pi A_{cs}}{3.6 \times 10^8 L_B} \tag{6-2-4}$$

式中 W_{cB}——弯曲产生的附加拉力，kN；

E——钢的弹性模量，MPa，取值为 2.1×10^5 MPa；

d_{co}——套管外径，cm；

L_B——弯曲段长度，m；

α_i——井斜变化角，(°)；

A_{cs}——套管截面积，cm²。

为了简化计算，常引用 25m 的井斜变化角 θ，此时式(6-2-4) 变为

$$W_{cB} = 0.0733 d_{co} \theta A_{cs} \tag{6-2-5}$$

从式(6-2-5) 可看出，在相同井斜变化角下，大尺寸套管的弯曲附加拉力比小尺寸套

管大。在设计中若没有考虑弯曲应力作用，当井眼弯曲时必须增大套管的抗拉安全系数。

3）套管内的水泥浆使套管柱产生的附加拉力

在深井或超深井注水泥过程中，由于注入水泥浆量大，水泥浆密度比井内钻井液密度又大得多时，在水泥浆还未返出套管鞋时，将使套管柱产生一较大的附加轴向拉力，可按近似公式进行计算：

$$W_{cm} = \frac{9810h_m(\rho_m - \rho_d)}{10^7} \frac{\pi}{4} d_{cin}^2 \tag{6-2-6}$$

式中 W_{cm}——水泥浆密度大于钻井液密度产生附加拉力，kN；

h_m——管内水泥浆柱高度，m；

ρ_m——水泥浆密度，g/cm³；

ρ_d——钻井液密度，g/cm³；

d_{cin}——套管内径，cm。

当水泥浆将要返出套管鞋时，这项附加拉力达到最大值，此时套管柱设计中若考虑了钻井液浮力，按工艺要求又要活动套管，那就必须考虑此项附加拉力。

4）其他附加拉力

除上述拉伸载荷外，工程各施工过程中套管柱上还会出现各种不同形式的轴向附加载荷。例如，在下套管过程中冲击载荷产生的附加拉力、遇卡或通过坍塌缩径地层时与井壁摩擦产生的附加拉力；注水泥过程中套管往复运动刮滤饼时产生的附加拉力，注水泥结束时高速碰压产生的附加拉力；井内温度、压力变化时自由段套管产生的附加轴向应力等。这些附加应力变化极大，很难精确计算，在套管柱设计中一般将这些应力都考虑在安全系数中。

2. 外挤压力

套管柱所承受的外挤压力主要来自管外钻井液液柱压力、地层中流体压力、易流动岩层侧压力以及挤水泥和压裂时的挤压力。在水泥面以上套管柱承受的是钻井液液柱压力。在水泥封固段，水泥环具有一定承载能力，但计算困难，目前API套管柱设计中仍按钻井液液柱压力计算，我国一些油田按盐水柱压力（压力梯度为0.0107~0.01152MPa/m）计算。外挤压力计算式为

$$p_{co} = 0.00981\rho_d D_w \tag{6-2-7}$$

式中 p_{co}——套管柱所受外挤压力，MPa；

ρ_d——套管外环空钻井液密度（或盐水密度），g/cm³；

D_w——计算点井深，m。

式(6-2-7)表明，井底套管柱受到外挤压力最大，越往上越小。

在高塑性的岩层中，如盐岩层、泥岩层段，在一定条件下，垂直方向的岩层压力能全部加给套管。此时，套管柱的外挤压力应按上覆岩层压力计算，其压力梯度为0.023~0.027MPa/m。

计算外挤压力时，在API常规套管柱设计中都按最危险情况考虑，即认为套管内没有液柱压力的全掏空状态。

3. 内压力

套管柱内压力的来源主要是地层流体（油、气、水）压力以及特殊作业时所施加的压

力（如压裂、注水泥等）。因地层压力难以预先准确确定，所以准确确定套管柱内压力是困难的。

井深较小时，地层压力相对较低，一般中、薄壁厚套管的抗内压强度都相应地大于抗挤强度，因此内压力的确定及套管柱抗内压设计的问题不突出。随着井深和井底压力的增加，由内压力引起的套管柱强度问题和经济问题，已引起人们的重视。目前对内压力的考虑和计算方法主要有下述三种：

① 最大地表内压力按套管内完全充满天然气考虑。一般按井口处内压力作用于整个套管柱考虑。由于井口以下有外挤压力同时作用，所以认为井口是最危险的。

② 以井口装置承压能力作为控制套管内压力的依据。当井口内压力超过井口装置允许压力时，应放喷。显然这种情况是井口内压力和套管抗内压强度大于井口装置承压能力。

③ 以井口压力及套管内、外压差之和来计算有效内压力。当套管内、外钻井液密度相等时，套管柱上、下内压力也相等，即为井口压力；当套管柱内、外钻井液密度不相等时，则套管内压力为井口压力及套管内、外压差之和。在井深 D_{w1} 处套管内压力 p_{cin1} 的计算式为

$$p_{cin1} = G_{Do}D_w - G_{Dg}(D_w - D_{w1}) - 0.00981\rho_d D_{w1} \tag{6-2-8}$$

式中 p_{cin1}——井深 D_{w1} 处套管的内压力，MPa；

G_{Do}——上覆岩层压力梯度，MPa/m；

D_w——井深，m；

D_{w1}——计算点井深，m；

G_{Dg}——天然气压力梯度，MPa/m；

ρ_d——套管外钻井液密度，kg/m³。

从式(6-2-8)可看出，为了设计安全，套管的内压力以上覆岩层压力为依据，同时还考虑套管内是完全充满天然气，即按套管内可能达到的最大内压力考虑。在理论上很难确定实际井内是否完全充满天然气或有一定高度液柱（钻井液或油），一般是根据经验确定。

二、套管柱强度计算

1. 套管抗拉强度

为了准确掌握套管抗拉强度，美国石油学会曾用 162 根 API 标准长、短圆螺纹套管做拉伸试验，其中包括三种钢级（K-55、N-80、P-110）和各种不同尺寸及壁厚的套管。试验结果显示，14 次管体拉断，符合半经验公式(6-2-9)：

$$F_j = 0.095 A_{jp} \sigma_{min} \tag{6-2-9}$$

式中 F_j——螺纹连接强度，kN；

A_{jp}——最末完全螺纹根处管壁截面积，cm²；

σ_{min}——套管钢材最小极限强度，MPa。

148 次螺纹滑脱，符合半经验公式(6-2-10)：

$$F_j = 0.095 A_{jp} L \left(\frac{1.2852 d_{co}^{-0.59} \sigma_{min}}{0.5L + 0.14 d_{co}} + \frac{\sigma_s}{0.14 d_{co}} \right) \tag{6-2-10}$$

式中 L——螺纹接合长度，相当于外螺纹端部至最末完全螺纹长度，cm；

d_{co}——套管名义外径，cm；

σ_s——套管钢材最小屈服强度，MPa。

圆螺纹套管滑脱负荷小于套管本体屈服拉力负荷，为了充分利用管体强度，API标准还有梯形螺纹和无接箍螺纹套管。套管使用中给出了各种套管的最小抗拉强度，设计中可以直接从套管性能表中查取。

2. 套管抗挤强度

1) 无轴向载荷作用时套管的抗挤强度

套管柱在外挤压力作用下的破坏形式，除少数小直径和厚壁的套管外，主要是失稳破坏，而不是强度破坏。失稳后的套管被挤扁（轻者）或破裂，使钻头或其他井下工具不能通过，地层封隔遭到破坏，将被迫停钻或停产，套管损坏严重者将使油气井报废。

套管抗挤强度取决于材料性能、横截面的几何形状和套管所承受负荷的状况。理论分析和实验研究表明，套管径厚比 d_{co}/δ_c（外径/壁厚）较大时，属于失稳破坏，即当外挤压力达到套管抗挤强度时，套管管壁产生弯曲变形（挤扁）或破裂。当套管径厚比较小，外挤压力达到套管抗挤强度时，套管将发生强度破坏。无轴向载荷条件下，径厚比不同，套管破坏形式不同，相应的抗挤强度计算公式也不同。

当 d_{co}/δ_c 不大于表6-2-1中所列数值时，套管发生屈服破坏。屈服强度的计算公式为

$$\sigma_c = \frac{2\sigma_s\left(\dfrac{d_{co}}{\delta_c}-1\right)}{(d_{co}/\delta_c)^2} \tag{6-2-11}$$

式中 σ_c——套管抗挤强度，MPa；

σ_s——套管钢材最小屈服强度，MPa；

d_{co}——套管名义外径，cm；

δ_c——套管壁厚，cm。

式(6-2-11)计算出的抗挤强度是保守的，它是以管壁内初始屈服为基础得出的，不能反映厚壁套管强度挤毁的实际情况。

表6-2-1 屈服破坏时不同钢级与 d_{co}/δ_c 的数值对照表

钢级	H-40	J-55、K-55	C-75	N-80	C-95	P-110
d_{co}/δ_c	16.44	14.80	13.67	13.38	12.87	12.42

当 d_{co}/δ_c 为表6-2-2中所列数值时，套管发生塑性失稳破坏。塑性抗挤强度的计算公式为

$$\sigma_c = \sigma_s\left(\frac{a'}{d_{co}/\delta_c}-b'\right)-c \tag{6-2-12}$$

式中 a'，b'——经验常数；

c——经验参数，MPa。

式(6-2-12)是根据2488次挤毁实验统计回归得出的。说明套管在式(6-2-12)所表述的外挤压力下，套管内的周向应力已超过材料的屈服应力，此时套管发生失稳破坏。油气井大多数套管都是因塑性挤毁而失效。

表 6-2-2　塑性失稳破坏时不同钢级与 d_{co}/δ_c、a'、b'、c 值对照表

钢级	H-40	J-55、K-55	C-75	N-80	C-95	P-110
d_{co}/δ_c	16.44~26.62	14.80~24.99	13.67~23.09	13.38~22.46	12.83~21.21	12.42~20.29
a'	2.950	2.990	3.060	3.070	3.125	3.180
b'	0.0463	0.0541	0.0642	0.0667	0.0745	0.0820
c, MPa	53.08	84.72	126.91	137.46	169.10	200.74

当 d_{co}/δ_c 为表 6-2-3 中所列数值时，套管将在弹塑性过渡区发生失稳破坏。塑性抗挤强度的计算公式为

$$\sigma_c = \sigma_s \left(\frac{a}{d_{co}/\delta_c} - b \right) \qquad (6\text{-}2\text{-}13)$$

式中，d_{co}/δ_c 数值范围和系数 a 与 b 是通过图解法或逐渐逼近法求得。

表 6-2-3　弹塑性失稳破坏时不同钢级与 d_{co}/δ_c、a、b 值对照表

钢级	H-40	J-55、K-55	C-75	N-80	C-95	P-110
d_{co}/δ_c	26.22~42.70	24.99~37.20	23.09~32.05	22.46~31.05	21.21~28.25	20.29~26.20
a	2.047	1.990	1.985	1.998	2.047	2.075
b	0.0313	0.0360	0.0417	0.0434	0.0490	0.0535

当 d_{co}/δ_c 大于或等于表 6-2-4 中所列数值时，套管发生弹性失稳破坏。塑性抗挤强度的计算公式为

$$\sigma_c = \frac{0.33 \times 10^6}{\dfrac{d_{co}}{\delta_c} \left(\dfrac{d_{co}}{\delta_c} - 1 \right)^2} \qquad (6\text{-}2\text{-}14)$$

式(6-2-14)是由理论推出后又经实验修正得到的。它说明套管在外挤压力作用下会在材料的弹性区就发生失稳破坏，也表明大直径套管抗挤强度与材料强度无关。

表 6-2-4　弹性失稳破坏时不同钢级与 d_{co}/δ_c 的数值对照表

钢级	H-40	J-55、K-55	C-75	N-80	C-95	P-110
d_{co}/δ_c	42.70	37.20	32.05	31.05	28.25	26.20

2）有轴向载荷作用时套管的抗挤强度

（1）套管双向应力椭圆

套管柱在井内处于复杂受力状态，有的处于同时受外挤压力与轴向拉伸载荷状态；有的处于同时受内压力与轴向压缩载荷状态（如同时有内外压力存在时，可看为抵消后剩余内压力或外挤压力的单项作用）。轴向载荷的存在，对套管的抗挤强度将产生重要的影响。

设套管自重引起的轴向拉应力为 σ_z，外挤压力或内压力引起的周向应力为 σ_φ 及径向应力为 σ_r。由于套管为薄壁或中厚壁管，σ_r 比 σ_φ 小很多，可忽略不计。根据第四强度理论，只考虑套管受轴向拉应力 σ_z 及周向应力 σ_φ 的两向应力作用时，套管破坏的强度条件为

$$\sigma_z^2 + \sigma_\varphi^2 - \sigma_z \sigma_\varphi = \sigma_s^2 \qquad (6\text{-}2\text{-}15)$$

式中　σ_s——套管钢材屈服强度（API 取最小屈服强度）。

式(6-2-15)也可改写为

$$\left(\frac{\sigma_z}{\sigma_s}\right)^2 - \left(\frac{\sigma_z \sigma_\varphi}{\sigma_s^2}\right) + \left(\frac{\sigma_\varphi}{\sigma_s}\right)^2 = 1 \tag{6-2-16}$$

这是一个椭圆方程式，将坐标轴旋转 45°可化为椭圆标准方程式。以 σ_z/σ_s 为横坐标、σ_φ/σ_s 为纵坐标，可绘出如图 6-2-1 所示椭圆，称为双向应力椭圆。

从图 6-2-1 中可以看出：

第一象限是拉伸与内压的联合作用，表明在轴向拉力作用下能使套管抗内压强度增加，在套管柱设计中一般不考虑将更为安全。

第二象限是轴向压缩与内压力的联合作用，从曲线中可以看出，当套管受到轴向压力作用时会降低套管抗内压强度。这种情况在井下只可能发生在套管柱下部，而套管柱下部的主要载荷是外挤压力，所以一般不予考虑。

第三象限是轴向压缩与外挤压力的联合作用，从图上可知轴向压力能提高套管抗外挤强度，在套管柱设计中不考虑更为安全。

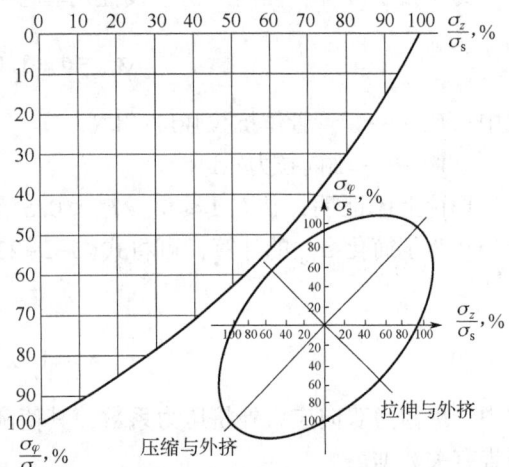

图 6-2-1 双向应力椭圆

第四象限是拉伸与外挤的联合作用，从曲线可看出，轴向拉力的存在使套管的抗挤强度降低，因此在套管柱设计中应考虑进去。在 API 常规套管柱设计中一般都考虑这一影响。

（2）轴向拉力作用下套管抗挤强度的计算公式

在轴向拉力 W_{cd} 作用下轴向拉应力 σ_z 为

$$\sigma_z = \frac{0.1 W_{cd}}{A_{cs}} \tag{6-2-17}$$

式中　σ_z——轴向拉应力，MPa；

　　　W_{cd}——轴向拉力，kN；

　　　A_{cs}——套管横截面积，cm^2。

由薄壁筒的应力计算公式可推得周向应力 σ_φ 的计算式：

$$\sigma_\varphi = \frac{-\sigma_{cc} d_{co}}{2\delta_c} \tag{6-2-18}$$

式中　σ_φ——周向应力，MPa，按照力学习惯取负号；

　　　σ_{cc}——轴向拉力为 W_{cd} 时的抗挤强度，MPa；

　　　d_{co}——套管外径，cm；

　　　δ_c——套管壁厚，cm。

当无轴向拉力 W_{cd} 时，$\sigma_z = 0$，则由式（6-2-15）可得 $\sigma_\varphi^2 = \sigma_s^2$。于是

$$\sigma_s = \frac{\sigma_c d_{co}}{2\delta_c} \tag{6-2-19}$$

将式（6-2-17）、式（6-2-18）和式（6-2-19）代入式（6-2-16），并经化简后可得

$$\left(\frac{1}{\sigma_c^2}\right)\sigma_{cc}^2 + \left(\frac{0.1 W_{cd}}{A_{cs}\sigma_s\sigma_c}\right)\sigma_{cc} + \left(\frac{0.1 W_{cd}^2}{A_{cs}^2\sigma_s^2} - 1\right) = 0 \tag{6-2-20}$$

式中，σ_{cc} 为所求值，其余均为已知值，由此可得轴向拉力为 W_{cd} 时套管的抗挤强度计算公式为

$$\sigma_{cc}=\frac{\sigma_c}{2A_{cs}\sigma_s}\left[\sqrt{(2A_{cs}\sigma_s)^2-0.03W_{cd}^2}-0.1W_{cd}\right] \quad (6\text{-}2\text{-}21)$$

为了便于计算，国内提出了线性化套管双向应力计算方法，其计算公式为

$$\sigma_{cc}=\sigma_c\left(1.03-0.74\frac{W_{cd}}{F_g}\right) \quad (6\text{-}2\text{-}22)$$

式中　F_g——套管管体抗拉强度，kN；

　　　W_{cd}——轴向拉力，kN。

理论上已证明，在 $0.1\leqslant W_{cd}/F_g\leqslant 0.5$ 范围内，线性化双向应力计算法误差小于2%。另外，为了简化 σ_{cc} 的计算，可将式(6-2-22)写为

$$\sigma_{cc}=K'\sigma_c \quad (6\text{-}2\text{-}23)$$

$$K'=1.03-0.74\frac{W_{cd}}{F_g} \quad (6\text{-}2\text{-}24)$$

式中，K' 称为双向应力外挤压力系数，其值随套管轴向拉力与管体屈服强度的比值而变化，可查有关数据表。

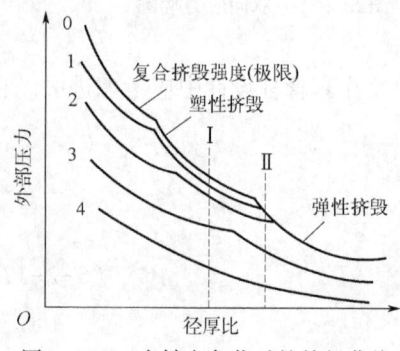

图 6-2-2　有轴向负荷时的挤毁曲线

为了进一步说明轴向载荷作用对套管抗挤强度及失效形式的影响，图6-2-2给出了一组轴向负荷对套管挤毁压力的影响变化曲线。图中，横坐标为给定某种钢级套管的径厚比，纵坐标为外部压力（挤毁压力）。曲线0没有轴向载荷，随曲线序号增加，轴向拉力增加，曲线4的轴向拉力最大。虚线Ⅰ表明一种给定的套管截面下，轴向负荷为零时呈现塑性挤毁，但随着轴向负荷增大到某一定值时，失效模式(形式)变成极限强度挤毁。虚线Ⅱ示出初始挤毁模式(曲线0没有轴向负荷)是弹性的；当套管的轴向负荷增加到曲线1，此时挤毁形式没有因轴向负荷增加而改变，从这一点开始，随着轴向负荷的增加，挤毁负荷将减小，失效模式通过塑性挤毁和极限强度挤毁区。

上述分析表明，套管的抗挤强度和破坏形式，不仅与钢材性能和断面几何形状有关，而且也与受力状况有关。

3. 套管抗内压强度

套管抗破裂能力和抗挤强度一样，取决于套管横截面的几何形状、材料强度和所承受载荷的状况。套管在内压力下的破坏属于强度破坏。

套管抗内压强度的计算公式是在把套管视为两端开口薄壁圆筒、筒内受到均匀分布压力作用的假设条件下导出的。开口薄壁圆筒受均匀内压 p_i 时，周向应力 σ_φ 为

$$\sigma_\varphi=\frac{p_i d_{co}}{2\delta_c} \quad (6\text{-}2\text{-}25)$$

若用套管材料的最小屈服强度 σ_s 代入，则内压力 p_i 即为抗内压强度，用 σ_I 表示，即

$$\sigma_\mathrm{I} = 0.875 \frac{2\sigma_s \delta_c}{d_{co}} \tag{6-2-26}$$

式中 σ_I——套管抗内压强度，MPa。

需要说明的是，式（6-2-26）中的系数 0.875 是允许套管壁厚有 12.5%的变化。

一般套管管体与螺纹连接处抗内压强度是一致的，但是有的同一外径套管随着壁厚增加，套管抗内压强度增加，而接箍壁厚并未增加，因此接箍强度相对较低，考虑接箍后的套管抗内压强度计算式为

$$\sigma_\mathrm{I} = \sigma_s \left(\frac{d_c - d_1}{d_c} \right) \tag{6-2-27}$$

式中 d_c——接箍名义外径，cm；

d_1——用紧螺纹机紧螺纹后，管子末端处的接箍螺纹根直径，cm。

对圆螺纹套管

$$d_1 = E_1 - (S - L_1)T + H - 2r_1 \tag{6-2-28}$$

式中 E_1——手紧面螺纹节径，cm；

L_1——管子末端端面到手紧面的距离，cm；

r_1——齿根圆角半径，API 圆螺纹套管每英寸 8 扣，取 $r_1 = 0.0432 \mathrm{cm}$；

S——手紧后的余螺纹长度，cm；

T——锥度，取 $T = 0.00625$；

H——理论齿高，API 圆螺纹套管每英寸 8 扣，取 $H = 0.275 \mathrm{cm}$。

4. 三轴应力下套管屈服强度

柱坐标系下，套管柱在轴向拉力、外挤力、内压力联合作用下会在轴向、周向和径向三个方向上分别产生应力响应，使套管柱上实际承载着轴向应力 σ_z、周向应力 σ_θ 和径向应力 σ_r 三轴应力作用。当假设套管各向同性屈服，不考虑残余应力以及套管截面弹性失稳破坏和套管柱轴向屈曲时，可依据弹塑性力学理论建立各应力表达式：

$$\sigma_r = \frac{p_{ci}r_{ci}^2 - p_{co}r_{co}^2}{r_{co}^2 - r_{ci}^2} - \frac{(p_{ci} - p_{co})r_{ci}^2 r_{co}^2}{r_{co}^2 - r_{ci}^2} \frac{1}{r^2} \tag{6-2-29}$$

$$\sigma_\theta = \frac{p_{ci}r_{ci}^2 - p_{co}r_{co}^2}{r_{co}^2 - r_{ci}^2} + \frac{(p_{ci} - p_{co})r_{ci}^2 r_{co}^2}{r_{co}^2 - r_{ci}^2} \frac{1}{r^2} \tag{6-2-30}$$

$$\sigma_z = \frac{F_t \times 10^3}{\pi(r_{co}^2 - r_{ci}^2)} \tag{6-2-31}$$

式中 σ_r，σ_θ，σ_z——径向应力、周向应力、轴向应力，MPa；

r_{ci}，r_{co}——套管内、外半径，mm；

p_{ci}——套管内压力，MPa；

p_{co}——套管外压力，MPa；

F_t——套管轴向力，kN。

上述计算式是以套管柱受力的轴对称性和轴向应力沿径向均匀分布的条件下得到的。分析结果表明，当套管未受弯曲应力时，套管内壁面处首先达到屈服。根据第四强度理论，可以建立三轴应力条件下套管柱 Von-Mises 屈服条件，即当 Von-Mises 等效应力 σ_e 超过套管

材料的屈服强度 σ_s 时套管发生屈服：

$$\sigma_e \geq \sigma_s \qquad (6-2-32)$$

$$\sigma_e = \sqrt{\frac{1}{2}[(\sigma_r-\sigma_\theta)^2+(\sigma_\theta-\sigma_z)^2+(\sigma_z-\sigma_r)^2]} \qquad (6-2-33)$$

式中 σ_e——Von-Mises 等效应力，MPa；

σ_s——套管屈服强度，MPa。

5. 套管的腐蚀

油气井中的套管会长期受到各种地下流体介质的腐蚀，使管体有效厚度减少或钢材性质变化，导致承载能力降低，甚至出现腐蚀破坏。

造成套管腐蚀破坏的主要介质有气体或液体中的硫化氢、二氧化碳、溶解气。

硫化氢主要存在于天然气中，对套管钢材具有极强的破坏作用。硫化氢在水中溶解度极高，除能够与铁发生化学反应腐蚀金属外，更严重的破坏是引起套管、钻杆硫化物应力腐蚀破裂或"氢脆"造成套管断裂。在低 pH 值环境中，硫化氢的腐蚀作用更强烈。因此，对于可能接触硫化氢气体的套管来说，可以选用抗硫套管，如 API 套管系列中的 H 级、K 级、J 级、C 级、L 级套管，并在高碱性环境下使用。

二氧化碳主要存在于地层水及天然气中，二氧化碳遇水溶解并与铁发生电化学腐蚀，导致套管钢材组织结构被破坏，降低套管的承载能力，破坏套管的结构完整性。二氧化碳对套管腐蚀的形态可分为全面腐蚀（也称均匀腐蚀）和局部腐蚀两大类。腐蚀速率与温度、压力、二氧化碳浓度、介质矿化度、其他介质等环境条件，以及套管的钢材组成有关。二氧化碳和硫化氢共存时，套管腐蚀会加剧。适当提高钢材中铬 Cr 含量有助于提高套管抗二氧化碳腐蚀的能力。对于二氧化碳等腐蚀，可以采用注入防腐剂、阴极保护、套管涂层及改善钢材组成等措施进行防腐。

三、套管柱设计方法

套管柱设计是以套管柱受力分析为基础，再根据套管本身所具有的强度，建立强度与载荷之间安全可靠的平衡关系，通式为

$$安全系数 \times 外载 \leq 套管强度$$

利用上述通式进行套管柱设计时，首先要根据井下具体情况计算出套管柱在不同井深所受外载（外挤压力、轴向拉力和内压力）；根据套管强度的计算方法、室内套管强度实验、井下套管柱受力状况以及套管柱设计方法等并结合经验确定合适的安全系数。再按照通式算出不同井深所需套管强度，利用"套管强度数据表"查出各井段所需的不同钢级、壁厚和螺纹形的套管，设计出所需的套管柱。

1. 确定安全系数

套管柱的安全强度由外载和安全系数所确定。显然，安全系数的大小直接影响套管的安全性和经济性。由于影响安全系数的因素很多，所以确定某项负荷（外挤压力、轴向拉力、内压力）的标准安全系数是很难的。目前，套管柱设计中采用 API 提出的安全系数的范围，即：抗挤安全系数 S_C 一般使用的范围为 1.00~1.125，常用的为 1.125；抗拉安全系数 S_T 一般使用的范围为 1.60~2.00，常用的为 1.80；抗内压安全系数 S_I 一般使用的范围为 1.10~1.33，常用的为 1.10。

2. 套管柱等安全系数设计法

套管柱设计方法有等安全系数法、边界负荷法、最大载荷法、AMOCO 设计方法、BEB 设计方法、苏联设计方法等，目前国内外普遍采用等安全系数法及 BEB 设计方法。所谓等安全系数法，即在套管柱上各段的最小安全系数等于（或大于）所规定的某个安全系数值。

前述套管柱受力分析，可用图形将其受力变化规律简略地表示出来，如图 6-2-3 所示。由图 6-2-3 可看出，轴向拉力、外挤压力及内压力在套管柱各截面上不是均匀分布的。轴向拉力自下而上增加；外挤压力自下而上减小；内压力从有效内压力（内压力与外挤压力的差值）来看，一般总的趋势是自下而上增加。

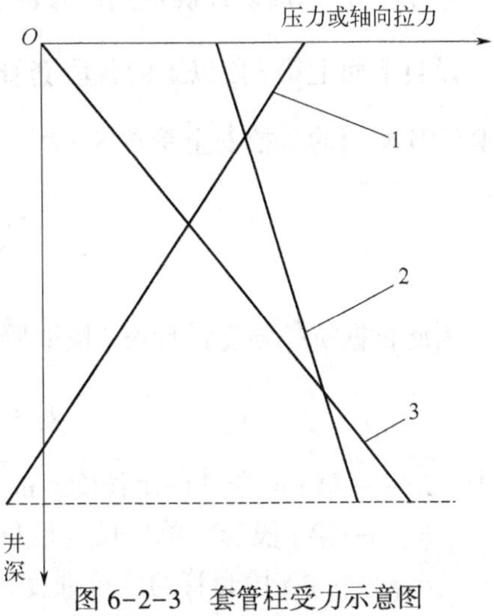

在设计中为了达到既安全又经济的原则，整个套管柱应由不同钢级、壁厚和螺纹形的套管所组成，使各段最小安全系数等于（或大于）所规定的安全系数值（即等安全系数法）。同时为了避免反复计算和设计，在一般地层压力井中，先对下部（自下而上）进行抗挤设计，而后对上部（自下而上）进行抗拉设计，最后校核抗内压强度。在高压井中，应首先进行抗内压设计，选出满足抗内压强度的套管，然后再进行抗挤和抗拉设计。

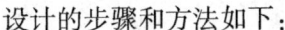

图 6-2-3 套管柱受力示意图
1—轴向拉力（考虑浮力）；2—内压力；
3—外挤压力（按钻井液液柱）

设计的步骤和方法如下：

① 掌握已知条件（套管尺寸和下入深度、安全系数、钻井液密度、水泥返高及套管强度性能表等）。

② 根据外挤压力 p_{co} 和抗挤安全系数 S_C 确定下部第一段套管钢级和壁厚。

按式 (6-2-7) 计算外挤压力：

$$p_{co1} = 0.00981 \rho_d D_1$$

因下部第一段套管所受的井底外挤压力和安全系数的乘积应等于（或小于）抗挤强度 σ_{c1}，即

$$0.00981 \rho_d D_1 S_C \leqslant \sigma_{c1} \tag{6-2-34}$$

则根据 σ_{c1} 即可由套管强度性能表中选出下部第一段套管。

③ 确定第二段套管可下入深度 D_2 和第一段套管的使用长度 L_1。

由于外挤压力越往上越小，根据既安全又经济的原则，第二段套管可选钢级或壁厚较低一级（即抗挤强度小一级）的套管，其可下入深度为

$$D_2 = \frac{\sigma_{c2}}{0.00981 \rho_c S_C} \tag{6-2-35}$$

式中 D_2——第二段套管的可下入深度，m；

σ_{c2}——第二段套管抗挤强度，MPa。

则第一段套管使用长度 L_1 为

$$L_1 = D_1 - D_2 \tag{6-2-36}$$

④ 当按抗挤强度设计套管柱超过水泥面或中和点（由于钻井液浮力使套管柱中不受轴向力的截面）时，应考虑下部套管柱浮重引起套管抗挤强度的降低，即按双向应力设计套管柱。

按式(6-2-22)或式(6-2-23)计算降低后的抗挤强度值，校核抗挤安全系数能否满足要求；若不能满足要求，采用试算法将下部抗挤强度较大的套管向上延伸，直至抗挤安全系数满足要求。这样可从下向上确定下部各段套管。由于越往上外挤压力越小，故可选抗挤强度更小的套管，当到达某一深度后，由于套管自重产生的拉力载荷增加，抗拉强度表现为主要矛盾时，则按抗拉设计确定上部各段套管。

⑤ 按抗拉强度设计确定上部各段套管。

设自下而上第 i 段以下的各段套管总重量为 $\sum_{n=1}^{i-1} W_{cn}$，该段套管抗拉强度为 σ_{Ti}，则第 i 段套管顶截面的抗拉安全系数 S_T 为

$$S_T = \frac{\sigma_{Ti}}{L_i q_{ci} + \sum_{n=1}^{i-1} W_{cn}} \tag{6-2-37}$$

因此根据抗拉强度设计第 i 段套管长度的计算公式为

$$L_i = \frac{1}{q_{ci}} \left(\frac{\sigma_{Ti}}{S_T} - \sum_{n=1}^{i-1} W_{cn} \right) \tag{6-2-38}$$

式中 L_i——第 i 段套管许用长度，m；

q_{ci}——第 i 段套管单位长度重量，kN/m；

σ_{Ti}——第 i 段套管的抗拉强度，kN；

S_T——抗拉安全系数；

W_{cn}——第 i 段以下各段套管的总重量，kN。

按式(6-2-38)进行设计，L_i 若不能延伸至井口时，在第 i 段上部再选抗拉强度较大的套管计算，一直设计到井口为止，整个套管柱设计即告完成。

⑥ 抗内压安全系数校核。其计算式为

$$S_I = \frac{\sigma_I}{p_{cin}} \tag{6-2-39}$$

式中 S_I——抗内压安全系数；

σ_I——井口套管的抗内压强度，MPa；

p_{cin}——井口内压力，MPa。

资料表明，中深井或深井，地层压力在正常压力梯度下，按以上设计步骤设计出的套管柱，一般能满足抗内压要求；若实际抗内压安全系数 S_I 小于所规定抗内压安全系数，则控制井口压力，井口压力限制在套管（或井口装置）允许的最大压力之内或将套管柱设计步骤改为先做抗内压强度设计，选出满足抗内压强度的套管后再做抗挤和抗拉设计。

【例 6-2】某井 7in（177.8mm）套管下入深度 3500m，井内钻井液密度 1.3g/cm³，水泥返至 2800m。要求进行抗挤、抗拉设计。抗挤安全系数不低于 1.00，抗拉安全系数不低于 1.75。试设计此井套管柱。

解：① 掌握已知条件有：套管尺寸 177.8mm，下深 3500m，钻井液 ρ_d = 1.3g/cm³，水泥返高 2800m，抗挤安全系数 S_C = 1.125，抗拉安全系数 S_T = 1.80，套管强度性能表等。

② 根据外挤压力和抗挤安全系数确定下部第一段套管的钢级和壁厚：

$$p_{co1}=0.00981\rho_d d_1=0.00981\times1.3\times3500=44.64\text{MPa}$$

套管最小抗挤强度为

$$\sigma_{c1}=p_{co1}S_D=44.64\times1.125=50.21\text{MPa}$$

由套管性能表查得 N-80、壁厚 11.51mm 套管，其抗挤强度为 60.46MPa。因此，实际安全系数为

$$S_{C1}=\frac{\sigma_{c1}}{p_{co1}}=\frac{60.46}{44.64}=1.35 \quad (\text{安全})$$

③ 确定第二段套管可下深度和第一段套管的使用长度。

第二段套管可选钢级或壁厚较低一级（抗挤强度小一级）的套管，按式(6-2-35)，若选：N-80，壁厚 10.36mm，该段套管每米重量 0.476kN/m，抗拉强度 3048kN，抗挤强度 49.35MPa，其可下深度：

$$D_2=\frac{\sigma_{c2}}{0.00981\rho_c S_C}=\frac{49.35}{0.00981\times1.3\times1.125}=3439.71$$

实际取第二段下入深度 $D_2=3400\text{m}$，则第一段套管长度 L_1 为

$$L_1=D_1-D_2=3500-3400=100\text{m}$$

第一段套管在空气中重为

$$W_{c1}=q_{c1}L_{cs1}=0.476\times100=47.6\text{kN}$$

第一段套管在钻井液中的重量为

$$K_B=1-\frac{1.3}{7.8}=0.833$$

$$W_{cd1}=K_B q_{c1}L_{cs1}=0.833\times47.6=39.65\text{kN}$$

第一段套管抗拉安全系数 S_{T1}：

$$S_{T1}=\frac{\sigma_{T1}}{W_{c1}}=\frac{3048}{47.6}=64 \quad (\text{安全})$$

第二段套管抗挤安全系数 S_{C2}：

$$S_{C2}=\frac{\sigma_{c2}}{0.00981\rho_c D_2}=\frac{49.35}{0.00981\times1.3\times3400}=1.138 \quad (\text{安全})$$

④ 按抗挤强度选择钢级或厚度更低一级的套管。

第三段套管选 N-80、壁厚 9.19mm，单位长度重量 0.3869kN/m，抗挤强度 38.03MPa，管体屈服强度 2740kN。可下深度为

$$D_3=\frac{\sigma_{c3}}{0.00981\rho_d S_C}=\frac{38.03}{0.00981\times1.3\times1.125}=2650.71\text{m}$$

D_3（2650.71m<2800m）位于在水泥面以上，表明第二段套管顶部已超过水泥面。所以在第二段水泥面处和第三段底部都应考虑双向应力的影响。

在水泥面处套管能否满足抗挤要求，决定于水泥面是否靠近该段底部和水泥面下部套管的重量。显然第三段套管底部由于承受了第一段套管和第二段套管的重量，抗挤强度会下降，导致安全系数必小于 1.125。

因此，应将第二段套管长度增长，即减少第三段的下入深度，提高其底部的抗挤系数，以补偿双向应力的影响。但第二段增长后，对第二段的轴向拉力增加，又将进一步引起第三段套管抗挤强度降低，为此可采用试算法。

⑤ 首先校核水泥面处抗挤安全系数 S_{C2} 能满足抗挤安全。
第二段套管每米重量为 0.4315kN，段长为 3400-2800=600m。
水泥面下套管浮重为

$$W_{cd1}+W_{cdc}=39.65+600\times0.4315\times0.833=255.31\text{kN}$$

按线性公式(6-2-22)计算轴向拉力下抗挤强度，第二段管体屈服强度 $F_g=3066\text{kN}$。

$$\sigma_{cc2}=\sigma_{c2}\left(1.03-0.74\frac{W_{cd1}+W_{cdc}}{F_g}\right)=49.35\times\left(1.03-0.74\times\frac{255.31}{3066}\right)=47.79\text{MPa}$$

$$S_{Cc}=\frac{\sigma_{cc2}}{0.00981\rho_c D_c}=\frac{47.79}{0.00981\times1.125\times2800}=1.547\quad(\text{安全})$$

第二段套管在水泥面处抗挤符合要求，应将第二段套管长度增长。采用试算法求第三段在双向应力作用下的可下深度。
假设第三段套管可下至 2300m，则第二段长为

$$L_2=3400-2300=1100\text{m}$$

第二段套管在空气中重为

$$W_{c2}=1100\times0.4315=474.65\text{kN}$$

第二段套管在钻井液中的重量为

$$W_{cd2}=0.833\times W_{c2}=395.38\text{kN}$$

第一至二段套管累积浮重为

$$W_{cd1}+W_{cd2}=39.65+395.38=435.03\text{kN}$$

第三段底部抗挤强度为

$$\sigma_{cc3}=\sigma_{c3}\left(1.03-0.74\frac{W_{cd1}+W_{cd2}}{F_g}\right)=38.03\times\left(1.03-0.74\times\frac{435.03}{2740}\right)=34.70\text{MPa}$$

抗挤安全系数为

$$S_{C3}=\frac{\sigma_{cc3}}{0.00981\rho_d D_3}=\frac{34.70}{0.00981\times1.125\times2300}=1.37\quad(\text{安全})$$

第三段下至 2300m 时抗挤安全。
按套管在空气中重量校核第二段套管顶部截面的抗拉安全：

$$S_{T2}=\frac{\sigma_{T2}}{W_{c1}+W_{c2}}=\frac{2708}{47.6+474.65}=5.19\quad(\text{安全})$$

第二段抗拉符合要求。
若将第三段设计到井口，则抗拉安全系数为

$$S_{T3}=\frac{\sigma_{T3}}{W_{c1}+W_{c2}+W_{c3}}=\frac{2354}{47.6+474.65+2300\times0.3869}=1.67\quad(\text{不安全})$$

可见第三段 N-80、9.19mm 延伸至井口抗拉强度不符合要求。
⑥ 按抗拉强度设计确定上部各段套管。
按式(6-2-38)确定第 i 段套管长度：

$$L_i=\frac{1}{q_{ci}}\left(\frac{\sigma_{Ti}}{S_T}-\sum_{n=1}^{i-1}W_{cn}\right)=\frac{1}{0.3869}\times\left[\frac{2354}{1.8}-(47.6+474.65)\right]=2030.31\text{m}$$

实取 $L_3=2000\text{m}$，则

$$W_{c3} = 2000 \times 0.3869 = 773.8 \text{kN}$$

该段顶面抗拉安全系数为

$$S_{T3} = \frac{2354}{47.6 + 474.65 + 773.8} = 1.82 \quad （安全）$$

第三段取 2000m，抗拉符合要求。

第四段选用 N-80、10.36mm 套管，长度为

$$L_4 = D_W - L_1 - L_{1-2} - L_3 = 3500 - 100 - 1100 - 2000 = 300 \text{m}$$

$$W_{c4} = 300 \times 0.4315 = 129.45 \text{kN}$$

抗拉安全系数为

$$S_{T4} = \frac{\sigma_{T4}}{W_{c1} + W_{c2} + W_{c3} + W_{c4}} = \frac{2708}{47.6 + 474.65 + 773.8 + 129.45} = 1.9 \quad （安全）$$

第四段 N-80、10.36mm 套管井口符合要求。

设计结果见表 6-2-5。

表 6-2-5 177.8mm 套管柱设计结果

序号	套管类型		下入深度 m	使用长度 m	空气中重量 kN	浮重 kN	安全系数	
	钢级	壁厚, mm					抗挤	抗拉
1	N-80	11.51	3500	100	47.6	39.65	1.35	64
2	N-80	10.36	3400	1100	474.65	395.38	1.138	5.19
3	N-80	9.19	2300	2000	773.8	644.58	1.37	1.82
4	N-80	10.36	300	300	129.45	107.83		1.9
	合计			3500	1425.5	1187.44		

3. 双向应力设计解析计算公式

设计步骤中，第④步进行套管柱双向应力设计采用的是试算法，一般要进行多次试算才能完成。为了避免试算，可以应用有足够精度、计算简便的线性化公式计算法。

根据式(6-2-22)，可推导出在轴向拉力和外挤压力同时作用下的套管许下深度，并由此可直接计算出双向应力条件下各段套管的使用长度。

设：第 m 段套管的下入深度 D_m 已定，现在需要确定第 $m+1$ 段套管的许下入深度 D_{m+1}，如图 6-2-4 所示。

第 $m+1$ 段套管下端承受的轴向拉力为

$$W_{cd(m+1)} = W_{cdm} + (D_m - D_{m+1}) q_{cm} K_B \tag{6-2-40}$$

该段套管应满足线性化双向应力方程式，即

$$\sigma_{cc(m+1)} = \sigma_{c(m+1)} \left[1.03 - 0.74 \frac{W_{cdm} + (D_m - D_{m+1}) q_{cm} K_B}{F_{g(m+1)}} \right]$$

(6-2-41)

第 $m+1$ 段套管下端在轴向拉力下的抗挤强度 $\sigma_{cc(m+1)}$ 与外挤压

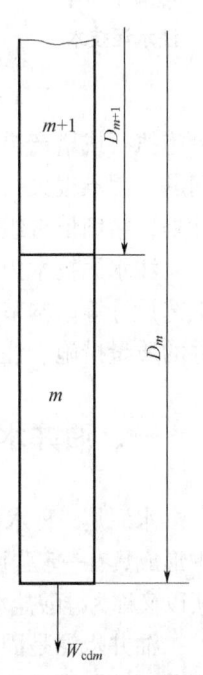

图 6-2-4 套管柱双向应力设计示意图

力的关系式为

$$\sigma_{cc(m+1)} = 0.00981\rho_d D_{m+1} S_C \quad (6\text{-}2\text{-}42)$$

联立式(6-2-41)和式(6-2-42),可解出许下入深度 D_{m+1} 为

$$D_{m+1} = \frac{1.03 F_{g(m+1)} - 0.74(W_{cdm} + D_m q_{cm} K_B)}{F_{g(m+1)} \dfrac{0.00981\rho_d \sigma_c}{\sigma_{c(m+1)}} - 0.74 q_{cm} K_B} \quad (6\text{-}2\text{-}43)$$

式中　D_{m+1} ——第 $m+1$ 段套管许下入深度,m;

D_m ——第 m 段套管下入深度,m;

W_{cdm} ——第 m 段套管下端承受的轴向载荷,kN;

q_{cm} ——第 m 段套管单位长度重量,kN/m;

$F_{g(m+1)}$ ——第 $m+1$ 段套管本体屈服强度,kN;

$\sigma_{c(m+1)}$ ——第 $m+1$ 段套管抗挤强度,MPa。

应用式(6-2-43),代入有关数据后,便可不必试算而直接求得双向应力条件下某段套管的可下入深度。

第三节　注水泥技术

视频 6-3-1
注水泥技术

利用一定技术手段将水泥浆从井口注入至套管柱与井壁之间的环形空间内的工艺过程称为注水泥(视频 6-3-1)。它区别于经注水泥后而质量不合格,需再次挤水泥等其他补救注水泥以及其他注水泥塞作业等。注水泥是固井施工的重要环节,在油田生产工程上和经济上意义重大。注水泥的主要目的在于封隔油、气、水层保护生产层;封隔严重漏失层或其他复杂地层;支撑套管和保护套管。一旦注水泥质量发生问题,将造成环空封固失效,导致不需开采的流体进入井内、各产层间互为窜聚使生产层遭受破坏、限制增产措施执行或增产措施失效等。同时,注水泥失败后补救挤水泥的再次注水泥,常因技术上的问题,困难很大,经济费用高。因此,注水泥必须从准备、设计和施工等各方面作好周密的计划,精细慎重组织施工。

注水泥技术内容主要包括水泥选择、水泥浆性能设计、外加剂选择、井眼准备、注水泥工艺设计等。本节主要介绍油井水泥、水泥浆性能、水泥浆外加剂、特种油井水泥、提高固井的质量措施、注水泥设计及注水泥技术等内容。

一、油井水泥

水泥是一种水硬性材料,呈粉末状,加水拌和后形成浆体,经过一定时间后能在空气和水中形成具有一定强度的硬化体。建筑工程中常用的水泥是波特兰水泥,因其主要成分是硅酸盐,所以又称为硅酸盐水泥。硅酸盐水泥中经过特殊加工专门用于油气井固井的水泥称为油井水泥。

油井水泥是固井工程主要材料之一。由于油气井注水泥要把用油井水泥配制的浆体泵送到井下几百米或几千米处的井眼与套管之间的环形空间,并在完成注水泥施工后要求浆体能在一定时间内能凝固,形成具有一定承载能力的硬化体。因此,对油井水泥性能的要求与普

通建筑水泥有所不同。为保证实现注水泥目的，工程中对油井水泥性能有以下基本要求：

① 水泥能配成流动性良好的水泥浆，这种性能应在从配制开始到注入套管被顶替到环形空间内的一段时间里始终保持；

② 水泥浆应能和外加剂相配合，可调节各种性能；

③ 水泥浆在井下的温度及压力条件下保持稳定性；

④ 水泥浆应在规定的时间内凝固并达到一定的强度；

⑤ 形成的水泥石应有良好的力学性能、很低的渗透性能，能经受油、气、水长期的侵蚀等。

1. 油井水泥的主要矿物成分

目前国内外经常使用的油井水泥主要是硅酸盐水泥，是将由碳酸盐矿物、黏土质原料及调节性原料组成的生料破碎、磨细及混匀，再放入水泥窑内经1450℃的高温煅烧，经过快速冷却后形成熟料，熟料再经破碎并与石膏或其他性能调节材料一起粉磨最终成为油井水泥。

油井水泥的主要成分为四种：

硅酸三钙 [Ca_3SiO_5]：一般含量为40%~65%。在水泥中含量最高，是水泥产生强度的主要化合物，对早期强度的影响大。缓凝水泥中占40%~45%，在高早期强度水泥中占60%~65%。Ca_3SiO_5按氧化物的形式可写为$3CaO·SiO_2$，常简写为C_3S。

硅酸二钙 [Ca_2SiO_4]：一般含量为24%~30%。水化缓慢，强度增长慢，但能在很长一段时间内增加水泥强度，对水泥最终强度起重要影响，不影响初凝时间。Ca_2SiO_4按氧化物的形式写为$2CaO·SiO_2$，常简写为C_2S。

铝酸三钙 [$Ca_3Al_2O_6$]：是促进水泥快速水化的化合物，是决定水泥初凝和稠化时间的主要因素。对水泥的最终强度影响不大，但对水泥浆的流变性及早期强度有较大影响。它对硫酸盐极为敏感，因此抗硫酸盐的水泥，应控制其含量在3%以下，但对于有较高早期强度的水泥，其含量可达15%。$Ca_3Al_2O_6$按氧化物的形式写为$3CaO·Al_2O_3$，常简写为C_3A。

铁铝酸四钙 [$Ca_4Al_2Fe_2O_{10}$]：含量为8%~12%。它对强度影响较小，水化速度仅次于C_3A，早期强度增长较快，硬化3d和28d的强度差值不大。$Ca_4Al_2Fe_2O_{10}$按氧化物的形式写为$4CaO·Al_2O_3·Fe_2O_3$，常简写为C_4AF。

调整水泥中四种熟料配比，熟料磨细程度，可以改变水泥性能。例如，增加C_3S含量，磨细水泥熟料，水泥可以获得高的早期强度；控制C_2S、C_3A含量，水泥熟料粗磨，水泥能得以缓凝；限制C_3S、C_3A含量，水泥具有低水化热；限制C_3A含量，水泥具有耐硫酸盐侵蚀（高抗硫水泥C_3A<3%，中抗硫水泥C_3A<8%）。控制不同的熟料配比可以生产出普通硅酸盐水泥以及不同种类的API油井水泥，见表6-3-1。

表6-3-1 各种水泥的矿物组成

水泥类型		矿物组成，%			
		C_3S	C_2S	C_3A	C_4AF
普通硅酸盐水泥		37.5~60	15~37.5	7~15	10~18
API油井水泥	A级	53	24	8(+)	8
	B级	47	32	5(-)	12
	C级	58	16	8	8
	G级和H级	53	30	5	12

水泥熟料除上述四种基本化合物外，还可能含石膏、碱金属类硫酸盐、氧化镁、游离氧化钙和其他混合物。它不影响凝固水泥性能，但影响水化速度、抗化学侵蚀力及水泥浆性能。

2. 油井水泥的水化作用

水泥与水混合后，迅速与水发生水化反应或分解形成水化产物，形成过饱和的不稳定溶液，并逐渐沉淀出过多的固相，水泥浆逐渐由液态转变为固态，即导致水泥凝结和硬化，形成具有一定强度的水泥石。

1) 水泥的水化反应

硅酸盐水泥是多化合物聚集体，其所发生的水化反应是一个复杂的溶解/沉淀过程。与单一熟料成分的水化反应不同，水泥的反应过程中，各组分以不同的反应速度同时进行水化反应，且不同的矿物组分彼此之间存在着互相影响，如 C_3S 能提高 C_2S 水化反应速率、减缓 C_3A 水化反应等。

按照水泥的主要熟料组成，水泥的水化反应可以分以下两类：

（1）硅酸盐的水化

硅酸盐熟料是水泥中最多的组分，API 油井水泥中占材料总量的 74%~83%。理想状态下的水化反应式为

$$3CaO \cdot SiO_2 + nH_2O \longrightarrow xCaO \cdot SiO_2 \cdot yH_2O + (3-x)Ca(OH)_2$$

$$2CaO \cdot SiO_2 + mH_2O \longrightarrow xCaO \cdot SiO_2 \cdot yH_2O + (2-x)Ca(OH)_2$$

硅酸盐熟料的水化产物是水化硅酸钙和氢氧化钙。水化硅酸钙的化学组分不是固定的，而是根据水相中的钙浓度、温度、使用的添加剂以及 C∶S 和 H∶S 值发生变化，且形态不固定，通常称为水化硅酸钙（CSH）凝胶，是水泥石的主要胶结材料。

（2）铝酸盐的水化

铝酸盐包括 C_3A 和 C_4AF。C_4AF 的水化作用与 C_3A 的水化作用很相似，C_3A 反应活性很强，而 C_4AF 的水化速度要低很多。

纯水中常温下 C_3A 的初期水化作用为

$$2(3CaO \cdot Al_2O_3) + 21H_2O \longrightarrow 4CaO \cdot Al_2O_3 \cdot 13H_2O + 2CaO \cdot Al_2O_3 \cdot 8H_2O$$

C_4AH_{13} 及 C_2AH_8 均为六方片状晶体，在常温下均处于介稳状态，最终趋向于转变为稳定的正方形晶体 C_3AH_6，一定条件下，这一反应要持续几天。

$$4CaO \cdot Al_2O_3 \cdot 13H_2O + 2CaO \cdot Al_2O_3 \cdot 8H_2O \longrightarrow 2(3CaO \cdot Al_2O_3 \cdot 6H_2O) + 9H_2O$$

由此，C_3A、C_4AF 在纯水中水化反应可以简要描述为

$$3CaO \cdot Al_2O_3 + 6H_2O \longrightarrow 3CaO \cdot Al_2O_3 \cdot 6H_2O$$

$$4CaO \cdot Al_2O_3 \cdot Fe_2O_3 + 6H_2O \longrightarrow 3CaO \cdot Al_2O_3(Fe_2O_3) \cdot 6H_2O + Ca(OH)_2$$

水泥制备过程中，在研磨前在水泥熟料中加入 3%~5% 的石膏，来控制 C_3A 的水化。石膏与水接触后，一部分发生溶解，溶液中游离的钙离子和硫酸根离子与 C_3A 初期水解出的铝离子、氢氧根离子及水化产物 C_4AH_{13} 发生反应，生成三硫二铝酸钙水化物，称为钙矾石（AFt 相）。有石膏存在时 C_3A 的水化反应式可以描述为

$$3CaO \cdot Al_2O_3 + 3(CaSO_4 \cdot 2H_2O) + 26H_2O \longrightarrow 3CaO \cdot Al_2O_3 \cdot 3CaSO_4 \cdot 32H_2O$$

石膏被消耗完毕后，当水泥中还有未完全水化的 C_3A 时，C_3A 的水化产物 C_4AH_{13} 又能与上述反应生成的钙矾石继续反应生成片状单硫型水化硫铝酸钙（AFm 相），即

$$3CaO \cdot Al_2O_3 \cdot 3CaSO_4 \cdot 32H_2O + 2(4CaO \cdot Al_2O_3 \cdot 13H_2O)$$
$$\longrightarrow 3(3CaO \cdot Al_2O_3 \cdot CaSO_4 \cdot 12H_2O) + 2Ca(OH)_2 + 20H_2O$$

上述结果表明，水泥浆体通过一系列水化作用，生成了具有不同组成及微观形态的水化产物，且随着水化的不断进行，水泥浆中的水化产物在溶液中的浓度不断增加，逐渐使微小晶体形成了凝聚结构，促成了水泥的凝结和硬化。由此，从物质组成上来看，水泥石主要是由水泥的水化产物和未水化水泥颗粒组成。

硅酸盐水泥的水化产物按其结晶程度可以粗略地分为两大类，一类是结晶度比较差，晶粒的大小相当于胶体尺寸的水化硅酸钙，它既是微晶质可以彼此交叉和连生，又因为其大小在胶体尺寸范围内而具有凝胶的特性。所以常常根据后者的物理特性，把水化硅酸钙称为凝胶体，简称CSH凝胶；另一类为结晶度比较完整、晶粒比较大的水化物，如氢氧化钙、钙矾石、单硫水化硫铝酸钙等。上述凝胶体与晶体两类水化物及相对含量对水泥石的一系列性能有重要影响。

2）水泥的凝结与硬化过程

水泥的水化反应是一个放热反应，水泥水化放热速率与水化时间、水泥的水化程度有关，图6-3-1是典型的硅酸盐水泥水化放热曲线。利用水泥水化放热特性，可以研究和分析水泥的水化硬化过程，探测水泥面位置等。

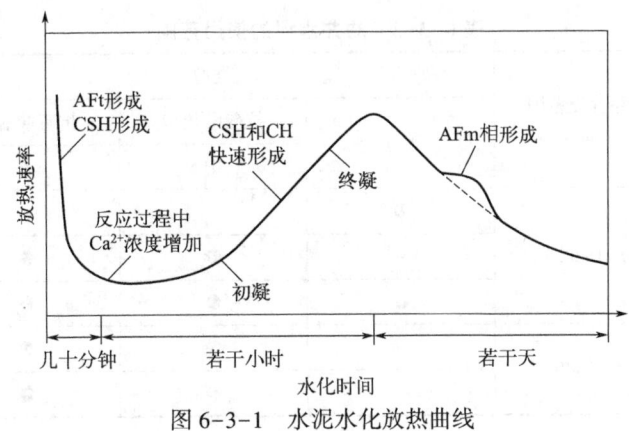

图6-3-1 水泥水化放热曲线

水泥由液相凝聚成固相可分为以下三个阶段。

钙矾石形成阶段：熟料矿物遇水后立即溶解，水泥中的C_3A首先水化，并在石膏存在的条件下迅速形成三硫型水化硫铝酸钙（$3CaO \cdot Al_2O_3 \cdot 3CaSO_4 \cdot 32H_2O$）（钙矾石），又称AFt相，出现第一放热峰。由于AFt相的形成使C_3A水化速率减慢，导致诱导期开始。此时水泥浆仍具备流动性。

C_3S水化阶段：由于C_3S开始迅速水化，形成CSH和CH相，放出热量，出现第二放热峰。这一过程中，水泥水化反应加速，浆体初凝，胶体颗粒及细小晶体大量增加，并开始互相连接，逐渐絮凝形成凝胶结构，水泥浆变稠，直至失去流动性。水泥浆终凝时间在第二放热峰附近。第三放热峰是由于体系中石膏已消耗完毕，AFt相向AFm相转化所引起的。在此过程中，C_4AF及C_2S也不同程度地参与了反应。

结构形成和发展阶段：放热速率很低并趋于稳定。此阶段中，随着各种水化产物的生成并相互交织堆积，浆体硬化结构形成，孔隙率下降，结构强度显著增加，胶凝结构状态逐渐硬化形成水泥石。

水泥与水发生水化作用，由液态变成固态的速度主要取决于水泥熟料矿物成分、水泥颗粒大小、水灰比、养护温度及外加剂等。如增加 C_3S，减少 C_2S 含量及水泥颗粒较细时，水化反应就快，可获得高早期强度的水泥石；反之，减少 C_3S 与 C_3A 的含量，颗粒较粗，则水泥稠化及凝结时间较长。

3. 油井水泥的分类

水泥的性能，如流动性、凝结和稠化时间、强度及热稳定性等与其所处的井深、温度、压力条件密切相关，尤其是温度的影响极大。为了适应不同井下条件，世界范围内生产的油井水泥品种繁多，国际上早期采用 API（美国石油学会）制订的标准，划分石油工业涉及应用的水泥类型，并按照 API 油井水泥系列生产制造和选择使用油井水泥。目前油井水泥的国际标准为 ISO 10426-1：2009（2010）《石油和天然气工业 固井用水泥和材料 第 1 部分：规范》，该标准是以 API 标准为基础制定的。

按照 API 标准，油井水泥划分为 A 级、B 级、C 级、D 级、E 级、F 级、G 级、H 级、J 级共九种水泥。固井工程中使用最普遍的是 G 级、H 级水泥，其次是 A 级、B 级、C 级水泥，D 级、E 级、F 级水泥现在很少使用。近年来，基于工程应用实际，API 标准取消了 J 级水泥。常用油井水泥类型的使用范围见表 6-3-2。

表 6-3-2 油井水泥的使用范围

API 级别	使用深度范围 m	类型			备注
		普通	抗硫酸盐型 中	抗硫酸盐型 中	
A 级	0~1828.8	●	—	—	普通水泥
B 级		—	●	●	中热水泥
C 级		●	●	●	早强水泥
G 级	0~2440	—	●	●	基本水泥
H 级		—	●	●	基本水泥

A 级、B 级、C 级油井水泥，是由水硬性硅酸钙为主要成分的水泥熟料，加入适量石膏和助磨剂，磨细制成的产品。A 级、B 级、C 级三种水泥的适用深度范围同为 0~1828.8m，温度范围为 0~76.7℃。其中，A 级为普通型无特殊要求油井水泥；B 级为中热水泥，有中抗硫和高抗硫两种；C 级为高早期强度水泥，有普通、中抗硫、高抗硫三种。

G 级、H 级油井水泥，是由水硬性硅酸钙为主要成分的水泥熟料，加入适量的石膏，磨细制成的产品。在粉磨与混合 G 级、H 级水泥过程中，不允许掺加任何其他外加物。G 级、H 级水泥的适用深度范围为 0~2440m，温度为 0~93℃，是两种基本水泥，采用加砂、加适当外加剂等进行调节后可用于较大的深度范围，分为中抗硫及高抗硫两种。

二、水泥浆、水泥石的性能与要求

固井工程中对油井水泥的性能有严格的要求，使用前必须按照实验规范及标准进行严格的性能检测实验。所进行的实验包括水泥浆浆体性能实验和水泥石性能实验，主要用于检测对固井工程有较大影响的性能,如水泥浆的密度、水泥浆的稠化时间、水泥浆的凝结时间、水泥浆的失水、水泥浆的流变性、水泥浆的稳定性、水泥石的强度、水泥石的渗透率及水泥石的抗腐蚀性能等。

1. 水泥浆的密度

一般硅酸盐水泥干灰密度为 $3.05\sim3.20\text{g/cm}^3$,配制浆体时需要加水混拌,加水量与水泥干灰的质量比称为水灰比。为保证水泥浆具有良好流动性,配浆需水量比水泥完全水化的计算需水量要高(按照水泥完全水化计算,水灰比通常为 $0.2\sim0.25$)。相关工程检测标准中推荐了各种不同类型水泥的配浆水灰比,如 G 级水泥的水灰比为 0.44、A 级和 B 级水泥的水灰比为 0.46、C 级水泥的水灰比为 0.56、H 级水泥的水灰比为 0.38。

水泥浆密度取决于水泥干灰密度、水灰比及掺入混合材料的密度和加量。水灰比在 $0.45\sim0.50$ 范围内调节出的水泥浆的密度一般在 $1.80\sim1.90\text{g/cm}^3$ 之间。水泥浆的密度可以通过加入外加剂、外掺料的方法进行减轻或加重调节。固井工程对水泥浆密度的基本要求如下:

① 满足平衡压力固井施工条件。浆体静止时井内静液柱压力必须大于地层压力,浆体流动时的压力(静液柱压力与环空流动阻力之和)必须小于地层破裂压力。

② 满足顶替效率要求。水泥浆的密度应大于完井时钻井液密度(或下套管时的钻井液密度),同时要保证水泥浆具有良好的流动性。

③ 满足水泥石强度和胶结要求。对于尾浆,特别是封隔油气层段的水泥浆,使用标准密度的水泥浆,有利于保证水泥石强度、降低渗透率和孔隙度。非胶凝材料加重剂、减轻剂应尽量少使用。

2. 水泥浆的失水

水泥浆中的自由水通过井壁渗入地层的现象称为水泥浆失水。它是一种渗滤现象,影响它的主要因素有水泥浆的胶体性质、水灰比的大小和地层的渗透性。

① 水泥浆的胶体性质。水泥浆的失水量大小,反映了水泥浆本身的胶体性质,只有水泥浆中分散得较细的胶体粒子占有相当的数量时,水泥浆的失水才能控制到较小数值。一般未经处理的水泥浆失水量高达 $1000\text{mL}/30\text{min}$ 以上。

② 水灰比的大小。水泥水化需水量一般为水泥重量的 20% 左右,但为了使水泥浆具有足够的流动性,水灰比一般在 0.5 左右,因此有大量的过剩水分(自由水)可以渗入地层或在水泥石内造成一条向上窜通的通道,破坏水泥环的封隔作用。

③ 地层的渗透性。在松软和孔隙性地层中往往会引起大量失水。水泥浆大量失水将造成水泥浆急剧变稠,严重影响其流动性,甚至造成不能把水泥浆替出套管的事故。水泥浆大量失水侵入油气层将严重伤害生产层。

按照 API 标准,在 6.9MPa 压力和设定温度下,不同用途的水泥浆的失水量具有不同的指标要求。例如,防气窜水泥浆的失水应控制在 $30\sim50\text{mL}/30\text{min}$;固井尾管和挤水泥水泥浆失水应不大于 $50\text{mL}/30\text{min}$;固表层套管水泥浆失水应不大于 $250\text{mL}/30\text{min}$。

3. 水泥浆的稠化时间

随着水泥不断的水化,水泥浆的黏度和切力将显著增加,水泥浆将逐渐变稠直至失去流动性。为了保证注水泥施工安全，用泵将水泥浆泵至井内环形空间预定高度时，必须预先测定与井内相同温度和压力下，水泥浆从配浆开始到其稠度达到规定值所需的时间（即稠化时间），并以此作为控制水泥施工时间的依据。API 标准规定，用高温、高压稠化仪从实验加温加压开始至 100Bc（稠化单位）时所经历的时间为水泥浆的稠化时间。

整个注水泥时间必须控制在稠化时间以内，并考虑有较大的安全系数。为了保证水泥浆的泵送，API 标准规定，水泥浆在增压稠化仪中稠化 15~30min 的最大稠度应小于 30Bc。理想的稠化时间是在现场总施工时间内水泥浆的稠度能控制在 50Bc 以内。

为了防止固井过程中发生气窜，要求水泥浆的稠度由 30Bc 增长到 100Bc 的时间尽量短（不超过 30min）。通常将水泥浆稠度由 30Bc 快速增长到 100Bc 的现象称为直角稠化现象。

温度对水泥浆的稠化时间具有非常大的影响，温度越高，水化速度越快，水泥浆的稠化时间就越短。因此，需要根据现场固井条件及施工时间要求，通过添加水泥外加剂调整稠化时间。

4. 水泥浆的凝结时间

水泥浆由液态变为固态所经历的时间称为凝结时间。凝结时间可以分为初凝时间和终凝时间。自水泥配浆开始至水泥浆部分失去流动性所经历的时间称为水泥浆的初凝时间。自水泥配浆开始至能承受一定压力的硬化程度所经历的时间称为水泥浆的终凝时间。国内采用维卡仪来测定凝结时间。一般取初凝时间的 75% 为注水泥的施工时间。

API 标准规定，水泥浆的初凝时间不能小于 45min，而终凝时间不能大于 12h。初终凝时间间隔越短越有利于防止固井过程中气窜发生。一般希望固井完成后，候凝时间为 8h 左右水泥浆开始凝结成水泥石，水泥石抗压强度达到 2.3MPa 以上即可开始后续施工。

5. 水泥浆的流变性

水泥浆流变性是固井设计、施工的重要物理性能，是进行注水泥计算必不可少的物理参量。掌握和控制水泥浆的流变性能对固井设计和施工具有的主要作用包括：设计注水泥的最佳流态，提高顶替效率和固井质量；实施平衡压力固井设计与计算，计算注水泥和替钻井液过程的循环摩擦损失，防止井眼憋漏和合理选择装置与设备。

工程中，水泥浆具有非牛顿流体特征，常用来描述水泥浆流变性行为的流变学模式有幂律模式（Powerlaw）、宾汉模式（Bingham）和赫切尔—巴尔克莱模式（Herschel-Bulkley）。各模式流体的本构方程表述为：

幂律模式：

$$\tau = K\gamma^n \tag{6-3-1}$$

宾汉模式：

$$\tau = \tau_0 + \eta_{pv}\gamma \tag{6-3-2}$$

赫切尔—巴尔克莱模式：

$$\tau = \tau_s + K\gamma^n \tag{6-3-3}$$

式中　τ——切应力，Pa；

γ——剪切速率，1/s；

τ_0，τ_s——动切力，Pa；

η_{pv}——塑性黏度，Pa·s；

K——稠度系数，Pa·s^n；

n——流性指数。

赫切尔—巴尔克莱模式为三参数模式,其用于描述钻井液和水泥浆流变性能的准确性一般比幂律模式和宾汉模式高,因此,当选用赫切尔—巴尔克莱模式来描述钻井液和水泥浆流变性能时,一般不需要进行模式选择。若采用幂律模式或宾汉模式来描述钻井液和水泥浆流变性能时,则需要以浆体流变学测试实验为基础对流变学模型进行优选。

实验中通常采用旋转黏度计或流变仪对水泥浆流变性进行测试,流变模式选择的方法可以采用实验回归误差分析方法及线性比值法(F比值法)。采用实验回归误差分析方法时以回归计算值与试验测试值吻合程度为选择依据。

F比值法用旋转黏度计300转、200转和100转的读值计算:

$$F=\frac{\phi_{200}-\phi_{100}}{\phi_{300}-\phi_{100}} \quad (6-3-4)$$

当$F=0.5\pm0.03$时,选用宾汉流变模式;反之选用幂律模式。

水泥浆、钻井液及前置液的流变学特性由流变学模式及其流变参数表征。流变参数采用旋转黏度计或流变仪测量。各流变模式的流变参数计算公式如下:

幂律模式:

水泥浆:
$$\begin{cases} n=2.092\lg\left(\dfrac{\phi_{300}}{\phi_{100}}\right) \\ K=\dfrac{0.511\phi_{300}}{511^n} \end{cases} \quad (6-3-5)$$

钻井液与前置液:
$$\begin{cases} n=3.322\lg\left(\dfrac{\phi_{600}}{\phi_{300}}\right) \\ K=\dfrac{0.511\phi_{600}}{1022^n} \end{cases} \quad (6-3-6)$$

宾汉模式:

水泥浆:
$$\begin{cases} \eta_{pv}=0.0015(\phi_{300}-\phi_{100}) \\ \tau_0=0.511\phi_{300}-511\eta_P \end{cases} \quad (6-3-7)$$

钻井液与前置液:
$$\begin{cases} \eta_{pv}=0.001(\phi_{600}-\phi_{300}) \\ \tau_0=0.511\phi_{600}-1022\eta_P \end{cases} \quad (6-3-8)$$

赫切尔—巴尔克莱模式:

$$\begin{cases} \tau_s=\dfrac{\tau_x^2-0.261\phi_{300}\phi_3}{2\tau_x-0.511(\phi_{300}+\phi_3)} \\ K=\dfrac{0.511(\phi_{300}-\phi_3)}{511^n-5.11^n} \\ n=\lg\dfrac{0.511\phi_{300}-\tau_x}{\tau_x-0.511\phi_3} \end{cases} \quad (6-3-9)$$

水泥浆: $\tau_x=0.511(0.255\phi_{100}+0.745\phi_6)$ (6-3-10)

钻井液与前置液: $\tau_x=0.511(0.388\phi_{100}+0.612\phi_6)$ (6-3-11)

式中 ϕ_{300}、ϕ_{100}、ϕ_6、ϕ_3——分别为旋转黏度计300转、100转、6转、3转时的读值。

6. 水泥石强度

水泥石强度应满足固井的要求：

① 支撑套管。经研究表明，水泥石强度为 56kPa 时，长 10m 的水泥环能支承长 94m、直径 177.8mm 的套管。由此可见，支撑套管不要求很高的水泥石强度。

② 抵抗钻井时的冲击载荷。钻井时对套管冲击载荷的大小，主要取决于钻井技术措施，在钻柱加压部分未出套管鞋前，控制钻压和转速，减小钻柱对套管和水泥环的冲击载荷。

③ 能承受压裂、酸化。注水泥井段应能承受压裂、酸化等增产作业的压力。

水泥石强度是重要的工程性能指标。包括抗压强度、抗拉强度、抗剪切强度、屈服强度、抗折强度、胶结强度等。常规固井工程中主要对抗压强度指标有明确要求。

1) 水泥石的抗压强度

水泥石的抗压强度体现了水泥石承受压力和支撑套管的能力，是水泥石主要工程性能指标之一，API 标准及 SY/T 6544—2017《油井水泥浆性能要求》中有明确的要求，见表 6-3-3。用于封固产层的超低密度水泥浆，其 24h 抗压强度不低于 7MPa，72h 抗压强度应大于或等于 14MPa。

表 6-3-3　水泥石抗压强度要求

套管层次	水泥浆类型	密度，g/cm^3	8h 抗压强度，MPa	24h 抗压强度，MPa
表层套管	领浆	1.60	>1.8	>3.5
	尾浆	1.90	>3.5	>8.0
技术套管	领浆	1.60	>2.1	>3.5
	尾浆	1.90	>5.0	>11.0
技术尾管		1.90	>5.0	>14.0
生产套管	领浆	1.60		>8.0
	尾浆	1.90		>14.0
生产尾管		1.90		>14.0

2) 水泥环的胶结强度

水泥环的胶结强度即水泥与套管、水泥与地层之间的黏着强度，是衡量水泥环固结质量的重要指标。胶结强度可以表现为水泥环的两个胶结面承载两种不同类型的力的能力，这两种力分别称为剪切胶结力、水力胶结力，所对应的胶结强度则分别称为剪切胶结强度、水力胶结强度。工程中一般将水泥与套管间胶结界面称为固井一界面，而将水泥与地层的胶结面称为固井二界面。目前 API 标准尚未提出水泥石胶结强度的标准要求。

① 剪切胶结强度：常用来评价水泥环支撑套管自重的能力。一般通过测量加载时水泥环与套管、水泥环与地层之间开始产生剪切滑动时作用力的大小来确定，用水泥环单位接触面积上所作用的力的大小表示。

② 水力胶结强度：常用来评价胶结界面阻止地下流体通过胶结界面在环空中窜移的能力。一般通过测定液压作用下套管与水泥环、水泥环与地层之间开始渗漏的压力确定。

3) 水泥石的其他力学参数

为了满足储气库井、非常规油气井等复杂井固井及井筒完整性要求，工程中除了对上述的抗压强度具体指标提出要求外，还应依据工程实际，对水泥石抗冲击韧性、水泥石抗剪强度、水泥石抗拉强度、水泥石屈服强度、水泥石抗折强度、水泥石弹性常数（弹性模量、泊松比）等力学性能指标提出相关的要求，实现对载荷作用下水泥石的相关力学计算及完整性分析与评价。

7. 水泥石的渗透性

水泥石的渗透性是指在一定压差下水泥石允许流体通过的特性。SY/T 5504.8—2013《油井水泥外加剂评价方法 第 8 部分：膨胀剂》规定，水泥石的渗透率应小于 $0.01 \times 10^{-3} \mu m^2$，应尽量降低用于封固腐蚀性地层以及页岩气层水泥石的渗透率。

8. 水泥石的腐蚀

水泥石在高温及含有一定矿化度的地下水和油气作用下，受着不同程度的侵蚀、腐蚀及破坏。为保障油气井正常生产，水泥石应能抵抗上述各种侵蚀作用。

1) 高温对水泥石的侵蚀

高温对水泥石的侵蚀主要表现为水泥石的高温强度衰退。产生这一现象的主要原因在于：在高温作用下水泥的水化产物水化硅酸钙（CSH）凝胶经脱水及重结晶等作用而转变为水化硅酸二钙晶体（C_2SH）。CSH 为纤维状凝胶体，其能相互搭接成空间网络结构，是水泥石保持结构致密及高强度的主要物质。而 C_2SH 是一种具有低强度、高渗透性的板块状晶体，其相互搭接后晶体间联结强度低、孔隙度高，导致水泥石的强度降低，出现水泥石高温强度衰退现象。

研究结果表明，G 级油井水泥的水泥石产生高温强度衰退的临界温度为 110℃左右。当井下温度达到或超过该临界温度时，可以采取在配浆时添加适量的硅砂、硅粉等材料的方法，抑制水泥石的高温强度衰退，增加 G 级水泥的使用井深。

2) 腐蚀介质对水泥石的腐蚀

水泥环长期处于含有腐蚀介质的地下水和油气环境中，会受到腐蚀介质的腐蚀。地层水或油气中主要腐蚀性介质有二氧化碳（CO_2）、硫酸根离子（SO_4^{2-}）等，侵蚀或腐蚀的形式则包括单一介质腐蚀及多腐蚀介质共存环境下的多介质腐蚀。

(1) 二氧化碳腐蚀

二氧化碳腐蚀是含二氧化碳深层油气井、二氧化碳埋存井生产过程中必须面对和解决的问题。二氧化碳腐蚀包括气相二氧化碳腐蚀及超临界二氧化碳腐蚀。二氧化碳对水泥石的腐蚀作用主要体现在，湿相二氧化碳与水泥石中的氢氧化钙等水化产物发生系列化学反应，产生了不同结晶种类的 $CaCO_3$ 及不定型硅胶等物质，改变了原有的水泥石产物组成及结构，使油井水泥石的结构劣化，降低了水泥石的强度及抗渗透性能。

影响二氧化碳对水泥石的腐蚀作用的因素有温度、压力、含量、地层流体介质成分与矿化度、腐蚀时间、水泥石组成及性能等。通过向水泥中添加合适的外掺料、外加剂，增强水泥石的致密性、强度等，能够提高水泥石抗二氧化碳腐蚀的能力。

(2) 硫酸盐的腐蚀

水泥石的硫酸盐腐蚀主要表现在，硫酸根离子能够与水泥石中 C_3A 的水化产物（或未

水化的 C_3A、$Ca(OH)_2$ 发生化学反应，产生次生钙矾石、石膏。由于反应是在硬化体中进行，随着次生钙矾石、石膏晶核增长，水泥石内出现膨胀应力，可致使水泥石内部出现裂纹，严重时造成水泥石解体。

在水泥成分中控制 C_3A 和 C_4AF 的含量，可使水泥抗硫性提高，也可加入矿渣、石英砂等来提高抗硫的能力。

当硫酸根离子、碳酸氢根离子共存时，油井水泥石的腐蚀程度会加剧。

三、水泥外加剂及特种水泥

1. 水泥外加剂

随着石油工业的发展，钻井技术水平逐渐提高，固井所面临的条件也越来越复杂，如深井、超深井和特殊工艺井等对固井技术提出了更高的要求，必须通过向水泥中加入各种外加剂及外掺料来调节水泥浆的性能。

1）加重剂

当需要高密度水泥浆时，应在水泥浆中使用加重剂。常用的加重剂有重晶石、赤铁矿、钛铁矿、超细氧化三锰等高密度材料。使用加重剂可使水泥浆的密度达到 $2300kg/m^3$。

2）减轻剂

当要求降低水泥浆密度时，应在水泥浆中加入减轻剂。常用的减轻剂有黏土、硅藻土、硅酸钠、粉煤灰、漂珠、微硅、硬沥青、空心玻璃微珠、火山灰等低密度材料。使用减轻剂可使水泥浆的密度降到 $1450kg/m^3$。

3）缓凝剂

缓凝剂可使水泥浆的稠化、凝固时间延长，通常用于高地温梯度的井和深井，以保证有足够的注水泥作业时间。常用的缓凝剂的类型有：木质素磺酸盐及其异构体衍生物、单宁、磺化单宁及其衍生物、羧酸、羟基羧酸及其异构体或衍生物或盐、葡萄糖酸及其衍生物的钠盐或钙盐、低分子量的纤维素及其衍生物、有机或无机磷酸盐、硼酸及其盐类等。

4）促凝剂

促凝剂可使水泥浆加快凝固，用于缩短水泥的候凝时间及增加水泥的早期强度，多用于浅层及低温层的封固。常用的无机盐类促凝剂有氯化钙、氯化钠、氯化钾、硅酸钠、碳酸钠等；有机化合物促凝剂主要有甲酸钙、甲酰胺、草酸、三乙醇胺。

5）分散剂

分散剂又称减阻剂，主要作用是降低水泥浆的黏度和屈服值，改善水泥浆的流动性能，使水泥浆的流动阻力减少，有利于在低流速状态下使水泥浆的流动进入紊流状态，提高注水泥的质量。常用的分散剂有磺酸盐、羧酸盐。磺酸盐类分散剂主要有铁铬木质素磺酸盐、β-奈磺酸甲醛的缩合物、三聚氰胺甲醛树脂、醛酮加成聚合物、亚硫酸改性酚醛树脂、磺化栲胶、磺化单宁等。羧酸盐类分散剂主要有丙烯酰胺—丙烯酸共聚物、甲基丙烯酰胺—甲基丙烯酸共聚物、苯乙烯—马来酸酐共聚物、羧酸或其盐类等。

6）降失水剂

降失水剂能降低水泥浆的失水量，与钻井液使用的降失水剂基本一致。常用的降失水剂有颗粒材料与水溶性聚合物两类。颗粒材料包括微硅粉、沥青、胶乳以及热塑性树脂等。水溶性聚合物包括羧甲基纤维素（CMC）、羟乙基纤维素（HEC）、羧甲基纤维素—羟乙基纤维素（CMC—HEC）、水解聚丙烯腈（HPAN）、羧甲基淀粉、黄原酸淀粉、丙烯酰胺及其衍生物的聚合物、二元共聚物和三元共聚物、聚乙二胺（PEI）、聚乙烯亚胺、磺化聚苯乙烯、磺化褐煤、磺化酚醛树脂、聚乙烯醇（PVA）等。

7) 防漏失剂

防漏失剂用于防止水泥浆在易漏失层中的漏失，常用的水泥浆堵漏剂为片状、纤维状、颗粒状或凝胶状材料，如玻璃纤维、云母片和硬沥青等。

8) 消泡剂

在水泥浆配制过程中，有时会产生气泡，造成水泥浆密度改变，同时也会影响水泥石强度。对于这样的水泥浆需要加入消泡剂以消除气泡对水泥浆的影响。常用的消泡剂主要有甘油聚醚、司盘-80、磷酸三丁酯、乙二醇、正丁醇、硅醚油、硅氧烷等。

9) 膨胀剂

膨胀剂主要用于补偿水泥水化后造成的体积收缩，使水泥石产生微膨胀。常用的膨胀剂有主要有 CaO/MgO、$CaO/CaSO_4$ 等碱金属氧化物，以及铝粉（为主）与稳泡剂复配而成的材料。

10) 增韧剂

增韧剂主要用于改善水泥石的变形韧性。常用的增韧剂有纤维、胶乳、弹性颗粒等。

目前世界上油井水泥外加剂种类繁多，各种外加剂在应用前应进行室内试验。

2. 特种水泥

特种水泥是用于解决某些油气井的特殊问题的水泥，用于解决注水泥中的高温、漏失、环空气窜等问题。

1) 触变性水泥

普通水泥的流变特性为随着时间的延长，水泥浆变稠，泵送时的压力会变大，静止后再开泵泵送，流动阻力没有明显的增加，也就是说，其触变性没有明显的变化。触变性水泥的特点是当水泥浆静止时，会形成胶凝状态，但在触动后，胶凝状态被破坏，会形成良好的流动状态。当触变性水泥浆在泵送时，其流动特性良好，水泥浆是稀的，但是当停泵时迅速形成一种较硬的结构体系，流动性变差；再次泵送时，结构体系又被破坏，又恢复良好的流动性。触变性水泥的这一特性可用于处理固井时的井漏。当触变性水泥浆进入漏失层后，流速变慢，形成凝胶状态，流动阻力变大，基本停止流动，将漏失层堵住，而未进入漏失层的水泥浆仍有良好的流动性，仍可在环形空间中被泵送、顶替。

触变性水泥有黏土水泥体系、硫酸盐水泥体系等。黏土水泥体系是在硅酸盐水泥中加入吸水膨胀性黏土，黏土的加入量可达2%，可有效地防止环空气窜及堵漏。硫酸盐水泥体系是在硅酸盐中加入硫酸钙、硫酸铝或硫酸亚铁等，硫酸盐在水泥浆中形成一种凝胶物质，有触变性。硫酸盐的含量一般小于10%。

2) 膨胀水泥

水泥石应当与套管和地层岩石有良好的连接，以保证水泥把套管、地层岩石封堵牢固。但是一般的硅酸盐水泥凝固后，体积会有微小的收缩，对于非高压层，不会有太大的危害，但对于高压气井就会有较大的危险。因此，对于固高压井，水泥凝固时的体积不仅不能收缩而应略有膨胀，以使封固性能良好。在这种情况下，可用膨胀水泥体系。膨胀水泥多为含有铝粉、钙镁矾盐类的水泥。

① 铝粉水泥。在水泥中加入研细的铝粉，铝粉与水泥中水化反应产生的碱发生反应，形成铝酸盐和微小的气泡，会使水泥的体积变大。铝粉的含量可控制在1%以内，可以使其膨胀率达到5%以内。

② 氧化镁水泥。在水泥中加入燃烧的氧化镁，它与水反应形成氢氧化镁，氢氧化镁占有较多的体积，可使水泥膨胀。燃烧的氧化镁的加量为0.25%~1.0%，使水泥的膨胀率在1%以内。膨胀水泥在应用中应注意控制其膨胀率适当，一般在1%左右，过大会造成很大的压应力，损坏套管。

3）防冻水泥

在某些寒冷地区施工时，地表温度较低，易使水泥浆受冻，而使水泥石的强度降低。此种情况下应使用防冻水泥封固，例如，在永久性冻土层中，在寒冷的冬季封固表层套管时，就应使用这种水泥。例如，在美国的阿拉斯加，永久性冻土带厚度可达几十米，必须使用防冻水泥；在我国的大庆，冬季的表层套管封固也应用防冻水泥。

防冻水泥是在硅酸盐水泥中加入石膏粉或铝酸钙。石膏粉与水泥各占50%的防冻水泥，加入12%的食盐水混浆，可用于-20℃的低温条件。铝酸钙与水泥各占一半的铝酸盐防冻水泥，可用于-10℃的低温条件。

4）抗盐水泥

在使用海水配浆或井下有大段盐岩层的情况下，应当使用抗盐水泥，主要是在油井水泥中加入大量的食盐（NaCl）粉，形成抗盐水泥。

抗盐水泥适用于在海上钻井无淡水配浆时，可直接使用海水配制；大段含盐层的固井；大段泥岩、页岩和膨胀性地层的固井。

5）抗高温水泥

在地下有高温（注蒸汽或火烧油层开采井及地热井）的情况下，为使水泥能抗高温，就应当使用抗高温水泥。

水泥在高温下强度急剧降低，渗透率增大，在高温下，必须采用抗高温的水泥。可采用在普通硅酸盐水泥中加入石英砂或加入铝酸盐的办法提高抗温性能。研究结果表明，在水泥中加入研细的石英砂，可明显提高水泥的抗高温性能。在G级水泥中石英砂含量高达30%时，抗高温性可达328℃。在水泥中加入铝酸三钙时，其抗高温性能有极大提高，在G级水泥中，铝酸三钙的含量达到30%时，抗高温性可达500℃。

6）轻质水泥

为减轻水泥浆的密度，可在水泥中加入轻质材料，如火山灰、硅藻土等，形成轻质水泥，其名称分别为火山灰水泥、硅藻土水泥等。轻质水泥的密度可控制在1450kg/m^{3}左右，主要用于低压井固井。

四、提高注水泥质量的措施

注水泥的主要目的在于封隔油、气、水层，保护生产层。尽管套管注水泥、尾管注水泥、挤水泥等注水泥的技术措施和要求并不完全相同，但其要解决的问题主要为以下两个方面：一是如何使环形空间充满水泥浆；二是如何使水泥浆在凝结过程中压稳油、气、水层和封隔好油、气、水层。

1. 注水泥质量的基本要求

油气井注水泥的基本要求包括：
① 水泥浆返高和套管内水泥塞高度必须符合设计要求，过高和过低都是不允许的。
② 注水泥井段环形空间的钻井液应全部被水泥浆替走，不存在残留，即无窜槽现象存在。
③ 水泥环与套管和井壁岩石之间有足够的胶结强度，能经受住酸化、压裂及井下工具的冲击。
④ 水泥凝固后管外不冒油气水，环空内各种压力体系不能互相窜通。
⑤ 水泥石能抵抗油、气、水长期的侵蚀。

工程中常出现的固井质量问题主要有：
① 井口有冒油、冒气的现象。
② 不能有效封隔各层位，开采时各压力体系流体互窜，影响井的生产。
③ 因固结质量不良在生产中引起套管变形或破坏。

最常见的固井质量问题是窜槽及管外冒油、气、水等。

2. 提高注水泥顶替效率的措施

固井过程中，水泥浆在环形空间顶替钻井液的程度常用顶替效率 η 表示，可两种方法表示。

① 体积顶替效率 η_v，指注水泥段环空中水泥浆所占据的体积与该井段环空体积之比，即

$$\eta_v = \frac{水泥浆体积}{环形空间体积}$$

② 截面顶替效率 η_A，指注水泥段各截面上水泥浆所占据的截面积与该环空截面的面积之比，即

$$\eta_A = \frac{水泥浆截面积}{环形空间截面积}$$

实际上顶替效率 η 反映了注水泥段或截面上，水泥浆与钻井液的分配情况。当 $\eta=1$ 时，表示水泥浆全部顶替了钻井液，注水泥质量好；当 $\eta<1$ 时，表示水泥浆顶替了部分钻井液，η 越低注水泥质量越差。

在注水泥过程中，由于水泥浆不能将环空中的钻井液完全替走，使环形空间局部出现未被水泥浆封固住的现象，这种现象就称为窜槽。窜槽会引起环空封固质量下降，使套管失去水泥石的保护，受到岩石侧向变形的挤压，引起套管损坏；使水泥石中形成连通的通道，丧失封隔不同压力体系地层的作用；使套管外冒油、气、水或使地下压力窜通。

1) 窜槽形成的原因

窜槽是一种常见的注水泥质量问题。窜槽的形成与水泥浆顶替钻井液的效率有关，影响顶替效率的因素，同时对窜槽的形成也会产生影响。具体形成原因如下：

① 套管的居中状况。套管在井内居中时，环空间隙的大小在各方向上是一致的，在环空过流断面上，整个环形圆周阻力相同，平均流速相同，顶替过程中水泥浆上升是均匀的。但当套管偏离井眼中心时，环形圆周各方向的间隙的大小不相等，窄间隙处的阻力明显大于宽间隙处的阻力，宽间隙处的流速高于窄间隙处的流速，甚至出现宽间隙处已开始流动而窄间隙却不流动的现象，造成环形空间各圆周位置处的钻井液被水泥浆顶替的流速不均匀，易于发生窄间隙处顶替不良从而形成水泥浆顶替窜槽的问题。套管偏心程度越高，出现顶替不良问题越严重，甚至在窄间隙一侧出现钻井液整体滞留的现象。

② 井径不规则。当井径不规则时，井径较小处流速高，井径较大处流速低，尤其是在套管不居中时，极易在大井径处残留钻井液，形成窜槽。

③ 水泥浆性能及顶替措施不当。顶替效率的高、低与顶替时的流动状态（塞流、层流或紊流）关系很大。水泥浆的流变性不良，顶替中使用的流速不当，就会加重窜槽现象。水泥浆的流动性较差，使顶替困难，泵压高，不易达到紊流状态；而选用层流时，会使环空中部的流速大，造成突进，会加重窜槽。

2）提高顶替效率的主要措施

① 采用扶正器改善套管在井眼中的居中程度。套管加扶正器是提高顶替效率的有效措施，这一方法不仅改善了因环形间隙不均所造成的水泥浆窜槽现象，同时还减少了水泥环厚薄不均的情况。此外，套管扶正器还能防止套管因黏附而被卡，特别是在定向井中，不加扶正器套管是难以下入井内的。在有狗腿或键槽的井眼内下套管时要注意扶正器与井眼尺寸的配合，否则会出现意外的事故。加扶正器的具体位置，应根据井斜、方位变化和井径曲线确定。

② 活动套管。在注水泥时上、下活动或旋转套管是提高顶替效率极有效的措施。如在套管上装有滤饼刷（或刮泥器），活动套管时还能破坏井壁滤饼，保证水泥环和地层紧密结合，这是防止油、气、水窜及漏失的有效办法。在深井或超深井固井施工中活动套管受限时，可以考虑采用在套管上安放旋流扶正器的方式，使注水泥环空产生螺旋流动方式提高对钻井液的驱替顶替效果。旋流扶正器及其安放位置、个数需要合理选择和设计。

③ 调整好钻井液和水泥浆性能。在满足钻井和地质要求的前提下，应尽可能降低钻井液的动切力、黏度和密度。加大水泥浆与钻井液之间的密度差，有利于提高顶替效率。采用低黏度和低切应力的水泥浆，易形成紊流，使水泥浆在高速下顶替钻井液，水泥浆与钻井液界面附近的牵引力作用强，有利于钻井液被顶替干净。

④ 紊流或塞流注水泥。理论分析和现场生产实践证明，按紊流或塞流流动方式注水泥，水泥浆推进均匀，不易形成窜槽（或窜槽不严重）。因此，注水泥时应依据流变学分析设计塞流、紊流的临界流速，然后根据施工条件及要求选择紊流或塞流注水泥流动状态。

⑤ 适当增加水泥浆量。在采用紊流注水泥条件下，适当增加水泥浆量，保证封隔层位在注水泥过程中有足够的接触时间，对顶替窄间隙的滞留钻井液、提高顶替效率是有利的。

⑥ 注入一定量的前置液。固井中前置液可分为隔离液和冲洗液。在注水泥前，打入一定量的隔离液或冲洗液，能有效隔离钻井液与水泥浆，避免钻井液与水泥浆直接接触发生絮凝，同时前置液又易于实现紊流注替，改善对钻井液顶替的效果。为保证良好的顶替效率，

一般要求紊流状态下前置液与钻井液的接触时间不小于7min。

3. 水泥浆凝结过程中油、气、水窜的原因及防止措施

在水泥浆的凝结过程中，有多种原因可能引起地层里的油、气、水窜入环形空间，进而引起管外冒油、气、水。防止的办法是始终保持水泥浆的静液柱压力大于地层压力，或是在水泥凝固过程中保证水泥环与套管、岩石两个界面均具有良好的水力胶结强度以阻止油、气、水通过胶结界面上窜。

1) 水泥浆凝结过程中油、气、水窜的原因

水泥浆凝结过程中油、气、水窜问题实质上是井眼与地层的压力体系平衡问题。在注水泥井段环形空间完全充满水泥浆的前提下，水泥浆在凝结过程中的失重是造成油、气、水窜的主要原因。水泥浆失重是指水泥浆柱在凝结过程中对其下部或地层所作用的静液柱压力逐渐减小的现象。当井筒内的液柱有效压力减至小于地层压力时，油、气、水就会窜入井筒。除水泥浆在未凝结前因失重造成油、气、水窜外，井壁滤饼、水泥表观体积收缩以及注水泥后的关井憋压候凝，都可能形成油、气、水窜的通道，为油、气、水窜创造了条件。

(1) 水泥浆胶凝引起的失重

水泥浆是一种凝胶物质，与水混合后会逐渐由液态转变为固态。在水泥浆为液态时，它具有静液柱压力，一般水泥浆密度是大于钻井液密度的，在固井条件下，环空中的液柱压力通常是大于地层压力的。在水泥浆转变成固态之后，它与套管、岩石有相当高的胶结强度，该强度可以防止地层压力突破其胶结面而上窜。但在水泥浆由液态向固态转变的过程中，随着水泥的水化和胶凝，在水泥浆中的水泥颗粒之间及水泥颗粒与井壁和套管之间形成了不同类型相互搭接的空间网架结构，使水泥浆柱的一部分重量悬挂在井壁和套管上，从而降低了水泥浆柱作用在下部地层的有效压力，这种现象称为水泥浆胶凝失重。当浆柱有效压力低于地层压力时，地层中的油、气、水就会侵入环形空间。

(2) 桥堵引起的失重

在注水泥过程中及水泥返至设计高度静止之后，由于水泥浆失水形成的滤饼、钻井时井下未带出的岩屑、注水泥时高速冲蚀下的岩块以及水泥颗粒的下沉等因素，在渗透层或井径和间隙较小的井段形成堵塞（即桥堵），使得桥堵段上部浆柱压力不能继续有效地传递至桥堵段下部的地层，再加之桥堵段下部浆柱由于水泥水化体积收缩和失水使浆体体积减小，使作用于桥堵点以下的地层的静液压力下降。当作用在地层上的环空有效压力低于地层压力时，地层里的油、气、水就会侵入环形空间。桥堵引起的失重的严重程度主要取决于水泥水化体积的减小程度和水泥浆失水的大小。

水泥浆凝结过程中无论发生上述哪种情况的失重，其结果均会造成作用于地层的静液柱压力降低，不能平衡地层压力，导致地层流体侵入井眼环空。对于处于凝结过程中的水泥浆，水泥与套管、地层岩石之间的界面胶结强度尚处于发育阶段，如果该两界面处形成的胶结强度较低，则不能有效阻隔油气水上窜，在井口敞开的状态下，就有可能造成管外冒油、气、水。这种现象从本质上来说也是由水泥浆失重所引起的。

(3) 水泥凝结过程中外观体积的收缩

水泥凝结和硬化初期将出现外观体积收缩过程，使得水泥环与井壁、套管之间的连接强度减弱，油、气、水就可能沿水泥环和井壁的接触面相互窜通。常规的硅酸盐水泥

在凝固时,体积会略有收缩,收缩率在0.2%以下,这一收缩率对高压层来说还是十分危险的。

(4) 套管内憋压

在水泥浆候凝过程中,为了防止水泥浆倒流压坏回压阀门,套管内会憋有一定压力,使套管处于膨胀状态。当水泥候凝结束,释放压力后套管将发生径向收缩,使水泥环与套管、井壁间的连接力减小或产生间隙,油、气、水就可能沿界面相互窜通。

(5) 滤饼干裂

当固井过程中井壁滤饼未清除干净时,水泥在凝结过程中可能吸去滤饼中的水分,造成滤饼干裂,形成油、气、水窜的通道。

2) 水泥浆凝结过程中油、气、水窜的防止措施

① 环形空间憋压候凝。注完水泥后及时使套管内泄压,并在环空内加压,可以防止油、气、水窜。因此,在注水泥的过程中应使套管柱底部的回压阀门保持良好。

② 使用膨胀性水泥,防止水泥石收缩。

③ 采用多级注水泥技术或采用多种凝速的水泥。采用多级注水泥技术能减小环空水泥浆柱长度,降低由于水泥浆失重造成油、气、水窜的危险。采用多种凝速的水泥浆,使环空上下水泥浆的凝速基本一致,保持静液压力的有效传递,为候凝状态下维持井眼与地层的压力平衡提供保障。

④ 使用刮泥器清除井壁滤饼。

五、注水泥设计及注水泥工艺

固井是油气井工程中重要而特殊的工作环节(视频6-3-2),其重要性及特殊性主要体现在以下几方面:

视频6-3-2 固井工艺流程

(1) 固井作业施工时间短、工序多,是一项高成本的一次性工程,如果质量不好,一般难以补救。

(2) 固井作业是隐蔽性工程,施工时无法直接观察,固井质量受多种因素综合影响,对固井设计的准确性和施工过程控制质量要求高。

(3) 对油气田的开发和后续工程产生影响。若质量不好,对油气井生产及油田开发造成严重影响。

为此,在实施固井施工前,为保证施工安全和固井质量,必须在井眼条件、水泥浆性能条件、注水泥设计、注水泥工艺方案及注水泥设备等各方面做好充分准备。

1. 注水泥设计

1) 固井浆体的组成

固井工程中使用的浆体主要为前置液和水泥浆两大类。前置液可分为隔离液和冲洗液,其作用是将水泥浆与钻井液隔开,起到隔离、冲洗的作用,有利于提高固井质量。而水泥浆一般采用两种或两种以上密度的浆体,封固目的层的部位用密度较高的水泥浆(尾浆),封固层位上部采用密度相对较低的水泥浆(领浆)。

(1) 冲洗液

冲洗液的作用为:稀释和分散钻井液,在水泥浆及钻井液之间起缓冲作用,防止钻井液

的胶凝和絮凝；有效冲洗井壁及套管壁，清洗残存的钻井液及滤饼，提高固结质量。冲洗液应与水泥浆及钻井液都有良好的相容性，密度在 $1.0 \sim 1.03 \text{g/cm}^3$ 左右，应具有很低的塑性黏度和良好的流动性能，具有能在低速下达到紊流的流动特性，其紊流的临界流速在 $0.3 \sim 0.5 \text{m/s}$ 之间。

冲洗液通常是在淡水中加入表面活性剂或是将钻井液稀释而制成的。常用的冲洗液配方为 CMC 水溶液、表面活性剂水溶液以及海水等。冲洗液在环空中的段长取 $60 \sim 100 \text{m}$，最长不超过 250m，当设计计算的冲洗液用量超过 250m 时，则以冲洗液占据 250m 环空所需的用量为准。

（2）隔离液

隔离液的作用为：能有效地隔开钻井液与水泥浆；能形成平面推进型顶替效果；对低压、漏失层可起缓冲作用；具有较高的浮力及拖曳力，可以加强顶替效果。隔离液通常为黏稠的液体，其黏度较冲洗液的黏度要大，密度稍高，静切力稍大。隔离液是在冲洗液之后注入，隔离液注完之后再注水泥浆。

隔离液一般是在水中加入黏性处理剂及重晶石等配成，隔离液的常见配方为：水溶液中加入瓜尔胶或羟乙基纤维素，用重晶石调节密度。一般要求隔离液的密度比钻井液的大 $0.06 \sim 0.12 \text{g/cm}^3$；黏度较高，切力值应为 $40 \sim 80 \text{MPa}$；失水量为 $50 \text{mL}/30\text{min}$ 左右。隔离液在环空中填充段长 $30 \sim 100 \text{m}$，最长可在环空中占 200m 的高度。密度应根据待固井层段的地层压力合理选取，常规条件下一般取 $1.35 \sim 1.50 \text{g/cm}^3$。

（3）领浆

领浆常用稀水泥浆配制，密度较低，流动性好，并与前置液一起组成紊流顶替浆体，保证紊流接触时间，以便更好地顶替钻井液。领浆密度可在 $1.4 \sim 1.7 \text{g/cm}^3$ 之间，一般用在主封固段上面起充填作用，对浆体的总体综合性能（如抗压强度、失水、游离液等）的要求不如尾浆严格，不能用于封固主要的层段。

有时为了满足特殊固井要求，在领浆与尾浆中间还要注入中间浆。中间浆的作用与领浆相近，只是对浆体的密度和其他性能有进一步的要求，以满足所封固层段的需要。常用于双凝或多凝注水泥设计，以避免水泥浆柱失重造成下部油气水窜。

（4）尾浆

尾浆用于封固环空主封固段，对这类浆体，要求有优质的胶结强度，隔绝井下流体的互窜，满足分层测试与长期开采的要求。这类浆体一般是由原浆加入降失水剂、增强剂、热稳定剂等多种外加剂配制而成，并对其抗压强度、失水、游离液、密度等综合性能有严格的控制要求。尾浆密度一般在 $1.85 \sim 1.95 \text{g/cm}^3$ 之间；通常要求尾浆返至油层顶部 200m 以上。

为了保证良好的封固质量，应以满足平衡压力固井要求、水泥石强度要求等为依据，对水泥浆柱环空组成、长度及水泥浆密度进行合理设计。对各段水泥浆的密度，一般要求在保证环空压力安全的原则下，尾浆密度首先考虑使用正常密度范围（即在标准配浆水灰比下配出的水泥浆的密度），而领浆密度可稍低于尾浆密度，一般低于正常水泥浆密度 $0.01 \sim 0.2 \text{g/cm}^3$ 即可，中间浆一般与尾浆密度一致或介于领浆与尾浆之间。

按上面要求设计出水泥浆的密度后，要根据环空的整个浆柱结构进行平衡压力校核。如果不满足平衡压力要求，应采用调整密度或调整浆柱长度的方法保证环空压力处于平衡状态。如井眼存在气窜的可能，还应校核环空浆柱的失重情况，如失重较严重并可能引起气窜时，应进一步采用多凝结构（使用中间浆）以控制失重的速度。

平衡压力固井的压力平衡条件从两方面考虑。一是注水泥结束时环空静液柱压力不低于地层压力，有效限制任何层位地层流体侵入井中。二是注水泥过程中动液柱压力不高于地层破裂压力，不压裂任何层位地层造成注替液体漏失。其表达式为

$$p_j = 0.0081 \sum_{i=1}^{n} h_i \rho_i \tag{6-3-12}$$

$$p_d = p_j + \Delta p_{la} \tag{6-3-13}$$

式中 p_j——环空静液柱压力，为钻井液、前置液、水泥浆等液柱压力的总和，MPa；

p_d——环空动液柱压力，MPa；

h_i——环空中钻井液、前置液、水泥浆等液体段的长度，m；

ρ_i——环空中钻井液、前置液、水泥浆等液体的密度，g/cm³；

Δp_{la}——环空流动阻力产生的压力，MPa。

2）注水泥用量计算

（1）水泥浆用量

水泥浆总量应由水泥塞用量和封固环空段容积及其附加量确定：

$$V_c = V_{ca} + V_{cp} \tag{6-3-14}$$

式中 V_c——水泥浆用量，m³；

V_{ca}——环空水泥浆量，m³；

V_{cp}——管内水泥塞用量，m³。

管内水泥浆量计算以水泥塞长度和套管内径为依据：

$$V_{cp} = \frac{\pi}{4} d_{ci}^2 H \tag{6-3-15}$$

式中 d_{ci}——套管内径，m；

H——水泥塞长度，m。

封固环空段容积可以采用如下三种方法计算。一是按裸眼段实际测井井径计算环空容量，然后再附加一定余量，见式（6-3-16）；二是先按裸眼段实际平均井径计算环空容量，再附加一定比例，见式（6-3-17）；三是先考虑井径扩大后的井径，再计算裸眼环空容量，见式（6-3-18）。

$$V_{ca} = \sum_{j=1}^{n} \frac{\pi}{4}(d_{hij}^2 - d_{co}^2) h_j + \Delta V \tag{6-3-16}$$

$$V_{ca} = \left[\frac{\pi}{4}(\bar{d}_{hi}^2 - d_{co}^2) h_i\right] K_1 \tag{6-3-17}$$

$$V_{ca} = \frac{\pi}{4}[(\bar{d}_{hi} K_2)^2 - d_{co}^2] h_i \tag{6-3-18}$$

式中 d_{hij}——裸眼环空电测井径，m；

d_{co}——套管外径，m；

h_j——井径为 d_{hij} 的环空长度，m；

ΔV——附加量，m³；

$\bar{d}_{hi}$——裸眼环空段电测平均井径，m；

h_i——水泥封固段长度，m；

K_1——水泥浆容积附加系数，一般取 $K_1=1.10$；

K_2——井径扩大系数，一般取 $K_2=1.05$。

（2）干水泥用量及用水量

当已知配制水泥浆的水灰比、干水泥和水的密度时，水泥浆的密度为

$$\rho_s = \frac{\rho_w \rho_c (1+R_t)}{\rho_w + R_t \rho_c} \tag{6-3-19}$$

式中　ρ_s——水泥浆密度，g/cm³；

ρ_w——水或混合水的密度，g/cm³；

ρ_c——干水泥的密度，g/cm³；

R_t——水灰比。

干水泥用量为

$$W_c = V_c \frac{\rho_c \rho_w}{\rho_w + R_t \rho_c} K_3 \times 10^3 \tag{6-3-20}$$

式中　W_c——干水泥用量，kg；

K_3——水泥地面损失率，一般取 $K_3=1.05$。

配浆用水量为

$$V_w = \frac{R_t W_c}{\rho_w} \times 10^{-3} \tag{6-3-21}$$

式中　V_w——用水量，m³。

（3）前置液用量

冲洗液用量为

$$V_{\text{冲}} = \frac{\pi}{4} K_4 \sum (d_{hi}^2 - d_{co}^2) h_{\text{冲}i} \tag{6-3-22}$$

隔离液用量为

$$V_{\text{隔}} = \frac{\pi}{4} K_4 \sum (d_{hi}^2 - d_{co}^2) h_{\text{隔}i} \tag{6-3-23}$$

式中　$V_{\text{冲}}$——冲洗液用量，m³；

$V_{\text{隔}}$——隔离液用量，m³；

K_4——冲洗液、隔离液在环空中的附加系数，一般取 $K_4=1.10$；

$h_{\text{冲}i}$——对应井眼直径 d_{hi} 的套管外冲洗液高度，m；

$h_{\text{隔}i}$——对应井眼直径 d_{hi} 的套管外隔离液高度，m。

（4）顶替液用量

顶替液用量为

$$V_{\text{替}} = \frac{\pi}{4} K_5 \sum d_{ci}^2 h_{\text{替}i} \tag{6-3-24}$$

式中　$V_{\text{替}}$——顶替液用量，m³；

K_5——钻井液压缩系数，一般取 $K_5=1.05$；

$h_{\text{替}i}$——对应套管内径 d_{ci} 的套管长度，m。

3) 注水泥临界流速计算

研究结果及工程实践表明，在水泥浆顶替钻井液过程中，选择塞流或紊流流型是实现"替净"的根本保证。固井工程中采用紊流流型注水泥的方法比较常见。

为实现紊流流型顶替，注水泥设计需对注水泥紊流顶替临界流速进行计算，确定注水泥顶替流速或排量的临界值，选择高于临界流速的注水泥流速即可认为实现了紊流流型顶替流动。对于不同的流变学模式，工程中常用的管内与环空流动的临界流速计算公式如下：

(1) 宾汉流体

临界雷诺数：

$$Re_c = 404\sqrt{27}\frac{1-\frac{4}{3}\xi+\frac{1}{3}\xi^4}{(1-\xi)^3} \begin{cases} \xi = \dfrac{4\tau_0}{PD_i} & \text{（管内）}\\ \xi = \dfrac{4\tau_0}{P(D_o-D)} & \text{（环空）} \end{cases} \quad (6\text{-}3\text{-}25)$$

临界流速：

$$\begin{cases} V_c = \dfrac{Re_c\eta_{pv}}{\rho D_i} & \text{（管内）}\\ V_c = \dfrac{Re_c\eta_{pv}}{\rho(D_o-D)} & \text{（环空）} \end{cases} \quad (6\text{-}3\text{-}26)$$

式中 Re_c——临界雷诺数；
τ_0——动切应力，Pa；
η_{pv}——塑性黏度，Pa·s；
P——流动压力梯度，Pa/m；
ρ——流体密度，kg/m³；
D_o——井径，m；
D——套管直径，m；
D_i——套管内径，m。

(2) 幂律流体

临界雷诺数：

$$Re_c = 3470 - 1370n \quad (6\text{-}3\text{-}27)$$

临界流速：

$$\begin{cases} V_c = 0.01\left(\dfrac{1.25Re_cK}{\rho}\right)^{\frac{1}{2-n}}\left(\dfrac{6n+2}{10^2 nD_i}\right)^{\frac{n}{2-n}} & \text{（管内）}\\ V_c = 0.01\left(\dfrac{0.83Re_cK}{\rho}\right)^{\frac{1}{2-n}}\left(\dfrac{8n+4}{10^2 n(D_o-D)}\right)^{\frac{n}{2-n}} & \text{（环空）} \end{cases} \quad (6\text{-}3\text{-}28)$$

式中 n——流性指数；
K——稠度系数，Pa·s^n。

(3) 赫切尔—巴尔克莱流体

临界雷诺数：

$$Re_c = 3470 - 1370n \quad (6\text{-}3\text{-}29)$$

临界流速：

$$V_c = \left(\frac{1+CV_c^{-n}}{\dfrac{A}{Re_c B}} \right)^{2-n} \qquad (6-3-30)$$

其中

$$\begin{cases} A = 8^{1-n}100^2 D_i^n \rho \\ B = 10K\left(\dfrac{3n+1}{4n}\right)^n \\ C = \dfrac{3n+1}{2n+1}\left(\dfrac{D_i}{2}\dfrac{n}{3n+1}\right)^n \dfrac{\tau_s}{K} \end{cases} \text{（管内）}, \quad \begin{cases} A = 12^{1-n}100^2(D_o-D)^n \rho \\ B = 10K\left(\dfrac{2n+1}{3n}\right)^n \\ C = \dfrac{2n+1}{n+1}\left(\dfrac{D_o-D}{4}\dfrac{n}{2n+1}\right)^n \dfrac{\tau_s}{K} \end{cases} \text{（环空）}$$

$$(6-3-31)$$

式中　τ_s——动切应力，Pa；
　　　n——流性指数；
　　　K——稠度系数，$Pa \cdot s^n$。

2. 注水泥工艺简介

一般通过套管的固井作业称为注水泥，有时称为初级注水泥。注水泥除常规的水泥浆从套管内注入并从环空上返外，还有一些用于特殊情况的注水泥方法。主要有双级或多级注水泥方法、内插管注水泥方法、插入管的管外注水泥方法、反循环注水泥方法、延迟凝固注水泥方法和多管注水泥方法等。这些方法的使用基于井下特殊情况，分别是当有低破裂梯度存在而水泥要求高返时用双级法；大尺寸套管注水泥用内管法；有低压漏层的大环隙条件用外管法；极易漏失井用反循环法；为提高充填质量的浅井采用延迟法等。图6-3-2给出了各种注水泥工艺技术原理示意图。

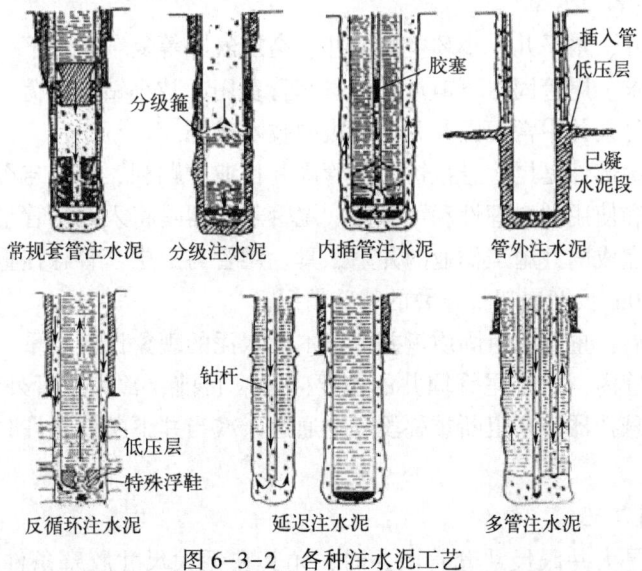

图 6-3-2　各种注水泥工艺

1) 常规（单级）固井工艺

常规（单级）固井工艺技术是用水泥车、下灰车及其他地面设备配置好水泥浆，通过前置液、下胶塞（隔离塞）与钻井液隔离后，一次性地将水泥浆通过高压管汇、水泥头、套管串注入井内，并从套管串底部进入环空，到达设计位置，以实现设计井段的套管与井壁间的有效封固。固井施工流程：注前置液→注水泥浆→上胶塞→替钻井液→碰压→候凝。在常规固井施工中，为保证施工安全和固井质量，固井施工之前必须认真分析是否具备施工条件，若条件不具备就盲目施工，可能会造成工程事故或质量事故。

2) 分级固井工艺

分级固井是利用一种可以打开和关闭的特殊接箍，在一口井使注水泥作业分成二级或三级完成，该特殊接箍称为分级箍。根据分级箍循环孔打开与关闭方式的不同，分级箍可分为机械式分级箍、液压分级箍和全通径分级箍。分级固井是油气层保护和长封固段固井的有效手段之一。分级箍常与管外封隔器配合使用。

分级固井的基本技术原理为：对于长封固段的井来说，根据地层状况事先设计好需要分级的位置，把安全合格的分级箍接装好并随套管串一起下入井内。首先进行第一级固井作业，第一级注水泥与单级注水泥的工艺相似；根据分级箍打开原理的不同，打开分级箍循环孔并进行钻井液的循环，直到一级固井水泥浆有一定强度；通过分级箍旁通孔进行第二级注水泥作业，二级注水泥完毕后压入关闭塞，关闭分级箍循环孔并实现碰压；然后关井候凝；最后钻掉分级箍内的关闭塞和打开塞。分级注水泥工艺有三种类型：正规的非连续式的双级注水泥、非正规连续式的双级注水泥和三级注水泥。

采取分级注水泥方法主要用于解决：①一次注水泥封固段太长，顶替泵压过高，一般注水泥设备难以满足施工要求；②低压易漏失井固井时，由于一次封固段太长，环空压力过高，容易引起固井漏失并污染产层；③因一次封固段太长，上下温差太大，水泥浆性能无法保证固井要求；④油气分布不均、不连续，且中间间隔距离太长。

3) 尾管固井工艺

在深井、超深井、水平井、小环空间隙井、高压气井等复杂条件下，经常使用尾管以适应钻井和完井的要求。尾管固井不但可以节省套管费用、减小钻机负荷，而且有利于保护油气层，解决深井及复杂井中常规固井无法解决的技术难题。

尾管固井的关键部件是尾管悬挂器，尾管固井作业的顺利、成功与否在很大程度上取决于尾管悬挂器设计和使用的合理性和可靠性。尾管悬挂器是将入井尾管坐挂在上层套管下部预定位置上，并能完成固井施工作业的井下工具。尾管与上层套管悬挂重叠长度一般控制在 $50\sim150m$，$200\sim250m$ 长度属超长重叠的特殊情况。

常规尾管固井后，重叠段封固质量差或根本无水泥的现象比较严重，由此导致地层内的油、气、水窜入套管内，这是尾管固井的主要问题。目前，常用带管外封隔器的尾管悬挂器、可膨胀式尾管悬挂器等来阻断重叠段环空通道，或当井下条件允许时采用旋转尾管固井以提高固井质量。

4) 内插管固井工艺

井深较浅而且是大井眼尺寸套管固井时，尤其在无大尺寸胶塞条件下，由于套管直径大、管内浆体流速低，为防止注水泥及替钻井液过程在管内发生混浆，顶替钻井液量过大、时间长，造成固井质量差等问题，对大尺寸套管经常采用内插管固井工艺。

内插管固井工艺的基本技术原理：下套管之前，把内管注水泥插座安装在第一根套管底部；固井时，把内管注水泥插头接在钻柱的下端；下放钻柱，把注水泥插头插入插座内，利用密封装置实现密封；循环钻井液正常后开始从钻杆内注水泥，水泥浆注完后投入钻杆胶塞；替浆碰压后起出钻柱，完成注水泥作业。内管注水泥插头与插座间有插入式密封连接和螺纹连接两种方式，目前常用的是插入式密封连接，它在注水泥完成后可直接拔出，不需倒扣。

5）管外注水泥工艺

在漏失严重的低压力带，对于导管，表层固井采用常规的套管注水泥方法，水泥浆不能返出地面，可采用井筒与套管环空插入小尺寸油管的充填式灌注浆方法。如漏失严重还需注入低密度水泥或触变性水泥浆。

6）反循环注水泥固井工艺

反循环注水泥固井一般用于套管底部漏失严重的井。由于紊流注水泥可能压漏地层，同时井口上部地层漏失性小或具有上一层套管条件，若改变管柱浮箍浮鞋结构，可以从井口环空注入水泥，这种方法更容易使用多种组合水泥浆柱。该工艺的特点是：从套管外环空按设计量向井内注入水泥浆，从套管内返出钻井液，井底严重漏失时，钻井液直接漏入地层，再用钻井液将水泥浆顶替到预定位置，达到固井目的。该注水泥工艺可减少因水泥浆上返时底部回压过大而造成的水泥浆漏失，从而保证水泥浆返高，减少水泥浆对生产层的污染。但水泥浆顶替效率低，易产生钻井液窜槽；有时为保证套管底部固井质量，注水泥量不易掌握，在管内留有较高的水泥塞。

7）延迟凝固注水泥工艺

为了获得均匀性高的水泥环质量，具有条件的井，可采用该工艺方法。首先，通过钻杆注入较长凝固时间的缓凝水泥浆，起钻后将底端封闭的套管柱下入未凝固的水泥浆井段内，靠管柱挤压水泥浆上溢，而完成注水泥的环空充填作业，挤压过程套管内依据悬重变化灌入钻井液。这种不停地下套管使水泥浆环空上返过程，有充足活动套管时间，从而为形成良好环空水泥固结质量提供条件。这种工艺方法主要用于无油管完井（即油管成为套管使用的井），且井深与温度均有一定限制。

8）预应力固井工艺

预应力固井是在稠油热采井固井中使用的一种固井工艺技术，在注水泥前或水泥浆凝固前，给套管施加一定的拉力，使套管内部预先产生拉应力，从而平衡（减小）套管受热膨胀时产生的压应力，防止原油热采过程中套管膨胀损坏。

目前，一般采用地锚预应力固井方式（图6-3-3）对套管施加拉力。地锚是一种卡瓦，接在套管的底部，在套管下到预定的深度后按正常的方式固井注水泥，碰压后继续加压，将地锚的卡瓦销钉剪断，使卡瓦张开支撑井壁岩石，地锚即可承受拉力。上提套管至规定拉力候凝。

也有用钻具下井的地锚，它是将地锚接在钻具的底部，钻具下到井底后在地面加压，将地锚的销钉剪断，张开地锚，倒扣卸开钻具并起出。下套管后，套管与地锚对扣连接，施加拉力合格

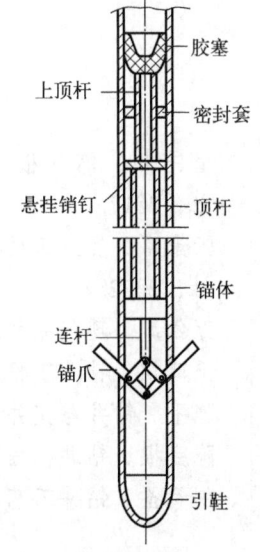

图6-3-3 地锚预应力固井

后注水泥，然后在地面给套管柱施加拉力到预定值，保持该拉力候凝，待水泥凝固后卸掉拉力。为提高地锚的抗拉力，也可用水泥先把地锚固死。

此外，还可以采用"双凝水泥"法对套管施加拉力。该方法的作用原理是：采用稠化时间差较大的双凝水泥，底部水泥凝固后，提拉套管产生预应力，等待上部水泥凝固。

习题

1. 试述套管的分类及作用。
2. 井深结构设计的原则是什么？
3. 套管柱在井下主要受到哪些力的作用？
4. 何谓双向应力椭圆，何时考虑双向应力？
5. 套管柱设计包括哪些内容？设计原则是什么？
6. 某井油层位于 2600m，预测的地层压力的当量密度为 1.30g/cm^3，钻至 200m 下表层套管，漏失实验测得套管鞋处地层破裂压力的当量密度为 1.85g/cm^3，若已知 $S_b = 0.038 \text{g/cm}^3$，$S_k = 0.05 \text{g/cm}^3$，$S_f = 0.036 \text{g/cm}^3$，$S_g = 0.04 \text{g/cm}^3$，试分析该井不下技术套管能否顺利钻达油层。
7. 某井 7in（177.8mm）圆螺纹套管，壁厚 8.05mm，钢级 N-80，其下部套管柱重 60.2t，试计算在此轴向拉力作用下套管的抗挤强度。
8. 某井 7in（177.8mm）套管下入井深 3500m，井内钻井液密度 1300kg/m^3，返至井深 2800m。抗挤安全系数不低于 1.00，抗拉安全系数不低于 1.75。试设计此井套管柱。
9. 油井水泥的主要成分及性能是什么？
10. 提高注水泥质量的措施有哪些？
11. 什么是水泥浆的失重？产生水泥浆失重的原因是什么？
12. 防止油气水上窜的措施有哪些？

参考文献

[1] 管志川，陈廷根. 钻井工程理论与技术 [M]. 2 版. 青岛：中国石油大学出版社，2017.
[2] 张景富. 复杂工程环境条件下固井水泥石的劣化与损伤 [M]. 北京：石油工业出版社，2022.
[3] 万仁溥. 现代完井工程 [M]. 北京：石油工业出版社，2000.
[4] 王建学. 钻井工程 [M]. 北京：石油工业出版社，2008.
[5] 陈平. 钻井与完井工程 [M]. 北京：石油工业出版社，2005.
[6] 陈庭根. 钻井工程理论与技术 [M]. 东营：中国石油大学出版社，2006.
[7] 刘希圣. 钻井工艺原理（下）[M]. 北京：石油工业出版社，1988.

第七章 完井技术

本章要点

掌握完井基本概念，包括钻开储层、油气井完井原则及完井井底结构类型；掌握常用完井方式和特殊完井方式，熟悉完井方式选择流程；掌握射孔设备及主要射孔工艺，明确射孔参数及其优化方法，理解射孔负压设计相关要求；明确完井井口装置及选择。

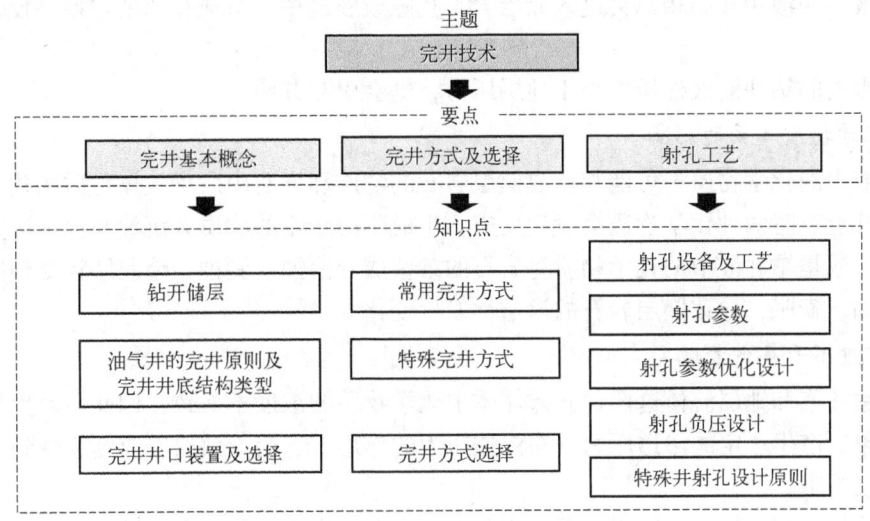

第一节 完井基本概念

完井方式是油田开发中的一项重要工作，油藏开发方案和井下作业措施都要通过完井管柱来实现。完井是使井眼与油气储层（又称产层、生产层）连通的工序。油气井完井的工艺过程包括：钻开储层、确定完井的井底结构、安装井底（下套管固井或下筛管）、使井眼与产层连通并安装井口装置等工序。完井关系到井的稳产与高产。

一、钻开储层

储层的岩石被钻开之后，原始的应力状况受到破坏，岩石在新的应力状态下获得新的平

视频 7-1-1
钻井储层

衡,因此岩石的机械性质、储油性质都会发生变化。由于储层与钻井液、完井液相接触,液体与储层岩石发生化学、力学作用,使储层的性质发生变化(视频 7-1-1)。这些变化可能产生的后果为:储层受到伤害;储层岩石失去稳定性,使井眼变形;储油孔隙及通道产生形状变化,使储层的渗流能力变差,产能降低,从而使井的寿命降低;压力平衡关系被破坏,引起井涌。

完井可使储层与井眼有良好的连通,并使储层岩石受到的不良影响降低到最低程度。钻井的最终目的是迅速、有效地开发油气资源。在整个钻井、完井过程中应当尽量保护储层,使储层不受到伤害。因此,钻开储层是完井的一个重要的环节。

1. 钻开储层储油性质的变化

在钻开储层岩石时,钻井液与岩石相接触。由于两者处于不同压力体系、化学物质体系及浓度体系之中,因此钻井液会对储层岩石造成伤害。

1) 压力体系的影响

在一般情况下,钻开储层时钻井液液柱压力要比地层压力大。在钻井液液柱压力作用下,钻井液中的液相和固相都会进入储层岩石孔隙或裂缝中,造成孔道的堵塞,使储层受到伤害。

若井眼内的钻井液液柱压力小于地层压力,则会引起井涌。

2) 化学物质体系的影响

钻井液中的化学物质不可能与构成储层岩石的物质和岩石中所含流体物质的化学成分完全相同,甚至有时两种化学物质会发生反应,生成不溶于水的物质并沉淀在孔道边壁上,将孔道堵塞,或是钻井液中的化学物质将岩石的某些成分溶蚀、剥蚀,使胶结物受到破坏,造成岩石坍塌、膨胀,导致储层岩石的渗透性发生变化。

3) 浓度不平衡的影响

由于钻井液和地层流体这两种液体体系中化学物质的浓度不一致,因此会发生化学物质的渗透现象,产生一定的渗透压力。在渗透压力的作用下,会导致岩石胶结物受到破坏,或是油气流动受阻。

由于液相、固相物质与储层岩石的相互作用,会使岩石胶结物受到破坏、孔道堵塞、岩石润湿性发生变化、孔道产生水锁,从而对储层结构造成永久性伤害。其表现为:

① 固相、液相物质进入储层的孔道中,堵塞油的流通通道,使一部分油不能被驱出,孔隙度下降,渗透率减小,井的开采储量降低,产量减少;

② 固相、液相物质堵塞孔道造成渗透性变化,产生孔道的水锁、结垢、胶结物脱落等现象;

③ 固相、液相物质进入储层岩石,使岩石骨架遭到破坏,造成出砂等问题。

2. 钻开储层时岩石力学性质的变化

岩石在井下未被钻开时是处于稳定状态的。由于岩石被钻开形成了井眼,岩石应力状态重新分布,不仅会对非储层岩石造成缩径、坍塌等问题,而且对储层也会造成影响。

岩石被钻开之后,井眼的岩石被钻掉,形成一个空洞穴,井壁周围的岩石失去了支撑,应力重新分布，其结果是产生岩石向井眼中心挤的趋势。但由于井眼中有钻井液，可以起到一定的弥补应力的作用。

岩石的变形情况与岩石侧向变形能力有关。页岩、盐岩等的侧向变形能力强（其表现为泊松比大），岩石向井眼中突出的现象就比较严重；石灰岩等高强度岩石的侧向变形能力则较小。变形能力也与钻井液的密度有关，钻井液密度小，则弥补侧向应力及变形的能力差，井眼变形严重；钻井液密度大，则弥补能力强，但若超过了岩石的抗压强度，又会使岩石被压裂。

储层被钻开之后，岩石的侧向变形对储油结构也会有影响。对于孔隙较多、较大的砂岩储层，这一影响不太明显；对于裂缝性储层，则有相当严重的影响。当产生侧向变形时，有些微小裂缝的张开程度会明显变小，甚至会闭合，使这些裂缝性储层的渗透率降低，抵消了岩石的侧向变形。

在采油生产中，井筒内的压力降低的原因是砂岩储层受到了侧向挤压力的作用和油、气流的冲刷。砂粒受到拖曳力的作用，会造成油气井出砂。由于长期的采油生产，使产层内的压力下降，砂岩的骨架受力增大，砂岩也会被压碎而造成出砂。

3. 钻开储层的方法

钻开储层时防止伤害的有效方法是采用合理的钻井液体系，实现平衡压力钻井，采用良好的井身结构，以及在其他生产环节中防止伤害等。

1) 采用合理的钻井液体系

钻开储层时应选用合理的钻井液体系，应当根据储层的特点决定钻井液的性能。

钻井液的化学体系应尽量与储层配伍。根据储层岩石的化学性质、储层内流体的化学性质来确定所采用的钻井液的化学体系，防止两种化学体系不配伍而造成沉淀、溶解等不良反应。在通常情况下，应尽量采用低固相或无固相的钻井液，适当提高钻井液的矿化度并使用某些表面活性剂处理钻井液。

2) 采用合理的钻井液密度，实现平衡压力钻井

由于钻井液的密度高，导致钻井液液柱压力高于地层压力，这一压力差是造成储层伤害的主要原因；同时由于压差作用，压持效应增强，机械钻速降低，导致建井周期增大。适当降低钻井液与地层压力之间的差值，进行平衡压力钻井是防止储层伤害的有效方法，也有利于提高钻速，缩短建井周期。应当准确地了解储层的压力，调节钻井液的密度，适当增加一定的附加密度值，在钻开储层时，使钻井液液柱压力与储层压力大致相等，在此压力下钻开的储层可受伤害最小。实现平衡压力钻井的前提是准确了解储层压力，同时要有良好的井控技术及固相控制技术予以配合。

特殊储层可采用负压钻井，如空气钻井、雾化钻井、泡沫钻井等。

3) 采用良好的井身结构，减少储层浸泡时间

储层在钻井液中浸泡的时间越久，伤害也越严重，固相、液相侵入储层的深度越大。因此钻开储层时间越短，对保护储层越有利。为减少储层浸泡时间，除了加快储层的钻进速度之外，采用良好的井身结构也是一个有效的方法。把已钻开的储层下入一层套管封固起来，是防止上部储层继续被钻井液浸泡的一种方法。同时，良好的井身结构可以减少钻进过程中复杂情况和事故的发生，缩短建井周期。

4) 其他生产环节中防止伤害

在固井过程中，水泥浆造成的伤害是相当严重的。采用低失水的水泥浆并降低其密度，可以有效地防止固井中的伤害。减少试油及其他井下作业中的关井、压井次数，也可以减少这些环节的伤害。

除采取各种措施防止储层伤害之外，还可以采用酸化、压裂等方法进行储层的改造，使被伤害储层的储油性质得到部分恢复。

二、油气井的完井原则及完井井底结构类型

视频 7-1-2 油气井的完井原则及完井井底结构类型

油气井是按照储层的性质、生产状况等条件，在保证井的稳产高产的前提下进行完井的。不同的储层岩石、不同的生产方式要求有不同的完井方式。下面将展开介绍油气井的完井原则及完井井底结构类型（视频 7-1-2）。

1. 完井的原则

1) 完井要求

完井的主要任务是使井眼与储层有良好的连通，使井能高产，同时保持井眼的长期稳定，使井能稳产较长一段时间。

对完井的基本要求如下：

① 最大限度地保护储层，防止对储层造成伤害；
② 减少油气流进入井筒时的流动阻力；
③ 有效地封隔油、气、水层，防止各层之间的互相干扰；
④ 克服井塌或产层出砂，保障油气井长期稳产，延长井的寿命；
⑤ 可以实施注水、压裂、酸化等增产措施；
⑥ 工艺简单、成本低。

2) 完井设计

由于完井对整个生产过程有举足轻重的影响，所以在一口井开钻之前应有完善的完井设计。完井设计是在确定了储层性质、油气田开发方案之后，确定打开储层的方式，确定完井的井底结构，决定油层套管的下入层位及下入深度，确定储层与井筒的连通方式。完井设计一般是在钻井工程设计之前进行或与钻井工程设计合并进行的。

完井设计通常是在对储层岩石的实验室分析和电测分析的基础上提出储层分析报告，由油田开发部门提出完井方案，由钻井部门根据地层情况制定一口井的具体完井施工设计（在国外是由石油公司提出完井施工设计）。

完井设计的内容包括：

① 根据储层的特点，提出井底结构的类型；
② 提出完井段的井眼尺寸，如井径、打开储层的长度、口袋的长度等；
③ 设计完井管柱，包括油层套管的直径和下入深度、水泥浆的返高、油层套管的射孔参数及筛管和衬管的有关尺寸等；
④ 设计完井液，提出完井液的类型、参数、使用及调整方法等。

2. 完井井底结构类型

选择井底结构要考虑的因素有储层类型、储层岩性和渗透率、油气分布情况、完井层段的稳定程度，以及附近有无高压层、底水或气顶等。例如，均质硬地层可采用裸眼完井；非均质硬地层采用套管完井；非稳定地层采用非固定式筛管完井；产层胶结性差、存在出砂问题采用防砂筛管完井。

根据不同的储层条件，完井井底结构的选择可按图 7-1-1 进行。

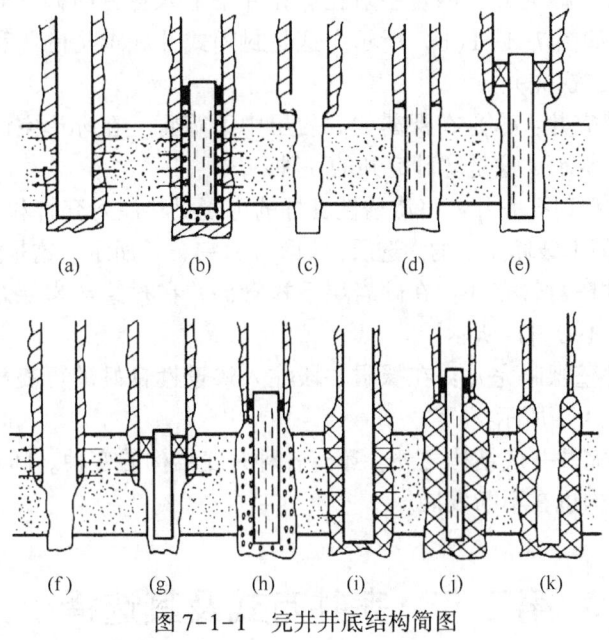

图 7-1-1　完井井底结构简图

完井井底结构大体可分为四大类：

第一类是封闭式井底，即钻达目的层，下油层套管或尾管后固井封堵产层，然后射孔打开产层，使产层与井眼相连，如图 7-1-1(a) 和 (b) 所示。

第二类是敞开式井底，即钻开产层后不封闭井底，产层岩石裸露，直接与井眼连通，或是在产层段下带孔眼的各种筛管支撑地层，但不用水泥固井，如图 7-1-1(c)、(d) 和 (e) 所示。

第三类是混合式井底，即产层下部是不封闭的裸眼，直接与井眼连通，上部下套管封闭后射孔与井眼连通，如图 7-1-1(f) 和 (g) 所示。

第四类是防砂完井，主要是针对胶结弱的砂岩层进行的完井，产层可封闭或不封闭，用于防砂，如图 7-1-1(h)~(k) 所示。下筛管的防砂完井方法需要再用砾石充填在筛管或其他生产管柱与产层之间。

这四大类又可细分为 11 种常见的完井方法。

① 单管射孔完井：典型的封闭式井底结构，在钻出的井眼中只下一根套管固井，如图 7-1-1(a) 所示。除单管射孔完井外，还有多管射孔完井及封隔器射孔完井等。

② 先期裸眼完井：典型的敞开式井底结构，如图 7-1-1(c) 所示。除此之外，还有后期裸眼完井。

③ 贯眼完井：敞开式井底结构的一种，是在裸眼段下筛管的完井方法，如图 7-1-1(d)

所示。

④ 衬管完井：敞开式井底结构的一种，是在裸眼段下衬管的完井方法，如图 7-1-1(e) 所示。

⑤ 半闭式裸眼完井：产层的下部是裸眼，直接与井眼连通，上部下入套管，固井并射孔，如图 7-1-1(f) 所示。这是混合式井底结构。

⑥ 半闭式衬管完井：半封闭式井底结构的一种，产层的下部裸眼中下入衬管，上部下入套管并射孔，如图 7-1-1(g) 所示。

⑦ 管内砾石充填防砂完井：砂岩层射孔后在井中下入各种防砂筛管并在套管和筛管的环形空间充填砾石，如图 7-1-1(b) 所示。这是封闭式井底结构的一种，也是防砂完井井底结构的一种，属于二次完井。

⑧ 裸眼砾石充填完井：这是在裸露的砂岩层中下筛管，在环形空间充填砾石的完井方法，如图 7-1-1(h) 所示。这是防砂完井的一种。

⑨ 渗透性人工井壁射孔完井：将渗透性良好的可凝材料注入套管和砂岩层之间，再用小功率射孔弹射开套管但不破坏注入的渗透层，如图 7-1-1(i) 所示。这是防砂完井的一种。

⑩ 渗透性人工井壁衬管完井：在砂岩层下衬管，并在衬管与岩层之间注入渗透性良好的可凝材料，如图 7-1-1(j) 所示。

⑪ 渗透性人工井壁裸眼完井：在裸眼井段注入渗透性良好的可凝材料，形成渗透性人工井壁，如图 7-1-1(k) 所示。

除了以上常见的完井井底结构之外，还有各种井底结构的变种。随着钻井和采油工艺的进步，完井的井底结构也在不断发展。

第二节　完井方式及其选择

完井方式及其选择是完井工程最重要的环节之一。目前完井方式有多种类型，但都有其各自的适用条件和局限性。只有根据油气藏类型和油气层的特性选择合适的完井方式，才能有效地开发油气田、延长油气井寿命和提高经济效益。

目前国内外最常见的完井方式有裸眼完井、射孔完井、割缝衬管完井、封隔器完井及防砂完井等，各自都有其适用的条件和局限性，因此，有必要掌握各种完井方式的特点。

一、常用完井方式

1. 裸眼完井

裸眼完井是指完井时井底的储层是裸露的，只在储层以上用套管封固的完井方法（视频 7-2-1）。

1) 裸眼完井的分类

裸眼完井还可分为先期裸眼完井、后期裸眼完井和复合型裸眼完井方式。

(1) 先期裸眼完井

先期裸眼完井是钻头钻至油层顶界附近后，下技术套管注水泥固井。水

视频 7-2-1
裸眼完井

泥浆上返至预定的设计高度后，再从技术套管中下入直径较小的钻头，钻穿水泥塞，钻开油层至设计井深完井，保持油气层段裸眼完井的完井方法，如图 7-2-1 所示。先期裸眼井的一般结构是在距产层 20m 左右，选择坚固的地层停钻，下套管固井。在固井前应先测井，推测储层的位置，避免打开产层之前钻遇高压、疏松等复杂地层。套管鞋应当坐在坚硬的地层上。裸眼段的长度与产层的厚度和岩层的强度有关，其长度可从几米到一百多米。岩层强度高，可使用较长的裸眼长度。可以一次将产层全部打开，也可以在较厚的产层中钻开一部分。产层全部钻穿后应继续钻进一段，留足口袋停钻。口袋的长度可视井的复杂情况而定，至少为 5m，一般在 10m 以上。

（2）后期裸眼完井

后期裸眼完井是指不更换钻头，直接钻穿油层至设计井深，然后下技术套管至油层顶界附近，注水泥固井，保持产层段裸露的完井方法。固井时，为防止水泥浆伤害套管鞋以下的油层，通常在油层段垫砂或者替入低失水、高黏度的钻井液，以防水泥浆下沉。或者在套管下部安装套管外封隔器和注水接头，以承托环空的水泥浆防止其下沉，这种完井工序一般情况下不采用，如图 7-2-2 所示。

（3）复合型裸眼完井

有的厚油层适合于裸眼完井，但上部有气顶或顶界邻近又有水层时，也可以将技术套管下过油气界面，使其封隔油层的上部分然后裸眼完井。必要时再射开其中的含油段，国外称为复合型裸眼完井方式，如图 7-2-3 所示。

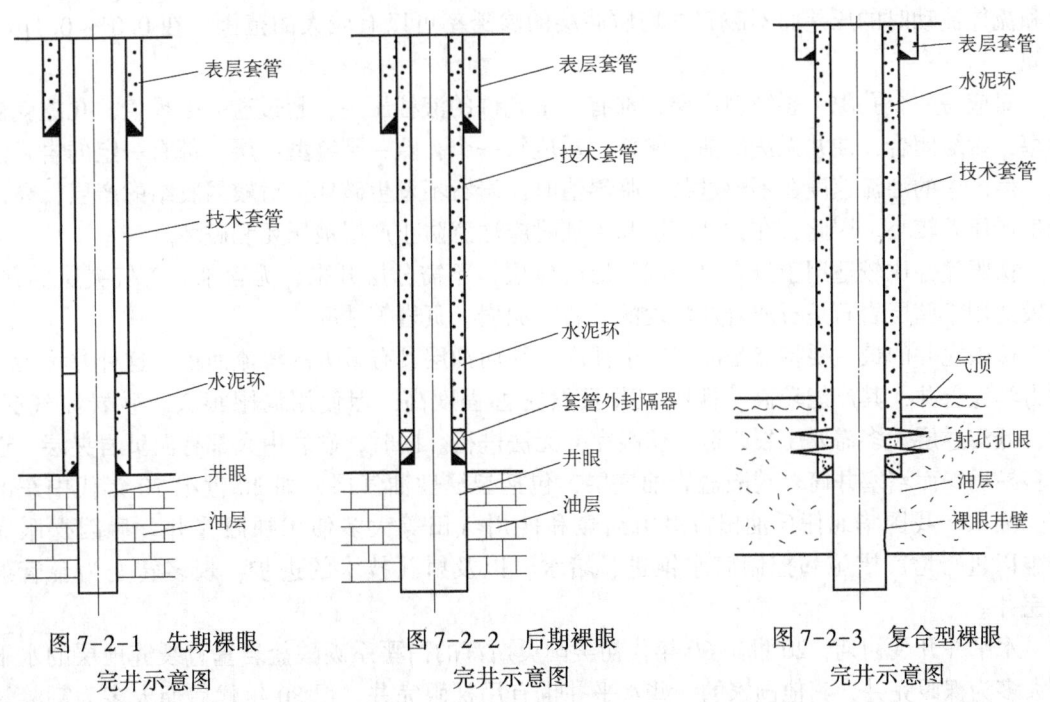

图 7-2-1　先期裸眼完井示意图　　　图 7-2-2　后期裸眼完井示意图　　　图 7-2-3　复合型裸眼完井示意图

2）裸眼完井的优缺点

裸眼完井法的优点是储层直接和井眼连通，油气流进入井眼的阻力最小，尤其是先期裸眼完井的优点更为明显。当然，裸眼完井也有缺点。

(1) 裸眼完井的优点

① 可排除上部地层的干扰,为选用符合打开生产层特点的钻井液提供最充分的条件,可以在受伤害最小的情况下打开储层;

② 在打开储层的阶段如遇到复杂情况,可及时提起钻具到套管内进行处理,避免事故进一步复杂化;

③ 可缩短储层在钻井液中的浸泡时间,减少储层的受伤害程度;

④ 由于是在生产层以上固井,可消除高压油气对封固地层的影响,提高固井质量,并且储层段无固井中的伤害。

(2) 裸眼完井的缺点

① 适用面狭窄,不适用于非均质、弱胶结的产层,不能克服井壁坍塌、产层出砂对油井生产的影响;

② 不能克服产层的干扰,如油、气、水的相互影响和不同压力体系的相互干扰;

③ 油井投产后难以实施酸化、压裂等增产措施;

④ 先期裸眼完井法是在打开产层之前封固地层,但此时尚不了解产层的真实资料,如果在打开产层的阶段出现特殊情况,会给后一步的生产带来被动;

⑤ 后期裸眼完井法没有避免钻井液和水泥浆对产层的伤害和不利影响。

3) 裸眼完井的适用性

裸眼完井只适用于孔隙型、裂缝型、裂缝—孔隙型或孔隙—裂缝型等坚固的均质储层。均质储层一般是指产层的渗透性大体相等;坚固储层是指储层岩石的强度可承受上覆岩石压力和流体流动时的压差而不破碎。均质储层的渗透率可以有较大的范围,在 $0.01 \sim 0.1 \mu m^2$ 之间。

对应每一个孔隙—裂缝型产层,都有一个允许的液柱压差,超过这一临界值,孔隙就被堵塞,裂缝闭合,油井无法出油。同样,对应每一个孔隙—裂缝型产层,都有一定的岩石强度,生产中的油流速度在不超过某一临界值时,岩石不发生破坏。对较弱胶结的产层,允许的生产压差较小。因此,在钻开产层和采油时应注意防止产层被压死和破坏。

裸眼完井比较适用于只有单一油气层的储层,不需分层开采,无含水、含气夹层的井;比较适用于储层岩石是石灰岩及坚硬的砂岩、泥岩、页岩等情况。

裸眼完井的最主要特点是油层完全裸露,因而油层具有最大的渗流面积。这种井称为水动力学完善井,其产能较高。裸眼完井虽然完善程度高,但使用局限很大。砂岩油气层、中、低渗透层大多需要压裂改造,裸眼完井无法进行。同时,砂岩中大都有泥页岩夹层,遇水多易坍塌而堵塞井筒。碳酸盐岩油气层,包括裂缝性油气层,如 20 世纪 70 年代中东的不少油田、我国华北任丘油田古潜山油藏和四川气田等大多使用裸眼完井。后因裸眼完井难以进行增产措施和控制底水锥进、堵水,以及射孔技术的进步,现多转变为套管射孔完井。

水平井开展初期,20 世纪 80 年代初美国奥斯汀的白垩系碳酸盐岩垂直裂缝地层的水平井大多为裸眼完井,其他国家的一些水平井也有用裸眼完井,但 80 年代后期大多为割缝衬管完井或带管外封隔器的割缝衬管完井所代替。特别是当前水平井段加长或钻分支水平井,用裸眼完井就更少了。因为裸眼完井有许多技术问题难以解决。

2. 射孔完井

射孔完井是指下入油层套管封固产层,然后用射孔弹将套管、水泥环、部分产层射穿,形成油气流通道的完井方法(视频 7-2-2)。射穿产层后的油气井的生产能力受产层压力、产层性质、射孔参数及质量的影响。在石油勘探和开发中,射孔完井是国内外最为广泛和最主要使用的一种完井方式,大约占完井总数的 80%~85%。

视频 7-2-2 射孔完井

1) 射孔完井的分类

射孔完井可以分为套管射孔完井和尾管射孔完井两大类。

(1) 套管射孔完井

套管射孔完井是钻穿油层直至设计井深,然后下油层套管至油层底部注水泥固井,最后射孔,射孔弹穿油层套管、水泥环并穿透油层某一深度,建立起油流的通道,如图 7-2-4 所示。在射孔完井中,打开储层的工艺条件也是十分严格的。油层套管鞋应在距井底 1~3m 的范围内,套管的阻流环应在产层底界下 15m 以上,阻流环以下套管内的水泥塞高度不小于 20m。套管串上的扶正器、刮泥器等附件应尽量避开产层。套管串上应当有短套管,便于用磁定位器测井校正射孔深度。短套管的位置在油层以上 20~30m。

套管射孔完井既可选择性地射开不同压力、不同物性的油层,以避免层间干扰,还可避开夹层水、底水和气顶,避开夹层的坍塌,具备实施分层注采和选择性压裂或酸化等分层作业的条件。

(2) 尾管射孔完井

尾管射孔完井是在钻头钻至油层顶界后,下技术套管注水泥固井,然后用小一级的钻头,钻穿油层至设计井深,用钻具将尾管送下并悬挂在技术套管上。尾管和技术套管的重合段一般不小于 50m,再对尾管注水泥固井,然后射孔,如图 7-2-5 所示。

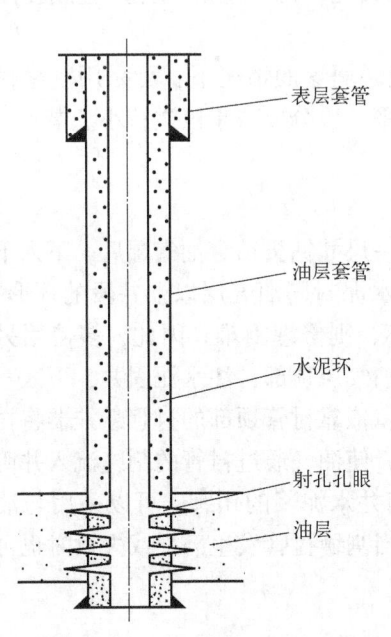

图 7-2-4 套管射孔完井示意图

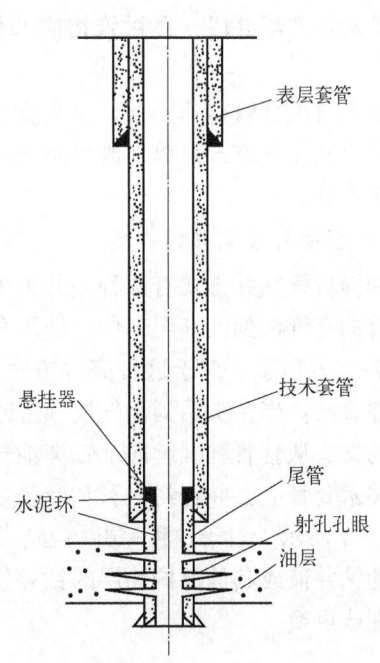

图 7-2-5 尾管射孔完井示意图

尾管射孔完井由于在钻开油层以前上部地层已被技术套管封固,因此,可以采用与油层相配伍的钻井液以平衡压力、低平衡压力的方法钻开油层,有利于保护油层。此外,这种完井方式可以减少套管重量和油井水泥的用量,从而降低完井成本,目前较深的油气井大多采用此方法完井。

2)射孔完井的优缺点

(1)射孔完井的优点

① 能比较有效地封隔和支持疏松易塌的生产层;

② 能够分隔不同压力和不同性质的油气层;

③ 能方便地实现多套产层的分层测试、分层开采、分层压裂或酸化、分层注水等措施。

(2)射孔完井的缺点

① 打开生产层和固井的过程中,钻井液和水泥浆对生产层的侵害较严重;

② 油气层与井底连通面积小,油气流入井内的阻力较大。

3)射孔完井的适用性

射孔完井可适用于各种储层,无论是孔隙型、裂缝型、孔隙—裂缝型还是裂缝—孔隙型储层,无论储层是否均质,压力体系是否相等,都可用这种完井方法。也就是说,大多数储层都可采用射孔完井方法。虽说如此,但只有非均质储层最适合用射孔完井。因为非均质储层的特点是稳定性岩层和非稳定岩层相互交错,不同压力体系的岩层相互交错,有含水、含气的夹层,或是有底水和气顶。而均质的储层更适合于其他的完井方式。

3. 割缝衬管完井

割缝衬管完井是一种常见完井方法,在完井时需在裸眼井段下入一段衬管,衬管下过产层,针对各产层井段,在衬管相应部位采用长割缝或钻孔,使气层的气体从缝或孔眼流入井底。

在不宜用套管射孔完井、又要防止裸眼完井时地层坍塌的情况下,可采用割缝衬管完井。因为其完井方式简单,既可防止井塌,还可将水平井段分成若干段进行小型措施,操作简单成本低。

1)割缝衬管完井的分类

割缝衬管完井方式有两种完井工序。一种是用同一尺寸钻头钻穿油气层后,下入下端连接衬管的套管柱到油气层部位,使用套管外封隔器注水泥封固油气层以上井段的环形空间,如图 7-2-6 所示。对于这种完井方法,如果衬管损坏,则修理困难。因此,多使用另外一种完井方式:当钻头钻到油气层顶部时,下入套管至油气层顶部,注水泥固井,下入直径小一级的钻头从套管鞋继续向下钻穿油气层至完井井深,依靠衬管顶部的衬管悬挂器将衬管悬挂在技术套管上,并密封衬管和套管之间的环形空间,使油气通过衬管的割缝流入井筒,如图 7-2-7 所示。对于这种完井方法,油层不会遭受固井水泥浆的伤害,可以采用与油层相配伍的钻井液或其他保护油层的钻井技术钻开油层,当割缝衬管发生磨损或失效时也可以起出修理或更换。

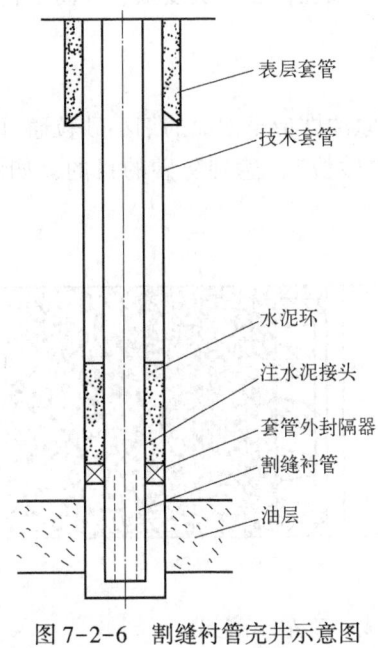 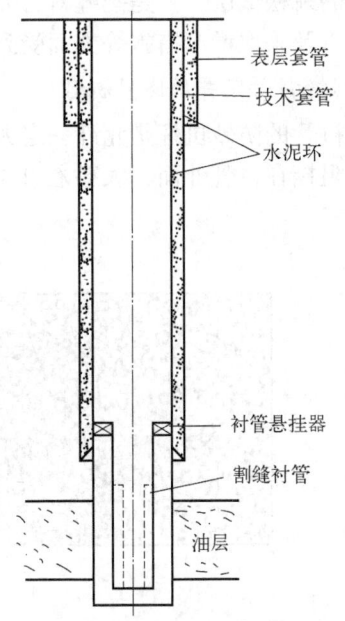

图 7-2-6 割缝衬管完井示意图　　图 7-2-7 悬挂割缝衬管完井示意图

2) 割缝衬管完井的优缺点

割缝衬管完井与裸眼完井所不同的是在裸眼井段下入了一段衬管。这种完井方法较裸眼完井进了一步，它具有裸眼完井的优点，还能防止在生产过程中井下出砂，但裸眼完井的其他局限性依然存在。

采用割缝衬管完井的气井，生产初期应采用较低的稳定生产的产量，使管外砂粒在环空构成良好的、具有渗透性的砂桥。对于过于疏松的砂层或疏松砂层而且倾角较大的产层，禁忌采用割缝衬管完井。

(1) 割缝衬管完井的优点

① 是除裸眼完井以外费用最低的一种完井方式；
② 产层裸露，渗流面积大，气体流入阻力小，产量损失很少；
③ 油气层不受注水泥和射孔作业的伤害；
④ 选择合适的割缝衬管尺寸，能有效地控制部分出砂；
⑤ 可防止井眼坍塌。

(2) 割缝衬管完井的缺点

① 不能进行层段分离，实施分层开采；
② 无法控制割缝衬管与井眼之间的环空，故不能进行选择性增产措施作业；
③ 生产控制差，不能避免层段间的干扰，窜流的可能性大；
④ 生产测井困难。

3) 割缝衬管完井的适用性

割缝衬管完井适用于裸眼完井的地质条件，而且筛孔/割缝衬管能起到防止产层无控制出砂的作用，因此，适用范围要广一些。它适用于天然裂缝碳酸盐岩或硬质砂岩产层；单一厚储层，或压力、岩性基本一致的多层储层；不准备实施分层开采、选择性处理的储层；出砂不严重的疏松储层。但是割缝衬管完井有一定的局限性，在地层复杂、井筒不稳定、投产工艺措施以及采取增产措施等方面受到很大的限制。

4）割缝衬管完井的防砂机理

割缝衬管的防砂机理是允许一定大小的、能被原油携带至地面的细小砂粒通过，而把较大的砂料阻挡在衬管外面，大砂粒在衬管外形成"砂桥"，达到防砂的目的，如图7-2-8所示。

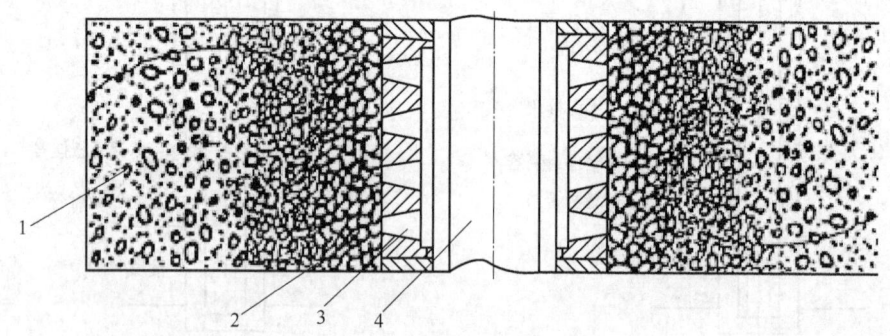

图7-2-8 衬管外自然分选形成"砂桥"示意图
1—油层；2—砂桥；3—缝眼；4—井筒

由于"砂桥"处流速较高，小砂粒不能停留在其中。砂粒的这种自然分选使"砂桥"具有较好的流通能力，同时又起到保护井壁骨架砂的作用。割缝缝眼的形状和尺寸应根据骨架砂粒度来确定。

割缝衬管的参数如下：

① 缝眼形状。缝眼为梯形剖面（图7-2-9），斜边夹角为6°，这种缝眼形状可防止砂粒卡住缝眼而堵塞油气流通道。

② 缝眼宽度。缝眼宽度是指梯形缝眼小底边的边长。正确地确定缝眼宽度是割缝衬管防砂的关键。根据实验，砂粒在缝眼处形成"砂桥"或"砂拱"的条件是缝眼宽度不大于砂粒直径的2倍，即

$$e \leqslant 2D_{10} \tag{7-2-1}$$

式中，e 为缝眼宽度；D_{10} 为产层砂粒度组成累积曲线上占累积质量10%所对应的砂粒直径。这样，占砂粒总质量10%的大直径砂粒不能通过缝眼，被阻挡在衬管外面形成具有较高渗透率的"砂桥"或"砂拱"。

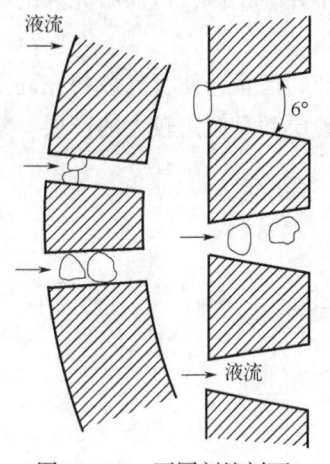

图7-2-9 不同割缝剖面

③ 缝眼长度。缝眼长度和管径与缝眼排列形式有关。由于横向衬管强度低，故缝长较短，多为20~50mm；纵向割缝的缝长一般为50~300mm。直径大的衬管，缝长应短；直径小的衬管，缝长应长，可取高值。

④ 缝眼排列。缝眼的排列有两种形式：一种是与管的轴线相平行，即纵向排列，又分为直缝式、楔缝式、组合楔缝式三种排列形式；另一种是与管的轴线垂直，即横向排列，又称为水平式，如图7-2-10所示。一般采用纵向割缝衬管，这是因为纵向割缝衬管比横向割缝衬管强度高。

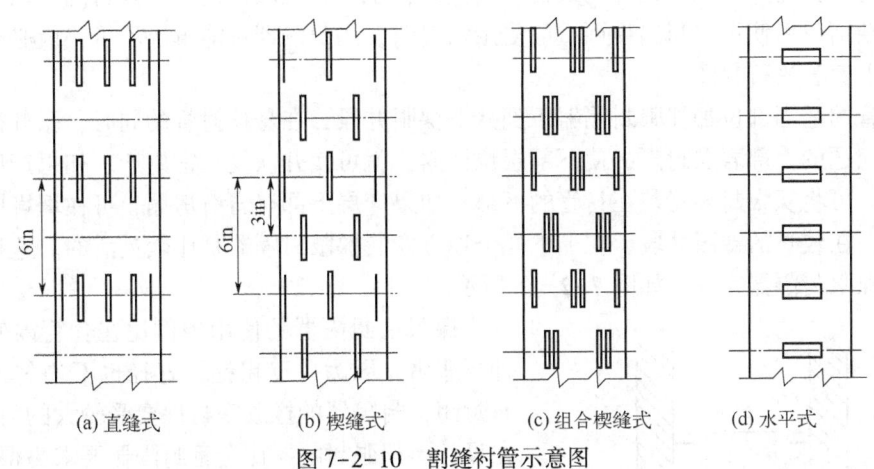

图 7-2-10 割缝衬管示意图

⑤ 缝眼数量。缝眼数量关系到衬管的流通面积，应该在确保衬管强度的原则下增加衬管的流通面积。缝眼的总面积为衬管外表总面积的 2%。缝眼的数量可由下式确定：

$$n = \frac{aF}{el} \tag{7-2-2}$$

式中 n——缝眼的数量，条/m；
a——缝眼总面积占衬管外表总面积的百分数，一般取 2%；
F——每米衬管外表面积，mm^2/m；
e——缝口宽度，mm；
l——缝眼长度，mm。

⑥ 割缝衬管的尺寸。割缝衬管完井中套管、钻头、衬管尺寸见表 7-2-1。

表 7-2-1 割缝衬管完井中套管、钻头和衬管尺寸

上部套管尺寸，mm	再次开钻钻头尺寸，mm	衬管尺寸，mm
177.8	152	127~140
219.1	190	140~168
244.5	215	168~194
273.1	244	194~219

割缝衬管完井是当前主要的完井方式之一。由于割缝衬管完井的割缝衬管对应裸眼井段，因此既可起到裸眼完井的作用，又可防止裸眼井壁坍塌，可在一些出砂不严重的中粗砂粒油层中使用。这种完井法工艺不复杂，便于作业，成本也低。

4. 封隔器完井

1) 封隔器完井的适用性

在开采时，可能会有底水在产层推进，或裸眼产层上下部位的岩层发生变化。例如，产层以上岩层坍塌等使裸眼井不能正常生产；或底水的上升使产层的含水上升，井底岩石强度降低。在这种情况下，将衬管（筛管）和裸眼封隔器组合使用，就可防止裸眼井段出现复

杂情况。封隔器完井可以在完井的最初阶段使用，也可在裸眼井使用一段时间、出现并不很严重的复杂情况后使用。当出现严重的复杂情况时，用封隔器可能解决不了，就必须在有问题的井段下套管进行封闭。

在衬管的适当部位加裸眼封隔器下到井下裸眼井段，在悬挂衬管的同时，张开裸眼封隔器，将有问题的上部岩层封隔，使下部层位裸露，就可使井恢复正常生产。如果产层下部有底水上升，可将裸眼封隔器装在衬管的下部；如果产层上部有岩石坍塌，可在坍塌层下部安装封隔器。在较长的裸眼井段，在上下几个地方安装裸眼封隔器是比较灵活的。这种完井方式也称为裸眼封隔器完井，如图7-2-11所示。

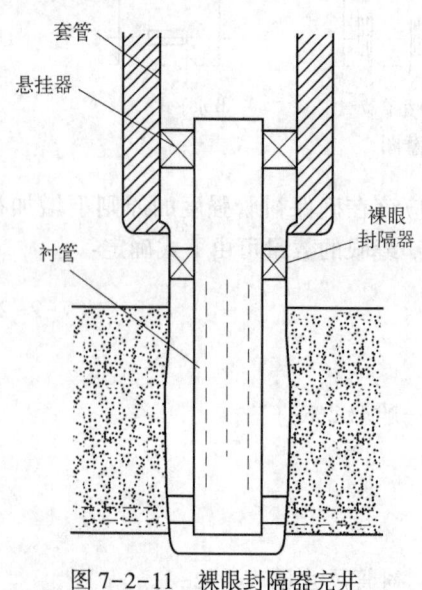

图7-2-11 裸眼封隔器完井

裸眼层封隔器的使用条件比在套管内使用的条件要恶劣，因为井壁粗糙，直径也不均匀，要将岩石封闭，封隔器的橡胶密封件要受较大的力。因此，在设计上裸眼封隔器比套管封隔器要求高得多。

在裸眼层下封隔器的工艺在水平井中也是常用的。

2）封隔器

封隔器是完井、试油和采油生产中经常使用的井下工具。在采油生产中，封隔器在套管内的使用较多；在完井和各种测试中，裸眼封隔器是经常使用的。封隔器用于封闭裸眼层或套管内的某些层位，如在完井中封隔器用以封闭复杂的地层岩石，在试油和采油中封隔器用以封闭某些产层。封隔器的主要元件是橡胶筒，它在液压或机械作用下张开，封堵裸眼的岩层或套管的内壁，达到施工的目的。

（1）封隔器的原理

封隔器是靠橡胶的膨胀实现对井壁岩石或套管壁的密封的。用机械力、液压力推动卡瓦，使卡瓦张开并紧贴井壁或套管壁，固定封隔器，紧接着用各种力压缩密封元件，张开橡胶筒实现密封。有的封隔器只能用一次，卡瓦和橡胶密封件张开后不能收回，是永久式的；有的卡瓦和橡胶密封件能张开、能收回，可在井中多次起下，是可回收式的。永久式封隔器的密封可靠，经常用在完井和固井的固定场合；可回收式封隔器多用在套管内。

密封元件是封隔器的主要部件，它在常态下是收缩的，其尺寸比井眼直径或套管内径小，下到适当位置后在力的作用下能张开。因此，密封元件是具有极大变形能力的、以橡胶为主的部件。密封材料的基体是橡胶，为使材料能抗油、抗井下高温，常在橡胶中添加改性剂。材料的硬度取决于密封部位的压力差和密封部位的粗糙程度，通常有高硬度和低硬度的区别。高硬度密封件在高压和不太粗糙的套管壁上使用，低硬度的密封件在比较粗糙的井壁上使用，有时两种硬度的密封件结合使用。

封隔器应有耐腐蚀性。在有H_2S和CO存在的条件下，密封件应抗腐蚀，一般在橡胶中添加特氟龙、尼龙等，特氟龙材料可在腐蚀条件下耐450℃的高温。封隔器还应有可打捞性。

(2) 封隔器的种类

① 按作用原理，封隔器可分为重力坐封式、张力坐封式、机械坐封式、液压坐封式等。

重力坐封式封隔器在使用中靠摩擦块使卡瓦保持固定。在预定位置加速下放油管，可使卡瓦张开，靠油管的重力张开密封胶筒；也有的是在井底使用，靠油管的重力剪断销钉，张开卡瓦。

张力坐封式封隔器实际是将重力式封隔器倒转后使用，可在油管上施加拉力张开卡瓦。张力式封隔器一般用在浅井。

机械坐封式封隔器靠油管的旋转坐封或取出。在旋转油管时，卡瓦张开，并压缩密封件；取出时倒转油管。

液压坐封式封隔器是靠液压缸和活塞推动卡瓦张开，并张开密封筒。

② 按使用，封隔器分为永久式和可回收式：

永久式封隔器的特点是有可避免卡瓦松开的装置。在完井中，永久式封隔器经常使用。配合封隔器使用的还有井下和地面控制装置，如井下的安全阀和安全接头、地面的液压泵组等。

可回收式封隔器是一类通过特定机制（如液压、机械等）实现井下坐封和封隔，并在需要时能够安全解封并回收的井下工具。可回收式封隔器包含多样化的坐封方式，具有适应性强、结构紧凑、操作简便、可靠性好、可回收多次使用、经济高效的特点。它主要用于隔离不同地层或井段，防止流体相互窜流，确保石油勘探和生产活动的顺利进行。

5. 防砂完井

在生产过程中，某些砂岩储层由于砂岩胶结不良，或是开采强度大，或是受到伤害会有出砂现象。出砂会影响产量，严重时会使井报废，因此必须防止出砂。通常在完井中采用防砂完井方式。常见的防砂完井方式有砾石充填完井和人工井壁防砂完井。（视频 7-2-3）

视频 7-2-3
防砂完井

1) 砾石充填完井

对于胶结疏松砂严重的地层，一般应采用砾石充填完井方式。它是先将绕丝筛管下入井内油层部位，然后用充填液将在地面上预先选好的砾石泵送至绕丝筛管与井眼或绕丝筛管与套管之间的环形空间内构成一个砾石充填层，以阻挡油层砂流入井筒，达到保护井壁、防砂入井之目的。砾石充填完井一般都使用不锈钢绕筛管而不用割缝衬管。其原因如下：割缝衬管的缝口宽度由于受加工割刀强度的限制，最小为 0.5mm。因此，割缝衬管只适用于中、粗砂粒油层。而绕丝筛管的缝隙宽度最小可达 0.12mm，故其适用范围要大得多。

绕丝筛管是由绕丝形成一种连续缝隙，如图 7-2-12(a) 所示，流体通过筛管时几乎没有压力降。绕丝筛管的断面为梯形，外窄内宽，具有一定的"自洁"作用，轻微的堵塞可被产出流体疏通，如图 7-2-12(b)、(c) 和 (d) 所示，它的流通面积要比割缝衬管大得多，如图 7-2-13 所示。

绕丝筛管以不锈钢丝为原料，其耐腐蚀性强，使用寿命长，综合经济效益高。为了适应不同油层特性的需要，裸眼完井和射孔完井都可以充填砾石，分别称为裸眼砾石充填完井和套管砾石充填完井。

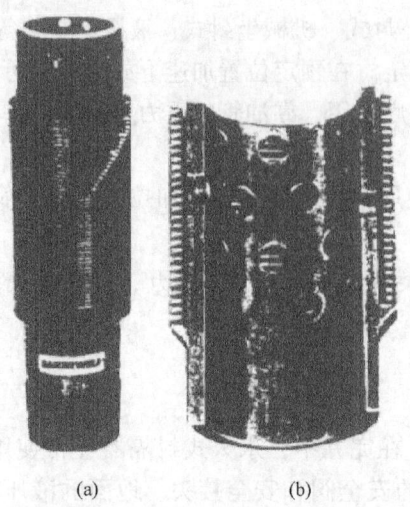
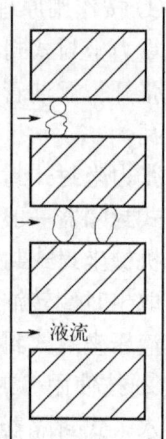

　(a)　　　　　　(b)　　　　(c) 自洁作用的绕丝筛管　　　(d) 无自洁作用的绕丝筛管

图 7-2-12　绕丝筛管剖面

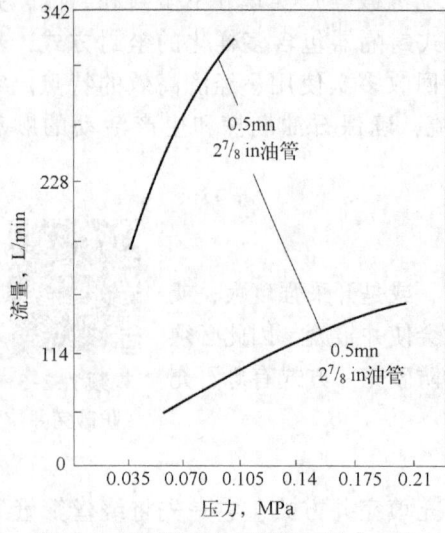

图 7-2-13　筛管与衬管流通能力对比

（1）裸眼砾石充填完井

裸眼砾石充填完井是在钻开产层之前下套管封固，再钻开产层，在产层段扩大井眼，下入筛管，在井眼与筛管间的环空中充填砾石。砾石和筛管对地层的出砂起阻挡作用。

在地质条件允许使用裸眼而又需要防砂时，就应该采用裸眼砾石充填完井方式。其工序是钻头钻达油层顶界以上约3m后，下技术套管注水泥固井，再用小一级的钻头钻穿水泥塞，钻开油层至设计井深，然后更换扩张式钻头将油层部位的井径扩大到技术套管外径的1.5~2倍，以确保充填砾石时有较大的环形空间，增加防砂层的厚度，提高防砂效果。一般砾石层的厚度不小于50mm。

裸眼扩径的尺寸匹配见表 7-2-2。

表 7-2-2　裸眼砾石充填扩径尺寸匹配表

套管尺寸		小井眼尺寸		扩眼尺寸		筛管外径	
in	mm	in	mm	in	mm	in	mm
$5\frac{1}{2}$	139.7	$4\frac{3}{4}$	120.6	12	305	$2\frac{7}{8}$	87
$6\frac{5}{8}$~7	168.3~177.8	$5\frac{7}{8}$~$6\frac{1}{8}$	149.2~155.5	12~16	305~407	4~5	117~142
$7\frac{5}{8}$~$8\frac{5}{8}$	193.7~219.1	$6\frac{1}{2}$~$7\frac{7}{8}$	165.1~200	14~18	355.6~457.2	$5\frac{1}{2}$	155
$9\frac{5}{8}$	244.5	$8\frac{3}{4}$	222.2	16~20	407~508	$6\frac{5}{8}$	184
$10\frac{3}{4}$	273.1	$9\frac{1}{2}$	241.3	18~20	457.2~508	7	194

扩眼工序完成后,便可进行砾石充填工序,如图 7-2-14 所示。

(2) 套管砾石充填完井

在下入套管并射孔的井中如有出砂,在出砂井段下筛管,在筛管和油层套管之间的环空中充填砾石的防砂工艺称为管内砾石充填完井。这种完井方法属于二次完井。

套管砾石充填完井的工序是：钻头钻穿油层至设计井深后,下油层套管于油层底部,注水泥固井,然后对油层部位射孔。要求采用高孔密（30 孔/m 左右）、大孔径（20mm 左右）射孔,以增大充填流通面积,有时还把套管外的油层砂冲掉,以便于向孔眼外的周围油层填入砾石,避免砾石和地层砂混合增大渗流阻力。由于高密度充填（高黏充填液）紧实,充填效率高,防砂效果好,有效期长,故当前大多采用高密度充填。

套管砾石充填完井如图 7-2-15 所示。油层套管与绕丝筛管的匹配见表 7-2-3。

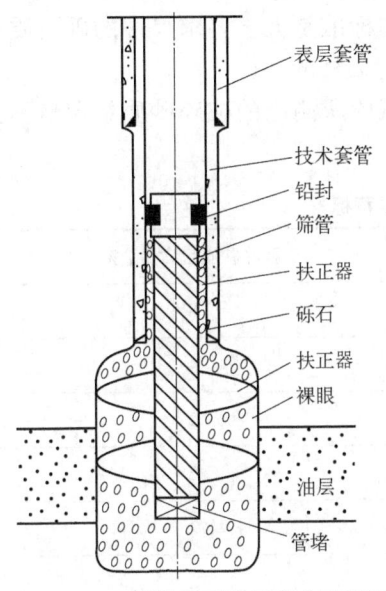

图 7-2-14 裸眼砾石充填完井示意图

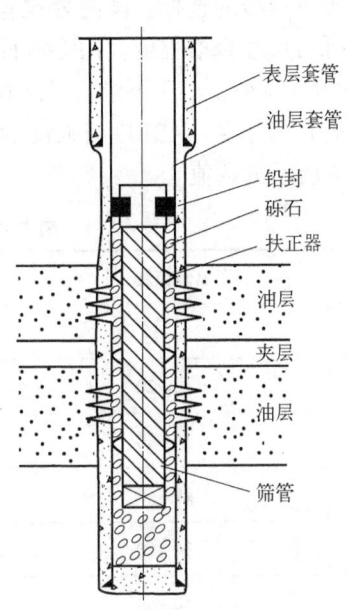

图 7-2-15 套管砾石充填完井示意图

表 7-2-3 套管砾石充填筛管匹配表

套管规格		筛管外径	
in	mm	in	mm
$5\frac{1}{2}$	139.7	$2\frac{3}{8}$	74
$6\frac{5}{8}$	168.3	$2\frac{7}{8}$	87
7	177.8	$2\frac{7}{8}$	87
$7\frac{5}{8}$	193.7	$3\frac{1}{2}$	104
$8\frac{5}{8}$	219.1	4	117
$9\frac{5}{8}$	244.5	$4\frac{1}{2}$	130
$10\frac{3}{4}$	273.1	5	142

虽然有裸眼砾石充填和套管砾石充填之分，但二者的防砂机理是完全相同的。

充填在井底的砾石层起着滤砂器的作用，它只允许流体通过，而不允许地层砂粒通过。其防砂的关键是必须选择与出砂粒径匹配的绕丝筛管及与油层岩石颗粒组成相匹配的砾石尺寸。选择原则是既要能阻挡油层出砂，又要使砾石充填层具有较高的渗透性能。因此，绕丝筛管和砾石的尺寸、砾石的质量、充填液的性能、高砂比充填［要求砂液体积比达到（0.8~1)∶1]及施工质量是砾石充填完井防砂成功的技术关键。

(3) 砾石质量要求

充填砾石的质量直接影响防砂效果及完井产能。因此，砾石的质量控制十分重要。砾石质量包括砾石粒径的选择、砾石尺寸合格程度、砾石的球度和圆度、砾石的酸溶度、砾石的强度等。

① 砾石粒径的选择：国内外推荐的砾石粒径是油层砂粒度中值 D_{50} 的 5~6 倍。

② 砾石尺寸合格程度：API 砾石尺寸合格程度的标准是大于要求尺寸的砾石质量不得超过砂样的 0.1%，小于要求尺寸的砾石质量不得超过砂样的 2%。

③ 砾石的强度：API 砾石强度的标准是抗破碎试验所测出的破碎砂质量含量不得超过表 7-2-4 所示的数值。

表 7-2-4　砾石抗破碎推荐标准

充填砂粒度，目	破碎砂质量含量，%
8~16	8
12~20	4
16~30	2
20~40	2
30~50	2
40~60	2

④ 砾石的球度和圆度：API 砾石圆度、球度的标准是砾石的平均球度应大于 0.6，平均圆度也应大于 0.6。图 7-2-16 是评估球度和圆度的目测图。

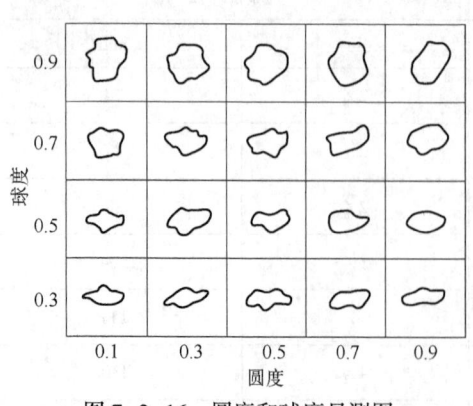

图 7-2-16　圆度和球度目测图

⑤ 砾石的酸溶度：其 API 砾石酸溶度的标准是在标准土酸（3%HF+12%HCl）中砾石的溶解质量分数不得超过 1%。

⑥ 砾石的结团：API 的标准是砾石应由单个石英砂粒组成，如果砂样中含有 1% 或更多个砂粒结团，该砂样不能使用。

砾石充填完井的关键是选择砾石和保证充填的厚度。

砾石的直径由出砂的直径决定。由于地层出砂直径不等，需对砂粒进行筛分后作砂粒直径累积重量分布图，累重为 50% 的砂粒对应的直径称为砂粒中径。砾石的直径一般为出砂砂粒中径的 6~8 倍，砾石层厚度至少是砾石直径的 8 倍。裸眼砾石充填时，砾石层厚度不小于 30mm；套管砾石充填时，砾石层厚度不小于 15mm。

（4）绕丝筛管缝隙尺寸的选择

绕丝筛管应能保证砾石充填层的完整，用绕丝间的缝隙阻挡砂粒。故其缝隙应小于砾石充填层中最小的砾石尺寸，一般取为最小砾石尺寸的 1/2~2/3。例如根据油层砂粒度中值，确定砾石粒径为 16~30 目，其砾石尺寸的范围是 0.58~1.19mm。所选的绕丝缝隙应为 0.3~0.38mm，或查砾石与绕丝缝隙的匹配表（表 7-2-5）。

表 7-2-5 砾石与筛管配合尺寸推荐表

砾石尺寸		筛管缝隙尺寸	
标准筛目	mm	mm	in
40~60	0.419~0.249	0.15	0.006
20~40	0.834~0.419	0.30	0.012
16~30	1.190~0.595	0.35	0.014
10~20	2.010~0.834	0.50	0.020
10~16	2.010~1.190	0.50	0.020
8~12	2.380~1.680	0.75	0.030

（5）预充填砾石绕丝筛管

预充填砾石绕丝筛管是在地面预先将符合油层特性要求的砾石填入具有内外双层绕丝筛管的环形空间而制成的防砂管。将此种筛管下入井内，对准出砂层位进行防砂。使用该防砂方法的油井产能低于井下砾石充填，防砂有效期不如砾石充填长，因其不像砾石充填能防止油层砂进入井筒，只能防止油层砂进入井筒后再进入油管。但其工艺简便、成本低，在一些不具备砾石充填的防砂井，仍是一种有效方法。因而国外仍普遍采用，特别在水平井中更常使用。

预充填砾石粒径的选择及双层绕丝筛管缝隙的选择等，皆与井下砾石充填相同。外筛管外径与套管内径的差值应尽量小，一般 10mm 左右为宜，以增加预充填砾石层的厚度，从而提高防砂效果。预充填砾石层的厚度应保证在 25mm 左右。内筛的内径应大于中心管外径 2mm 以上，以便能顺利组装在中心管上。

2）其他防砂筛管完井

（1）金属纤维防砂筛管

金属纤维防砂筛管的基本结构如图 7-2-17 所示。不锈钢纤维是主要的防砂材料，由断丝、混丝滚压、梳分、定形而成。它的主要防砂原理是：大量纤维堆集在一起时，纤维之间就会形成若干缝隙，利用这些缝隙阻挡地层砂粒通过，其缝隙的大小与纤维的堆集紧密程度有关。通过控制金属纤维缝隙的大小（控制纤维的压紧程度）达到适应不同油层粒径的防砂。此外，由于金属纤维富有弹性，在一定的驱动力下，小砂粒可以通过缝隙，避免金属纤维被填死。砂粒通过后，纤维又可恢复原状而达到自洁的作用。

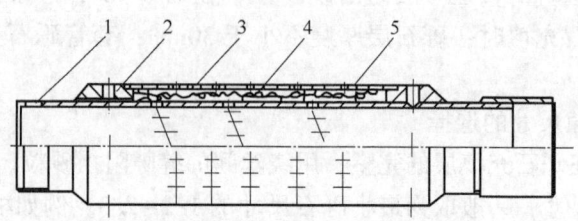

图 7-2-17 金属纤维防砂筛管结构
1—基管；2—堵头；3—保护管；4—金属纤维；5—金属网

在注蒸汽开采条件下，要求防砂工具具备耐高温（360℃）、耐高压（18.9MPa）和耐腐蚀（pH 值为 8~12）等性质，不锈钢纤维材质特性符合以上要求。

（2）陶瓷防砂滤管

陶瓷防砂滤管的过滤材料为陶土颗粒，其粒径大小由油层砂中值及渗透率高低而定，陶粒与无机胶结剂配成一定比例，经高温烧结而成。形状为圆筒形，装入钢管保护套中与防砂管连接，即可下井防砂。陶瓷防砂滤管的结构示意图和渗流性能曲线图分别如图 7-2-18 和图 7-2-19 所示。其物理参数见表 7-2-6。

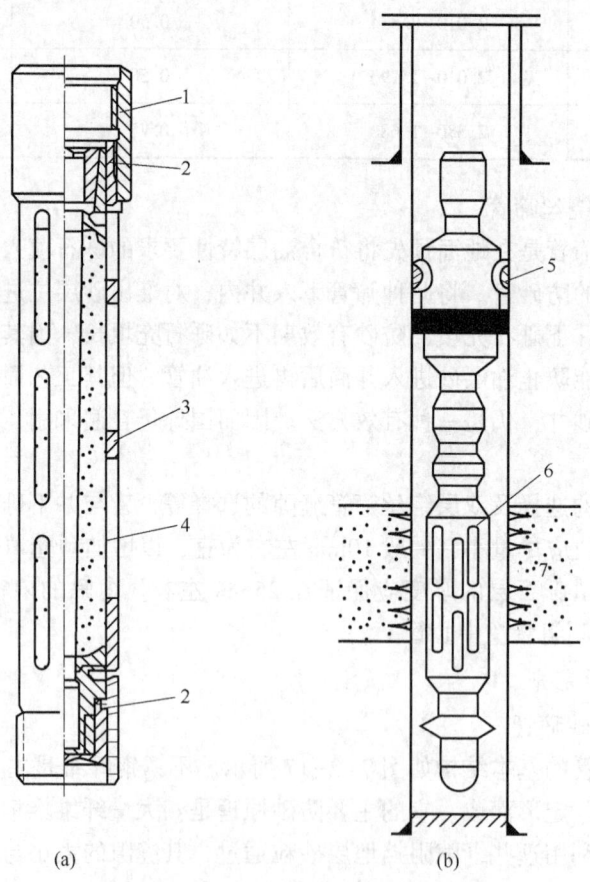

图 7-2-18 陶瓷防砂滤管结构
1—接箍；2—密封圈；3—外管；4—陶瓷管；5—水力锚；6—陶瓷滤管；7—油层

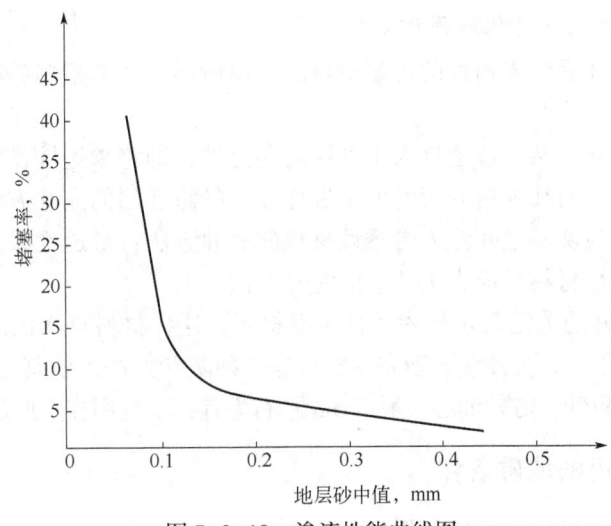

图 7-2-19 渗流性能曲线图

表 7-2-6 陶瓷防砂滤管和井下配套工具技术参数　　　　单位：mm

陶瓷防砂滤管			井下配套工具				
						适应套管尺寸	
外径	内径	长度	钢体最大外径	井下通径	总长	外径	外径
127	75	1200 2300 3500	152	62	2200	177.8	158.08 161.70
101	50	1200 2300 3500	115	50	1600	139.7	124.38 127.30

陶瓷防砂滤管具有较强的抗折、抗压强度，并能耐高矿化度水、土酸、盐酸等腐蚀。现已在油田现场推广使用。

(3) 多孔冶金粉末防砂滤管

多孔冶金粉末防砂滤管是用铁、青铜、锌白铜、镍、蒙乃尔合金等金属粉末作为多孔材料加工而成的。它具有以下特点：

① 可根据油层砂粒度中值的大小，选用不同的球形金属粉末粒径（20~300μm）烧结，从而形成孔隙大小不同的多孔材料，因而其控砂范围大、适用广。

② 一般渗透率在 $10\mu m^2$ 左右，孔隙度在 30% 左右。不仅砂控能力强，对油井产能影响较小。

③ 一般多数采用铁粉烧结，因而成本低。

④ 用铁粉烧结的防砂管，其耐腐蚀性差，应采取防腐处理。

(4) 多层充填井下滤砂器

多层充填井下滤砂器❶是由基管、内外泄油金属丝网、3~4 层单独缠绕在内外泄油网之间的保尔（Pall）介质过滤层及外罩管所组成。该介质过滤层是主要的滤砂原件，它是由不锈钢丝与不锈钢粉末烧结而成的。因此可根据油层砂粒度中值，选用不同粒径的不锈钢粉末烧结，其控制范围广。

---

❶ 由美国保尔（Pall）油井技术公司推荐。

3) 人工井壁防砂完井（化学固砂完井）

人工井壁防砂完井是将渗透性的可凝材料注入出砂层，形成阻挡砂粒的人工井壁以防砂的完井技术。

人工井壁防砂完井包括：渗透性人工井壁射孔完井，即将渗透性良好的材料注入套管和地层之间，再用小功率射孔弹射开套管但不破坏注入的渗透层的完井方法；渗透性人工井壁衬管完井，即在衬管与裸眼之间注入渗透性材料的完井方法；渗透性人工井壁裸眼完井，即在裸眼井段注入渗透性材料形成人工井壁的完井方法。

人工井壁防砂完井的关键是选择渗透性可凝材料。这种材料有水泥加砂形成的渗透性材料、树脂砂浆类材料等。人工井壁防砂完井虽然是一种防砂方法，但其在使用上有其局限性，仅适用于单层及薄层防砂，防砂油层一般以 5m 左右为宜，不宜用在大厚层或长井段防砂。

6. 完井方法适用的地质条件

几种主要完井方法适用的地质条件见表 7-2-7。

表 7-2-7　几种主要完井方法适用的地质条件（垂直井）

完井方式	适用的地质条件
裸眼完井	①岩性坚硬致密，井壁稳定不坍塌的碳酸盐岩或砂岩储层； ②无气顶、无底水、无含水夹层及易塌夹层的储层； ③单一厚储层或压力、岩性基本一致的多储层； ④不准备实施分隔层段，选择性处理的储层
射孔完井	①有气顶、或有底水、或有含水夹层、易塌夹层等复杂地质条件，因而要求实施分隔层段的储层； ②各分层之间存在压力、岩性等差异，因而要求实施分层测试、分层采油、分层注水、分层处理的储层； ③要求实施大规模水力压裂作业的低渗透储层； ④砂岩储层、碳酸盐岩裂缝性储层
割缝衬管完井	①无气顶、无底水、无含水夹层及易塌夹层的储层； ②单一厚储层或压力、岩性基本一致的多储层； ③不准备实施分隔层段，选择性处理的储层； ④岩性较为疏松的中、粗砂粒储层
裸眼砾石充填完井	①无气顶、无底水、无含水夹层的储层； ②单一厚储层或压力、物性基本一致的多储层； ③不准备实施分隔层段，选择性处理的储层； ④岩性疏松出砂严重的中、粗、细砂粒储层
套管砾石充填完井	①有气顶、或有底水、或有含水夹层、易塌夹层等复杂地质条件，因而要求实施分隔层段的储层； ②各分层之间存在压力、岩性差异，因而要求实施选择性处理的储层； ③岩性疏松出砂严重的中、粗、细砂粒储层
复合型完井	①岩性坚硬致密，井壁稳定不坍塌的储层； ②裸眼井段内无含水夹层及易塌夹层的储层； ③单一厚储层或压力、岩性基本一致的多储层； ④不准备实施分隔层段，选择性处理的储层； ⑤有气顶或储层顶界附近有高压水层，但无底水的储层

注：常用垂直井完井方法适用的地质条件讲解可见视频 7-2-4。

视频 7-2-4　常用垂直井完井方法适用的地质条件

二、特殊完井方式

对于裂缝储层、低渗透储层和水平井，完井方式虽可用前述四种类型的井底结构，但由于储层有各自的特性，对井有特殊要求。

1. 水平井完井方法

钻水平井的目的是使井眼在近似水平的产层中多裸露或是使井眼尽量多地与大倾角的产层相交，使油井多出油。近几年来，从已钻的水平井统计来看，水平井单井产量为直井的2~5倍，单井成本仅为直井的1.5~2倍，水平井已成为裂缝性油藏、稠油油藏、低渗透油藏、底水油藏提高单井产量和采收率的有效手段，并在国内外各油田广泛采用。

由于水平井的井身特点，水平井的完井具有与直井不同的地方。水平井的完井方式不仅取决于储层的性质，也取决于井眼的曲率半径。因为套管在弯曲段的受力会影响套管的下入，使一些井无法下套管完井。水平井分长、中、中短、短和超短五种半径，长半径水平井每30m造斜率为2°~6°，中半径水平井每30m造斜率为6°~20°，中短半径水平井每30m造斜率为20°~80°，短半径水平井每30m造斜率为30°~150°，超短半径水平井采用特殊转向器在0.3m完成从垂直到水平的转向。

1) 水平井的常用完井方法

水平井完井的原则是：井能获得最高的油气产量，同时其他流体（水）的排出量小；能防止井壁的不稳定，能在出砂层控制出砂；有利于减少修井次数；井下各种管柱能在长期生产中保持不变形、不腐蚀、不结垢；井身条件能进行二次或三次开发；经济性好。

水平井完井中应满足的技术要求是：封闭水或气的侵入；能进行生产测试，能采取增产措施，能修井；保证安全。

影响水平井完井的因素除直井中的所有影响因素外，还有井眼的弯曲程度对管柱的影响和水平井段的长度对井眼稳定程度的影响。这两个因素是影响水平井完井的重要因素。

水平井完井方法有多种，常见的有裸眼完井、套管或尾管固井完井、割缝衬管完井、筛管完井、砾石充填完井、封隔器完井等。水平井完井方法可分为两大类：一类是选择性完井，主要是用水泥封固油层的完井，可在封固后选择性地射开某些层或某些段；另一类是非选择性完井，主要是裸眼及其变种的完井方式。

（1）裸眼完井

这是一种最简单的水平井完井方式，即技术套管下至预计的水平段顶部，注水泥固井封隔，然后换小一级钻头钻进水平井段至设计长度完井，如图7-2-20所示。

（2）割缝衬管完井

完井工序是将割缝衬管悬挂在技术套管上，依靠悬挂封隔管外的环形空间。割缝衬管要加扶正器，以保证衬管在水平井眼中居中，如图7-2-21所示。目前水平井发展到分支井及多底井，其完井方式也多采用割衬管完井，如图7-2-22所示。

（3）射孔完井

技术套管下过直井段注水泥固井后，在水平井段内下入完井尾管，注水泥固井。完井尾管和技术套管宜重合100m左右，最后在水平井段射孔，如图7-2-23所示。

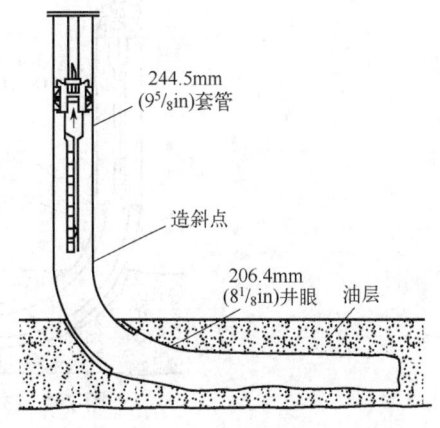

图7-2-20 裸眼水平井完井示意图

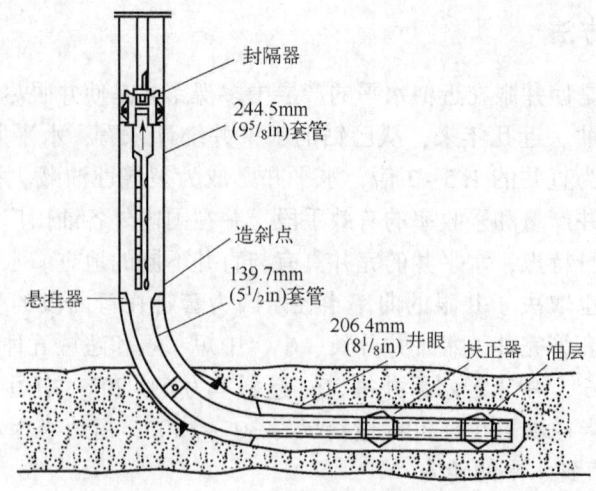

图 7-2-21 割缝衬管完井示意图

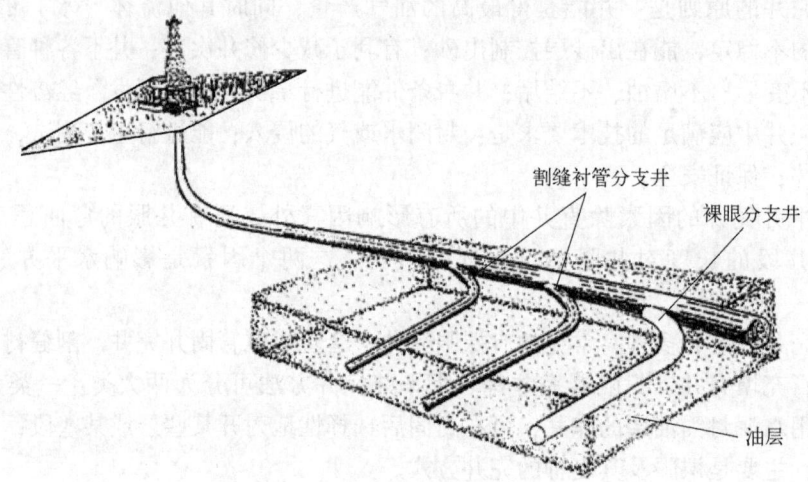

图 7-2-22 水平井分支井示意图

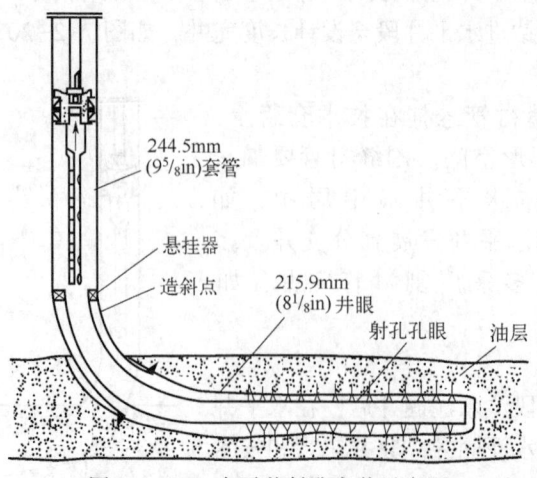

图 7-2-23 水平井射孔完井示意图

(4) 管外封隔器（ECP）完井

这种完井方式是依靠管外封隔器实施层段的分隔，可以按层段进行作业和生产控制，这对于注水开发的油田尤为重要。管外封隔器的完井可以分三种形式：套管外封隔器及割缝衬管完井、套管外封隔器及滑套完井以及套管外封隔器及衬管射孔完井，如图 7-2-24、图 7-2-25 和图 7-2-26 所示。

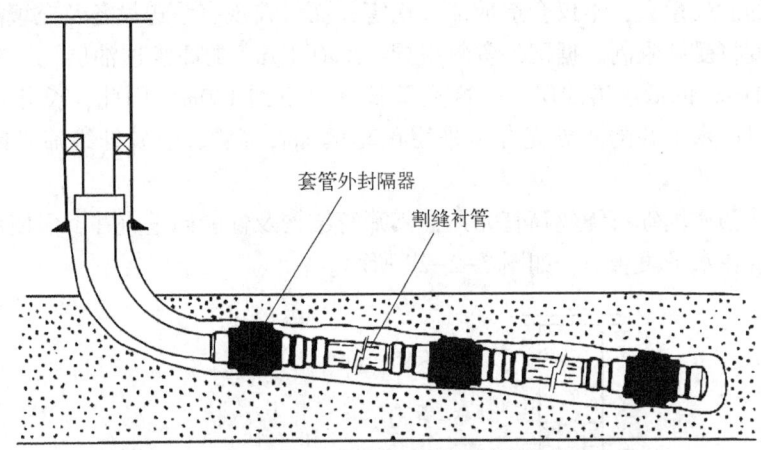

图 7-2-24　套管外封隔器及割缝衬管完井示意图

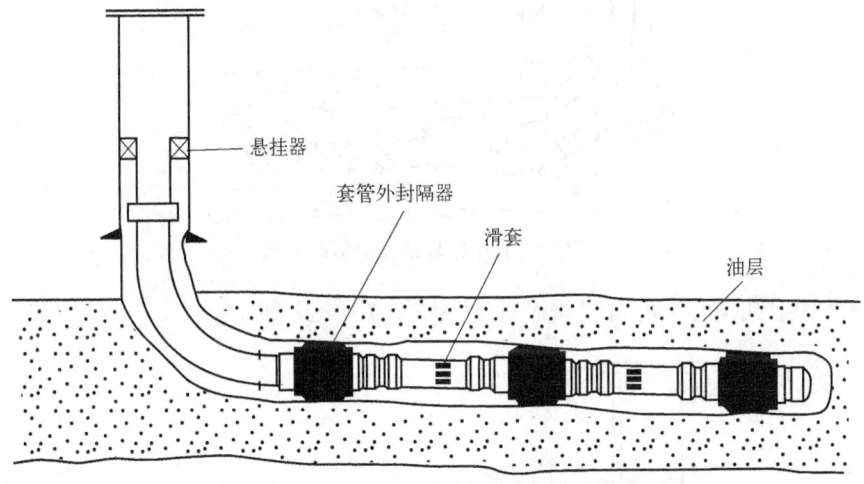

图 7-2-25　套管外封隔器及滑套完井示意图

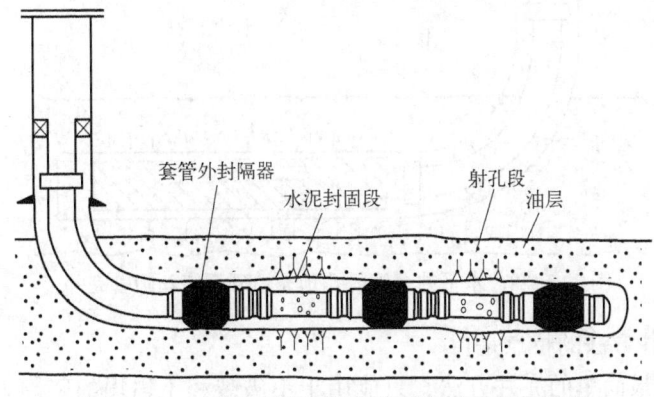

图 7-2-26　套管外封隔器及衬管射孔完井示意图

(5) 砾石充填完井方式

国内外的实践表明，在水平井段内，不论是进行裸眼井下砾石充填或是套管内井下砾石充填，其工艺都很复杂，目前正处矿场试验阶段。

裸眼井下砾石充填时，在砾石完全充填到位之前，井眼有可能已经坍塌；裸眼井下砾石充填时，扶正器有可能被埋置在疏松地层中，因而很难保证长筛管居中；裸眼及套管井下充填时，充填液的滤失量大，不仅会造成油层伤害，而且在现有泵送设备及充填液性能的条件下，其充填长度将受到限制。据国外资料报导，$K>0.1\mu m^2$ 的高渗透油层，一次充填长度不到 60m；$K<0.1\mu m^2$ 的低渗透油层，一次充填长度也不到 120m。因此，长井段水平无法采用此种方法。目前水平井的防砂完井多采用预充填砾石筛管、金属纤维筛管或割缝衬管等方法。

裸眼水平井预充填砾石绕丝筛管完井，其筛管结构及性能同垂直井，但使用时应加扶正器，以便使筛管在水平段居中，如图 7-2-27 所示。

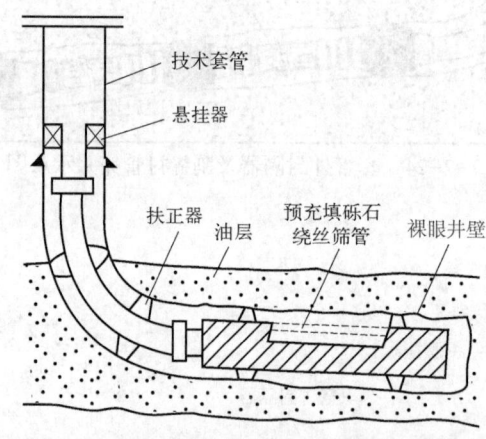

图 7-2-27 水平井裸眼预充填砾石筛管完井

水平井套管射孔预充填砾石绕丝筛管完井如图 7-2-28 所示。

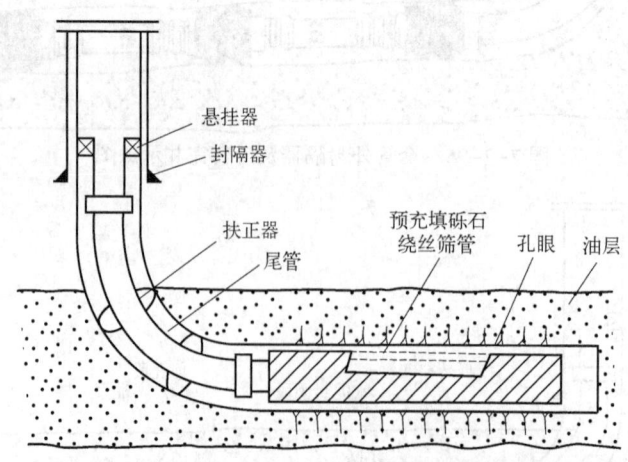

图 7-2-28 水平井套管射孔预充填砾石绕丝筛管完井

各种水平井完井方法的特点是：

① 裸眼完井是最简单的完井方法，只能用于不破裂和不坍塌的坚硬岩层，如碳酸盐岩

等地层，特别是一些垂直裂缝地层，如美国奥斯汀白垩系地层；多用于中、短半径及超短半径的水平井完井，因为在这种井中套管通过弯曲段往往有较大的应力，容易引起套管的强度问题。裸眼完井的优点是井的完善系数高，产量高，污染易消除；缺点是当岩石强度不够高时，在生产中会发生井壁坍塌，井壁条件限制了增产措施的应用。

② 套管或尾管完井是传统的完井方法，在直井中有成熟的应用，在水平井中多用于长半径井。套管或尾管完井的优点是对井下各种地层的封隔良好，能克服井壁的复杂情况，能可以进行分层增产及注水作业，能选择性地射开需要的层段，可在稀油和稠油层中使用，是一种非常实用的方法；缺点是在井眼弯曲剧烈的中、短半径水平井中应用受限制。

③ 割缝衬管完井是较简单的完井方式，主要用于不宜用套管射孔完井，又要防止裸眼完井时地层坍塌，完井方式简单，既可防止井塌，还可将水平井段分成若干段进行小型措施，同时可以用于各种半径的井，当前水平井多采用此方式完井。在水平井眼中下割缝衬管，顶部用裸眼封隔器或套管封隔器挂在套管或裸眼地层上，衬管的作用是支撑弱的岩层。衬管可不用水泥封固，也可在局部井段注水泥封固。

④ 筛管完井是防砂完井方式，筛管不用水泥封固，也可采用地面预充填砾石筛管。

⑤ 封隔器完井是水平井中经常使用的完井方式。在可能出现问题的水平井段前后都用裸眼封隔器封隔。封隔器完井通常和割缝衬管或筛管配合使用。

水平井的各种完井方式，有其各自的适用条件，故应根据油藏具体条件选用。各种水平井完井方法的优缺点和适用的地质条件见表 7-2-8 和表 7-2-9。

表 7-2-8　各种水平井完井方式的优缺点

完井方式	优点	缺点
裸眼完井	① 成本最低； ② 储层不受水泥浆的伤害； ③ 使用可膨胀式双封隔器，可以实施生产控制和分隔层段的增产作业； ④ 使用转子流量计，可以实施生产检测	① 疏松储层，井眼可能坍塌； ② 难以避免层段之间的窜通； ③ 可选择的增产作业有限，如不能进行水力压裂作业； ④ 生产检测资料不可靠
割缝衬管完井	① 成本相对较低； ② 储层不受水泥浆的伤害； ③ 可防止井眼坍塌	① 不能实施层段的分隔，不可避免有层段之间的窜通； ② 无法进行选择性增产增注作业； ③ 无法进行生产控制，不能获得可靠的生产测试资料
射孔完井	① 能实施最有效的层段分隔，可以完全避免段之间的窜通； ② 可以进行有效的生产控制、生产检测和包括水力压裂在内的任何选择性增产增注作业	① 相对较高的完井成本； ② 储层受水泥浆的伤害； ③ 水平井的固井目前尚难保证； ④ 要求较高的射孔操作技术
管外封隔器（ECP）完井	① 相对中等程度的完井成本； ② 储层不受水泥浆的伤害； ③ 依靠管外封隔器实施层段分隔，可以在一定程度上避免层段之间的窜通； ④ 可以进行生产控制、生产检测和选择性的增产增注作业	管外封隔器分隔层段的有效程度，取决于水平井眼的规则程度、封隔器的坐封和密封件的耐压、耐温等因素
裸眼预充填砾石完井	① 储层不受水泥浆的伤害； ② 可以防止疏松储层出砂及井眼坍塌； ③ 特别适宜于热采稠油油藏	① 不能实施层段的分隔，因而不可避免有层段之间的窜通； ② 无法进行选择性增产增注作业； ③ 无法进行生产控制等

续表

完井方式	优点	缺点
套管内预充填砾石完井	① 可以防止疏松储层出砂及井眼坍塌； ② 特别适宜于热采稠油油藏； ③ 可以实施选择性地射开层段	① 储层受水泥浆的伤害； ② 必须起出井下预充填砾石筛管后，才能实施选择性的增产增注作业

表7-2-9　各种水平井完井方式适用的地质条件

完井方式	适用的地质条件
裸眼完井	① 岩石坚硬致密、井壁稳定不坍塌的储层； ② 不要求层段分隔的储层； ③ 天然裂缝性碳酸盐岩或硬质砂岩； ④ 短或极短曲率半径的水平井
割缝衬管完井	① 井壁不稳定，有可能发生井眼坍塌的储层； ② 不要求层段分隔的储层； ③ 天然裂缝性碳酸盐岩或硬质砂岩储层
射孔完井	① 要求实施高度层段分隔的注水开发储层； ② 要求实施水力压裂作业的储层； ③ 裂缝性砂岩储层
管外封隔器（ECP）完井方式	① 要求不用注水泥实施层段分隔的注水开发储层； ② 要求实施层段分隔，但不要求水力压裂的储层； ③ 井壁不稳定、有可能发生井眼坍塌的储层； ④ 天然裂缝性或横向非均质的碳酸盐岩或硬质砂岩储层
裸眼预充填砾石完井	① 岩性胶结疏松，出砂严重的中、粗、细粒砂岩储层； ② 不要求分隔层段的储层； ③ 热采稠油油藏
套管内预充填砾石完井	① 岩性胶结疏松，出砂严重的中、粗、细粒砂岩储层； ② 裂缝性砂岩储层； ③ 热采稠油油藏

国外对水平井各种完井方式进行了统计，固井完井的井数约占10%，裸眼完井约占10%，砾石充填完井约占17%，割缝衬管完井约占40%，筛管完井约占3%，其他完井约占20%。从技术发展来看，固井完井、筛管完井、裸眼砾石充填完井的发展趋势良好。

水平井完井方式选择的步骤为：① 油藏模拟，根据油藏类型、流体类型、岩石稳定性提出完井方法的初步方案；② 根据采油工艺技术评价完井方案，其宗旨是完井类型能实现生产的目标；③ 根据钻井的工艺技术水平制定具体的完井施工措施；④ 最后由技术经济部门评价完井的技术经济性。总之，水平井的完井和直井的完井类似，均应以理论为指导，以油藏、采油、钻井的技术经验和工艺条件为依据，使完井方法在实施和今后的生产中取得最佳的效益。

2）长半径水平井的完井

长半径水平井钻进的方法和常规钻直井基本上是一样的，完井方法可采用直井完井的所有方法。通常可以在井中下套管固井，再用射孔的方法打开产层。

钻完预定井深后，要进行测井。测井的仪器很难用电缆送入较长的水平井眼中，可用钻具将测井仪器送入，边起钻边测井。

在长半径水平井井筒中可以较容易地下入套管，可采用正常下套管固井的方法封闭井底，再用射孔器射开产层。射孔枪难以用电缆送入水平井井筒中，可以用油管传输射孔工艺射开产层。

长半径水平井完井中的主要问题是很长的水平裸眼井段的稳定性。水平井眼的长度达上千米时，若岩层的稳定性好，继续钻进或下套管均不成问题；若岩层不稳定，则应从钻井液性能和井身结构上解决。在钻入水平井段前，技术套管下到水平井段的顶部。钻进水平井段时可以使用含油钻井液，以使井眼稳定。

3）中半径水平井的完井

中半径水平井由于造斜段的半径小，井眼的弯曲剧烈，需要用弯接头、动力钻具等造斜钻具组合钻进。钻具起下时的摩阻增大，弯曲应力也大。完井方式要根据套管在弯曲段的受力情况而定。如果要下套管固井，应当校核套管的弯曲应力和套管螺纹的密封性，保证套管顺利下入。在这种井中射孔也是比较困难的。当套管穿过弯曲段有一定危险时，不能用套管固井。

当不能下套管完井时，可选用裸眼完井、衬管完井、封隔器完井等方式完井。选择完井井底结构的方法和短半径水平井相同。

4）中短半径和短半径水平井的完井

由于这种井多为老井中的侧钻井，水平井眼的直径受老井筒套管的限制，与长半径和中半径水平井相比一般是很小的，如在 $\phi177.8mm$（7in）套管内，水平井眼的直径不超过140mm；在 $\phi139.7mm$（5in）套管内，侧钻水平井眼直径只有110mm，并且井眼的弯曲更剧烈，每米的增斜率是1°~5°。受井眼直径和弯曲井段的限制，中短半径和短半径水平井是无法在水平井筒下套管的，因此采用的完井方式只有裸眼完井、衬管（筛管）完井、封隔器完井等几种。

5）超短半径水平井的完井

超短半径水平井是用一根很细（外径小于40mm）的高压钢管，在其中注入高压流体，管体处于塑性或半塑性状态，能在极短的距离（0.3m）内通过特殊的斜向器由垂直弯成水平，一边从最前端的喷头射出高压水冲蚀岩石，一边前进，形成水平井眼。也有的超短半径水平井是用高压软管弯过弯曲段的。由于弯曲段很短，一般不会超过1m，弯曲非常剧烈，井眼直径很小，一般小于100mm，很难再将其他管柱下入水平井眼进行完井；用高压软管冲出井眼后将软管拔出，只能进行裸眼完井；用高压钢管冲出井眼后，如有必要，可将钢管留在井中，用电化学腐蚀的方法将喷嘴腐蚀掉，把水平井眼中的钢管腐蚀成割缝，并从上部切断，形成衬管完井。此外，还可以在水平井眼中充填砾石，这一工艺很复杂，成本很高。

如果在一个油层中在不同的方位上钻多个井筒，各个井筒之间有干扰，就更不能采用下管柱的完井方法，只能采用裸眼完井方法。

2. 致密储层和裂缝型储层的完井

致密储层一般是指低渗透的砂岩层，其渗透率在 $0.001~0.01\mu m^2$ 之间。储层是以孔隙—裂缝型和裂缝—孔隙型的居多，很少有单纯的孔隙型储层。裂缝性储层是指岩石中的裂缝提供了储油空间和渗透率的储层，岩层可以是灰岩、泥岩、页岩、硅酸盐岩等沉积岩，储层的渗透率受裂缝的控制可在很大的范围内变化，沉积岩中的裂缝多为垂直发育。这两种储层的完井方法与单纯孔隙型储层的完井方法有许多不同之处，这是由储层的特点所决定的。

1）致密储层的完井

致密储层的特点是产层岩石的强度较高，渗透率很低，产能低，单靠储层的孔隙出油，采收率是极低的。采油中大多需要进行压裂和酸化处理以增加地层的孔隙，增加产量。这种井的完井主要应考虑井身能经受酸化和压裂（图7-2-29）。

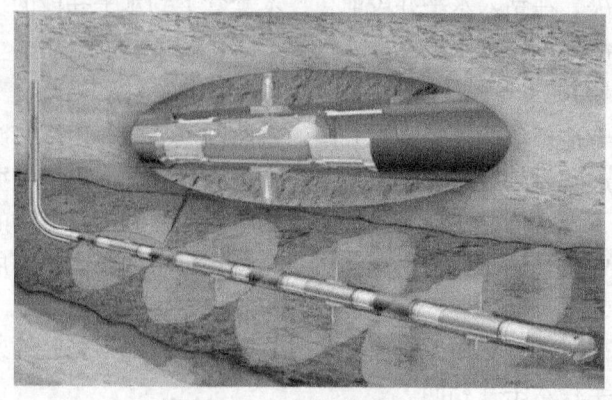

图 7-2-29 压裂作业示意图

致密储层的完井原则是：套管强度要高，固井质量良好，水泥返高应达到要求，水泥石强度要高。应当采取的措施是：①使用套管扶正器和刮泥器、性能良好的前置液和顶替液；②高速顶替水泥浆，顶替时活动套管；③套管螺纹密封良好，选用优质螺纹密封油或螺纹黏结剂；④用 N-80 级以上的厚壁套管，其抗内压强度应是地层破裂压力的 1.2 倍以上，套管柱的壁厚尽量一致，防止壁厚突变，套管尽量无变形；⑤尽量避免在套管内进行套铣等有害作业；⑥压裂时要用上下封隔器封隔压裂井段。

2）裂缝性储层的完井

裂缝性储层的特点是裂缝的分布及发育不是均匀的，裂缝具有方向性，井眼与裂缝相交，井才能出油，相交越多，井的产量越高。这种井的钻井特点是使井眼尽可能多地与裂缝相交；完井的特点是使裂缝与井眼很好地连通，防止钻井、完井过程中裂缝的闭合与堵塞。

裂缝性储层的完井原则是：使井眼尽可能多地穿过储层的裂缝。采用水平钻井使水平井眼与垂直发育的裂缝尽量多地相交是目前应用较多的技术。在裂缝性储层完井过程中，普遍采用裸眼完井。这是由于在采用射孔完井时，要下套管用水泥封固，然后射开储层，水泥浆会堵塞裂缝使产层的渗透率大大下降；射孔孔道与分布不均匀的裂缝相交的可能大为减少。要使井眼与裂缝尽量多地连通，最好的完井方法就是采用裸眼完井及其变种的完井方法。

当储层比较坚固时，可采用裸眼完井；当储层强度稍差时，可采用筛管、衬管完井，也可在筛管、衬管的适当部位加封隔器封隔弱地层，或使用砾石充填完井。尽量不采用射孔完井。

3. 小井眼完井

小井眼（井眼尺寸≤5in）钻井技术是由于油价下跌，环保要求越来越严，为了获得较好的经济效益，需要降低钻井费用。尤其在原生产套管内开窗侧钻，使用了小井眼钻井完井技术。小井眼完井方式包括裸眼完井、割缝衬管和尾管注水泥射孔完井等几种。小井眼完井与常规井眼完井没有什么不同，只是应该考虑小井眼的射孔增产措施、人工举升、井下工具及打捞工具的技术配套，以保证小井眼能正常生产。

三、完井方式选择

完井方式的选择主要是针对单井而言，虽单井属于同一油藏类型，但所处地理位置不同，所选定的完井方式也不尽相同。如油藏有气顶、底水，若采用裸眼完井，技术套管则应将气顶封隔住，再钻开油层，而不钻开底水层；若采用套管射孔完井，则应避射气顶和底水。又如油藏有边水，套管射孔完井时，油田开发要充分利用边水驱动作用，避射开油水过渡带。完井方式选择需要考虑的主要因素如图 7-2-30 所示。

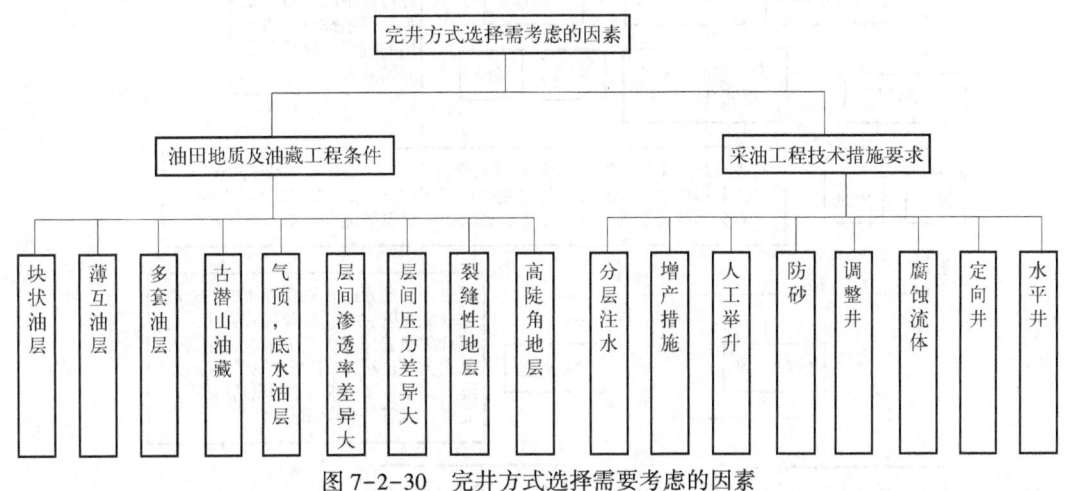

图 7-2-30 完井方式选择需要考虑的因素

基于目前直井和水平井两大类型完井方式，结合油田地质和油藏工程的特点，介绍完井方式的选择。

1. 直井完井方式选择

直井完井方式是最基本的完井方式，它适应范围广、工艺技术简单、建井周期短、造价低。按油、气井地层岩性可分为砂岩、碳酸盐岩和其他岩性（火成岩、变质岩等）三大类，这三大类型岩性均可以采用直井完井。

本节的选择方法已综合了油藏类型、渗流特征和原油性质进行了完井方式选择，现就不同岩性特点阐述选择完井方式。

1) 砂岩油气藏

砂岩油气藏完井方式选择流程图，如图 7-2-31 所示。

（1）砂岩分为层状、块状和岩性油藏。

在陆相沉积地层中，层状油层所占比例大。块状或岩性油层中其物性、原油性质和压力系统大致是一致的，因而完井方式无须作特殊考虑。但层状油层，特别是多套层系同井合采时，就应认真考虑其完井方式。首先应考虑的是各层系间压力、产量差异。若差异不大，则可同井合采。若差异大，特别是层间压力差异大，因层间干扰大，高压层的油将向低压层灌，多套层系开采的产量反而低于单套层系的产量，在这种情况下，即应按单套层系开采；但有时单套层系的储量丰度又不足以单独开采，此时只能采用同井双管采油，每根油管柱开采一套层系，以消除层间干扰，保证两套层系都能正常生产。如南海油田某井即是采用双管完井的（图7-2-32）。

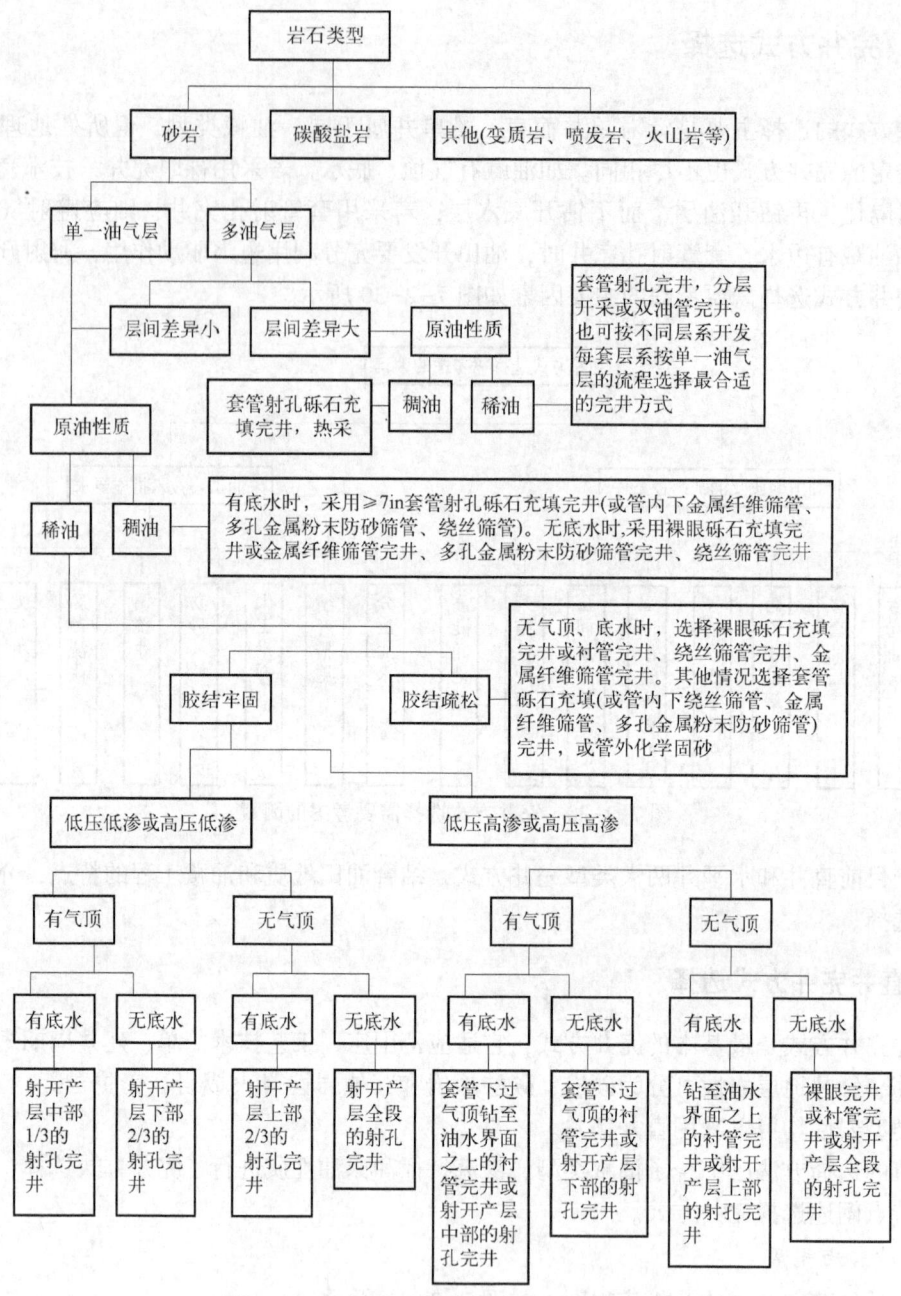

图 7-2-31　砂岩油气藏完井方式选择流程图

双管采油虽然解决了层间干扰的问题，但其使用有局限性。因双管采油时，两根油管柱所采的层系，自喷期不一定是同期的，可能其中一套层系先停喷，这里就有一个人工举升接替问题。由于套管直径限制，两套有杆泵或电潜泵都因工具直径大无法同时下进井筒内，若采用气举接替则两套气举管柱一同在完井时下入井内，当一根油管停喷，可立即用气举接替，则可以保持双管开采的优势，否则，油田开发初期是双管采油，后期则变为单管采油了，但双管采油必须具备下述三个条件：

① 技术套管 $\geq 9\frac{5}{8}$in，悬挂衬管 ≥ 7in——可以下两根油管。

② 具有天然气资源可足以提供气举采油之用——停喷后可以及时接替生产。

③ 完井时即下入两根油管气举采油的生产管柱及工具——两根油管不论哪一根油管停喷都可以气举（因为双管采油时，不太可能在一根油管停喷时，去压井换井下管柱）。

由于双管采油的上述特殊要求，仅局限于海上油井，陆上超深井使用。因其单井产量高，较长时间不进行井下作业。不进行大中型增产措施。陆上油田的深井、中深井大多不采用双管采油，因为单管采油生产套管直径相对较小，生产成本低，建井周期短，停喷转人工举升方式可以根据需要选择，若层间干扰大的层系，则按两套层系开发，虽然多钻一口井，但单井生产管理方便，井下作业和增产措施易行。

(2) 砂岩油藏按原油黏度可分稀油、稠油两种类型，陆相沉积的地层的特点是层系多，渗透率偏低，而且地层能量低。

砂岩稀油油藏大多需要注水，补充地层能量开发，而且多套层系都要进行压裂增产措施。这类砂岩油藏只宜采用套管射孔完井，不应采用裸眼或割缝衬管等方式完井，因为裸眼或割缝衬管完井都无法分层注水或分层压裂。

至于砂岩稠油油藏，因稠油层不论普通稠油或特、超稠油，油层大多为黏土、原油胶结，胶结疏松，生产过程大多出砂，因而必须采取防砂措施，防砂的方法可根据具体情况加以选择，此外必须强调的是稠油井应采

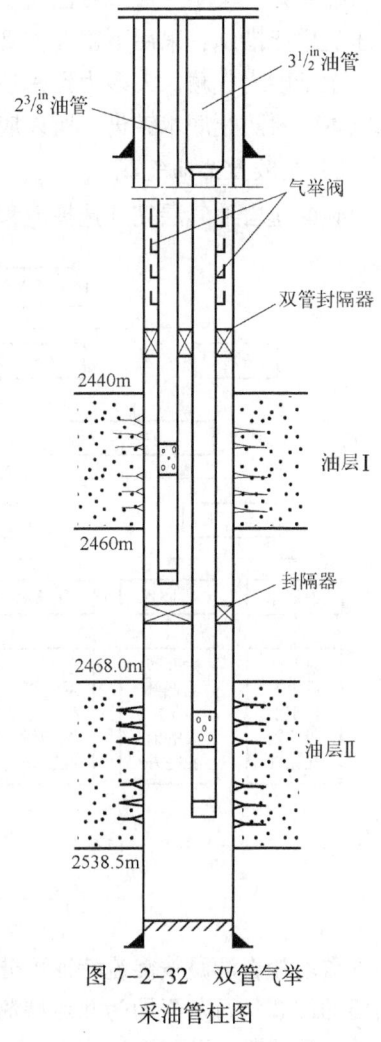

图 7-2-32　双管气举采油管柱图

用大直径套管，套管直径≥7in，因为稠油黏度大，流动阻力大，采用大直径套管才能下大直径油管。

砂岩普通稠油油藏大多采用注水开发，如胜利孤岛、孤东，垦东和胜土土坨油田都是采用注水开发。采用套管射孔完井既能分层控制，并可在注水井中采用树脂固砂方法；在生产井可采用树脂固砂、防砂滤管或绕丝筛管砾石充填防砂的方法，上述油田从 20 世纪 70 年代直至 80 年代开发实验证明这种完井方式是适应的。

至于砂岩特稠油油藏都是采用注蒸汽开采，辽河高升油田为大厚稠油层，有气顶底水，油层厚度为 60~80mm，早期采用裸眼完井、绕丝筛管砾石充填防砂，后因裸眼完井难以控制气顶和底水，也难以调整吸汽剖面，后改用套管射孔完井，至于一些层状或薄互层的稠油层，如辽河欢喜岭、曙光、河南井楼等油田以及胜利乐安油田的砂砾岩油层都是采用套管射孔完井、绕丝筛管砾石充填或滤砂管防砂，上述油田的完井都经受了注蒸汽的考验。

砂岩油藏不论为何种油藏类型，若为低渗透油藏，则需要进行压裂增产措施；若为高渗透油藏，油层胶结疏松，油层易坍塌或出砂，就需要防砂。再就是稀油油藏需要注水开发，稠油油藏需要注蒸汽开采，而且要分层控制及调整其吸水、采油和吸汽剖面，因而宜采用套

管射孔完井。至于一些单一油层，无气顶底水，油层渗透率适中，依靠天然能量开采，不进行压裂增产措施，采用下割缝衬管完井也是可行的。

至于砂岩气藏，大多为致密砂岩，渗透率低，都必须进行压裂增产措施，特别是一些底水气藏，要防止底水锥进，所以应采用套管射孔完井，不能采用裸眼完井。

2) 碳酸盐岩油气藏

碳酸盐岩油气层完井选择流程如图 7-2-33 所示。

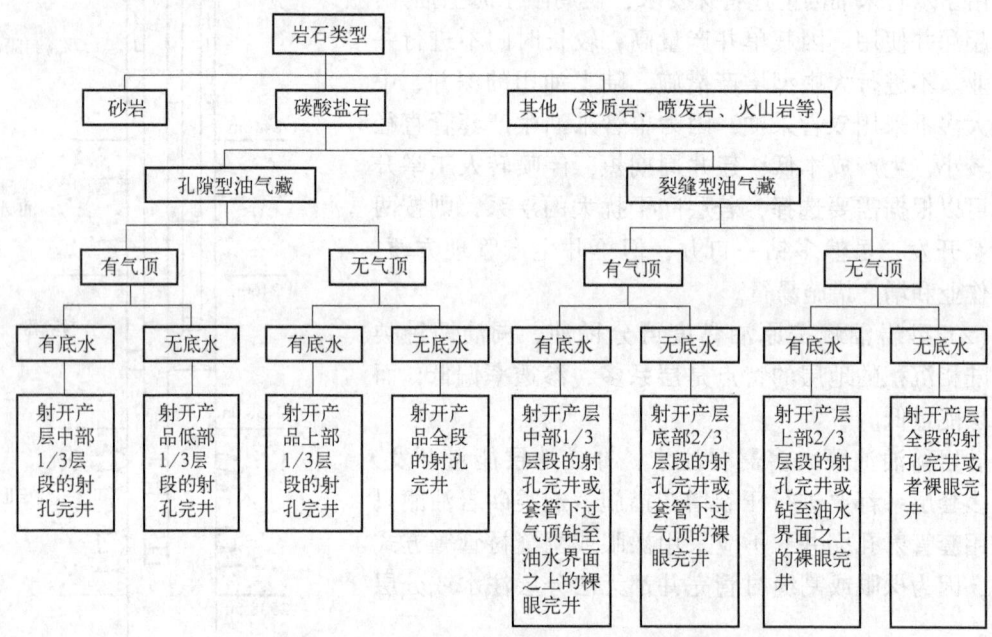

图 7-2-33　碳酸盐岩油气藏完井选择流程图

碳酸盐岩油藏按渗流特征可分孔隙型、裂缝型或裂缝和孔隙双重介质油藏，如胜利纯化油田的假蠕状石灰岩即为孔隙型油层，华北任丘油田雾迷山油层则为裂缝为主和基质孔隙的双重介质油藏。孔隙型油层完全可以按砂岩油层一样完井，因为此类油层需要进行酸化或压裂酸化增产措施。因而多采用套管射孔完井。裂缝型或裂缝和孔隙双重介质油藏，如华北任丘油田古潜山油藏有气顶和底水，开发初期采用裸眼完井，发展了一套裸眼封隔器进行堵水和酸化措施，但不如在套管中进行井下作用措施可靠，后来又采用了套管射孔完井，这样对控制气窜和底水锥进和进行酸化措施就有效多了。但是这类油藏若无气顶和底水，仍可采用裸眼完井。碳酸盐岩气藏与油藏一样有两种类型，如四川磨溪气田即属孔隙型气藏，靖边气田也属此类型，而四川其他气田则大多属于裂缝型气藏。这两种气藏大多有底水，孔隙型气藏完全可以按孔隙型油藏完井一样对待。其增产措施与油层一样，要进行酸化或压裂酸化，因而多采用套管射孔完井。底水裂缝型气藏，也同样需要酸化和控制底水措施，因而宜采用套管射孔完井，有时也可选择裸眼完井。

3) 火成岩、变质岩等油藏

这类油藏是指火山岩、安山岩、喷发岩、花岗岩、片麻岩等油藏，这些类型油藏都属次生古潜山油藏，是由生油层的原油运移至上述岩石的裂缝或孔穴中而形成的油藏，这种类型油藏都为坚硬的岩石，可按裂缝型碳酸盐岩油藏完井。火成岩、变质岩完井方式选择流程图如图 7-2-34 所示。

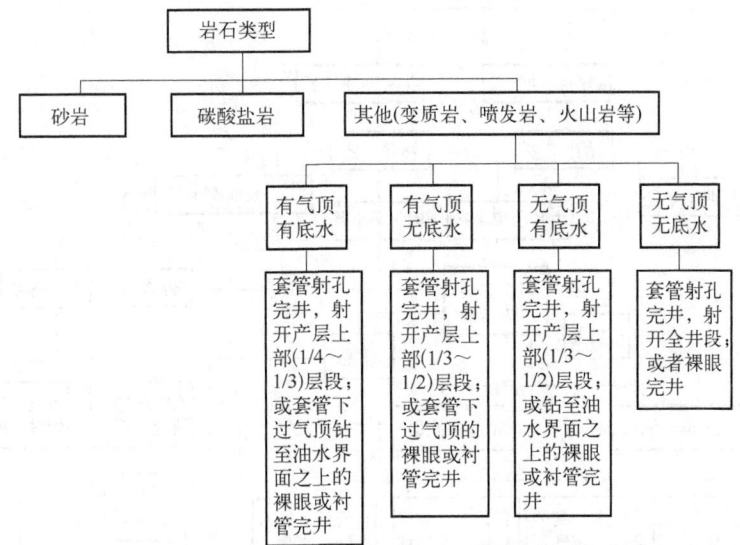

图 7-2-34　火成岩、变质岩油气藏完井方式选择流程图

2. 水平井完井方式选择

水平井完井方式选择大致可分为两类。

1）按曲率半径选择完井方式

短曲率半径的水平井，当前基本上是裸眼完井。主要在坚硬垂直裂缝的油层中裸眼完井，如美国奥斯汀白垩系地层，或者是致密裂缝砂岩，因为这些地层都不易坍塌，虽然是裸眼，仍能保持正常生产。

中、长曲率半径的水平井则可以根据岩性、原油物性，增产措施等因素选择完井方式。当今水平井技术发展很快，水平井水平段也不断增长，在这些长水平井段中，特别是在砂岩中，生产过程中地层难免不坍塌，因而不宜采用裸眼完井，通常采用的是割缝衬管加套管外封隔器（ECP）完井或套管射孔完井。

2）按开采方式及增产措施选择完井方式

注蒸汽开采稠油大多采用套管射孔完井和割缝衬管完井，并下金属纤维或陶瓷滤砂管等防砂。需要压裂的低渗透油层只能采用套管射孔完井。

对于稠油开采，加拿大在SASKATCHEWAN地区大量采用水平井注蒸汽开采稠油，其完井方式大多采用割缝衬管完井，再下金属纤维或陶瓷滤砂管或其他方法防砂，稠油层胶结疏松，地层易坍塌，不能用裸眼完井。

对于一些低渗透油层的水平井，需要进行压裂措施，因而只能套管射孔完井，即使采用割缝衬管加套管外封隔器完井，因为分隔层段太长（长度100~200或更长），只能进行小型酸化措施，而无法进行压裂措施。另一方面，高速携砂压裂液会将割缝管的缝隙刺大或破坏。至于定向井的完井方式选择，因定向井井斜大致在50°左右，其完井方式基本同直井一样选择。

水平井完井方式选择流程如图7-2-35所示。

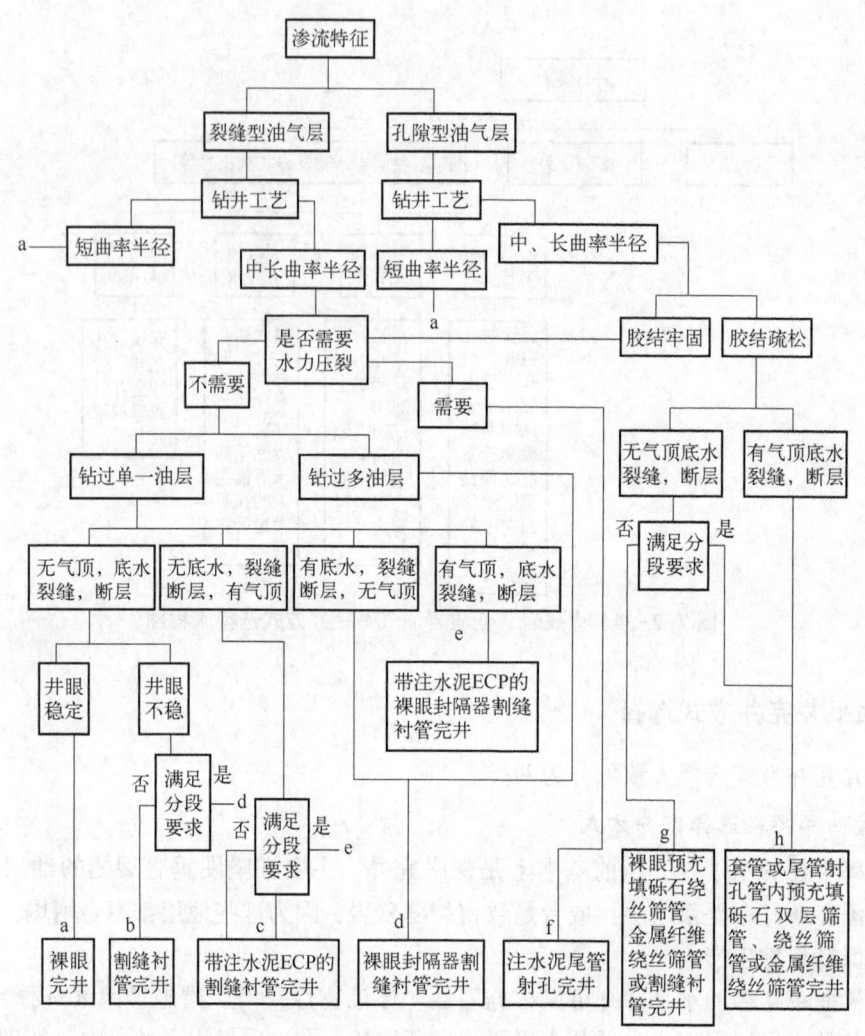

图 7-2-35 水平井完井方式选择流程图

a—裸眼完井；b—割缝衬管完井；c—带注水泥 ECP 的割缝衬管完井；d—裸眼封隔器割缝衬管完井；e—带注水泥 ECP 的裸眼封隔器割缝衬管完井；f—注水泥尾管射孔完井；g—裸眼预充填砾石绕丝筛管、金属纤维绕丝筛管或割缝衬管完井；h—套管或尾管射孔管内预充填砾石双层筛管、绕丝筛管、金属纤维绕丝筛管完井

第三节 射孔工艺

视频 7-3-1
射孔完井

射孔完井（视频 7-3-1）是目前国内外使用最广泛的完井方法。在射孔完井的油气井中，井底孔眼是沟通油气层和井筒的唯一通道。采用恰当的射孔工艺和正确的射孔设计，方可减小射孔对油气层的伤害，提高油气井完善程度，从而获得理想的产能。

一、射孔设备

射孔就是把一种专门的仪器设备下到井中的目的层段,在套管、水泥环和地层上打开一些通道,使油气能够从地层流入井中,所用的设备主要包括射孔弹和射孔枪。

1. 射孔弹

射孔弹是油气井射孔的主要设备之一,主要有子弹和聚能射孔弹两种,目前在生产中普遍使用聚能射孔弹。

聚能射孔弹由导爆索、主体炸药、聚能罩和弹壳四部分组成,如图 7-3-1 所示。

在射孔过程中,雷管点燃导爆索,导爆索中产生的振动波迅速到达并引爆主体炸药。主体炸药中的爆轰波以高达 $8 \times 10^3 \text{m/s}$ 的速度和近 350kPa 的压力作用于聚能罩,使聚能罩上的金属流动且内外层分离,随着作用压力的增加,逐渐产生一个高速细粒针状的金属粒子流,即聚能喷流。聚能喷流以 10^5MPa 的压力冲击套管、水泥环和地层,在径向上连续流动形成孔道。聚能射孔弹的实际射孔过程十分迅速,从射孔弹引爆到穿透地层的整个过程一般只需几微秒。

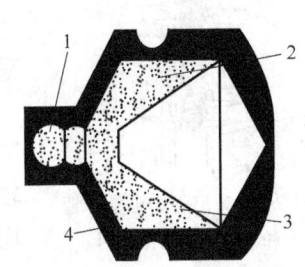

图 7-3-1 聚能射孔弹结构示意图
1—导爆索;2—主体炸药;
3—聚能罩;4—弹壳

2. 射孔枪

根据射孔枪的枪体结构,可将其分为有枪身射孔枪和无枪身射孔枪。

有枪身射孔枪结构如图 7-3-2 所示,它由弹箱、射孔弹、引爆线和雷管组成,射孔弹安放在弹箱内并用引爆线连接,雷管系于引爆线一端,靠电缆或钢丝绳送入井下,由电点火击发。有枪身射孔枪又分为管式枪和绳式枪,如过油管射孔枪、钢丝射孔枪、钢管射孔枪等。有枪身射孔枪是使用最早、适合多种用途的射孔枪,尤其是在不允许套管和管外水泥受到破坏以及打开油水或油气界面附近的较薄地层时,通常使用有枪身射孔枪。其基本特点是:爆炸材料与井内液体无接触,爆炸的飞出物和弹壳的碎片残留在壳体内。

无枪身射孔枪是将射孔弹固定在一钢带(丝)托架上,分为全销毁型和半销毁型,主要用于过油管射孔作业。其特点是:对套管弯曲和缩径井况具有较好的通过性,射孔后电缆易于提出地面。

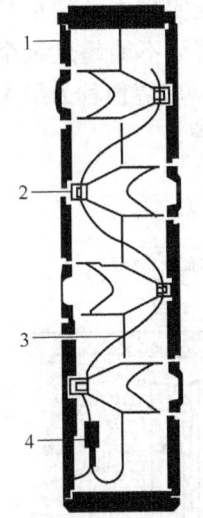

图 7-3-2 射孔枪
1—弹箱;2—射孔弹;
3—引爆线;4—雷管

二、常用的射孔工艺

射孔完井对多数油藏都能适用,但具体的射孔工艺应当根据油藏和流体特性、地层伤害状况、套管程序和油田生产条件进行选择。

1. 电缆输送套管枪射孔工艺（WCG）

电缆输送套管枪射孔按采用的射孔压差可分为常规电缆套管枪正压射孔（图7-3-3）和套管枪负压射孔。

1）常规电缆套管枪正压射孔

射孔前用高密度射孔液造成井底压力高于油层压力，在井口敞开的情况下，利用电缆下入套管射孔枪，通过接在电缆上的磁性定位器测出定位套管接箍对比曲线，调整下枪深度，对准层位，在正压差下对油气层部位射孔。取出射孔枪，下油管并安装井下及井口设备，进行替喷、抽汲或气举等诱喷或直接采用人工举升的办法，以使油气投产。

常规套管枪正压射孔具有施工简单、成本低和高孔密、深穿透的优点，但正压会使射孔液的固相和液相侵入储层而导致较严重的储层伤害。为了减少正压对地层的伤害，特别要求使用优质的射孔液。

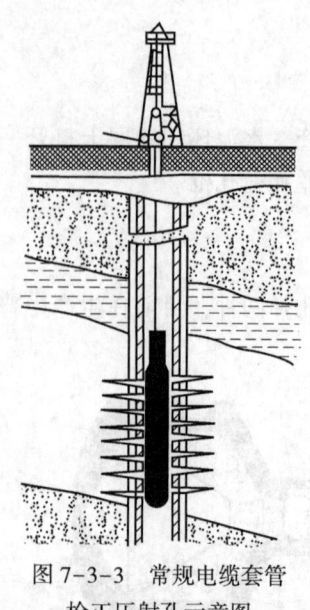

图 7-3-3 常规电缆套管枪正压射孔示意图

2）套管枪负压射孔

套管枪负压射孔与正压射孔工艺基本相同，只是射孔前将井筒液面降低到一定深度，使井底压力低于油层压力，以建立适当的负压。该方法具有负压清洗和穿透较深的双重优点，能够减少储层伤害，保护油气层，适应于中、低压油层，但对于油气层厚度大的井需多次下枪射孔，则不能保持以后射孔必要的负压。

负压值是负压射孔的关键。一方面它要保证能冲刷出孔眼周围破碎压实带中的细小颗粒，使孔眼清洁，满足这一要求的负压称为最小负压；另一方面，负压值又不能超过某个值，以免造成地层出砂、垮塌、套管挤毁或封隔器失效等问题，对应的这一临界值称为最大负压。合理射孔负压值的选择应当是既高于最小负压值又不超过最大负压值。

2. 油管输送射孔工艺（TCP）

油管输送射孔也称无电缆射孔（图7-3-4），是利用油管将射孔枪下到油层部位射孔，油管下部连有压差式封隔器、带孔短节和引爆系统，油管内只有部分液柱形成射孔负压，通过地面投棒引爆、压力（或压差）式引爆或电缆湿式接头引爆等各种方式使射孔弹爆炸而一次全部射完油气层。

油管输送射孔的深度校正一般采用较为精确的放射性测井校深方法。在管柱总成的定位短节内放置一粒放射性同位素，校深仪器下到预置深度（约在定位短节以上100m），开始下测一条带磁定位的放射性曲线，超过定位短节15m停止。将测得的放射性曲线与以前测得的校正的放射性曲线对比，换算出定位短节深度，并在井口利用油管短节进行调整。

油管输送射孔的引爆有多种方式。最简单的是重力引爆。这就是在井口防喷盒内预先装有一圆柱金属棒，射孔时释放该棒，高速下落的投棒撞击枪头的引爆器。投棒有标准投棒、滚轮式投

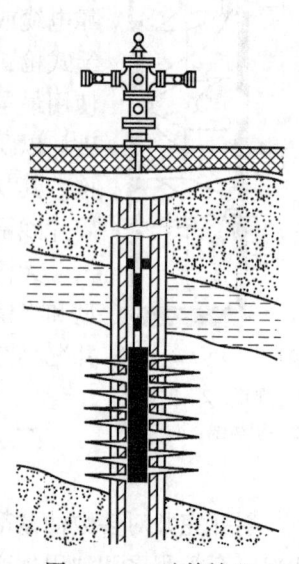

图 7-3-4 油管输送射孔示意图

棒、串联投棒等方式。这种引爆要求管柱必须通径，油管不能有弯曲，井斜不能过大。

第二种引爆是油管加压引爆。由于油管内只有部分液柱，一般需用氮气作传压介质。为了保证射孔瞬间的负压，必须将高压氮气在引爆前释放出井口。这就要求在加压氮气和引爆射孔之间有一较长的缓冲时间以释放氮气，这称之为延迟引爆。

第三种引爆是环空加压引爆（压差引爆）。利用封隔器中转换装置或水力旁通，使环空与油管成为两个不同压力系统。从环空加压造成压力与油管压力的压差增加，压差增至预定值，剪断活塞销钉，使活塞与钢丝绳夹板一起带动钢丝绳迅速上移而使点火头拉杆上移，由此使撞针释放而引爆雷管。

第四种引爆方式称为电能引爆，点火头分为电缆传送电流点火头和电池落棒点头两种。该方法具有高孔密、深穿透的优点，负压值高，易于解除射孔对储层的伤害，对于斜井、水平井和稠油井等电缆难以下入的井更为有利。一次射孔层段厚度较大，最大可达800m以上。因在井口预先装好采油树，故安全性好，非常适合于高压油气井；同时射孔后即可投入生产，便于测试、压裂、酸化等和射孔联作，减少压井和起下管柱次数及费用，降低对油层的伤害。

油管输送射孔要求钻井时多留井底口袋，以便存放落下的射孔枪。有时，射孔井段太长，则射孔枪也太长，这样无法将射孔枪丢在井底，只能不丢枪或采取其他的办法。

3. 油管输送射孔联作工艺

油管输送射孔联作以下三种。

1) 油管输送射孔和地层测试联作

将油管输送装置的射孔枪、点火头、激发器等部件接到单封隔测试管柱的底部。管柱下到待射孔和测试井段后，进行射孔校深、做好封隔并打开测试阀，引爆射孔后转入正常测试程序。这种工艺特别适合于自喷井。

2) 油管输送射孔与压裂、酸化联作

这种工艺在我国四川气田、长庆油田获得了成功的应用。完井时下一次管柱，能完成射孔、测试、酸化、压裂、试井等工序。

3) 非自喷井油管输送射孔与测试联作

美国马拉松石油公司研制了这种工艺。工作管柱由射孔枪、封隔器、负压阀、自动压力计工作筒、固定阀以及配有特殊空心套筒的逆流射流泵组成。

射孔前空心套筒关闭，油管内部分掏空以造成负压。环空加压引爆射孔后，流体进入工作管柱。随着流体进入，井底压力不断增加，油井会停止生产。在管内压力作用下空心套筒安全销钉被剪断而导致套筒旋转打开。此时射流泵开始排液而进行流动测试，获得稳定产量后关井，可获得压力恢复测试资料，停泵后由于静水压力加在固定阀上而使其关闭，这样实现井下关井，从而消除了井筒储积效应，提高了数据采集质量。

4. 电缆输送过油管射孔（TTP）工艺

1) 常规过油管射孔

这是最早使用的负压射孔工艺。电缆输送过油管射孔首先将油管下至油层顶部，装好采油树和防喷管，将射孔枪和电缆接头装入防喷管内，然后打开清蜡阀门下入电缆，射孔枪通过油管下出油管鞋。用电缆接头上的磁定位器测出短套管位置，点火射孔。过油管射孔时所选用的负压值应恰当：太大，工具难下入；太小，起不到应有的作用。高渗透区负压值可取 1.378~3.477MPa（产液）及 6.89~13.78MPa（产气），低渗透区可取上述值的两倍。

该方法具有负压射孔、减少储层伤害的优点，适合于不停产补孔和打开新层位的生产井，避免了压井和起下油管作业。但因该射孔方式使用的射孔枪和射孔弹受到油管内径的限制，无法实现深穿透（弹尺寸小且射孔枪与套管间隙过大）、高孔密、大孔径射孔。并且一次下枪长度受防喷高度限制，厚油气层需多次下枪，而以后几枪无法保证负压。就负压本身而言也不能过大，以防射孔后油气上冲而使电缆打结无法取出。由于这些缺点，目前常规过油管射孔已使用得很少了，仅在海上和一些不能停产的井用于补孔。

2）过油管张开式射孔

过油管射孔的主要缺点是枪小、弹小，从而射孔穿深浅。鉴于这个原因，过油管射孔的孔深均难以超过 100mm，为此，人们研究了一种新的过油管张开式射孔工艺。该工艺最先由 Schlumberger 公司于 1992 年开发成功。张开式射孔枪包括一个控制头和一只射孔枪。射孔前控制头上提拉杆，使射孔弹绕框轴旋转而张开与套管垂直，点火射孔，这样射孔可以加大并且与套管的间隙减小。如果未引爆可使射孔弹复位，回到枪膛内，安全取出地面。射孔枪由弹架、转轴弹、两个启动杆以及连接转轴射孔弹的连接器、导爆索和雷管组成。

1994 年美国两家公司推出"过油管张开式射孔枪"。可在油管内下入大药量射孔弹，其装药量达 24g 以上，穿深是原过油管射孔枪的 4 倍以上。国内四川局射孔弹厂能生产过油管张开式射孔枪、弹全套工具，并于 1994 年完成三口井的试验（射孔弹药量 27g，混凝土靶穿深 500mm，孔径 11mm），取得了较好的效果。

5. 超高压正压射孔工艺（正向冲击）

超高压正压射孔是利用聚能射孔时射流的高压（3×10^4MPa）和高速（2×10^3m/s），采用高于油层破裂压力的正压进行射孔。例如，油管传输氮气正压射孔工艺是在射孔枪下至射孔位置后，将液氮替入井内并在井口加压，使井底压力高于油层破裂压力下射孔。超高压正压射孔工艺的优点如下：

① 成孔瞬间的高正压差使孔眼周围形成微裂缝，以消除孔眼压实带造成的伤害；
② 可避免射孔液对油层的伤害；
③ 部分进入油层的氮气有利于清洗孔眼及排液，从而解除油层堵塞；
④ 通过控制放压可使油井迅速建立压差，投入生产；
⑤ 对于钻开油层及固井过程中造成严重伤害的井，与酸化处理联作（射孔前井内替入酸液）可有效地解除近井处的油层伤害。

由于上述工艺是高压作业，要考虑井下管柱、井口和设备的承压能力，强化安全措施。此外，液体要进入地层，必须选择恰当的射孔液以防产生新地层伤害。

6. 水平井射孔工艺

在不易垮塌地层的水平井中，为了有效防止气、水锥进，便于分层段开采和作业，可以采用射孔完井方式。水平井射孔一律采用油管输送射孔工艺。井下总成一般包括引爆装置、负压附件、封隔器和定向射孔枪。采用压力引爆。曾经完成的最大规模的水平井射孔是 1990 年在荷兰北海水域完成的一口生产气井。该井为 85°水平井，水平段 907m，总射孔长度 848m，井深 5060m，产层用 7in 套管固井。在完井段以上坐封封隔器。TCP 枪外径为 117mm（45/8in），在枪接头处钻 4 个螺孔，用螺旋扶正器保持枪的居中。每支枪 4.57m（15ft），孔密为 13 孔/m，共装弹 11000 发，仅装弹装枪就需 5 周时间。用氮气加压延迟引爆射孔。

此外，水平井射孔方位有三种：360°、180°、120°，如图 7-3-5 所示。其方位的选择主要取决于地层坚硬程度，一般情况，特别是稠油疏松地层，射孔方位大都采用 180°~120°，以免水平井段上部因射孔后岩屑下落塞井筒。

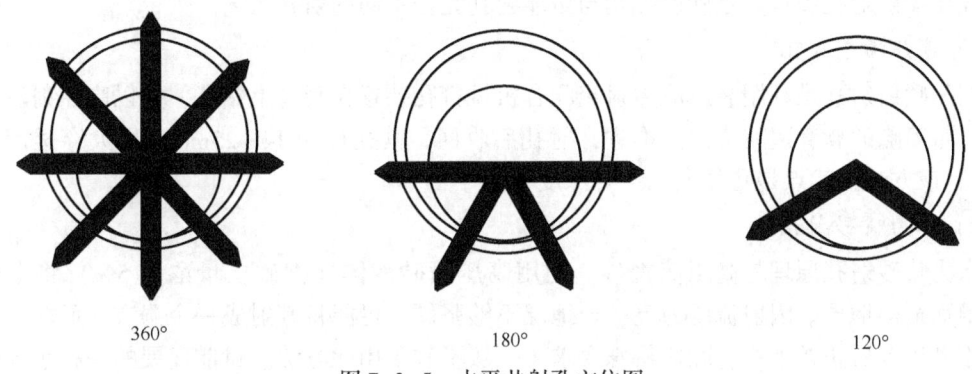

图 7-3-5　水平井射孔方位图

以 Baker 公司水平井射孔、压裂和层段封隔联作的 PSI 系统（Perforate Stimulateand Isolate System）进行说明。该系统包括三个基本部分，第一部分是带死堵的永久性沉砂封隔器；第二部分是用于产层处理后隔离层段和进行选择性生产和增产作业的井下部分；第三部分是用于射孔和压裂作业部分。作业部分基本上都装在井下部分的管柱以内，这两部分同时下入井内。射孔和压裂后，井下部分定位以隔离射孔段，而将作业部分从井筒收回。

7. 定方位射孔工艺

定方位射孔（oriented perforating）主要应用于裂缝性油藏射孔、水平井射孔、欲压裂井射孔和防砂射孔作业。一般对准裂缝发育方位或正交于最小水平地应力方位射孔，有利于防砂或进行压裂施工作业，提高作业的成功率和效果。

国外定向射孔系统（直井或水平井）已大量应用于油气田生产实践中，并取得了良好效果。例如哈里伯顿公司新推出的 G-Force 精确定向射孔系统。该系统上的定向旋转仪位于枪身的保护性环境内，其先进性主要表现在它克服了老的定向系统受到的一些限制，如不依赖于特殊的串联翼翅、偏心短接和旋转环，所有这些都受到枪工作时产生的摩擦和扭矩的影响，导致定向精度低。

该系统设计主要用于井斜在 25°以上的井。枪身长 6.7m，彼此紧密咬合，使系统排列成一条直线，它不需要旋转短接。其内部定向系统含在枪架内。这种紧凑的结构可以将其放置在其他枪因与套管或障碍物摩擦而不能到达的位置。系统可通过连续油管、电缆、钢丝或铰链管来传送。由于不需要使用多个定向短接，射孔枪可在井眼内居中，显著提高了射孔效率。

国内除水平井采用重力定向射孔有较多应用外，其他与国外有较大差距。四川测井公司曾经研制的定方位仪采用加速度计作为定向系统，同时采用小直径金属保温瓶和井下自动导向系统，用于井斜大于等于2°的井，配陀螺短节后可进行直井定向。辽河测井公司也研制了采用陀螺定向的直井定向射孔仪，要达到期望的效果还需要作大量工作。该技术关键在于地层裂缝或主应力方位的确定、定向控制方法、配套工具开发、数据传输采集与处理以及定向监测评价技术。

8. 高压喷射射孔和水力喷砂射孔工艺

高压喷射射孔和水力喷砂射孔是与聚能射孔完全不同的射孔工艺。

1) 高压喷射射孔

高压喷射射孔是利用高压液体射流配合机械打孔装置在套管上钻孔，并以高压射流穿透地层，带喷嘴的软管边喷边向前推进，射孔后收回，其孔径为14~25mm，最大穿透深度可达3m。该方法的优点是孔径大、穿透深度大。

2) 水力喷砂射孔

水力喷砂射孔原理是高压液携砂，利用高压喷砂液体（携砂质量浓度5%）将套管射穿，继而射向地层。因射流压力高，若地层不够坚硬，可能将其射成一个洞穴，而非一个孔眼，不利于今后正常生产，除非特殊要求，一般不宜采用此方法。目前发展的一种水力喷砂割缝，可形成穿透深度较大的窄缝，解除井底附近堵塞，消除压实带影响。

三、射孔参数及其优选

要获得理想的射孔效果，必须对射孔参数进行优化设计。射孔参数是否正确而有效，取决于以下几个方面：一是对于各种储层和地下流体情况下射孔井产能规律的量化认识程度；二是射孔参数、损害参数、储层及流体参数获取的准确程度；三是可供选择的枪弹品种、类型的系列化程度。这里谈到的射孔参数优选是指现有条件下针对特定储层的使井产能达到最高的射孔参数优配组合，也涉及实现这些参数的工艺要求。

1. 射孔参数

射孔参数主要包括射孔孔密、孔径、相位、射孔深度等（图7-3-6），这些参数的选择和设计直接影响射孔的效果和后续的开采效率。

1) 孔密

孔密，也称为射孔密度，表示每米长度内射孔的数量，如图7-3-7所示。高孔密通常可提高产能，但需考虑以下因素：过大的孔密可能损害套管。孔密过大会增加成本。过高的孔密会增加未来作业的复杂性。较小的孔密可显著提高产能增长率，但达到一定阈值后，增加孔密对产能影响不明显。经验表明，孔密为26~39孔/m时可以在最低成本下实现最大产能。

2) 孔径

孔径，即孔眼直径，是评估射孔孔道大小的关键参数。通常，射孔孔径介于5~31mm

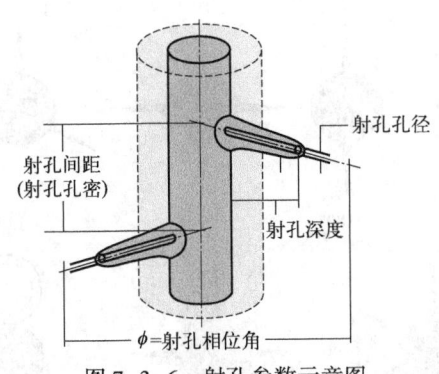

图 7-3-6 射孔参数示意图

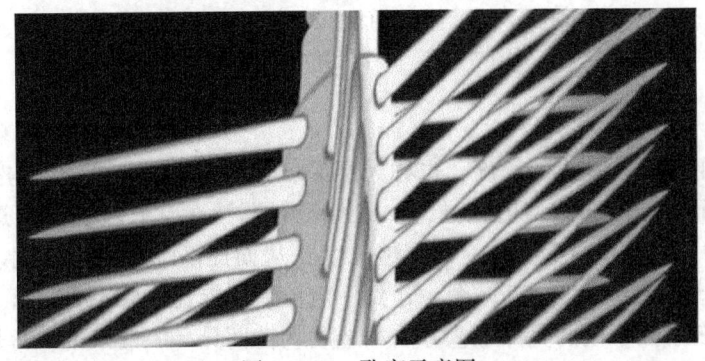

图 7-3-7 孔密示意图

(0.2~1.23in)之间。孔径大小由射孔弹的结构类型和所使用的药量决定。在相同的药量下,深穿透型射孔弹的孔径较小,而大孔径型射孔弹的孔径则较大。此外,射孔弹的药量增加会导致孔径变大。

影响射孔孔径的另一要素是射孔枪与套管之间的间隙。当射孔枪位于套管中心位置时引爆射孔,孔径最大;而靠近套管一边时,孔径最小;处于中心与边缘之间时,孔径介于两者之间。因此,在射孔作业中,确保射孔枪位于井筒中心是关键。射孔孔径的选择与完井工艺密切相关。防砂完井需要大孔径,以增加流动面积,减少阻力,提高产能和减少出砂。射孔孔径在常规完井和增产完井中是次要因素,但大孔径有助于提高产能,尽管增幅逐渐减小。

3) 相位

射孔弹之间的夹角称为相位角,对产能影响显著。通常使用的射孔相位包括 0°、45°、60°、90°、120° 和 180°,如图 7-3-8 所示。在各向异性地层中,相位从 180° 变化到 0° 或 90° 时,产能显著提高;而在 0° 和 90° 之间变化时,产能变化不大。

大量实验和现场应用显示,0° 相位下油井产能最低,120° 相位和 180° 相位次之,45° 相位稍高,60° 相位和 90° 相位最高。这是因为相同射孔密度下,孔眼排列越密集,流线弯曲越剧烈,能量损失越大,导致产能下降。当孔眼未穿透钻井损害带时,120° 相位和 90° 相位的产能大致相同。选择射孔相位不仅影响产能和完井工艺,还影响套管射孔后的强度。射孔相位为 135°/45° 时,套管强度保持在较高比值范围内,达到原套管强度的 80% 以上,对油气井的生产寿命至关重要。

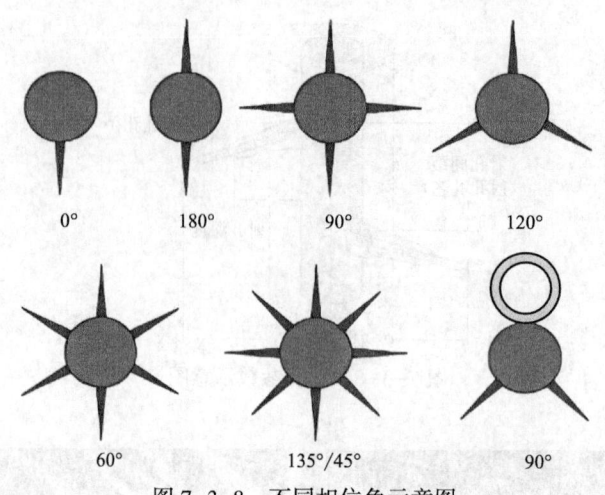

图 7-3-8 不同相位角示意图

4）孔深

射孔深度指的是射孔孔道的长度，也称为穿深。其大小受射孔弹的结构类型和使用的弹药量影响。一般而言，深穿透型射孔弹，如大药量射孔弹，具有较长的穿透深度，通常在 146~813mm 之间。增加弹药量可以增加穿透深度，从而提高油井的产能比。然而，随着孔深的增加，产能比的增长速度逐渐减缓，达到一定值后产能比增幅不再显著。

射孔深度的要求因不同的完井工艺方法和地层物性而异。一般来说，常规完井和受严重伤害的地层需要较深的穿透深度。对于高渗透地层、裂缝性地层以及受钻井液伤害的地层，也需要较深的穿透，以确保井筒与地层之间建立畅通的流动通道，降低阻力，提高产能。射孔弹的穿透深度与地层的抗压强度和孔隙度有关。通过 API 标准试验（例如在贝雷砂岩靶上进行的试验），可以校正射孔弹在实际地层中的穿透深度，前提是了解地层的抗压强度和孔隙度。

2. 射孔参数优化设计

射孔参数优化必须建立在对各种地质、流体条件下射孔产能规律的正确认识基础上，或者说必须建立起正确的模型，获得定量化的关系。参数优选时，根据定量关系，计算各种可能的孔密、相位、射孔弹配合下的产能比，并计算出每种配合下套管抗挤能力降低系数，在保证套管抗挤毁能力降低不超过5%的前提下，选择出使产能比最高的射孔参数配合。

对裂缝性储集层、砂泥岩交互薄层和疏松砂岩储层等，要建立各自相应的产能模型，根据这些储集层射孔的特殊性，进行参数优化设计。射孔参数具体优化设计的方法如下：

① 建立各种储层和产层流体条件下射孔完井产能关系数学模型，获得各种条件下射孔产能比定量关系；

② 收集本地区、邻井和设计井有关资料和数据，用以修正模型和优化设计；

③ 调查射孔枪、弹型号和性能测试数据；

④ 校正各种弹的井下穿深和孔径；

⑤ 计算各种弹的压实伤害参数；

⑥ 计算设计井的钻井伤害参数；

⑦ 计算和比较各种可能参数配合下的产能比和套管抗挤毁能力降低系数，优选出最佳

的射孔参数配合；

⑧ 计算选择方案下的产量及表皮系数；
⑨ 计算出最小和最大负压，推荐施工负压；
⑩ 选择合适的射孔工艺和射孔液；
⑪ 设计施工管柱和编写施工设计书。

上述各种计算的工作量较繁杂，目前多用射孔优化设计软件进行射孔参数设计，可以方便、快速、较准确地进行优化设计。

四、射孔负压设计

完井设计要求在既安全又经济的条件下保证完井段压力损失最小、产量最高。负压射孔能改善井的生产能力，目前已在世界范围内获得广泛应用。

负压射孔（under-balanced perforating）就是指射孔时射孔液在井筒中造成的井底压力低于油藏压力。负压值是负压设计的关键，所设计的负压值一方面要保证孔眼清洁、冲刷出孔眼周围的破碎压实带中的细小颗粒，满足这一要求的负压称为最小负压；另一方面，负压值又不能超过某个值，以免造成地层出砂、垮塌、套管挤毁或封隔器失效和其他方面的问题，对应的这一临界值称为最大负压。合理射孔负压值的选择应当是既高于最小负压又不超过最大负压。目前主要使用的美国 Conoco 公司的计算方法，即

$$\Delta p_{\min}(\text{oil}) = 17.24/K^{0.3} \tag{7-3-1}$$

$$\Delta p_{\min}(\text{gas}) = 17.24/K \quad (K<10^{-3}\ \mu m^2) \tag{7-3-2}$$

$$\Delta p_{\min}(\text{gas}) = 17.24/K^{0.18} \quad (K \geqslant 10^{-3}\ \mu m^2) \tag{7-3-3}$$

$$\Delta p_{\max}(\text{oil}) = 24.132 - 0.0399\Delta T_{as} \quad (\Delta T_{as} \geqslant 300\mu s/m) \tag{7-3-4}$$

$$\Delta p_{\max}(\text{gas}) = 33.095 - 0.0524\Delta T_{as} \quad (\Delta T_{as} \geqslant 300\mu s/m) \tag{7-3-5}$$

$$\Delta p_{\max} = \Delta p_{\text{tub,max}} \quad (\Delta T_{as} < 300\mu s/m) \tag{7-3-6}$$

也可根据相邻泥岩体积密度来计算，其公式为

$$\Delta p_{\max}(\text{oil}) = 16.13\rho_{as} - 27.58 \quad (\rho_{as} \leqslant 2.4\text{g/cm}^3) \tag{7-3-7}$$

$$\Delta p_{\max}(\text{gas}) = 20\rho_{as} - 32.4 \quad (\rho_{as} \leqslant 2.4\text{g/cm}^3) \tag{7-3-8}$$

$$\Delta p_{\max} = \Delta p_{\text{tub,max}} \quad (\rho > 2.4\text{g/cm}^3) \tag{7-3-9}$$

式中 $\Delta p_{\min}(\text{oil})$——油层的最小负压，MPa；

$\Delta p_{\min}(\text{gas})$——气层的最小负压，MPa；

K——产层渗透率，$10^{-3}\mu m^2$；

$\Delta p_{\max}$——最大负压，MPa；

ΔT_{as}——相邻泥岩声波时差，$\mu m/s$；

ρ_{as}——相邻泥岩体积密度，g/cm^3；

$\Delta p_{\text{tub,max}}$——井下管柱或水泥环最大安全负压，MPa。

综上所述，可按以下公式选择合理负压 Δp_{rec}。

若产层有出砂史或含水饱和度高，则

$$\Delta p_{\text{rec}} = 0.8\Delta p_{\min} + 0.2\Delta p_{\max} \tag{7-3-10}$$

若产层无出砂史，则

$$\Delta p_{rec} = 0.2\Delta p_{min} + 0.8\Delta p_{max} \qquad (7-3-11)$$

式中 Δp_{rec}——合理负压，MPa。

五、特殊井射孔设计原则

对于一些特殊井，比如压裂井、防砂井、高温高含 H_2S 井、注水井、稠油井等，它们的射孔设计有一定要求。

1. 压裂井射孔参数设计

射孔参数的选择对于水力压裂、酸压和基质酸化的施工质量有重要影响。压裂井射孔参数优化的目的是尽可能地降低压裂施工时以及油气井投入生产时的近井筒压力区域损失。近井区域压力损失影响的因素主要有孔眼摩阻、射孔相位与 PFP 面不匹配造成的微环局部限流扭点、多裂缝的产生以及裂缝面迂曲度等。

1）射孔深度

追求射孔深穿透是不必要的，因为裂缝一般都是在接近砂面孔眼的部分起裂并逐渐向 PFP 扩展，并且射孔枪的穿透性能与套管上孔眼直径尺寸的大小相互制约。

2）射孔直径

当对压裂井选择射孔弹时，穿深和孔眼尺寸必须进行较好协调。保证足够大的孔眼尺寸对于防止脱砂、防止孔眼和孔眼附近区域支撑剂桥堵则十分重要。过早的脱砂会大大降低裂缝长度和支撑剂体积。射孔直径的另一影响是孔眼摩阻，当然它与其他射孔参数如孔密、打开厚度等有关，孔眼摩阻是压裂设计特别是限流压裂设计的关键参数。

3）射孔密度

水力压裂的地面施工马力限制了所能提供的最大施工流量；与裂缝相连的孔眼数目决定了通过每一孔眼的平均流量。对于 0°相位和 180°相位射孔，每个孔眼都能与裂缝沟通（定向射孔的情形）；对于 120°相位射孔，只有 2/3 的孔眼可能与裂缝沟通；对于 60°相位射孔，则可能只有 1/3 的孔眼与裂缝相连。

4）射孔相位

对射孔相位和水力裂缝扩展之间的关系已经作了大量研究。理想的压裂施工条件是，孔眼和储层的最大主应力方向一致，因此从孔眼处起裂的裂缝将沿着最小阻力的 PFP 平面扩展。

对于已知裂缝平面的情况，采用 180°相位定方位射孔，可以大大减少射孔孔眼摩阻和提高压裂施工处理效果。如果不能保证定向射孔精度，孔眼和 PFP 平面夹角最好不要超过 30°；如果裂缝平面方位未知或射孔枪定向不具备条件时，推荐使用 60°相位角。

2. 防砂井射孔参数设计

对于弱非胶结砂岩地层，出砂是影响油气井正常生产的主要障碍。常用的防砂技术措施分为两类：无筛管防砂和有筛管防砂。前者主要包括压裂充填防砂、化学固砂和射孔防砂；后者即井底安装有机械防砂装置，包括常用割缝衬管、各种绕丝或预充填筛管、管内砾石充填、裸眼砾石充填等。

1) 射孔防砂

这里是指仅仅通过射孔参数的合理选择，保证射孔孔眼的长期稳定，在能够承受的最小出砂量前提下，能够避免生产压差变化、地层压力枯竭、含水率上升带来的油井大量出砂风险。生产压差和地层压力枯竭引起的孔眼周围应力变化是孔道破坏的主要原因，流体的流速是砂运移的动力。大量的理论研究、数值模拟、室内和现场试验研究表明，要实现射孔防砂，射孔参数（主要指孔深、孔密、相位）的优化选择十分重要，基本原则如下。

（1）孔深

最好选择深穿透射孔弹，因为对于单个孔眼的稳定性来讲，深穿透弹孔眼深而孔径较小，其力学稳定性比大孔径弹的孔道要好得多。

（2）相位和孔密

除了考虑单个孔眼的稳定性外，还必须考虑孔眼之间的相互作用对稳定性的影响。也就是说，孔眼间距离必须足够大，以避免生产时孔眼附近弹塑性应力区的相互搭接或重叠，防止单一孔眼的坍塌破坏引起连锁反应，从而导致整个射孔井段的坍塌出砂。

孔眼间的间距直接受孔密和相位的影响，孔密越小，孔距越大，虽然孔眼间相互干扰小，但会导致单孔流量增大致使砂运移而出砂。因此，一般是将孔密固定在一个合理的范围内，通过优化射孔相位来实现孔距最大化。

2) 套管内砾石充填防砂（IGP）

仅靠合理选择射孔参数来防砂的作用是有限的，因为有时为了防止出砂不得不降低生产压差、牺牲产量。因此，很多油气井采用了管内砾石充填防砂，既可以实现挡砂，也可以采用较大压差生产，以满足实际生产的需要。

套管内砾石充填防砂井射孔参数的选择主要是为砾石充填施工服务，同时保证充填完毕后套管和水泥环处充填孔眼内的流动压力损失很低。如果在生产时没被遮挡住地层砂沿孔眼流入井底而又无法通过井筒排出，滞留在孔道中，那么充填孔眼的流动能力将大大降低。

一般来讲，此时射孔设计的根本是采用大孔径射孔弹，尽量提高井筒可供流动的面积，又保证砾石充填的效率。射孔相位一般采用60°或45°低相位。孔密常用高孔密，如36孔/m、48孔/m、甚至更高的64孔/m。

3. 稠油油藏射孔参数设计

目前稠油油藏开采的主要技术有两大类，即稠油热采和稠油冷采。

热采的方法主要包括蒸汽吞吐（CSS）、蒸汽辅助重力驱（SAGD）、溶剂萃取法（VAPEX）、重力辅助燃烧等，由于大多数稠油油藏由疏松砂岩组成，因此开采过程出砂很严重，一般都采用了防砂完井设计，此时射孔设计应结合具体防砂工艺进行。对于管内砾石充填防砂，射孔设计原则同前，即应采用高孔密、大孔径、低相位（如60°）。

稠油冷采方法是激励地层砂随油藏流体一同产出，通过蚯蚓洞网络机理、溶解气驱机理，经砂岩的高渗孔道产出泡沫油流（泡沫油机理）。射孔设计的主要目标是减少孔眼堵塞、强化初期产砂和稳定后期产油。稠油冷采时应重视上覆页岩层脱落、上覆页岩层坍塌、套管伤害、产砂困难以及底水问题，因此推荐射孔密度不要太高、孔径不能太大，中等穿透。生产时应缓慢增加生产压差，并尽量维持在定压差生产（直到近井筒蚯蚓洞网络已形成并远离井筒），这样有利于地层砂体稳定，能够支撑上覆岩层应力。

4. 高温、高压深井射孔参数设计

射孔参数的选择和常规井相似。这里强调的是射孔系统的安全。

高温是设计主要考虑的因素，同时注意在较高的静水压力和井口压力以及电缆负荷的急剧增加情况下的引起施工问题。随温度的增加，主要负面影响有：系统部件的性能迅速恶化、金属合金的强度大幅降低、腐蚀速度增加、电动或电子设备的可靠性降低、弹性橡胶失去应有的性能、高爆炸药降解。

5. 高含硫化氢井射孔参数设计

射孔参数没有特别要求，射孔设计与非硫化氢井一样，这里主要问题是人身安全以及射孔系统潜在的设备失效问题。主要危害是设备的腐蚀和防腐措施。对于硫化氢浓度<2%的情况，应在暴露元件的表面涂上防硫抑制剂；对于硫化氢浓度>2%的情况，则需要专用设备，如采用防硫化氢的合金电缆、低强度合金钢压力控制元件、氟化橡胶等。

第四节 完井井口装置及选择

一、完井井口装置

视频 7-4-1
完井井口装置

在油气井进行测试和生产过程中，都必须有一套安全可靠的井口装置，以便能有效控制井内作业和生产。完井井口装置（视频 7-4-1）是装在地面，用以悬吊和安放各种井内管柱，以及控制和导引井内油气流出或地面流体注入的井口设备。完井井口装置通常包括套管头、油管头和采油树三大主要部件。

1. 套管头

每一套技术套管和油层套管固完后，如果水泥不返到地面，则有一部分套管在井眼中悬空无支撑，即是自由套管。这一部分套管的重力压在已封固的套管上。在生产中，自由套管受压力和温度的影响而伸长，应力发生变化，易使套管受损。因此，应在水泥候凝完毕后加装套管头，以密封两层套管间的环空，悬挂套管自由段部分的重力，使该重力压在表层套管上。

套管头是套管和井口装置之间的重要连接件。它的下端通过螺纹与表层套管相连，上端通过法兰或卡箍与井口装置或防喷器相连。套管头按悬挂套管的结构形式分为卡瓦式和螺纹式（图 7-4-1），包括油层套管、技术套管和表层套管三层套管。标准套管头井口装置的具体结构如图 7-4-2 所示。

第一层套管头装在表层套管的顶部，用内螺纹与表层套管的外螺纹连接，套管头的法兰面基本与地面平齐。技术套管固完水泥后提起自由段的部分悬重，用卡瓦坐在套管头的锥面内，使悬重压在锥面上并密封这两层套管间的环空，卸下联顶节即可。第二层套管头坐在第

(a) 螺纹式底部套管连接头　　　　(b) 卡瓦式底部套管连接头

图 7-4-1　常用的套管头

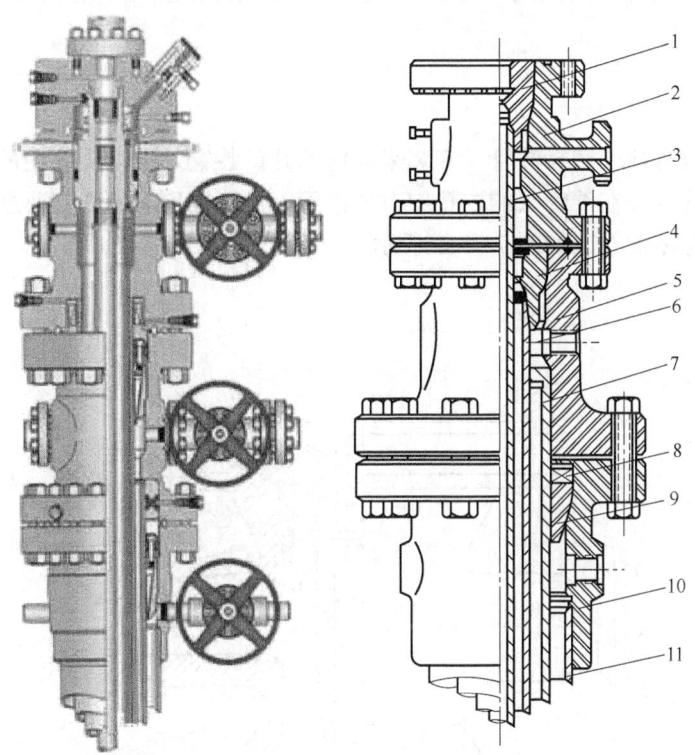

图 7-4-2　标准井口装置

1—油管悬挂器；2—油管头；3—油管；4,9—套管悬挂器；5,10—套管头；
6—油层套管；7—技术套管；8—密封圈；11—表层套管

一层套管头的法兰上。油管头坐在第二层套管头的法兰上。

如果油气层压力不大且各层套管的水泥返高接近地面，可不用套管头而在两层套管之间用环形铁板将环形空间焊死。

1）套管头的特点

① 套管连接既可采用螺纹连接，也可采用卡瓦连接，悬挂套管既快速又方便；

② 套管挂采用刚性与橡胶复合密封结构，还可采用金属密封，增强了产品的密封性能；设计有防磨套及试压取出工具，方便防磨套的取出和对套管头进行试压；

③ 上法兰设计有试压、二次注脂装置；
④ 套管头侧翼阀门配置，根据用户需求设计。

2) 套管头的作用

套管头安装在表层套管柱上端，用来悬挂表层套管以外的各层套管和密封套管环形空间的井口装置部件，主要作用有以下几点：

① 通过悬挂器悬挂除表层套管之外的各层套管的部分或全部重量；
② 连接防喷器等井口装置；
③ 在内外层套管柱之间形成压力密封；
④ 为释放可能积聚在两成套管柱之间的压力提供出口；
⑤ 在紧急情况下，可由套管头侧孔向井内泵入流体，如压井液或灭火剂；
⑥ 特殊作业：a. 固井质量不好时，可从侧孔补注水泥；b. 酸化压裂时，可从侧孔注入压力平衡液。

2. 油管头

油管头是用以悬挂、密封油管，安装采油树的井口装置。油管头装在最后一层套管头的法兰上，用螺栓固定。在油管头的内孔中有一锥面，油管柱顶端的油管通过挂靠这一锥面来密封环形空间和悬吊油管，如图 7-4-3 所示。

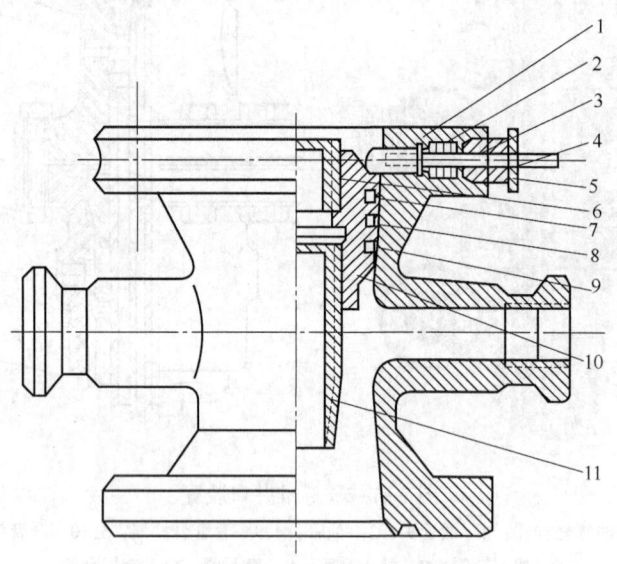

图 7-4-3　CYb-250 油管头总成
1—特殊四通；2—密封座；3—密封盒；4—顶丝；5—密封压帽；6—护丝；7—上密封圈；
8—O 形密封圈；9—下密封圈；10—锥形油管挂；11—油管短节

3. 采油树

采油树由闸阀、节流器、密封盒、三通或四通等组成（图 7-4-4），它安装在油管头之上，用以控制油气流，进行有计划的生产。可通过采油树进行自喷采油、有杆采油、压裂酸化等作业。

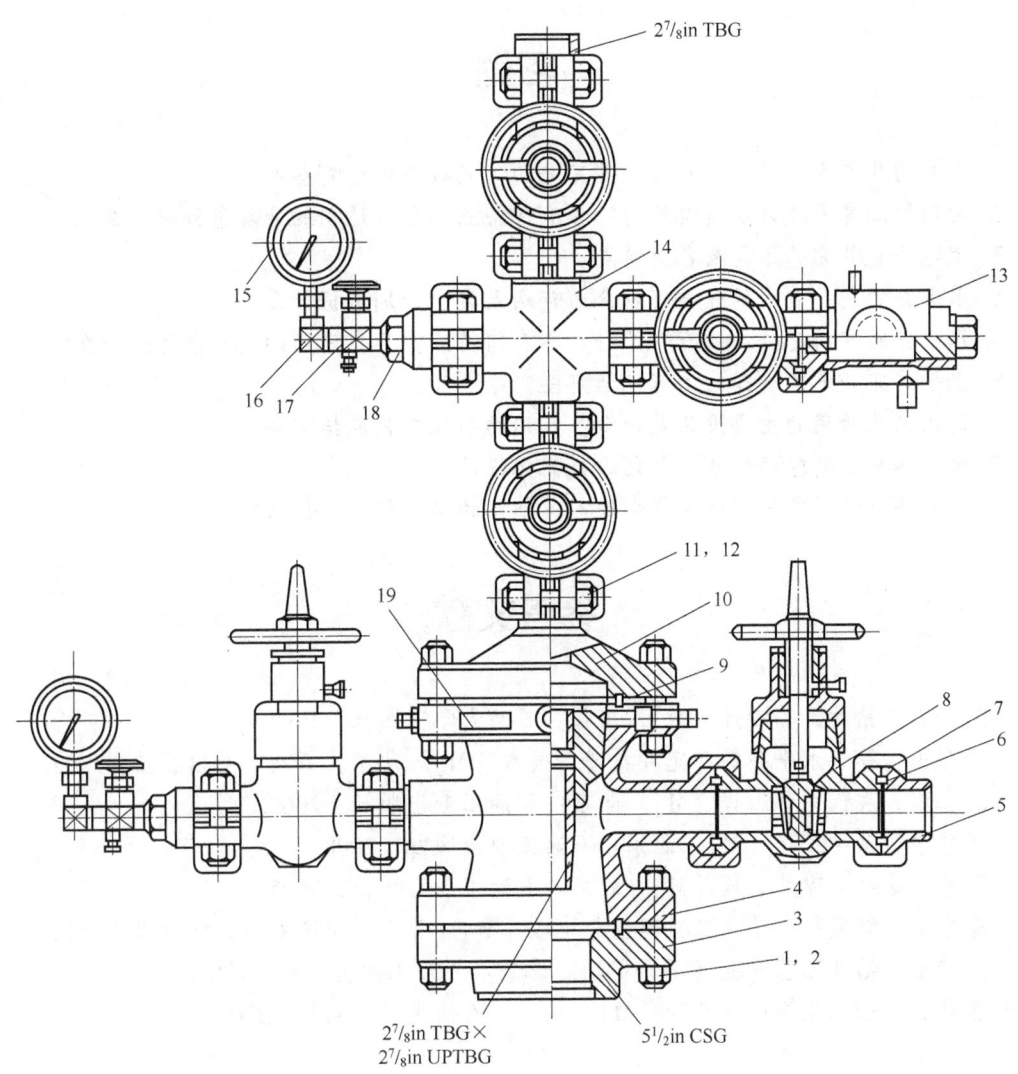

图 7-4-4　CYb-250S723 型采油树

1，11—螺母；2—双头螺栓；3—套管法兰；4—锥座式油管头；5—卡箍短节；6，9—钢圈；7—卡箍；
8—闸阀；10—油管头上法兰；12—双头螺母；13—节流器；14—小四通；15—压力表；
16—弯接头；17—压力表截止阀；18—接头；19—铭牌

二、完井井口装置选择

完井井口装置类型的选择，应该根据油气层的特点来确定。低压油气井的井口装置比较简单，一般只要将环形空间密封起来，装上油管头和采油树即可。对于高压油气井，则要求具有足够的强度和可靠的密封性，同时还必须满足安全钻进、边喷边钻、测试、压裂、酸化和采油、采气等工艺的要求。对于含硫化氢的油气井，应该采用防硫井口装置，以保证安全生产。

习题

1. 完井的基本定义是什么？油气井完井的工艺过程包括哪些？
2. 常用的油井完井方法有哪几种？各有何特点？各自适用的地层条件是什么？
3. 试述垂直井完井方式及各自特点。
4. 水平井的完井方式的分类可以分为哪两大类，分别依据什么？
5. 水平井的常用完井方法有哪几种？各有何特点？各自适用的地层条件是什么？
6. 水平井完井方式选择的依据包括哪些？
7. 射孔工艺所用的主要设备是什么？常用的射孔工艺包括哪些？
8. 射孔参数主要包括哪些？如何进行优化设计？
9. 完井井口装置包括哪些主要部件？各部件的主要作用是什么？

参考文献

[1] 周开吉. 钻井工程设计 [M]. 东营：石油大学出版社，1994.
[2] 李介士，等. 水平井钻井完井及增产技术 [M]. 北京：石油工业出版社，1992.
[3] 万仁溥. 现代完井工程 [M]. 北京：石油工业出版社，2000.
[4] 王建学. 钻井工程 [M]. 北京：石油工业出版社，2008.
[5] 陈平. 钻井与完井工程 [M]. 北京：石油工业出版社，2005.
[6] 管志川，陈庭根. 钻井工程理论与技术 [M]. 青岛：中国石油大学出版社，2017.
[7] 刘希圣. 钻井工艺原理（下）[M]. 北京：石油工业出版社，1988.
[8] 张琪. 采油工程原理与设计 [M]. 东营：石油大学出版社，2000.